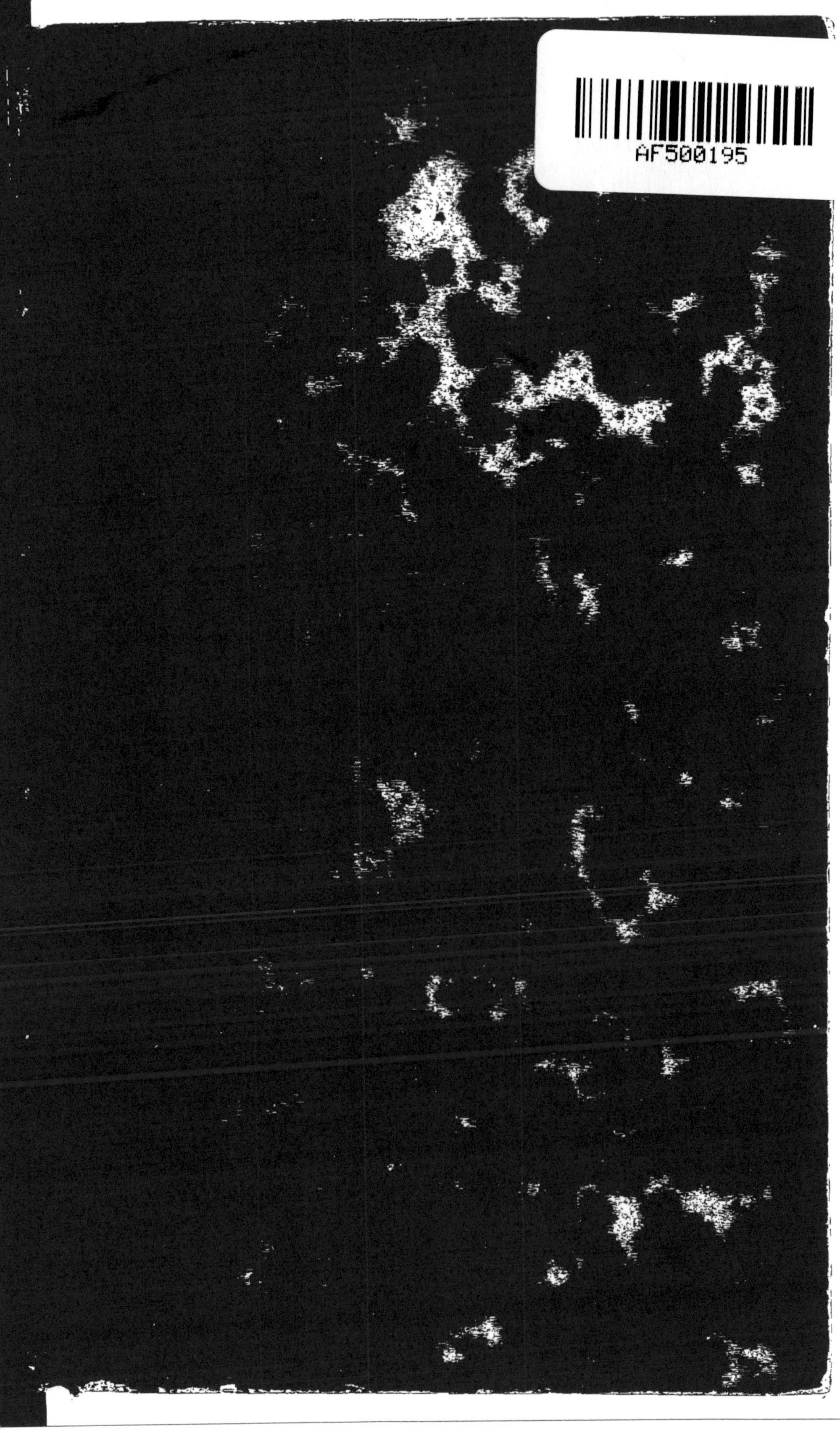

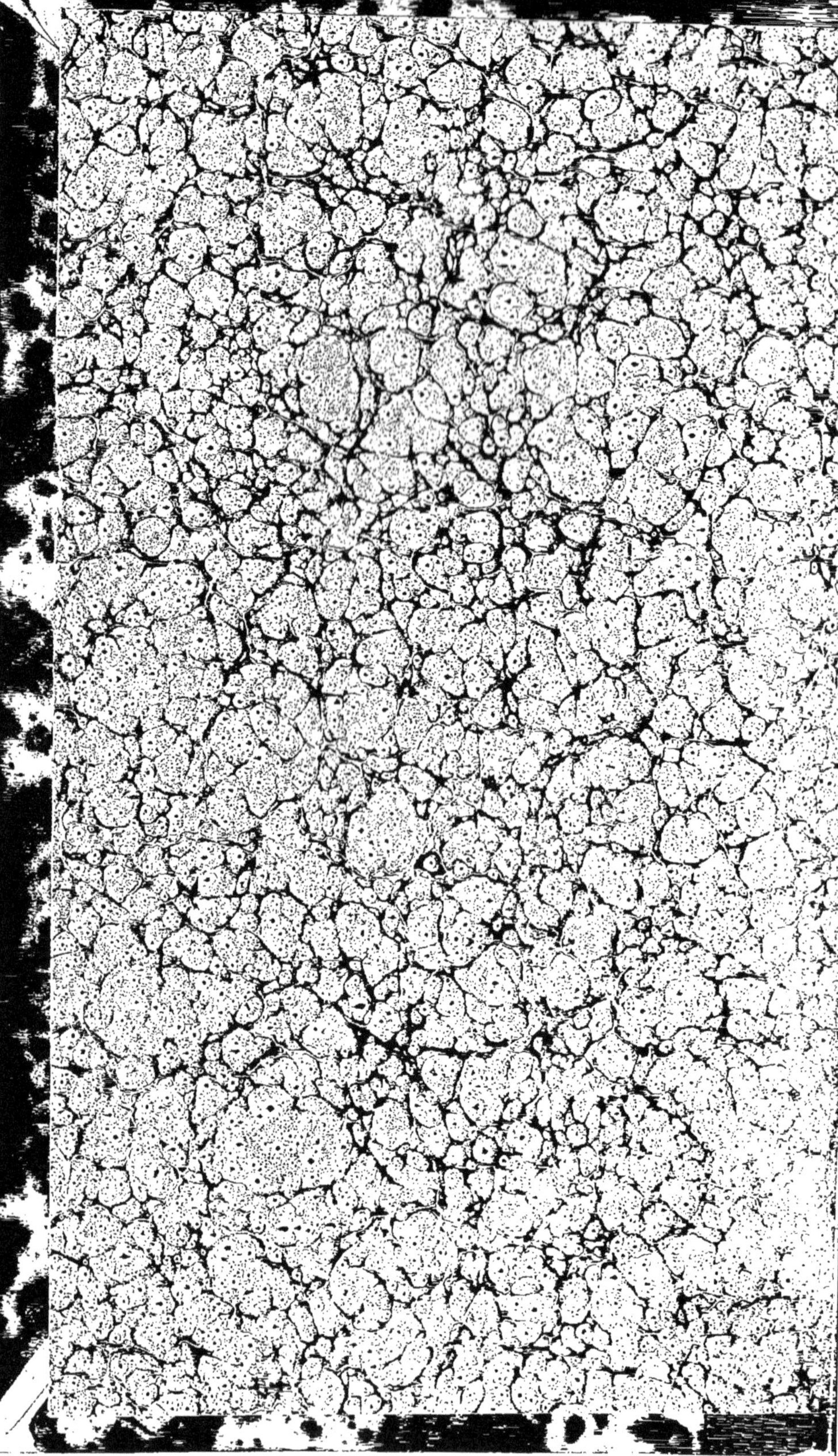

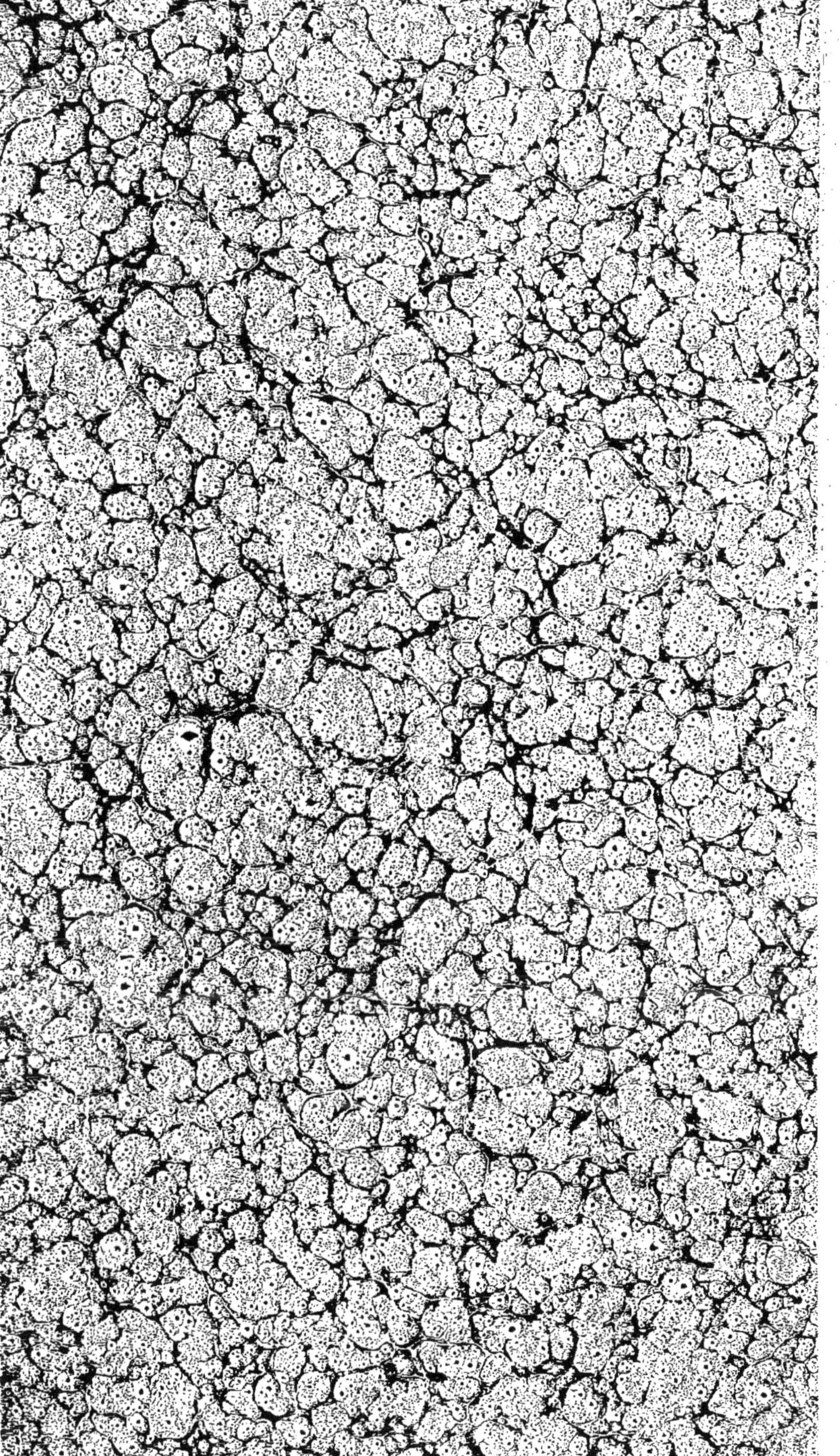

TRAITÉ COMPLET

D'HISTOIRE NATURELLE.

Le Traité complet d'Histoire naturelle se compose de ONZE volumes.

CHAQUE VOLUME EST ACCOMPAGNÉ DE PLANCHES.

Les astérisques indiquent les volumes en vente.

Histoire des Sciences naturelles	1 vol.
* Physiologie comparée	1 vol.
* Zoologie. — Espèce humaine	1 vol.
* Zoologie. — Mammifères	1 vol.
Oiseaux ; Reptiles ; Poissons	1 vol.
Mollusques ; Zoophytes	1 vol.
Annélides ; Crustacés ; Arachnides	1 vol.
* Insectes (1re partie)	2 vol.
* Insectes (2e partie)	
Physiologie végétale. — Botanique	1 vol.
Minéralogie ; Géologie	1 vol.

Paris. — Typographie de Firmin Didot Frères, rue Jacob, 56.

TRAITÉ COMPLET

D'HISTOIRE NATURELLE

PAR

ACHILLE COMTE,

PROFESSEUR D'HISTOIRE NATURELLE A L'ACADÉMIE DE PARIS;

EX-CHEF DU BUREAU DES COMPAGNIES SAVANTES, AU MINISTÈRE
DE L'INSTRUCTION PUBLIQUE;
VICE-PRÉSIDENT DE LA SOCIÉTÉ DES GENS DE LETTRES;
MEMBRE DES SOCIÉTÉS PHILOTECHNIQUE, ETHNOLOGIQUE, D'HISTOIRE NATURELLE DE FRANCE,
D'INSTRUCTION ÉLÉMENTAIRE, DES MÉTHODES D'ENSEIGNEMENT; CORRESPONDANT
DE L'INSTITUT NATIONAL DES ÉTATS-UNIS, CHEVALIER DES ORDRES DE LA
LÉGION D'HONNEUR; DE LA COURONNE DE CHÊNE; DE GRÉGOIRE LE GRAND;
COMMANDEUR DE L'ORDRE DU CHRIST, ETC.

Zoologie. — Mammifères.

PARIS,

LIBRAIRIE DE FIRMIN DIDOT FRÈRES,
IMPRIMEURS DE L'INSTITUT,
RUE JACOB, 56.

1849.

ZOOLOGIE.

MAMMIFÈRES.

SYSTÈME DENTAIRE.

J'ai fait connaître, dans les Considérations générales placées en tête de l'étude des Mammifères (Tome III, page 114), les dispositions des organes internes et externes de ces animaux, et j'ai montré que les uns et les autres fournissent des caractères importants pour la distribution méthodique de cette CLASSE des VERTÉBRÉS.

De tous ces appareils, un seul, le système dentaire, n'a pas été décrit avec les développements que lui aurait mérités son importance, parce que le tome III étant presque exclusivement consacré à l'histoire naturelle de l'homme, je ne voulais rien ajouter à cette grave étude qui ne lui fût indispensable. J'ai donc préféré renvoyer l'examen de la forme et de la position des dents chez les Mammifères, au moment où j'aurais à parler des divers groupes de ces animaux.

Ce moment est venu. Les détails dans lesquels je suis entré (Tome II, page 170) en décrivant la mastication, dans la série animale, abrègent ce que j'aurais à dire de la constitution et du développement du système dentaire; et si je reviens sur ce sujet, c'est pour en compléter l'histoire par l'exposé de ce qu'ont ajouté à cette partie de l'anatomie comparée les travaux récents de MM. Duvernoy, Flourens, Serres, Purkinjé, Retzius, Muller, Raschkow, Henle, Goodsir, etc., etc.

J'ai montré ailleurs qu'il y a trois substances dans les dents : la substance tubuleuse ou dentaire proprement dite, qui en fait la masse principale, l'ivoire de la couronne, et la matière corticale des racines. Au premier aspect, elles ressemblent à de petits os, mais cependant leur constitution en diffère : les os vivent et se nourrissent sans cesse; les dents, au contraire, ne sont pas le siége d'un mouvement nutritif, c'est presqu'un corps inorganisé; les matériaux dont elles sont formées ne se renouvellent pas, elles sont sécrétées par de petits sacs membraneux nommés *capsules* ou *matrices*, au fond desquels on rencontre un petit noyau pulpeux, appelé *germe*. Ces *germes*, formés de filets nerveux et d'un grand nombre de vaisseaux sanguins, laissent transsuder une humeur gélatineuse, qui remplit la capsule, dont la surface est bientôt couverte de granulations pierreuses, qui se multiplient et se confondent, en enveloppant le noyau pulpeux dont elles proviennent et en se moulant exactement sur le germe. Le volume de la dent s'augmente ainsi par l'addition des couches pierreuses successives et concentriques de deux organes emboités l'un dans l'autre ; et le germe se trouve renfermé dans un canal qui occupe le milieu du corps et diminue progressivement. Lorsque le germe n'adhère au fond de la capsule que par un seul point, la dent ne se termine que par un seul tube ou racine ; mais lorsqu'il y tient par plusieurs points, la nature pierreuse qu'il sécrète pénètre entre les pédoncules, enveloppe le dessous du noyau, et forme alors, en se prolongeant, autant de tubes ou de racines qu'il y a de points d'adhérence.

Toute cette partie centrale sécrétée par le germe se nomme l'*ivoire*. En même temps qu'il se dépose par lames dans l'intérieur de la dent, la surface de celle-ci se couvre d'une autre substance, que secrète la capsule et qu'on appelle l'*émail*. Cette liqueur particulière s'épanche, en gouttelettes, d'une multitude de petites vésicules, disposées avec ordre vers la partie supérieure du sac membraneux qui enveloppe le germe ; elle s'épaissit ensuite, pour former cette espèce de vernis d'un blanc laiteux et très-dur.

Le tissu de l'émail est compacte et fibreux, et sa dureté est si grande qu'il fait feu comme un caillou. Nous avons vu que l'émail et l'ivoire composent seuls les dents de l'homme et des animaux carnivores; chez les herbivores on rencontre une substance qui recouvre l'émail, et que par cette raison on nomme corticale. Elle se dépose comme l'émail, par une sorte de cristallisation ; mais au lieu de se présenter d'abord sous une forme de lame unie et continue, elle se cristallise plus confusément et par petites masses; elle est sécrétée par la capsule, et présente beaucoup d'analogie avec l'ivoire. La composition chimique de l'émail présente avec celle de l'ivoire des différences notables. Celui-ci est formé de gélatine mêlée à du phosphate de chaux, et contenant aussi une petite quantité de carbonate de chaux. L'émail est formé en très-grande proportion de phosphate de chaux, d'un cinquième de matière animale et de huit parties de carbonate de chaux. Selon quelques chimistes, on y rencontrerait aussi une très-petite quantité de fluate de chaux.

Voici ce qu'ont établi, sur la composition comparative de ces deux substances, les recherches de Berzélius :

	Émail.	Ivoire.
Matière animale.	»	28,0
Phosphate calcique, avec fluorure calcique.	88,5	64,3
Carbonate calcique.	8,0	5,3
Phosphate magnésique.	1,5	1,0
Soude, avec un peu de chlorure sodique. .	»	1,4
Alcali, eau, substance animale.	2,0	»
	100,0	100,0

D'après les vues de M. Owen, la dent ne différerait des autres os que par une proportion un peu plus grande de sels calcaires, ce qui, suivant ce célèbre anatomiste, s'explique par la destination tout extérieure de cet organe. M. Owen pense que la matière animale n'est autre chose que la substance du bulbe lui-même, et que la solidification, l'ossification ont lieu par le dépôt de la matière calcaire dans cette substance, non pas par *juxtaposition* de couches, comme dans les coquilles des Mollusques, mais par *intussusception.*

Tous les Mammifères, à peu d'exceptions près, sont pourvus de dents. Les *Fourmiliers*, les *Pangolins*, l'*Échidné* sont les seuls qui en soient absolument dépourvus. L'ordre des *Édentés*, auquel ces animaux appartiennent, est loin de justifier son nom dans toutes ses parties; car il renferme beaucoup de Mammifères qui, s'ils ne sont pas bien partagés sous le rapport des dents, comme l'*Aï*, l'*Ornithorhynque*, l'*Oryctérope*, n'en sont pas du moins complétement dépourvus. D'autres animaux en paraissent privés et en ont pendant une partie de la vie; ainsi M. Geoffroy-Saint-Hilaire a trouvé dans le fœtus de la baleine des rudiments dentaires qui avaient jusqu'à lui échappé aux recherches des anatomistes.

Le nombre des dents varie beaucoup dans les Mammifères; on n'en trouve jamais plus de cent quatre vingt-dix, et encore n'y a-t-il guère que les *Dauphins* qui aillent jusque là : le *Dauphin du Pérou* en a cent quatre-vingt-dix, celui du Gange en a cent quatre-vingt-dix; on en trouve cent quatre-vingt-huit dans le *Delphinus Frontatus*.

Les dents des Mammifères sont toujours appuyées sur les os maxillaires ou inter-maxillaires; toujours aussi elles sont reçues dans des cavités alvéolaires propres. D'après quelques naturalistes l'*Ornithorhynque* et l'*Hypéroodon* auraient des dents palatines; mais il est permis de douter de cette observation, et de croire que ce sont seulement des éminences calleuses de la membrane du palais de ces animaux que l'on a prises pour des dents.

Nous avons déjà fait connaître que c'est surtout par la forme de leurs dents que les Mammifères se distinguent les uns des autres; c'est sous ce rapport qu'il importe le plus peut-être de les étudier.

La division des dents en trois parties : *couronne*, *racine*, *collet*, n'est pas applicable à tous les Mammifères; il en est, les *Rongeurs*, les *Proboscidiens*, qui ont certaines dents recouvertes d'émail dans toute leur longueur, que pour cette raison on dit improprement *privées de racine*. Ces dents, qui possèdent en réalité une racine, puisqu'elles ont une partie de leur étendue implantée dans la mâchoire, ont une forme conique et une longueur supérieure à celle des autres dents; telles sont les incisives des *Rongeurs*, les défenses de l'*Éléphant*, de l'*Hippopotame*, etc. Leur cavité est conique également, et la base du cône qu'elles représentent est la partie la plus profondément enfoncée dans le follicule. Cette cavité n'embrasse pas la papille par sa base, elle ne la serre pas, elle ne l'étrangle pas, et ne gêne en aucun temps les fonctions de cette partie. Les dents qui ont des racines véritables sont pourvues d'une cavité intérieure, évasée dans la couronne, mais plus ou moins rétrécie dans la racine, et terminée par une ouverture à l'extrémité de celle-ci. Cette cavité emprisonne et serre étroitement la papille.

Les dents des Mammifères ont été distinguées en *simples, composées* et *demi-composées* ou *mixtes.*

Les dents *simples* sont celles qui, semblables aux dents de l'homme, n'offrent aucune anfractuosité de leur surface extérieure, et qui ont leur couronne formée d'un noyau régulier d'ivoire revêtu d'une couche non sinueuse d'émail.

Les dents composées, au contraire, présentent de telles sinuosités dans leur surface extérieure, qu'elles paraissent réellement formées par plusieurs dents accolées ensemble, et qu'on ne peut pas les scier en travers sans couper plusieurs fois chacune des substances qui les composent. Les anfractuosités de la surface des dents composées sont comblées par le cément, substance particulière aux dents des Mammifères, et que Ténon avait nommée *cortical osseux.*

Les dents *composées* ont une cavité papillaire autant de fois subdivisée que la dent présente elle-même de parties accolées et réunies par le cément.

Leur papille offre la même configuration; elle résulte d'un certain nombre de papilles secondaires réunies ensemble par une base commune, comme l'a si bien établi Cuvier en décrivant la dent mâchelière de l'Éléphant. Ce germe a dans chaque animal une figure propre. Pour se représenter celui de l'Éléphant, en particulier, qu'on se figure que du fond de la capsule, prise pour base, partent des espèces de petits murs tous parallèles, tous transverses et se rendant vers la partie du sac prête à sortir de l'alvéole.

Ces petits murs n'adhèrent qu'au fond de la capsule ; leur extrémité opposée, ou, si l'on veut, leur sommet, est libre de toute adhérence.

Ce sommet libre est beaucoup plus mince que la base ; on pourrait l'appeler leur tranchant ; il est de plus profondément fendu sur sa largeur en plusieurs pointes ou dentelures plus aiguës.

La substance de ces petits murs est molle, transparente, très-vasculaire, et paraît tenir beaucoup de la nature de la gélatine ; l'alcool la rend dure, blanche et opaque.

Les dents *demi-composées* sont celles dont les reliefs ne pénètrent que jusqu'à une certaine profondeur et dont la base est simple.

Pour avoir une idée de ce que sont les dents composées des animaux, il suffit de supposer une grosse molaire de l'Homme dont les racines seraient recouvertes d'émail, et réunies ensemble par du cément.

Les dents des Mammifères diffèrent de celles de l'Homme sous le rapport de la conformation de leur couronne, autant que leur régime diffère du sien. Nous avons eu déjà l'occasion de voir que sous ce point de vue elles fournissent des caractères zoologiques fort nombreux et fort importants ; qu'elles sont d'autant plus remarquables par la saillie, par la disposition pointue et tranchante à la fois de leur couronne, que les Mammifères sont plus carnassiers ; et qu'au contraire elles sont d'autant plus élargies et plus plates à leur surface, que l'animal est plus porté à se nourrir de substances végétales. La différence de conformation de la partie triturante des dents est telle dans ces animaux, et elle est si bien en rapport avec leur genre de nourriture, que le Cheval, par exemple, dont le genre de nourriture et les habitudes sont aussi éloignés que possible de ceux des animaux carnassiers, non-seulement n'a plus les dents pointues et tranchantes de ces derniers, mais encore, au lieu de saillies aiguës, il a des enfoncements sur la couronne de certaines dents.

Les Mammifères ont toutes les espèces de dents que l'on rencontre chez l'Homme ; mais elles n'y sont pas toujours disposées de la même manière les unes par rapport aux autres. Le nombre même des dents de chaque espèce varie suivant les *Familles*. Nous avons dit qu'aux deux substances essentielles des dents chez les Mammifères il s'en ajoute une troisième, qu'on appelle le *cément;* on y trouve, en outre, cette cristallisation calcaire confuse, sorte de tartre interne, que MM. Rousseau et Desmoulins ont appelée substance *poudingoïde.*

Le cément appartient uniquement aux dents composées et demi-composées des Mammifères : il est tout à fait étranger aux dents simples. Il est placé entre les divisions de ces dents, dont il remplit et comble les interstices. Le cément est la moins dure des trois substances dentaires ; il se dissout plus difficilement dans les acides et noircit plus vite au feu que l'émail.

Le cément est tellement abondant dans certaines dents, dans les mâchelières de l'Éléphant par exemple, qu'il forme environ la moitié de leur masse : il n'a aucune organisation ; c'est une sorte de tartre cristallisé sur la dent; suivant Ténon, il est produit par l'ossification de la membrane interne du follicule, membrane qui passe, en se réfléchissant, sur la papille, et sous laquelle la dent se développait primitivement. Suivant Blake et Cuvier, au contraire, cette substance est formée par le même organe que l'émail et après lui.

L'analyse de cette substance prise sur les dents d'un *Cabiai* a fourni les résultats suivants : matière animale, 43,01 ; phosphate de chaux, 52,94 ; carbonate de chaux, 4,05.

M. Lassaigne est arrivé à des résultats à peu près semblables : matière animale, 42,18 ; phosphate calcique, 53,84 ; carbonate calcique, 3,98.

Les dents des Mammifères ne sont pas toutes semblables entre elles sous le rapport du terme de leur accroissement : dans toutes c'est bien, comme chez l'Homme, par addition successive de couches à l'intérieur des premières formées que l'accroissement a lieu ; mais dans les unes cet accroissement a une limite, tandis que chez les autres il continue pendant toute la vie.

Les dents dont l'accroissement est limité sont les plus communes chez les Mammifères ; les autres sont l'exception.

Les dents qui s'accroissent indéfiniment sont presque toujours des canines ou des incisives ; rarement on voit une molaire présenter cette disposition, qui eût été très-fâcheuse dans ce genre de dent, particulièrement destinée à pratiquer la trituration des aliments, et dont l'écartement devait toujours être proportionné à l'écartement des mâchoires, afin qu'elles pussent se correspondre continuellement. Les canines et les incisives, dont les fonctions sont relatives à la division des aliments, pouvaient sans inconvénient acquérir de grandes dimensions ; ces dimensions même pouvaient quelquefois devenir utiles ou nécessaires, par suite de la destination spéciale de ces dents.

Les dents dont l'accroissement dure toute la vie devraient avoir toute la vie les moyens de produire l'émail. Elles sont réduites à une partie qui représente exactement la couronne de la dent humaine, et leur allongement continuel est assuré par les rapports continus de cette couronne avec les parties qui sécrètent l'ivoire et l'émail.

Les *Rongeurs*, les *Pachydermes* et les *Cétacés* sont les seuls Mammifères dont les dents s'accroissent pendant toute la vie : ces dents n'ont pas de racines, et sont creusées intérieurement d'une cavité conique. Leur papille, conique également, est appuyée sur le fond de l'alvéole par sa large base, et reçoit de ce côté ses vaisseaux et ses nerfs. Il résulte de là que les couches de matière éburnée sécrétées à la surface de la papille ne peuvent jamais l'embrasser, parce que le fond de l'alvéole offre de la résistance de ce côté. La papille n'est jamais pressée dans le point par où lui viennent les éléments nutritifs, et continue à sécréter toujours de la matière dentaire.

L'éruption des dents des Mammifères commence, comme chez l'Homme, en avant, et procède de ce point vers la partie postérieure.

Les dents des animaux se divisent, sous le rapport de leur durée, en dents temporaires et en dents permanentes. Comme chez l'Homme, il en est peu qui persistent pendant toute la vie; celles qui ont pris l'animal au début de la carrière ne l'accompagnent pas jusqu'à la fin, et presque jamais il n'avait en venant au monde celles qu'il emporte au tombeau avec lui. Chez la plupart des Mammifères c'est de bas en haut que la succession a lieu, comme chez l'Homme; chez d'autres, l'*Éléphant*, par exemple, c'est d'arrière en avant, comme *Pallas* l'a démontré.

La dent primitive est successivement détruite par atrophie, à mesure que la dent secondaire prend de l'accroissement. Quelques auteurs ont attribué principalement à la pression de la racine par la dent secondaire la chute de la dent primitive; M. Blandin a démontré, par de curieuses recherches, que c'est à la destruction des vaisseaux de la dent primitive que la chute doit être attribuée.

Cette manière de voir est la seule que confirme l'anatomie comparée. En effet chez l'Éléphant les dents se succèdent d'arrière en avant, la dent qui va paraître ne presse pas sur la racine de celles dont la chute est prochaine, et cependant, comme *Cuvier* l'avait remarqué, les phénomènes que l'on observe chez l'Homme s'accomplissent aussi chez ce Mammifère.

Le nombre des remplacements des dents n'est pas limité chez les Mammifères comme chez l'Homme; quelques-uns dont la dentition est bien connue sous ce rapport, entre autres l'Éléphant, changent huit fois de molaires. Au reste, on conçoit que le renouvellement des dents doit être calculé d'après les usages qu'en font les animaux et d'après la carrière plus ou moins longue qu'ils doivent parcourir. La nature, en effet, ne possède que deux manières d'assurer des dents à un animal : les renouveler par d'autres lorsqu'elles sont usées, ou bien les allonger continuellement vers la base à mesure qu'elles s'usent par l'extrémité opposée. Quelque précautions que la nature ait prises pour rendre les dents dures et résistantes, quel que soit le soin avec lequel elle a déposé l'émail sur le sommet de leur couronne, elles sont attaquées avec le temps et détruites plus ou moins complétement par les frottements. Ce qui use le plus ces parties, ce sont les frottements exercés sur elles en sens contraire, de dehors en dedans, comme chez les

Ruminants, ou d'avant en arrière, comme chez les Rongeurs. La percussion de leur couronne de haut en bas, comme cela a lieu dans la mastication ordinaire, n'a sur elles qu'une médiocre action ; aussi les animaux herbivores ou granivores, les broyeurs, usent-ils beaucoup leurs dents ; tandis que les carnassiers les conservent pointues et tranchantes jusqu'à la fin de leur vie. L'influence du frottement sur la destruction des dents par usure est telle, dit Cuvier, que chez l'Aï, qui a les dents supérieures et inférieures de largeurs inégales et qui broie ses aliments d'arrière en avant comme les Rongeurs, la rangée dentaire la plus étroite trace à la longue un sillon sur la plus large. Souvent aussi il reste sur les dents des lignes qui indiquent dans quel sens le frottement se fait habituellement, lignes transversales chez les Ruminants, antéro-postérieures chez les Rongeurs.

M. Blandin a signalé le premier un rapprochement très-original entre la préparation et l'entretien des meules et l'usure spontanée des dents. On sait, dit ce savant anatomiste, qu'une meule, pour servir utilement à l'usage auquel elle est destinée, a besoin d'être inégale, et que pour la rétablir dans cet état quand elle a servi pendant quelque temps, et que les frottements en ont usé les aspérités, le meunier la *repique ;* eh bien, la même chose arrive spontanément aux dents molaires, véritables meules buccales des grands Mammifères. La couronne de ces dents, en effet, est formée de substances d'inégale dureté, d'une égale résistance aux frottements ; leur premier effet est le rasement de toutes les aspérités originelles de la dent ; mais quand les choses en sont venues à ce point, les parties éburnées de la couronne, moins résistantes que les parties formées de cément, et que celles qui sont revêtues d'émail, sont détruites plus promptement que les autres; de nouvelles inégalités se forment, qui succèdent aux premières, et les dents se repiquent d'elles-mêmes, suivant toute la rigueur de l'expression. On conçoit toute l'importance sous ce dernier rapport de l'intrication des trois substances de ces dents composées; et l'on comprend également bien pourquoi les dents composées sont toujours des molaires.

Nous allons maintenant passer en revue les différents *Ordres* des Mammifères, et voir les variations que présente le *système dentaire*, suivant le régime particulier de chacun de ces animaux.

Quadrumanes.

Chez les *Quadrumanes* les dents ont une assez grande analogie avec celle de l'Homme (Tom. II, Pl. 4, fig. 2; tête d'*Orang*). Le nombre des dents est exactement le même; il n'y a qu'une exception à cette règle, exception qui porte sur une petite molaire que quelques espèces présentent en plus (*Alouates, Atèles, Sajous, Saïmiris*). Quant à leur disposition, elle ressemble exactement à celle de l'Homme, à une seule exception près, qui porte sur le *Ouistiti,* dont l'arcade dentaire est terminée en arrière par une petite molaire.

Chez les *Singes* on commence pourtant à voir se perdre quelques-uns des caractères les plus tranchés des dents de l'Homme; leurs racines, dans certaines espèces de *Makis* surtout, qui sont un peu carnassières, deviennent plus développées; la canine est plus pointue et un peu plus élevée que les dents voisines.

Les tableaux qui suivent exposent le nombre des dents de chaque mâchoire dans quelques *Genres* principaux.

Il est entendu que relativement aux *canines* et aux *molaires* le nombre indiqué s'applique à chaque côté de la mâchoire.

	Incisives		Canines		Molaires	
	Sup.	Inf.	Sup.	Inf.	Sup.	Inf.
Singes Catarrhins.	4	4	1	1	5	5
Singes Platyrhins.	4	4	1	1	6	6
Maki.	4	6	1	1	6	5
Indri.	4	4	1	1	5	5
Avahi.	4	4	1	1	5	5
Loris.	4	6	1	1	6	5
Nicticèbe.	2 ou 4	6	1	1	6	5
Galago.	4	6	1	1	6	5
Tarsier.	4	2	1	1	6	6
Aye-Aye.	2	2	4		3 ou 4	3

Carnassiers.

Chez les *Carnassiers*, la Famille des *Insectivores* forme, sous le rapport des dents, le passage naturel des *Quadrumanes* aux *Carnivores*. Les individus qui la composent ont un nombre de dents qui peut varier de vingt-huit à quarante-quatre. La *Céphalote* du Pérou est dans le premier cas, et les *Taupes* dans le second ; entre ces deux extrêmes il y a de nombreuses variétés (Tom. II, Pl. 4, fig. 2; tête de *Vampire*).

Les différences des dents des *Insectivores* peuvent porter sur les *incisives* et les *molaires*, mais jamais sur les *canines*; on en trouve toujours deux à chaque mâchoire.

Les racines sont plus développées chez les *Insectivores* que chez les *Quadrumanes*; la *Musaraigne* même est fort remarquable sous ce rapport. Elle a une quatrième *fausse molaire* dont la couronne s'élève en une lame tranchante, comme celle de la *carnassière* des animaux de la famille suivante.

Les incisives des Insectivores sont très-développées chez certains sujets. On en trouve trois chez les *Musaraignes*; d'autres, les *Mégadermes* et les *Taphiens*, n'en ont pas du tout.

	Incisives		Canines		Molaires	
	Sup.	Inf.	Sup.	Inf.	Sup.	Inf.
Galéopithèque	4	6	»	»	6	6
Roussette	4	4	1	1	5	6
Cynoptère	4	4	1	1	5	3
Céphalote	4	6	1	1	5	4
Dysope	2	4	1	1	4	10
Scatophile	4	6	1	1	4	4
Celaeno	2	4	1	1	4	4
Sténoderme	4	4	1	1	4	4
Ællo	2	2	1	1	4	4
Nyctinome	2	4	1	1	5	5
Dinops	2	6	1	1	5	5
Molosse	2	2	1	1	5	5
Noctilion	4	2	1	1	4	5
Glossophage	4	4	1	1	3	3
Monophile	4	»	1	1	5	6
Rhinopome	2	4	1	1	4	5
Madatée	4	4	1	1	4	5
Phyllostome	4	4	1	1	5	5
Vampire	4	4	1	1	3	6
Rhinolophe	2	4	1	1	5	6
Mégaderme	»	4	1	1	4	5
Nyctophile	2	6	1	1	4	4
Mormops	4	4	1	1	5	6
Nyctère	4	6	1	1	4	5
Taphien	»	4	1	1	5	5
Myoptère	2	2	1	1	4	5
Vespertilion	4	6	1	1	4	5
Oreillard	4	6	1	1	5	6
Hérisson	6	2	7	7	7	7
Tupaïa	4	6	7	7	7	7
Musaraigne	2	2	7 ou 8	5	8	5
Desman	6	8	8	6	8	6
Condylure et Chrysochlore	2	4	9	8	9	8
Scalope	2	4	9	6	9	6
Talpasore	2	4	11	6	11	6
Taupe	6	8	1	1	7	7

Les *Carnivores* ont entre eux beaucoup d'analogie sous le rapport de leur système dentaire; ils ne diffèrent que par leurs molaires. Tous ont douze incisives et quatre canines.

Les molaires des Carnivores sont divisées en deux classes, les *fausses* et les *carnassières tuberculeuses*. Les fausses molaires sont grandes et à plusieurs racines; les carnassières supérieures ont trois lobes et un talon mousse en dedans; les carnassières inférieures ont deux lobes pointus et tranchants sans aucun talon.

Les espèces du genre *Chat* sont celles qui forment, en quelque sorte, le type de cet ordre sous le rapport des dents. Les *Ours* sont, au contraire, les moins bien partagés: aussi ne se nourrissent-ils de chair que par nécessité; leurs aliments principaux consistent en fruits sauvages de toutes sortes. Leur carnassière est petite; son lobe antérieur est presque effacé. Leurs tuberculeuses sont striées comme chez les Rongeurs. Les *Phoques* ont quatre ou six incisives en haut et quatre en bas; leurs canines sont très-pointues; leurs mâchelières, au nombre de vingt, vingt-deux ou vingt-quatre, sont tranchantes ou coniques, dernière disposition qui peut être considérée comme une transition aux dents des *Cétacés*, et qui les rallie à ces derniers animaux par une analogie anatomique, comme ils en étaient déjà rapprochés par leurs habitudes aquatiques et leur nourriture empruntée, en grande partie, aux poissons et aux mollusques.

Tous les Carnivores, jusqu'aux *Loutres* inclusivement, ayant de chaque côté, aux deux mâchoires, six *incisives* et deux *canines*, il n'y a de différence pour la dentition des divers genres que dans le nombre des *molaires*.

	Incisives		Canines		Molaires	
	Sup.	Inf.	Sup.	Inf.	Sup.	Inf.
Ours	6	6	2	2	6	7
Raton et Coati	6	6	2	2	6	6
Kinkajou	6	6	2	2	5	5
Blaireau	6	6	2	2	5	6
Glouton	6	6	2	2	4 ou 5	5 ou 6
Mydaus	6	6	2	2	4	5
Moufette, Zorille et Putois	6	6	2	2	4	5
Marte	6	6	2	2	5	6
Civette, Genette, Paradoxure	6	6	2	2	6	6
Mangouste, Ictide, Suricate	6	6	2	2	5	5
Gymnure, Chien, Renard	6	6	2	2	6	7
Protèle, Chat	6	6	2	2	4	3
Hyène	6	6	2	2	5	4
Aonyx, Loutre	6	6	2	2	5	5
Calocéphale	6	4	1	1	5	5
Sténorhynque, Pélage	4	4	1	1	5	5
Stemmapode, Macrorhynque	4	2	1	1	5	5
Arctocéphale, Platyrhynque	6	4	1	1	6	5

Marsupiaux.

Chez les *Marsupiaux*, les uns, les *Sarigues* et les *Dasyures*, ont des incisives fort petites aux deux mâchoires, des canines fort longues, des arrière-molaires hérissées de pointes, et enfin tous les caractères des *Carnassiers insectivores*, dont ils partagent en effet le régime; les autres, les *Phalangers*, sont pourvus, en bas, de deux incisives pointues, tranchantes, couchées en avant, tandis qu'en haut ils en ont six plus petites. Les canines de ces derniers sont très-longues en haut; mais en bas elles sont si petites qu'elles sont souvent cachées par la gencive, et qu'elles disparaissent quelquefois.

Les uns, les *Kangourous*, n'ont plus de canines supérieures et ont leurs incisives moyennes égales aux autres.

Les autres, les *Koalas*, ont à la mâchoire inférieure

deux longues incisives sans canines, et à la mâchoire supérieure deux longues incisives moyennes, quelques petites sur les côtés et quatre petites canines. Les derniers, les *Phascolomes*, sont de véritables rongeurs sous le rapport de leurs dents. (Tom. II, Pl. 4, fig. 4; *Wombat.*)

	Incisives		Canines		Molaires	
	Sup.	Inf.	Sup.	Inf.	Sup.	Inf.
Dasyure.	8	6	1	1	6	6
Phascogale, Thylacine.	8	6	1	1	7	7
Sarigue, Chironecte.	10	8	1	1	7	7
Péramèle.	10	6	1	1	7	7
Phalanger.	6	2	»	»	8	7
Couscous.	6	6	»	»	6	8
Koala.	6	2	2	»	4	5
Potorou.	6	2	1	»	5	5
Pétauriste.	6	2	»	»	8	7
Phascogale.	2	2	»	»	5	5

Rongeurs.

Chez les *Rongeurs* on ne rencontre pas de *canines*. Les incisives sont au nombre de quatre, presque toujours deux à chaque mâchoire, séparées des molaires par un espace vide. Ces dents sont longues, fortes, du genre de celles qui croissent indéfiniment, et garnies d'un émail plus épais et plus dur en avant qu'en arrière. Il résulte de cette dernière disposition que ces incisives restent tranchantes pendant toute la vie, malgré la destruction qui résulte des frottements, car l'usure les atteint toujours un peu plus en arrière qu'en avant. Les molaires sont fort irrégulières sur leur sommet, et les inégalités terminales forment généralement des lignes disposées transversalement, comme chez les Éléphants.

Ces animaux n'ayant que deux incisives à chaque mâchoire et manquant de canines, il n'y a de différence pour la dentition des divers genres que dans le nombre des molaires.

	Incisives		Canines		Molaires	
	Sup.	Inf.	Sup.	Inf.	Sup.	Inf.
Castor	2	2	»	»	4	4
Kydromys	2	2	»	»	2	2
Potamys	2	2	»	»	4	4
Ondatra, Néotome, Sigmodon	2	2	»	»	3	3
Mynome, Campagnol, Lemming	2	2	»	»	3	3
Échimys, Loir	2	2	»	»	4	4
Rat, Hamster	2	2	»	»	3	3
Saccomys	2	2	»	»	4	4
Mérione, Gerboise	2	2	»	»	4	3
Gerbille	2	2	»	»	3	3
Hélamys, Oryctère	2	2	»	»	4	4
Rat-Taupe	2	2	»	»	3	3
Marmotte, Sciuroptère, Polatouche	2	2	»	»	5	4
Guerlinguet, Écureuil, Tamia	2	2	»	»	5	4
Porc-épic, Coendou, Acanthion	2	2	»	»	4	4
Lièvre	4	2	»	»	6	5
Pika	4	2	»	»	5	5
Cabiai, Cobaye, Agouti, Paca	»	»	»	»	4	4

Édentés.

Les Mammifères appelés *Édentés* ne sont pas tout à fait privés de dents comme leur nom l'indique. Ils n'ont pas d'incisives, et tous, excepté le *Paresseux,* manquent de canines. Les *Fourmiliers,* les *Pangolins* et l'*Échidné* sont les seuls qui soient tout à fait privés de dents.

Les canines du *Paresseux* sont plus longues que ses molaires et pointues.

Les mâchelières des animaux de cet ordre sont en nombre très-variable; les *Priodontes* en ont de quarante-huit à cinquante en haut et de quarante à cinquante en bas ; il est d'ailleurs remarquable que chez tous les Édentés, excepté les *Tatous*, qui en ont seize à chaque mâchoire, les mâchelières sont plus nombreuses en haut qu'en bas.

Les mâchelières des Édentés sont presque tout à fait cylindriques. Ce sont des cylindres plus ou moins parfaits, simples ou accolés deux à deux et formés quelquefois d'une seule substance. Leur accroissement est illimité, comme celui des incisives des Rongeurs. On conçoit parfaitement, en effet, qu'il puisse en être ainsi; car le tube cylindrique de ces dents ne peut pas embrasser la papille beaucoup plus que les cavités coniques de celles des Rongeurs. (Tom. II, Pl. 4', fig. 5; *Oryctérope du Cap.*)

L'*Ornithorhynque* n'a pas de dents véritables; il a des plaques cornées qui en tiennent lieu. Leur forme est carrée, suivant M. de Blainville. Il y en a quatre semblables à chaque mâchoire. Elles sont aplaties. La base en est irrégulière et moulée sur le fond de l'alvéole.

Les dents cornées de l'Ornithorhynque reposent par une large surface sur la gencive, et sont composées, d'après Hensinger, de fibres cornées creuses. Celles de l'*Oryctérope* sont un assemblage de petits tubes perpendiculaires et agglutinés ensemble, auxquels, d'après Cuvier, des vaisseaux sanguins vont se rendre.

Ces dents ne sont pas cornées; mais celles de l'Ornithorhynque contiennent, d'après Lassaigne, 99,5 de matière cornée et 0,3 de substance calcaire.

Les Édentés n'ayant généralement pas d'incisives, nous ne ferons mention que des animaux qui font exception à cette règle.

	Incisives		Canines		Molaires	
	Sup.	Inf.	Sup.	Inf.	Sup.	Inf.
Bradype.	»	»	1	1	4	3
Achéus.	»	»	»	»	5	4
Mégathère.	2	»	»	»	4	4
Tatou.	2	4	»	»	8	8
Priodonte.	»	»	»	»	25	24
Tatusie.	»	»	»	»	9	8
Oryctérope.	»	»	»	»	7	6
Fourmilier, Pangolin.	»	»	»	»	»	»

Pachydermes.

Chez les *Pachydermes*, les *Proboscidiens* n'ont pas d'incisives proprement dites. A leur place, à la mâchoire supérieure, sont implantées leurs énormes défenses, dents sans racines et susceptibles d'un accroissement illimité. Leurs molaires sont peu nombreuses; il y en a tantôt quatre, tantôt huit, quelquefois douze. *Cuvier* dit que dans tous les Éléphants qu'il a examinés il en a trouvé trois, une antérieure sur le point de tomber, une moyenne très-belle, et une postérieure rudimentaire; de sorte qu'à vrai dire l'*Éléphant* n'a que deux *molaires* à chaque mâchoire. Ces énormes dents ont la forme quadrilatère; leur couronne est relevée à sa face triturante par des crêtes transversales et parallèles réunies par du cément. Ces crêtes sont dentelées quand la dent n'est pas trop usée; chez les vieux *Proboscidiens* elles présentent des figures losangiques variables dans l'*Éléphant d'Afrique*, des rubans étroits et festonnés dans l'*Éléphant des Indes*.

Tous les autres Pachydermes offrent des dents de caractères beaucoup plus variés que celles des Proboscidiens. Leurs incisives sont simples et tranchantes le plus souvent. Leurs canines sont tantôt semblables aux canines ordinaires, et tantôt elles offrent l'apparence de défenses redoutables ; quelquefois elles manquent tout à fait. Leurs molaires ont une surface large, irrégulière et sont bien disposées pour broyer.

Le *Cheval* en particulier a six incisives en haut et douze en bas. (Tom. II, Pl. 4, fig. 6 ; *Cheval.*)

Les incisives ont ceci de remarquable qu'elles forment une courbe demi-circulaire très-régulière sur les jeunes chevaux. Celles du milieu portent le nom de *pinces ;* celles qui les touchent sont appelées *mitoyennes ;* les dernières sont les *coins ;* toutes ont leur couronne creusée d'une cavité ou entonnoir, dont la base correspond à l'extrémité libre de la dent, et dans laquelle s'accumule un tartre noirâtre. Cette cavité et la partie de la dent dans laquelle elle est creusée s'effacent graduellement sous l'influence des frottements. Les canines portent le nom de crochets ; elles s'émoussent avec l'âge ; la jument, chose remarquable, n'en a que rarement. Les molaires sont prismatiques et marquées de saillies irrégulières, en forme de croissant sur leur face triturante.

	Incisives		Canines		Molaires	
	Sup.	Inf.	Sup.	Inf.	Sup.	Inf.
Éléphant.	2	»	»	»	1 ou 2	1 ou 2
Mastodonte.	2	»	»	»	2	2
Palœothère, Lophiodon.	6	6	1	1	7	7
Rhinocéros.	2	2	»	»	7	7
Daman.	4	6	1	1	6	6
Pécari.	4	6	1	1	6	6
Cochon, Chéropotame.	6	6	1	1	7	7
Babiroussa.	4	6	1	1	5	5
Hippopotame.	4	4	1	1	7	6
Anoplothère.	6	6	1	1	7	7
Cheval.	6	6	1	1	7	6

Ruminants.

Chez les *Ruminants* il n'y a d'incisives qu'à la mâchoire inférieure, et elles y sont au nombre de huit. Les canines manquent le plus souvent, excepté dans quelques genres, les *Chameaux*, les *Lamas* et les *Chevrotains*. Le *Cerf* n'en a qu'à la mâchoire supérieure. Les molaires sont formées de doubles croissants parallèles; leur face triturante offre des arêtes longitudinales qui sont promptement détruites par les frottements. (Tom. II, Pl. 4, fig. 7; *Muntjac.*)

	Incisives		Canines		Molaires	
	Sup.	Inf.	Sup.	Inf.	Sup.	Inf.
Chameau	2	6	1	1	6	6
Lama	2	6	1	1	5	4
Chevrotain	»	»	1	»	6	6
Cerf	6	8	»	»	6	6
Girafe	6	8	»	»	6	6
Antilope	6	8	»	»	6	6
Mouton	6	8	»	»	6	6
Chèvre	6	8	»	»	6	6
Bœuf	6	8	»	»	6	6

Cétacés.

Les *Cétacés* sont de tous les Mammifères ceux qui sont les mieux partagés sous le rapport du nombre des dents; certains *Dauphins* en ont jusqu'à cent quatre-vingts ou cent quatre-vingt-dix (Tom. II, Pl. 4, fig. 8; *Dauphin*); il est vrai que par opposition, et comme pour compenser cette sorte d'excès, l'*Hypéroodon* n'en a que deux; le *Narval* deux encore ou même une seule, et la *Baleine* aucune.

Les incisives manquent chez la plupart des Cétacés; le *Dugong* en a presque seul, et les a très-développées; les canines manquent tout à fait, les molaires sont coniques et pointues pour la plupart ; celles du *Lamantin* sont aplaties à leur surface triturante, et surmontées de deux collines transverses, comme chez certains Pachydermes, le *Tapir* en particulier. Dans la *Baleine* il n'y a pas de dents véritables; mais elles sont remplacées par des productions cornées, qui constituent les *fanons*.

Les fanons sont insérés dans un follicule de la gencive, dans lequel la membrane muqueuse est très-vasculaire.

Les fanons, comme on le voit, sont bien plus analogues aux poils qu'aux dents; mais s'il n'existe pas de dents à la mâchoire supérieure de la Baleine, les observations de M. Geoffroy-Saint-Hilaire ont démontré qu'on en rencontre chez le fœtus à la mâchoire inférieure, dans la rigole que présente cet os. Ces dents ont paru à M. de Blainville simples et coniques comme celles des Cachalots.

	Incisives		Canines		Molaires	
	Sup.	Inf.	Sup.	Inf.	Sup.	Inf.
Lamantin	2	»	»	»	8	8
Dugong	4	6 ou 8	»	»	5	5
Stellère	»	»	»	»	1	1
Dauphin	»	»	»	»	84 à 95	84 à 95
Narval	2	»	»	»	»	»
Cachalot, Physale, Physéthère	Dents coniques nombreuses à la mâchoire inférieure.					
Baleine, Baléinoptère	Pas de dents. Des Fanons.					

ZOOLOGIE.

MAMMIFÈRES.

ORDRE II. — QUADRUMANES.

Un coup d'œil superficiel jeté sur les *Quadrumanes* nous rappelle assez ordinairement la forme humaine ; mais cette impression diminue si l'on examine avec plus de soin les différentes parties de la structure de ces animaux, et l'on ne tarde pas à comprendre la distance énorme qui existe entre le *Quadrumane* dont l'organisation est la plus parfaite et un individu de l'espèce humaine appartenant à la race la plus abâtardie.

La plus grande partie des *Quadrumanes* qui habitent les forêts ont les extrémités des membres disposées de façon à saisir les objets, ou à grimper sur les corps. On a donné à ces organes le nom de mains, à cause de la faculté que possède le pouce de s'opposer aux autres doigts. Une particularité singulière chez quelques espèces de *Quadrumanes*, c'est que la forme de *main* qu'affectent les extrémités des membres se rencontre plus souvent aux membres postérieurs qu'aux membres antérieurs, chez lesquels se modifie souvent ce caractère zoologique. Du reste, cette disposition organique, dont l'utilité est incontestable pour les *Quadrumanes* habitant les forêts, diminue peu à peu et devient presque inaperçue chez les groupes de ces animaux qui vivent dans les vallées, dont la surface est unie ou fort peu accidentée. Les mouvements manquent alors de décision et d'énergie, et si l'on rencontre quelques-uns de ces *Quadrumanes* doués de la faculté de sauter sur leurs quatre membres avec assez d'élégance, le plus grand nombre, du moins, est lourd, embarrassé dans sa marche, et n'a qu'une allure oblique et disgracieuse. L'attitude ordinaire des *Quadrumanes* est rampante; c'est une situation intermédiaire entre la position verticale et l'allongement horizontal de quelques animaux. Les cuisses sont relevées vers le corps; la rencontre du fémur et du tibia a lieu sous un angle presque aigu, ce qui permet à ces animaux d'exécuter des sauts énergiques, par l'extension subite de l'articulation.

Les membres antérieurs des *Quadrumanes* sont proportionnellement plus forts que les membres postérieurs, et, de plus, articulés et non soudés ensemble, ils jouissent de la faculté de changer de direction, par des mouvements alternatifs de pronation et de supination.

La position de la tête varie; cependant on peut regarder comme une règle générale que chez ces animaux les condyles de l'occipital sont placés plus en arrière que dans le crâne humain. Il en est même quelques-uns qui présentent à la fois des condyles à la face postérieure et non inférieure du crâne et un prolongement des os de la face. Chez ces espèces les apophyses épineuses des vertèbres cervicales sont assez allongées pour donner attache aux ligaments suspenseurs de la tête.

Les organes des sens sont très-développés. Les cavités orbitaires sont, en général, complètes et séparées par les fosses nasales; leurs yeux, rapprochés, prennent une direction qui est sensiblement la même.

Le crâne est ordinairement volumineux ; et sans reproduire ici les développements que nous avons donnés ailleurs (tom. III, pages 173 et 181) sur les différences dans la grandeur de l'angle facial et dans les proportions du poids du cerveau au poids total du corps, nous rappellerons que cet angle facial varie dans les *Quadrumanes* de 34 degrés à 67, et que le poids du cerveau varie d'un vingt-deuxième (*Saïmiri*) à un cent cinquième (*Magot*).

Les mamelles chez ces animaux sont toujours pectorales, c'est-à-dire placées sur la poitrine et au nombre de deux. Une seule espèce, le *Loris grêle,* en a quatre, dont deux sont situées à la région des aines. Les mères montrent pour leurs petits la plus active sollicitude et les élèvent avec les plus grands soins.

L'appareil digestif des *Quadrumanes* ressemble, à peu de chose près, à celui de l'homme ; leur régime, dans les espèces supérieures, est peu différent du sien ; à l'exception de quelques espèces qui mangent des œufs d'oiseaux, des insectes ou de petits animaux, le plus grand nombre se nourrissent de substances végétales. Dans les groupes supérieurs, les dents sont disposées comme celles de l'homme ; mais chez les *Ouistitis* et les *Sakis* les tubercules de leurs mâchelières sont remplacées par de petites pointes épineuses.

On n'a pu encore opérer la domestication des *Quadrumanes,* comme celle de beaucoup d'autres animaux. Tout ce qu'on a essayé jusqu'à ce jour, ç'a été de les apprivoiser, et pour arriver à ce résultat il faut les prendre très-jeunes et les familiariser graduellement avec les changements de température, qui dans nos climats sont les causes les plus habituelles de l'insuccès de pareilles tentatives. Dans les pays chauds l'apprivoisement est plus facile, et l'on a aussi remarqué que les singes d'Amérique se prêtent mieux à l'éducation que les singes de l'Inde, dont le caractère s'aigrit en vieillissant et devient intraitable.

La distribution géographique des *Quadrumanes* est des plus remarquables : ils ont généralement pour patrie les zones intertropicales, et on les trouve à peu près aux mêmes latitudes, en Amérique, en Asie, en Afrique, dans l'Inde et dans les îles de l'archipel Indien. L'Europe, la Nouvelle-Hollande et l'Océanie ne présentent pas d'animaux de cet *ordre;* il faut pourtant faire une exception à l'égard de l'Europe : un petit coin de ce continent, les rochers de Gibraltar, nourrit en effet le *Magot,* et, à moins qu'il n'y ait été transporté, la présence de cet animal dans ce point extrême de la péninsule Espagnole attesterait l'antique existence de l'Atlantide, et compléterait ainsi l'aspect Africain de l'Andalousie.

Ces animaux se plaisent de préférence dans les pays peu élevés, très-boisés et dont la température est très-chaude. L'Amérique n'en montre que dans les zônes intertropicales, le Brésil, les Guyanes, le Paraguay et une partie du Mexique. On n'en voit jamais dans les contrées situées à l'est des Andes, ni sur ces montagnes ou sur celles qui en sont le prolongement. Passé l'isthme de Panama, on n'en rencontre plus vers le nord, et il en est de même pour le Paraguay au sud.

On a vu des *Quadrumanes* dans tous les points de l'Afrique où l'on a pénétré, mais particulièrement au Congo, au Sénégal et au Cap de Bonne-Espérance. Les côtes de

Barbarie et la haute Égypte n'en possèdent que deux ou trois espèces, parmi lesquelles nous citerons le *Magot*, que nous avons déjà mentionné, à l'occasion des rochers de Gibraltar.

L'île de Madagascar, où l'on rencontre une famille particulière de *Quadrumanes*, les *Lémuriens*, ne possède aucune espèce de singe, proprement dite.

L'Arabie a deux ou trois espèces de singes, tandis que l'Asie Mineure, la Géorgie, la Syrie et la Perse n'en possèdent qu'une espèce. Le reste de l'Asie n'en montre que dans la presqu'île de l'Inde, au Bengale, à Ceylan, à Malaca, à Sumatra, à Bornéo et dans quelques provinces méridionales de la Chine. La chaîne de l'Himalaya et les montagnes du Tibet paraissent être une limite à l'existence des singes, quoique M. Temminck ait rencontré le *Macaque à face rouge* dans les îles du Japon.

Un naturaliste français, dont le gouvernement a voulu récompenser les travaux, par l'acquisition des riches et nombreux échantillons palæontologiques qu'il avait recueillis, M. Lartet, a trouvé dans le département du Gers des os fossiles de Quadrumanes appartenant au genre *Gibbon*. Les ossements étaient compris dans des couches palæothériennes, circonstance qui établit l'origine reculée des animaux de cet ordre.

Le nom de *Quadrumanes* suppose l'existence d'une main à l'extrémité des quatre membres des animaux dont l'histoire nous occupe; mais, ainsi que nous l'avons déjà fait pressentir, l'on rencontre quelquefois des espèces dont les mains antérieures n'ont aucune trace de pouce. Une remarque de ce genre faite par M. Ogilby, sur des individus vivants du genre *Alouate*, qui ne faisaient pas usage de l'extrémité de leurs membres antérieurs pour saisir les objets entre le doigt et le pouce, a conduit ce savant naturaliste à examiner ces animaux avec plus d'attention, et il s'est assuré que chez eux le pouce n'était pas, comme on l'avait cru, opposable aux autres doigts, mais prenait son origine sur une même ligne que ces derniers.

Frappé de cette singularité apparente, il crut devoir faire une étude spéciale de tous les autres animaux qu'il put rencontrer appartenant à la classe des *Quadrumanes*. Ces recherches, poursuivies pendant plus de six années, l'ont convaincu que le caractère non opposable du doigt interne des extrémités antérieures, qu'il n'avait observé d'abord que dans les individus dont on a parlé, ne se borne pas au genre *Alouate,* mais s'étend à tous les individus de tous les genres *singes* de l'Amérique méridionale qu'il a pu voir jusqu'ici à l'état vivant. Dans aucun d'eux, en effet, il n'existe de véritable pouce aux membres antérieurs. Parmi les huit genres naturels qui comprennent les singes connus de l'hémisphère occidental un seul, l'*Atèle*, est entièrement dépourvu de pouce, ou bien il a cet organe à l'état rudimentaire et placé sous la peau. Dans cinq autres, savoir : *Alouate, Lagothriche, Nocthore*, *Sakis* et *Ouistiti*, les pouces antérieurs (pour se servir de l'expression ordinaire) sont placés sur la même ligne que les autres doigts, ont la même force qu'eux, agissent invariablement dans la même direction et sont absolument incapables de leur être opposés. Dans les deux genres qui restent, *Sapajou* et *Sagouin,* les extrémités des membres antérieurs ont une ressemblance apparente plus grande avec les mains de l'homme et avec celle des *singes* de l'ancien monde ; le doigt interne est placé plus en arrière que la ligne générale des autres doigts, et présente, sous ce rapport, quand on l'examine superficiellement, l'apparence d'un doigt opposable; mais, comme l'a très-bien observé d'Azara, relativement au *Saï*, il est moins séparé que dans l'homme; il a précisément la forme grêle des autres doigts; il est même plus faible qu'eux, absolument incapable de leur être opposé, et agit constamment de concert avec eux et dans la même direction.

En examinant les mains des singes de l'ancien monde, on pourrait être tenté de croire que les extrémités des *Sapajous* ont la même conformation; mais une fois qu'on sait que chez l'*Alouate* et le *Saki* il n'y a pas de pouce opposable, une observation plus attentive des extrémités antérieures des *Sapajous* ne tarde pas à démontrer que ces parties ne remplissent pas la fonction de mains, et ne sont pas douées de la faculté de ces organes.

D'innombrables observations sur plusieurs espèces de ce genre ont conduit M. Ogilby à regarder comme un fait évident, que, malgré les apparences trompeuses dues à la direction en arrière d'un des doigts, ces derniers singes ne possèdent pas la faculté d'opposer le pouce aux autres doigts dans l'acte de la préhension.

Cette particularité, non encore soupçonnée par les zoologistes, acquiert de l'importance pour la distinction des *singes* de l'ancien et du nouveau monde, en offrant un caractère beaucoup plus précis que ceux qui ont été employés jusqu'ici, tels que l'épaisseur comparative de la cloison nasale, l'absence ou la présence de poches gutturales, ou de callosités. Ainsi, les singes de l'Amérique, que M. Ogilby a démontrés dépourvus de mains antérieures, ne devraient plus, d'après les travaux de cet observateur, être rangés parmi les *Quadrumanes*.

On a depuis longtemps essayé de classer les *Quadru-*

manes en plusieurs groupes ; les tableaux ci-joints exposent très-nettement les principes d'après lesquels se sont dirigés Cuvier, Geoffroy Saint-Hilaire et M. Duvernoy.

Nomenclature de M. Duvernoy.

- **QUADRUMANES.** Extrémités modifiées pour grimper. Régime frugivore, insectivore et même omnivore. Les trois sortes de dents en série continue : molaires à tubercules mousses. Canines dépassant les autres dents. *Deux Divisions.*
  - 1re *Division.* SINGES. Quatre incisives, verticales ou peu inclinées, à chaque mâchoire. *Trois Familles.*
    - FAMILLES NORMALES.
      - 1re *Famille.* SINGES (ancien continent). Même système de dentition que l'homme. Quatre incisives, deux canines, quatre fausses molaires et six vraies à chaque mâchoire, toutes à tubercules mousses. Canines dépassant de beaucoup les incisives, et se plaçant dans un intervalle des dents de la mâchoire opposée. Narines percées au bas du nez. Habitent les contrées chaudes de l'Afrique et de l'Asie. *Sept Genres.*
        - Orang. Chimpansé. Gibbon. Semnopithèque. Guenon. Macaque. Cynocéphale.
      - 2e *Famille.* SAPAJOUS (nouveau continent). Douze molaires à chaque mâchoire. Narines percées sur les côtés du nez. Une longue queue. Pas d'abajoues ni de fesses calleuses. Les cinq premiers genres ont la queue prenante, et portent le nom commun de *Sapajous.* Les trois autres, nommes *Sakis*, n'ont pas la queue prenante. *Sept Genres.*
        - Alouate. Coaïta. Lagotriche. Sajou. Saïmiri. Nocthore. Saki.
    - FAM. ANORMALE.
      - 3e *Famille.* OUISTITIS. Dix molaires à chaque mâchoire, dont six fausses et quatre vraies. Queue non prenante; pouces des mains antérieures peu ou pas opposables. Habitent l'Amérique méridionale. *Un Genre.*
        - Ouistiti.
  - 2e *Division.* MAKIS. Plus ou moins de quatre incisives à l'une ou à l'autre mâchoire; celles de la mâchoire inférieure inclinées en avant. *Une Famille.*
    - 4e *Famille.* LÉMURIENS. Narines percées à l'extrémité du museau; front plat; train de derrière plus grand que celui de devant. Incisives variables; inférieures ordinairement inclinées en avant. Molaires à tubercules aigus. Pouces développés et séparés. Doigt indicateur de derrière armé d'un ongle pointu et relevé. Pélage laineux. Habitent les contrées les plus chaudes de l'Afrique et de l'Asie. *Cinq Genres.*
      - Maki. Indri. Lori. Galago. Tarsier.

Nomenclature de Geoffroy-Saint-Hilaire.

QUADRUMANES.

Un pouce opposé, dans son action, aux autres doigts et jouissant, aux quatre pieds, de mouvements propres et distincts.

Deux Familles.

SINGES.

Dents incisives au nombre de quatre, opposées dans les deux mâchoires; canines de chaque côté et à chaque mâchoire. Ongles des doigts de même forme, sauf celui du pouce, qui est plus aplati.

Deux Groupes.

CATARHINNINS.

Cloison des narines étroite. Narines ouvertes au-dessous du nez. Os du nez soudés avant la chute des dents de lait. Vingt dents molaires, huit incisives, quatre canines. Axe de la vision parallèle au plan des os maxillaires. Callosités et abajoues chez le plus grand nombre. Habitent les contrées chaudes de l'ancien monde.

Dix Genres.

Troglodyte.
Orang.
Nasique.
Semnopithèque.
Colobe.
Guenon.
Macaque.
Magot.
Cynopithèque.
Cynocéphale.

PLATYRHINNINS.

Cloison des narines large. Narines ouvertes sur les côtés du nez. Os du nez soudé tardivement. Six dents molaires dans les singes à ongles courts et plats; cinq dans ceux à griffes. Axe de la vision intermédiaire entre le plan des os maxillaires et celui donné par le sommet de la tête. Pas de callosités. Pas d'abajoues. Habitent l'Amérique méridionale.

Trois Tribus.

HÉLOPITHÈQUES.

Singes à queue prenante.

Cinq Genres.

Alouate.
Atèle.
Ériode.
Lagotriche.
Sapajou.

GÉOPITHÈQUES.

Singes de terre.

Trois Genres.

Callitriche.
Noctbore.
Saki.

ARCTOPITHÈQUES.

Singes à ongles d'ours.

Deux Genres.

Ouistiti.
Tamarin.

STREPSIRHINNINS.

Les fosses orbitaires complètes, eu égard, seulement, à l'articulation des apophyses des os jugal et coronal, incomplètes à leur fond, par le défaut de prolongement des lames osseuses qui naissent de la face interne de ces pièces. Narines terminales sinueuses. Quatre dents incisives associées par paires, écartées sur le milieu, à la mâchoire supérieure; six incisives dirigées en avant, à la mâchoire inférieure. Extrémités postérieures plus longues que les antérieures. Pouces plus écartés aux mains. Deuxième doigt des membres postérieurs court, terminé par un ongle étroit, long et relevé. La queue non prenante. Ils habitent Madagascar, et quelques sous-genres de l'ancien continent.

Huit Genres.

Maki.
Indri.
Chéirogale.
Microcère.
Galago.
Tarsier.
Nycticèbe.
Lori.

Nomenclature de G. Cuvier.

QUADRUMANES.

Mains aux membres abdominaux ainsi qu'aux membres thoraciques. Les trois sortes de dents. Yeux dirigés en avant ou obliquement. Mamelles pectorales.

Trois Familles.

SINGES.

Ongles plats à tous les doigts. Corps svelte. Membres grêles et longs.

Deux Tribus.

DE L'ANCIEN CONTINENT.

Dents molaires au nombre de cinq de chaque côté, et à chaque mâchoire.

Presque toujours des callosités ischiatiques, espèces de coussins charnus placés sous le bassin.

Queue jamais prenante.

Narines ouvertes au-dessous du nez et séparées par une cloison étroite.

Joues souvent creusées de poches nommées abajoues, qui communiquent avec la bouche et servent de magasin pour les aliments dont l'animal s'empare.

Deux Sections.

- Complétement dépourvus de queue. Os hyoïde étroit ; foie et cœcum comme chez l'homme. Point d'abajoues. Angle facial de 65°. *Deux Genres.*
  - Siége dépourvu de callosités ischiatiques. . **Orang.**
  - Siége garni de callosités ischiatiques. . . . . **Gibbon.**
- Ayant une queue, en général longue, quelquefois en forme de tubercule à peine saillant. Os hyoïde en forme de bouclier ; cœcum court et sans appendice ; foie divisé en plusieurs lobes : des callosités. *Quatre Genres.*
  - Museau arrondi, peu saillant. Narines ouvertes en arrière du bout du museau.
    - Queue très-longue, ordinairement relevée, servant de balancier.
      - Des abajoues. Angle facial de 40° au moins. . **Guenon.**
      - Pas d'abajoues. Angle facial de 60°. . . . **Semnopithèque.**
    - Queue pendante, ordinairement courte, impropre aux mouvements. Angle facial de 40°. **Macaque.**
  - Museau tronqué au bout et très-saillant ; narines ouvertes à son extrémité. Ils ont des abajoues. Angle facial de 30°. . . . . **Cynocéphale.**

DU NOUVEAU CONTINENT.

Dents molaires au nombre de six de chaque côté, et à chaque mâchoire.

Jamais de callosités ischiatiques.

Queue souvent prenante.

Narines souvent séparées par une large cloison et ouvertes sur les côtés du nez.

Jamais d'abajoues.

Deux Sections.

- Queue préhensile, pouvant s'enrouler autour des objets et les saisir. *Trois Genres.*
  - Queue entièrement velue. Angle facial de 60°. . . . . **Sapajous.**
  - Tête pyramidale. Mâchoire inférieure énorme. Angle facial de 30°. . . . . . . **Alouate.**
  - Pas de pouce aux membres antérieurs, qui sont longs, maigres et flexibles. . . **Atèle.**
- Queue non préhensile. Désignés sous le nom collectif de *Sagouins*. *Trois Genres.*
  - Tête ronde. Queue déprimée, garnie de poils courts. Oreilles grandes et déformées. . . . . **Saïmiri.**
  - Queue garnie de poils longs et touffus. **Saki.**
  - Yeux très-gros. Oreilles petites. . . . **Nocthore.**

OUISTITIS.

Dents incisives au nombre de quatre à chaque mâchoire, mais obliques, et proclives surtout à la supérieure. Vingt dents molaires. Ni callosités, ni abajoues. Queue touffue, non préhensile. Pouce des membres antérieurs à peine opposable. Tous les doigts armés d'ongles en griffes, excepté au pouce des membres postérieurs. Taille petite, tête ronde, visage plat, narines latérales. *Deux Genres.* . . . . **Ouistitis.**

MAKIS.

Dents incisives en plus grand nombre et autrement disposées que chez les singes. Quatre pouces opposables. Ongles plats, excepté au premier ou aux deux premiers doigts de derrière. Narines terminales. *Cinq Genres.*

- Six dents incisives en bas, quatre en haut. Queue longue et touffue. . . . . **Maki.**
- Quatre dents incisives en bas, queue courte. Membres postérieurs très-longs. **Indri.**
- Corps grêle, museau court, yeux gros, dépourvus de queue. . . . . **Lori.**
- Yeux très-grands, oreilles très-grandes, membres postérieurs très longs. **Galago.**
- Oreilles de grandeur ordinaire. Membres postérieurs démesurément longs. **Tarsier.**

Nous suivrons dans cet ouvrage la nomenclature de Cuvier, à laquelle nous avons apporté de très-légères modifications, pour la décomposition des groupes secondaires. Quant à l'exposé analytique de leurs caractères distinctifs les plus saillants, nous ne pouvons qu'en référer au *Tableau* de l'*Ordre* des *Quadrumanes* qui fait partie de notre ouvrage : Règne Animal distribué en Tableaux Méthodiques, publié à la librairie de V. Masson.

FAMILLE DES SINGES.

Les Singes sont des animaux de moyenne ou de petite taille, dont le crâne est presque toujours arrondi, le museau médiocrement prolongé, le cou court, le corps svelte, les membres grêles et longs ; ils sont couverts d'un poil assez serré, long et soyeux. Leur ressemblance avec l'homme est quelquefois frappante, et il en est qui dans les premières années n'ont guère la ligne faciale plus oblique que beaucoup de Nègres ; mais par les progrès de l'âge leur museau devient de plus en plus saillant, et chez quelques Singes cette partie de la face se développe au point de ressembler à celle d'un chien.

Les gestes et les allures de ces animaux ont, du reste, beaucoup d'analogie avec les nôtres. Plusieurs se tiennent facilement dans une position presque verticale, surtout lorsqu'ils peuvent s'aider d'un bâton comme nous nous servons d'une canne. On en voit qui marchent de la sorte ; mais ce n'est jamais d'une manière aussi sûre que l'homme. Ils sont, au contraire, admirablement bien organisés pour grimper de branche en branche ; la longueur et la flexibilité de leurs membres, l'existence d'une main à l'extrémité de tous ces organes leur permet alors de déployer une agilité étonnante; la nature les a en outre pourvus d'une longue queue préhensile, qui leur sert comme d'une cinquième main pour se suspendre aux branches, se balancer dans les airs et prendre leur élan lorsqu'ils veulent sauter d'un arbre à un autre.

On sait que le cerveau des SINGES est plus volumineux, comparativement au volume du corps, que celui de tous les autres mammifères, l'homme excepté, et que les circonvolutions de sa surface sont très-nombreuses. Ce développement de l'encéphale est en rapport avec l'intelligence très-marquée dont ces animaux font preuve. Leurs sens ont aussi beaucoup de perfection; ils voient très-bien, et jugent parfaitement les distances des corps qu'ils essayent d'atteindre, ou des branches sur lesquelles ils s'élancent avec une vivacité incroyable. Leur ouïe paraît avoir beaucoup de finesse. L'odorat et le goût semblent chez eux inférieurs aux deux premiers sens. On conçoit que le tact soit au contraire au maximum de perfection, puisqu'ils ont quatre mains conformées, à peu de chose près, comme celles de l'homme, et que souvent l'extrémité de leur queue leur rend l'office d'un cinquième membre. Leur face nue, leurs lèvres très-mobiles, le peu d'épaisseur de leur fourrure, le manque presque complet de graisse, et la grande irritabilité de leur système nerveux, doivent concourir puissamment à cette perfection.

Les SINGES sont essentiellement frugivores, et leurs dents ont la plus grande similitude avec les nôtres. Leurs molaires sont tuberculeuses comme les nôtres, mais leurs canines beaucoup plus longues. Les SINGES sont propres aux pays chauds; une seule espèce vit sauvage en Europe, sur les rochers de Gibraltar; et, chose très-remarquable, ceux du nouveau monde ont tous des caractères particuliers, qui les distinguent de ceux de l'ancien continent. Ces caractères zoologiques, si bien en harmonie avec la distribution géographique des SINGES, les a fait diviser, ainsi que nous l'avons déjà dit, en deux *Tribus*, les SINGES de l'ancien monde et les SINGES d'Amérique.

M. Finlayson a vu à Siam deux SINGES complétement blancs. Ils avaient à peu près la taille d'un petit caniche, et étaient munis d'une queue aussi longue que leur corps, et revêtus d'une épaisse fourrure, aussi blanche que la neige ou que celle du lapin le plus blanc.

Leurs lèvres, leurs paupières, leurs pattes étaient remarquables par cette couleur inanimée de la peau qui distingue l'albinos humain, tandis que l'aspect général de l'iris de l'œil, et même de la physionomie, joint à leur incapacité de supporter la lumière, présentaient des points de ressemblance entre eux et cette malheureuse variété de notre espèce.

Ces SINGES n'avaient guère de la vivacité ni du caractère méchant qui rendent leur race si célèbre. Toutes leurs attitudes semblaient n'avoir pour but que de diminuer l'effet douloureux que la lumière produisait sur leurs organes; aussi cherchaient-ils sans cesse à se placer à contre-jour. Les sourcils de ces SINGES paraissaient tirés et froncés; la prunelle de leurs yeux était d'un rose léger, l'iris d'un brun très-pâle.

Il ne paraît pas que les Siamois leur portassent aucun degré de vénération; mais on les gardait par des motifs de superstition, dans le but, dit-on à M. Finlayson, qu'ils empêchassent les mauvais esprits de tuer les *Éléphants blancs*.

M. Ogilby, dont les recherches tendent à changer profondément la classification des *Quadrumanes*, veut réserver ce nom pour les SINGES de l'ancien monde, et ranger sous le titre de *Pédimanes* les SINGES d'Amérique, auxquels il réunirait les Didelphes. Ce savant observateur a insisté particulièrement sur la queue prenante de ces animaux, faculté possédée par le plus grand nombre des *Pédimanes*, trois genres seulement appartenant à d'autres groupes, les *Synéthères*, les *Fourmiliers* et les *Cercoleptes* en ayant été doués. Il regarde cette faculté comme extrêmement importante, en ce qu'elle compense en quelque sorte l'absence de pouces opposables aux membres antérieurs. Enfin, il fait remarquer que cette queue prenante s'allie, dans tous les exemples connus, soit parmi les *Pédimanes*, soit dans les autres groupes, à une certaine lenteur ou circonspection apparente dans les mouvements, qu'on n'observe dans aucun *Quadrumane*, les *Nycticebi* exceptés. Dans aucun des vrais *Quadrumanes* la queue n'est prenante.

GENRE ORANG.

Les ORANGS sont les seuls singes de l'ancien continent qui manquent de callosités ischiatiques. Dans la langue malaise les mots *Orang-Outang* signifient homme sauvage. Les Malais et les habitants des îles de la Sonde ont donné ce nom aux grandes espèces de *Quadrumanes* que l'on trouve dans leur pays, et principalement dans l'île de Borneo. Ils sont persuadés que ces grands singes sont une race humaine dégénérée; qu'à une époque éloignée de nous de plusieurs milliers d'années, des hommes paresseux se réfugiaient dans les bois, pour se soustraire à l'obligation de travailler; que leur postérité s'altéra de plus en plus, et devint enfin telle qu'on la voit aujourd'hui.

L'*Orang-Outang* de l'Asie ressemble, en effet, plus à l'homme qu'aucun autre singe, quoiqu'il ait beaucoup de peine à se tenir droit, que ses bras soient très-longs, proportionnellement à sa taille, qu'il soit couvert d'un poil de plus de cinq pouces de long sur le dos, et de plus de quatre pouces sur les bras. Quant aux facultés dont il est pourvu et aux développements dont elles seraient susceptibles, on ne pourra les connaître que par des observations suivies avec persévérance, et répétées sur un très-grand nombre d'individus; et il est prudent de se tenir en garde contre l'impatience, qui, devançant les observations, prétend deviner le résultat des expériences, et ne sait pas attendre les enseignements que peuvent seuls donner le temps et un esprit de recherches sagement dirigé.

L'espèce la plus remarquable de ce GENRE est l'*Orang-Outang, Simia satyrus* de Linné, *Pithecus satyrus* de Cuvier.

Dents incisives $\frac{4}{4}$, canines $\frac{1\ 1}{1\ 1}$, molaires $\frac{5\ 5}{5\ 5} = 32$. Angle facial, 65 degrés.

Pendant longtemps on a regardé l'*Orang-Outang*, que Buffon a décrit sous le nom de *Jocko*, comme formant une espèce distincte du *Pongo*. On ne connaissait, il est vrai, le premier que d'après les observations de Vosmaër et de Camper; et le second par ce qu'en a dit Vurmb, dans les *Transactions de la Société de Batavia*, et par le squelette complet qui fait partie de la collection d'anatomie comparée du Muséum de Paris. On supposait même ces anciennes espèces si différentes, que les zoologistes, à l'imitation de M. Geoffroy, crurent devoir former un genre du dernier, et le placèrent fort loin de l'autre, parce qu'à cette époque on avait surtout égard, pour la distribution des espèces de singes, à la considération de l'angle facial.

Mais ces deux singes n'étaient connus, l'un que d'après de très-jeunes individus, l'autre par un seul individu mâle et adulte : on commença à supposer qu'ils pouvaient appartenir à la même espèce. Ce doute se présenta à l'idée de G. Cuvier à la vue d'un crâne d'*Orang*, d'âge assez intermédiaire à celui sous lequel on avait connu l'*Orang* roux et le *Pongo*, et qui lui avait été envoyé de Calcutta par M. Wallick.

M. Blainville a pu se procurer, il y a quelques années, deux éléments nouveaux propres à avancer la question, savoir : une belle tête d'*Orang-Outang* adulte, et un squelette complet d'un jeune sujet de même espèce, l'un et l'autre de Sumatra.

Le crâne de l'*Orang-Outang* adulte conserve tous les caractères essentiels de la tête du jeune âge, c'est-à-dire la forme oblique et régulièrement ovalaire des orbites, leur très-grand rapprochement entre eux, la petitesse ou l'étroitesse et la position très-remontée des os du nez, qui tendent même à être cachés par l'empiétement des maxillaires ; mais dans cet âge le crâne acquiert, par l'épanouissement et le développement des crêtes sourcilières sagittale et occipitale, par le grand prolongement des mâchoires, tout ce qui le fait ressembler à la tête du *Pongo*. Les orbites de celui-ci sont à peu près circulaires.

M. Dumortier s'est livré à des recherches du plus grand intérêt sur les changements de forme que subit la tête chez les *Orangs-Outangs*. Ces observations ont été faites sur seize crânes d'*Orangs* que possède le musée de Bruxelles ; quatorze de ces têtes proviennent d'une collection formée à Bornéo, et quatre, conservées dans l'esprit-de-vin, ont encore les parties molles et conservent les caractères qui indiquent le sexe. Neuf têtes appartiennent à des squelettes complets, dont l'âge est facile à reconnaître.

M. Dumortier a pu disposer ainsi d'une série de matériaux plus complets que ne les avait eus jusqu'à présent aucun zoologiste pour résoudre la question relative à l'unité d'espèces des *Orangs* Asiatiques. Le résultat de l'examen auquel il s'est livré, c'est que les diverses espèces d'*Orangs Roux* indiquées par les naturalistes sous les noms de *Pithecus satyrus*, de *Pongo Abelii* et de *Pongo Wurmbii*, ne sont qu'une seule et même espèce observée à des âges divers et présentant, il est vrai, des formes de crâne extrêmement différentes.

Premier état. Dans le premier âge les parties antérieures et inférieures de la tête osseuse sont très-peu développées. Le crâne est complétement globuleux, et seulement un peu rétréci vers les lobes antérieurs ; l'occiput est très-développé, et il est bombé comme la section d'une sphère. On n'aperçoit sur la surface du crâne aucune trace de crête sagittale ou occipitale. Cet état représente l'enfance de l'animal.

Deuxième état. Au moment où les quatrièmes molaires commencent à paraître, la tête osseuse présente une tendance manifeste vers l'élongation du crâne et surtout des parties antérieures. On n'aperçoit encore à la surface aucune crête sagittale ou occipitale, quoique les parties latérales du bord orbital externe et de l'occiput aient déjà une disposition vers la production de la base des crêtes. Les arcades zygomatiques commencent à s'écarter et à prendre la forme courbe qu'elles affecteront plus tard. Cet état constitue la jeunesse de l'animal, et c'est lui qui est décrit sous le nom de *Simia satyrus* ou *Pythecus satyrus*, Geoffr.

Troisième état. Les crêtes crâniennes commencent à

apparaître sous la forme d'une légère proéminence; elles sont originellement au nombre de quatre, dont deux occipitales et deux autres fronto-verticales. Les deux lignes occipitales naissent derrière le trou auditif, et se dirigent au sommet : elles marchent à la rencontre l'une de l'autre, et finiront par se réunir, à leur extrémité supérieure, en une crête semi-circulaire. Les deux crêtes fronto-verticales sont presque parallèles, en sorte qu'elles divisent la partie supérieure du crâne en trois portions presque égales. L'occiput est toujours bombé; les arcades zygomatiques deviennent sensiblement courbées. A cette époque la dentition comporte seize molaires, et représente l'adolescence. La description du *Simia morio* de M. Owen convient pleinement à cette indication.

Quatrième état. Les deux crêtes occipitales n'en forment plus qu'une seule semi-circulaire, par la réunion de leurs extrémités supérieures. L'occiput, qui jusqu'alors avait présenté une surface bombée, est totalement aplati. Les deux crêtes fronto-verticales deviennent très proéminentes, et forment une saillie considérable sur le vertex. Elles sont toujours au nombre de deux, et se rapprochent quelque peu au sommet du vertex, vers la place de la fontanelle, quoique restant toujours distantes l'une de l'autre. Le bord supérieur de l'orbite, qui jusque-là avait présenté une surface aiguë, se forme en crête sourcilière large et plane, qui se confond sur les bords extérieurs avec la base des crêtes fronto-verticales. Dans cet état l'animal a sa dentition complète, et est arrivé à l'âge adulte.

Cinquième état. Les deux crêtes fronto-verticales, qui jusque là avaient été complétement distinctes et séparées sur toute la longueur, se rapprochent au sommet du vertex, et deviennent contiguës au point de se coucher longitudinalement vers la partie postérieure, sans cependant encore se confondre en une crête unique. Ainsi disposées, elles présentent un cône allongé, dont la base est vers les orbites et la pointe du vertex. Cet état est très-intéressant pour l'étude ; car il est la transition vers la crête verticale unique, qui caractérise l'âge qui va suivre.

Sixième état. Enfin, au sixième état, qui représente l'âge vieux, les crêtes fronto-verticales se rapprochent de plus en plus sur le front, et se confondent, au delà du coronal, en une crête verticale unique, qui s'élève considérablement et ne laisse voir aucune trace de la jonction des crêtes parallèles. En même temps la face s'élargit par l'écartement toujours croissant des arcades zygomatiques, et présente le caractère bestial le plus prononcé. L'ongle du pouce des pieds, qui jusque là avait existé en rudiment, disparaît, et l'on n'en aperçoit plus que la trace. La hauteur de ces individus est d'au moins 1 mètre 624 millim. L'inspection a démontré que le *Pongo Abelii* et le *Pongo Wurmbii* se rapportent tous deux à cet état, le premier ayant été établi sur la peau sans squelette, et le deuxième sur le squelette sans peau.

La taille de L'*Orang-Outang*, quand il est dans toute sa force, varie de 1 mètre 624 millim. à 1 mètre 949 millim. Sa physionomie a quelque chose de grave et de triste, qui lui est particulier, et qui ne tient ni de l'homme ni du singe. Ses yeux sont fort rapprochés, ses oreilles, larges, se détachent de la tête. Le nez n'a presque point de saillie, et ne consiste guère que dans ses narines, placées à une certaine distance de la bouche, qui se prolonge au delà de la partie supérieure de la tête. Les lèvres sont minces, la langue est douce et la bouche est sans abajoues. La face est ordinairement dégarnie de poils, excepté sur la tête, de façon à présenter une espèce de crinière, à la façon de nos cheveux. Les mains et les pieds sont longs et étroits, les jambes sont grêles et sans cesse un peu pliées ; les bras sont d'une longueur démesurée, et descendent plus bas que les genoux. Le ventre est gros et rebondi.

L'*Orang-Outang* ne marche pas ordinairement comme l'homme ; c'est plutôt chez lui une attitude qu'une habitude. En l'examinant avec attention, on voit qu'il est expressément organisé pour vivre sur les arbres, et tous les voyageurs s'accordent à dire qu'il y grimpe avec une extrême rapidité. Ces longs bras musculeux, ces doigts nerveux et garnis d'ongles semblent faits exprès pour saisir des branches ; les pieds tournés sur le côté, de telle sorte que les plantes peuvent être opposées l'une à l'autre, sont disposés de manière à se maintenir le long d'un arbre. Cette conformation si favorable pour grimper lui est fort nuisible pour marcher. Il ne peut guère se tenir longtemps debout s'il ne s'appuie sur un bâton, et encore tourne-t-il ses pieds de manière qu'il n'en pose sur le sol que le côté extrême. Quand il n'a pas d'appui et qu'il veut s'aider de ses mains, il va à quatre pattes comme les autres animaux, ou même comme les autres singes ; mais il s'avance lentement, à la façon des culs-de-jatte, légèrement incliné. Il plie ses doigts, et en pose la face supérieure contre le sol, en s'appuyant sur ses doigts fermés. Ses bras lui servent plutôt de béquilles que de pattes.

On conçoit facilement qu'avec autant de points de ressemblance avec l'homme, cet animal ait reçu originairement le surnom d'*Homme sauvage* ; il en diffère cependant par des signes remarquables : les yeux sont trop rapprochés, le front trop court, le menton n'est pas relevé à sa base, le nez existe à peine, la bouche est en saillie et trop étendue, les cuisses sont trop courtes, les bras trop longs, les pouces trop petits, et les pieds sont faits comme les mains, longues et étroites. Quant à l'intérieur, les différences sont plus notables encore : l'homme n'a que douze côtes, l'*Orang-Outang* en a treize, les vertèbres du cou sont plus courtes, les os du bassin plus serrés, les hanches plus plates et les reins plus ronds.

Bien que le cerveau soit absolument de la même forme et de la même proportion que celui de l'homme, l'*Orang-Outang* ne pense pas; il agit sans réflexion, et on pourrait dire même sans cette intelligence d'instinct qui distingue les autres animaux. Bien que la langue et tous les organes de la voix soient les mêmes que dans l'homme, l'*Orang-Outang* ne parle pas; il jette quelques cris rares et aigus, ou il fait un grognement rapide et rauque, qui approche du bruit que fait une grosse scie en passant à travers un bois sec. On dirait qu'en lui donnant des organes semblables aux nôtres, la nature lui en ait défendu l'usage, et cet exemple est une éclatante réponse aux sophismes des philosophes qui prétendent que notre intelligence et notre âme ne sont que les résultats de notre organisation matérielle.

Comme tous les animaux qui ne vivent pas de chasse et qui ne sont pas dotés d'armes défensives, les *Orangs-Outangs* vivent en troupe. Ils se nourrissent de fruits, de racines, d'herbes aromatiques et d'œufs d'oiseaux. La chair leur répugne, et ceux qu'on a élevés quelque temps dans des ménageries ne se sont guère montrés friands que de choses douces ou sucrées. Ils sont d'un naturel sauvage, et fuient au moindre bruit. Il est très-rare de les prendre vivants; ils se débattent jusqu'à la mort, et leur force est si prodigieuse, que dix hommes ne pourraient maîtriser un *Orang-Outang* parvenu à toute sa croissance.

Ils se construisent des espèces de huttes dans des arbres, sur les rochers, et choisissent de préférence les lieux les plus sauvages et les plus solitaires. On rapporte qu'on les a vus se réunir en troupe et attaquer des éléphants à coups de bâton.

A voir l'*Orang-Outang* déployer autant d'intelligence et, on pourrait dire, autant d'esprit quand il est encore tout jeune, on devrait s'attendre à le voir en montrer bien davantage quand il est adulte ; mais c'est tout le contraire qui arrive. Lorsqu'on examine les modifications organiques qu'éprouve un *Orang-Outang* en passant du jeune âge à l'âge adulte, on serait conduit à penser que son intelligence a dû s'affaiblir.

Le jeune *Orang-Outang* présente un front saillant, arrondi, élevé, c'est-à-dire un grand développement des parties antérieures du cerveau ; bientôt toutes ces parties s'affaissent, se dépriment et se réduisent, ainsi que nous l'avons déjà dit, aux proportions des autres espèces de singes.

Les *Orangs Outangs* présentent donc ce singulier phénomène, qu'à mesure que leurs forces physiques se développent, leurs forces intellectuelles s'affaiblissent. Quoi qu'il en soit, personne n'a encore pu observer les *Orangs-Outangs* au fond des forêts qu'ils habitent ; et ce que nous appelons une indomptable sauvagerie peut n'être, après tout, que l'amour de l'indépendance, qui ne doit jamais être considéré comme une preuve de l'abaissement des facultés instinctives.

Une autre espèce du GENRE des ORANGS est le *Chimpanzé*, *Troglodytes Niger* de Cuvier. C'est l'animal dont Buffon a parlé en 1766, dans le quatorzième volume de son *Histoire naturelle*, sous le nom de Jocko, en confondant aussi dans cet article ce qui a trait à l'*Orang-Outang*. La patrie du *Chimpanzé* est à la côte occidentale d'Afrique, au Congo et en Guinée. Les bras, les avant-bras et les mains sont, en effet, beaucoup mieux dessinés, beaucoup moins longs et grêles que dans l'*Orang-Outang* ; par contre, le train de derrière est évidemment moins pauvre, plus développé dans les deux premières parties, tandis que les doigts sont beaucoup plus courts. Comme dans l'*Orang-Outang*, le corps est entièrement couvert de poils durs, assez rares, sans bourre, mais noirs de jais et comme gaufrés; ces poils sont évidemment plus nombreux en dessus du corps et en dehors des membres que sur la poitrine, le ventre et la partie interne des membres. Ils sont dirigés d'avant en arrière et de haut en bas, si ce n'est aux avant-bras, où ils offrent la particularité de remonter du poignet vers le coude, circonstance qui se remarque aussi dans l'espèce humaine et dans l'*Orang-Outang*.

Les poils devant les oreilles forment des espèces de favoris, et il y a au menton une barbe courte, blanche et rare.

La peau de la face est de couleur de suie, celle des quatre extrémités est, en dessus comme en dedans, d'une couleur de chair violacée.

La face et les organes des sens ont beaucoup de rapports avec ce qui existe dans l'*Orang-Outang*; seulement le front est beaucoup moins développé et bombé, fuyant davantage en arrière. Les yeux sont peut-être plus petits, moins expressifs, les cils des paupières moins longs et d'ailleurs beaucoup moins découverts. Les oreilles sont au contraire beaucoup plus grandes, plus larges, plus aplaties, moins bien bordées que dans l'*Orang-Outang*, qui les a fort petites, bien faites, et presque semblables à celles de l'homme, sauf le lobule.

Le nez est moins enfoncé, moins aplati. Ses orifices sont cependant toujours fort rapprochés et sans lobes ou ailes distinctes.

Les lèvres sont, comme dans l'*Orang-Outang*, longues, mobiles et un peu moins extensibles; du reste, la supérieure offre également des rugosités longitudinales.

Le tronc est court, la poitrine large, déprimée, le ventre médiocrement renflé; il n'a aucune trace de queue, et la région ischiatique et le bout de l'anus sont revêtus par une peau lisse, unie, épidermée, formant un premier degré de callosité.

Les membres antérieurs ressemblent beaucoup plus à ceux de l'homme que dans l'*Orang-Outang*, où ils ressemblent à des espèces de longs crochets.

Les membres postérieurs sont, au contraire, plus développés que dans l'*Orang-Outang*, les fesses plus charnues, les cuisses plus épaisses, plus larges, les jambes également plus renflées au mollet : aussi le pied est-il plus semblable à celui de l'homme. Le talon est assez accusé, la plante large; les doigts, remarquables par leur brièveté, paraissent comme tronqués à l'extrémité, ce qui est très-différent dans l'*Orang-Outang*; en sorte que le *Chimpanzé* peut appuyer toute la plante du pied à terre. L'orteil est très-fort et presque aussi long que les autres doigts, quoique séparé et opposable.

Les ongles des doigts antérieurs sont assez développés, celui du pouce au moins autant que celui des autres; mais aux doigts postérieurs ils sont très-courts et très-aplatis et bien loin de dépasser l'extrémité.

La physionomie de cet animal est mélancolique, sérieuse, mêlée de quelque chose de doux et même d'aimant. Il montre le même degré d'affection pour son maître et ceux qui le soignent que le fait l'*Orang-Outang*. Il est très-tranquille et très-obéissant aux moindres volontés. L'élévation du ton de voix suffit pour l'arrêter, le faire venir à soi ou s'en faire embrasser comme par un enfant. Sa démarche à terre est encore assez bien celle de l'*Orang-Outang*, c'est-à-dire qu'il marche le plus souvent à quatre pattes, dans une position un peu oblique, appuyé en avant sur le moignon formé par les articulations des premières et secondes phalanges, et appuyé, en arrière, bien davantage sur la plante des pieds.

Du reste, il aime à sauter, à se balancer et à jouer. De même qu'un enfant, il ne peut rester seul, et crie continuellement si l'on n'est pas auprès de lui.

GENRE GIBBON.

Le Genre Gibbon (*Hilobetes lar,* Cuv.) ne diffère des *Orangs* que par l'existence des callosités aux fesses; leur front est extrêmement fuyant. Ils vivent dans les parties les plus reculées de l'Archipel des Indes; ils ne sont guère susceptibles d'éducation, et la domesticité semble même leur faire perdre leurs facultés. La connaissance des diverses variétés d'espèces de ce Genre est due aux recherches difficiles et patientes de deux célèbres voyageurs dans les forêts vierges de Sumatra, MM. Diard et Duvaucel.

La plus intéressante de ces variétés est le *Gibbon Siamang,* couvert d'un poil qui est partout d'un noir foncé; tous les autres *Gibbons* ont plus ou moins la face encadrée de gris ou de cendré.

Le *Siamang* se rapproche des *Orangs* par la direction des poils de l'avant-bas, lesquels, se rencontrant avec ceux du bras, forment au coude une sorte de manchette; il se rapproche encore des *Orangs* par le caractère d'une grande poche laryngienne : cette poche a la faculté de s'étendre et de se gonfler, ce qui a lieu quand l'animal crie : on dirait un goître. Les mâles se reconnaissent de loin à un long pinceau de poils descendant du scrotum ; les autres *Gibbons* ont aussi le scrotum un peu moins recouvert de poils droits et allongés. Raffles, qui a décrit ce singe, dans les *Transactions Linnéennes*, l'a nommé *Syndactyle*, pour rappeler une réunion anomale des doigts index et radius des pieds de derrière, réunion qui s'étend jusqu'à la naissance de la phalange onguéale.

Les *Siamangs*, assez différents dans leurs formes, s'écartent des autres *Gibbons* par leurs habitudes ; ils vivent en troupes nombreuses, conduites par un chef plus agile et plus difficile à atteindre. Ils sont criards le matin, silencieux pendant la journée. On a donné à l'un des *Gibbons* le nom d'agile ; mais il a été ainsi distingué comparativement à la lenteur des mouvements des Siamangs. Ces singes manquent d'assurance quand ils grimpent et d'adresse quand ils sautent. Forcés de fuir, ils ne le font que difficilement. Leur corps s'incline en avant, et leurs deux bras faisant l'office d'échasses, ils avancent par saccades et ressemblent ainsi à un vieillard boiteux à qui la peur ferait faire un grand effort.

« Tous les sens de ces animaux, dit M. Duvaucel, sont grossiers ; s'ils fixent un objet, on voit que c'est sans intention ; s'ils y touchent, c'est sans le vouloir. Classés d'après leur intelligence, ils occuperont une des dernières places. Surpris à terre, ils n'essayent aucune ressource : la crainte les étourdit comme s'ils connaissaient leur faiblesse et leur impossibilité d'échapper. »

Mais le sentiment de la maternité réveille les facultés de leur léthargie ordinaire : la mère s'arrête avec son petit blessé, tombe avec lui, et pousse des cris affreux, en se précipitant sur l'ennemi, la gueule ouverte et les bras étendus.

Au reste, cet amour maternel ne se montre pas seulement dans le danger; les soins que les femelles prennent de leurs petits sont si tendres et si recherchés, qu'on serait tenté de les attribuer à un sentiment raisonné. C'est un spectacle curieux que de voir ces femelles porter leurs petits à la rivière, les débarbouiller malgré leurs plaintes, les essuyer, les sécher, et donner à leur propreté un temps et des soins que dans bien des cas les enfants de l'homme pourraient envier.

La patrie des *Gibbons* est jusqu'ici restreinte aux contrées les plus orientales de l'Asie; on en compte quatre ou cinq espèces: l'*Ounko* ou *grand Gibbon,* qui est noir, avec les mains blanchâtres et un cercle de même couleur autour du visage; le *Gibbon Agile* ou *petit Gibbon*, qui est brun, avec le dos roussâtre; le *Wouwou*, qui est cendré, avec la face noire; le *Siamang*, qui a l'index et le médius postérieurs réunis jusqu'à la seconde phalange.

GENRE GUENON.

Le Genre Guenon (*Ceropithecus ruber*, Cuv.); Incis. $\frac{4}{4}$, can. $\frac{1-1}{1-1}$, mol. $\frac{5-5}{5-5}$. Angle facial de 45 à 50 degrés.

Ce nom est donné par les naturalistes à une famille de *Quadrumanes* de l'ancien monde, qui se caractérise par une tête arrondie; par des abajoues et des callosités aux fesses; par des membres postérieurs beaucoup plus longs que les antérieurs, ce qui relève singulièrement le train de derrière de ces animaux, donne à leur marche quelque embarras et facilite beaucoup leurs sauts; par une queue longue, et généralement relevée en arc sur le dos; enfin, par des molaires à quatre tubercules mousses.

Ces animaux, tous originaires des contrées les plus chaudes de l'Afrique et de l'Asie, et qui ont à peu pres la grandeur d'un chien de moyenne taille, ne sont pas moins remarquables par leur pétulance et leur agilité que par leur finesse et leur malice. Organisés pour monter aux arbres et pour se nourrir de fruits, et portés par leur instinct à vivre réunis, ils remplissent les forêts, en couvrent les cimes, et viennent, près des habitations et des lieux cultivés, se jeter sur les champs pour les dévaster.

On assure qu'ils mettent à leurs excursions la plus grande prudence; que les plus âgés, placés en tête et en queue de la troupe, la conduisent et veillent à sa sûreté, et, s'il faut combattre, s'exposent les premiers aux coups. Arrivés sur les lieux du pillage, des sentinelles sont établies sur les points les plus élevés, afin d'avertir au moindre danger, et que, rangés sur une ou plusieurs lignes, les individus qui les arrachent ou les cueillent jettent les fruits ou les plantes à ceux dont ils sont les plus proches. A leur tour, ceux-ci les jettent à leurs voisins; de sorte que dans le moins de temps possible toute une récolte a passé, de main en main, d'un champ ou d'un verger dans le repaire de ces animaux dévastateurs. Lorsqu'un homme ou un animal étranger pénètre dans les domaines dont ils se sont établis les souverains, ils se réunissent autour de lui, le poursuivent, lui jettent les branches qu'ils peuvent rompre, et ne le laissent en paix que lorsqu'il se trouve assez éloigné pour ne plus leur inspirer d'inquiétude.

Malgré l'intelligence dont ces animaux paraissent être doués, la vivacité et la mobilité de leurs sentiments empêchent qu'ils ne se soumettent et ne s'apprivoisent entièrement. On est, en effet, obligé de les tenir continuellement à la chaîne, pour éviter les dégâts qu'ils causeraient s'ils étaient en liberté. Dans leur jeunesse ils ont de la douceur, quelque docilité, et leur pétulance est agréable.

On compte environ douze espèces de ce genre, qui toutes appartiennent au centre ou au midi de l'Afrique, et principalement à la Guinée et au Sénégal. Les plus communes sont le *Callitriche* ou *singe vert*, le *Patas* ou *singe rouge*, le *Mangabey*, le *Mone*, le *Diane* ou le *Rolowai*, le *Blanc-nez*, le *Talopoin*, etc.

GENRE SEMNOPITHÈQUE.

Le Genre Semnopithèque réunit des animaux que leur système de dentition rapproche des Guenons, mais qui s'en distinguent par la disposition des organes intérieurs, ainsi que l'a démontré M. Otho. Ce savant anatomiste a décrit avec soin l'estomac des *Semnopithèques*, et il résulte de ses recherches que cet organe n'est plus arrondi comme l'estomac des *Guenons*, mais allongé en manière de cornemuse et remarquable surtout par son extrême étendue. Sa moitié gauche forme une large cavité, tandis que la droite est rétrécie et enroulée sur elle-même, à la manière d'un intestin. Ce qui ajoute encore à cette ressemblance, c'est qu'il est pourvu de deux rubans musculaires très-prononcés placés l'un sur la grande courbure, l'autre le long de la petite. Ces rubans sont disposés de telle sorte que les parois de l'estomac font latéralement entre eux une sorte de saillie, et forment, comme dans l'intestin colon, une suite non interrompue de loges plus ou moins spacieuses bridées par les fibres musculaires qui vont se perdre transversalement entre les deux longs rubans.

Les *Semnopithèques* sont des animaux doux, calmes, tranquilles, à démarche lente. Cependant, portés sur des membres aussi allongés, ils peuvent exécuter des sauts encore plus puissants et décrire des courbes plus étendues que ne le font les *Guenons* : ils se balancent, se roidissent sur leurs pieds, et s'élancent avec une remarquable vélocité.

C'est dans l'Inde, soit dans le continent, soit surtout dans les îles de l'archipel, que se trouvent les espèces assez nombreuses du genre *Semnopithèque*. Ces animaux y jouissent d'une sorte de vénération, qu'ils doivent sans doute à la douceur de leurs mœurs et à leurs habitudes graves.

Les adorateurs de Brahmâ vénèrent particulièrement l'*Entelle;* ils lui permettent de venir dévaster leurs jardins, de venir piller leurs tables déjà servies; c'est un honneur pour eux que la visite, cependant fort incommode, d'une troupe d'*Entelles*.

Son apparition dans le bas Bengale a lieu principalement vers la fin de l'hiver. « Mais, dit M. Duvaucel, je n'ai pu d'abord m'en procurer; car, quelque zèle que j'aie mis dans mes recherches et mes poursuites, elles sont toujours restées infructueuses, à cause des soins empressés qu'ont mis les Bengalis à m'empêcher de tirer une bête aussi respectable, et après laquelle on doit nécessairement mourir, et dans la même année, si on a été assez pervers pour lui causer malheur. Aussitôt que les Hindous voyaient mon fusil, ils chassaient ce singe, qui est des plus familiers; et pendant plus d'un mois qu'ont séjourné à Chandernagor sept ou huit *Entelles*, qui venaient presque dans les maisons chercher des offrandes des fils de Brahmâ, mon jardin s'est trouvé entouré d'une garde de pieux Brahmes, qui jouaient du tam-tam pour écarter le dieu quand il venait manger mes fruits. Ce que je sais le mieux sur cette espèce, c'est son histoire mythologique, mais il serait trop long de la rapporter ici ; je dirai seulement que le *Houlman* est un héros célèbre par sa force, son esprit et son agilité, dans le recueil volumineux des mystères du peuple Hindou. On lui doit ici l'un des fruits les plus estimés, la mangue, qu'il vola dans les jardins d'un fameux géant établi à Ceylan. C'est en punition de ce vol qu'il fut condamné au feu, et c'est en punition de ce feu qu'il se brûla le visage et les mains, restés noirs depuis ce temps, etc. Je suis entré à Goupira à peu près comme Pythagore à Bénarès, lui pour chercher des hommes, moi pour trouver des bêtes, ce qui est généralement plus facile ; j'ai vu les arbres couverts de *Houlmans* à longue queue, qui se sont mis à fuir en poussant des cris affreux. Goupira est un lieu célèbre sur le Hougly, habité par les Brahmes et couvert de pagodes, dans l'une desquelles on conserve la chevelure de la déesse Dourga. Les Hindous, en voyant mon fusil, ont deviné, aussi bien que les *singes*, le sujet de ma visite, et douze d'entre eux sont venus au-devant de moi pour m'apprendre le danger que je courais en tirant sur des animaux qui n'étaient rien moins que des princes métamorphosés. J'avais bien envie de ne point écouter ces charitables avocats ; cependant, à moitié convaincu, j'allais passer outre, quand je rencontrai sur ma route une *princesse* si séduisante, que je ne pus résister au désir de la considérer de plus près. Je lui lâchai un coup de fusil, et je fus alors témoin d'un trait vraiment touchant. La pauvre bête, qui portait un jeune singe sur son dos, fut atteinte près du cœur ; elle se sentit mortellement blessée, et, recueillant toutes ses forces, elle saisit son petit, l'accrocha à une branche, et tomba morte à mes pieds. Un trait si maternel m'a fait plus d'impression que tous les discours des Brahmes, et le plaisir d'avoir un bel animal n'a pu l'emporter cette fois sur le regret d'avoir tué un être qui semblait tenir à la vie par tout ce qu'il y a de plus respectable. »

On en connaît environ huit espèces, dont la plus célèbre est le *Douc*.

GENRE MACAQUE.

Le Genre Macaque a l'angle facial de 40 à 45 degrés. Son système de dentition est à peu près le même que celui des *Semnopithèques*.

Les *Macaques* sont des singes de moyenne taille, dont le museau est plus gros et plus prolongé que celui des *Guenons* et moins que celui des *Cynocéphales*. La tête est plus ou moins forte, munie de crêtes sourcilières très-développées, qui forment aux orbites un rebord élevé et échancré. Le front a peu d'étendue; les yeux sont très-rapprochés; les narines sont obliques à la base supérieure du museau, comme dans les Cynocéphales; les os maxillaires ne sont point renflés et la face n'est point marquée de stries longitudinales; les oreilles sont nues, assez grandes, aplaties contre la tête avec leur bord supérieur et postérieur anguleux. La bouche est pourvue d'abajoues, la langue est douce, et les lèvres sont minces et très-extensibles; le corps est plus ou moins trapu et épais; les bras sont proportionnés aux jambes, et les quatre mains sont pentadactyles; les fesses sont pourvues de fortes callosités; la queue varie en longueur selon les espèces, et dans une d'entre elles elle se trouve réduite à un simple tubercule.

Les *Macaques*, qui habitent l'Afrique, l'Inde et les îles de l'archipel Indien, ont des habitudes très-semblables à celles des *Guenons*. Comme ces singes, ils se rassemblent en troupes nombreuses, et font souvent de grands dégâts dans les champs cultivés et les jardins qui avoisinent les forêts où ils ont leur demeure ordinaire. Leur intelligence est très-développée; ils sont fort adroits, et plusieurs d'entre eux sont facilement dressés à exécuter différents exercices; mais ce n'est que dans la jeunesse qu'ils montrent de la docilité; avec l'âge leur caractère change, et souvent ils deviennent tout à fait intraitables. Ils sont en général très-lubriques.

On en connaît une dizaine d'espèces.

Les *Magots* (*Inuus vulgaris*, Cuv.) ne diffèrent des *Macaques* que par leur queue, qui est réduite à un simple tubercule. L'Afrique est la patrie de ces singes, qui, comme nous l'avons déjà dit, se trouvent aussi en Europe, sur le rocher de Gibraltar. Le Magot paraît être le Pithèque des anciens, dont Galien a donné l'anatomie. Lorsque cet animal est jeune, on le dresse facilement, par la crainte des châtiments, à exécuter différents tours d'adresse dont les jongleurs profitent pour exciter la curiosité publique.

GENRE CYNOCÉPHALE.

Le Genre Cynocéphale (tête de chien) réunit les animaux les plus brutaux et les plus féroces de cette famille; et, après les *Orangs* et les *Gibbons*, ce sont aussi les plus grands et les plus forts. Leurs membres sont trapus, et la marche quadrupède est leur mode habituel de progression. Ils déploient dans leur saut la plus grande agilité, et se tiennent habituellement sur les montagnes hérissées de rochers et sur les coteaux boisés; ils vivent de fruits et de légumes; leur force et leur férocité les rendent dangereux, même pour les hommes ; et c'est, dit-on, à coups de pierres et de branches d'arbres qu'ils essayent de repousser les visites importunes. Leurs dévastations les ont rendus redoutables aux habitants des pays où ils vivent ; et l'on assure que lorsqu'ils projettent de dépouiller un verger, ils ont soin de placer des vedettes dont la vigilance répond du salut de la troupe. On suppose que la durée de leur vie est de cinquante ans environ ; et comme leur accroissement est lent, ils ne prennent guère les formes adultes avant sept ou huit ans.

Tous les *Cynocéphales* sont originaires d'Afrique, et se trouvent plus abondamment dans les parties intertropicales, bien qu'on en connaisse de l'Arabie Déserte et des environs du Cap de Bonne-Espérance. Parmi les curiosités rapportées d'Égypte par le célèbre voyageur Belzoni, se trouvait une momie parfaitement bien conservée d'un *cynocéphale tartarin* ou *hamadrias,* reconnaissable à sa chevelure et à son long camail de poils. Il paraît démontré qu'une autre espèce du même genre, le *Simia Cynocephalus,* appelé en français *Babouin,* avait des temples à Hermopolis, et on en trouve des figures reconnaissables sur la plupart des monuments égyptiens. Il est même très-probable que le sphinx, dénaturé par la mythologie grecque, n'était qu'une légende à laquelle avait donné lieu l'*Hamadryas.* Chez les Égyptiens ce singe était le symbole de *Tot* ou Mercure.

Cette espèce de *singe* a le corps couvert d'une fourrure brune, à l'exception de la face et des pattes, où le poil est ras et noir. En plaine, il marche à quatre pattes ; mais au milieu des rochers, il se dresse sur celles de derrière, et celles de devant deviennent des mains très-fortes et très-adroites.

Le *Cynocéphale* est regardé comme uniquement frugivore. Le travail de fouiller la terre pour en tirer des racines raccourcit ses ongles, et rend ses pattes de devant d'autant plus semblables à des mains d'homme. Ses dents canines sont une arme quelquefois très-redoutable aux chiens de chasse, aux hyènes, et même aux léopards. Ce singe saisit avec ses mains l'animal qui l'attaque, et, le mordant à la gorge avec acharnement, l'a bientôt mis hors de combat. On a vu un *Babouin* très-vigoureux égorger ainsi plusieurs chiens avant que la meute pût en venir à bout. Les Cafres assurent que lorsqu'un léopard est assailli par une bande de *Babouins*, il ne parvient que très-rarement à leur échapper : cependant c'est aux dépens des singes que les léopards peuvent subsister, car ils trouvent rarement d'autre gibier.

Le *Babouin* est un animal très-paisible, et tout à fait inoffensif, lorsqu'on ne le force pas à se défendre; mais c'est un voisin très-incommode pour les cultivateurs. On est continuellement exposé à ses déprédations, quoiqu'il ne les commette pas à force ouverte, et que l'apparition d'un homme suffise pour le mettre en fuite.

Quand une troupe de *Babouins* est en maraude, elle place des sentinelles sur une hauteur qui domine tous les environs; en cas d'alarme la retraite se fait avec célérité et en bon ordre; les femelles vont en avant, chargées de leurs petits, et les mâles les plus vigoureux forment l'arrière-garde. Malheur aux chiens qui oseraient les attaquer!

Voici comment un colon raconte le pillage d'un verger.

« J'étais à peu près à deux cents pas du verger, dans un « champ de maïs, quand j'aperçus une douzaine de singes « postés à la cime de quelques grands arbres d'alentour; « c'était, autant que j'en pus juger, de vieux Babouins;

« en même temps je vis défiler entre les arbres un grand « nombre de ces animaux qui se dirigeaient, en gambadant, vers les murs de mon verger. Je ne devinai pas « d'abord le motif de cette singulière visite ; mais bientôt « je vis quelques singes se détacher de la troupe et escalader le mur du jardin : cinq seulement demeurèrent sur « le mur, s'y promenant, et observant en véritables sentinelles ; les autres s'élancèrent d'un bond sur les arbres voisins. Cependant le reste de la troupe avait gagné le verger, « et formait une longue file dont l'extrémité se prolongeait « jusqu'aux arbres où j'avais d'abord aperçu les vieux « Babouins. Quels ne furent pas mon étonnement et ma « colère quand je vis tout à coup les fruits du verger en « circulation dans les mains de ces intrépides voleurs, et « arrivant en un clin d'œil à l'extrémité de la chaîne ; les « fruits passaient devant moi si rapidement, que j'allais « perdre toute la récolte en un instant. Je me précipitai « aussitôt hors du champ de maïs. Je ne fus pas plus tôt en « vue, que les sentinelles poussèrent un grand cri des « hauteurs du mur, et les fruits volés furent lancés contre « moi comme des boulets : je ripostai par un coup de fusil. Une des sentinelles, atteinte mortellement, roula en « tombant sur ses camarades. A cette vue les voleurs furent saisis d'épouvante ; tout disparut en un instant, et « je fus heureux d'en être quitte pour le pillage de quelques arbres. »

En parcourant à cheval les étroites vallées de cette région montagneuse, il arrive souvent au colon d'être signalé par les sentinelles, et de s'amuser de la terreur que sa présence répand : tout fuit à son approche, et il voit escalader des roches à pic, franchir des précipices, passer par-dessus des obstacles que l'on aurait jugés infranchissables par tout autre que par les oiseaux. Lorsque la bande fugitive se croit en sûreté, quelques individus, qui paraissent être ses guides, ne manquent point d'injurier le perturbateur, et d'exprimer leur colère par des cris menaçants.

Parmi les espèces de ce genre, qui sont au nombre de six ou sept, les uns ont une queue assez longue : tels sont le *Papion*, le *Babouin*, etc. ; les autres l'ont au contraire très-courte, comme le *Drill* et le *Mandrill*.

Les singes du Nouveau Monde se distinguent de ceux de l'Ancien Monde par les caractères que nous avons déjà indiqués. Ils habitent les forêts épaisses de ce vaste continent, et grimpent sur les arbres les plus élevés avec une agilité étonnante ; tous ont une queue très-longue. Cette queue leur sert tantôt comme d'un balancier pour se suspendre dans les airs et les maintenir en équilibre ; tantôt elle peut s'enrouler autour des objets et les saisir avec assez de force pour que l'animal puisse se suspendre ainsi aux branches, comme il le ferait d'une cinquième main.

D'après cette différence dans la conformation de la queue, on divise les singes d'Amérique en deux groupes : les *Sapajous*, les *Sakis*.

GENRE SAPAJOU.

Les Sapajous, qui sont bien plus agiles que les Sakis, vivent presque toujours sur les arbres ; ce groupe se subdivise en plusieurs *sous-Genres*, dont l'un, désigné sous le nom de *Sajou*, se reconnaît à sa queue entièrement velue. C'est une espèce de genre très-commun à la Guyane et au Brésil qu'on apporte souvent en France et en Europe, pour l'amusement du public.

GENRE ALOUATE.

Il y a dans le GENRE ALOUATE un animal qui mérite de fixer notre attention; c'est l'*Alouate*, ou *Singe Hurleur* (*Mycetes Seniculus*, Cuv.). Incisiv. $\frac{4}{4}$, can. $\frac{1\ 1}{1\ 1}$, mol. $\frac{6\ 6}{6\ 6}$. Angle facial de 30 degrés.

Ce qu'il y a de plus curieux dans l'histoire de l'*Alouate*, c'est la puissance extraordinaire des organes de la voix. Leur cri est plus fort que celui d'aucun animal connu. Un seul *Alouate* peut se faire entendre dans un rayon d'une lieue, et lorsque, réunis au nombre de vingt ou trente, ils crient de concert, l'effet qu'ils produisent est aussi prodigieux qu'effrayant. Tous les jours, s'il faut en croire le récit de Margraff, tous les jours, matin et soir, les *Hurleurs* s'assemblent dans les bois; l'un d'entre eux prend une place élevée, et fait signe aux autres de s'asseoir autour de lui pour l'écouter; dès qu'il les voit placés, il commence un discours d'une voix si haute et si précipitée, que de loin l'on pourrait croire qu'ils parlent tous ensemble. Il n'y a pourtant qu'un orateur dont l'auditoire garde le plus profond silence. Lorsqu'il a cessé il fait signe aux autres de répondre, et à l'instant tous se mettent à crier ensemble, jusqu'à ce qu'un autre signe les arrête.

De tous les *Quadrumanes* qui vivent en société sous la zone torride l'*Alouate* paraît être celui qui offre le plus grand nombre d'individus.

Les *Alouates* se nourrissent des fruits et des feuilles des arbres. Ce sont des animaux tristes, paresseux et farouches. La domesticité ne les perfectionne point, elle leur enlève leur voix, et leur fait bientôt perdre la vie.

On les chasse pour leur chair, que l'on compare pour le goût à celle du lièvre ou du mouton; et pour leurs pelleteries, que l'on emploie comme fourrures.

L'*Alouate Ourson* appartient à la famille des Alouates si bien caractérisés dans Cuvier, par leur tête pyramidale, par leur mâchoire inférieure très-haute, par leur longue queue prenante, et par l'absence des abajoues et des callosités.

M. de Humboldt a fait connaître le premier, en l'an XIII, cette nouvelle espèce d'Alouates; il l'a rencontrée à Cumana, dans la province de la Nouvelle-Andalousie, près des montagnes du Cocollar; puis ensuite dans les vallées d'Aragua, à l'ouest de Caracas, dans les llanos du bas Orénoque : il l'appelle *Simia Ursina*, à cause de la ressemblance qu'il offre avec un ourson.

L'*Alouate Ourson*, à cause de sa couleur, ne saurait être confondu avec le *Carago* d'Azara et le *Guaribra* de Margraff, et diffère du *Monocolovado* de Carthagène par le pelage plus long, la barbe moins touffue, la tête plus pyramidale et plus petite. La poitrine et le ventre ne sont pas d'un brun noirâtre et dépourvus de poils, mais roux et velus comme le reste du corps. Le *Stentor Fuscus*, Geoff., a le pelage noirâtre. M. de Humboldt eut occasion de voir des femelles portant leurs petits sur leurs épaules ; mais il ne put observer une nuance de couleur qui indiquât une différence de sexe. De tous les *Quadrumanes* qui vivent en société sous la zône torride l'*Alouate Ourson* est celui qui offre le plus grand nombre d'individus. Aux bords de Lapuré on en a compté jusqu'à quarante sur le même arbre; et il est probable que dans ces contrées sauvages il en existe plus de deux mille sur une lieue carrée. Ces animaux se nourrissent bien moins de fruits que de feuilles d'arbres. A en juger d'après ceux que l'on a vus à l'état de domesticité, ils sont plus sobres que les autres SINGES, et d'une complexion moins délicate. Des voyageurs en ont vu guérir plusieurs qui étaient blessés dangereusement à la tête, et qui, probablement par l'effet d'une altération de la substance cérébrale, tournaient pendant plusieurs heures du côté où se trouvait la blessure.

GENRE ATÈLE.

Le nom d'ATÈLE (*Ateles subpentadactylus*, Cuv.) fut donné à ces singes parce qu'ils ont leurs mains antérieures presque sans pouce, et sont ainsi privés du trait caractéristique de la famille des *Quadrumanes*. Ce n'est point que le pouce manque entièrement; mais, d'une part, il est très-court et complétement renfermé dans les téguments communs, d'une autre part il lui manque une phalange, l'onguéale. Les *Atèles* vivent en troupes sur les arbres, et habituellement ils s'y tiennent suspendus par la queue pour être plus en mesure de fuir, à la moindre alerte. Ils vivent de feuilles, des fruits de palmier, d'insectes et même d'animaux qui les attirent sur les bords de la mer. On dit qu'ils y pêchent des mollusques et des crabes en se laissant pincer le bout de la queue, c'est-à-dire en se servant de celle-ci comme d'une ligne.

Dampierre a rapporté qu'ils s'entendent pour exécuter des passages de rivières; ils forment une chaîne dont le premier anneau, qui est toujours la queue recoquillée de l'un deux, est fixé sur une branche d'arbre prolongée au-dessus des eaux. L'*Atèle* qui forme le premier anneau saisit avec une de ses mains la queue de l'*Atèle* qui forme le deuxième; celui-ci fait de même à l'égard d'un troisième; et ainsi de suite. Quand le dernier anneau quitte le sol, la chaîne est raccourcie par un ployement des membres que tous exécutent. Enfin, mise en mouvement et balancée sur son point d'attache, elle est lancée à propos vers un arbre de la rive opposée.

Les *Atèles* sont des animaux doux, caressants, craintifs et mélancoliques; on en a possédé de vivants au Jardin des Plantes, entre autres deux femelles, qui étaient dans une parfaite intelligence. Sensibles au froid, elles s'embrassaient ventre contre ventre, et se servaient de leur queue comme d'une excellente fourrure en s'enveloppant le corps. En cet état, elles paraissaient un seul être surmonté de deux têtes; mais ce qui donnait surtout du piquant à ce spectacle, c'est que chaque tête impressionnée diversement s'agitait, se mouvait à part. Ces deux singes se quittaient rarement, ou l'un deux s'appuyait négligemment sur l'autre, ou il sautait sur son dos, ou lui rendait le service de le débarrasser de sa vermine. Il n'y avait point entre eux de sérieux débats; mais quand l'un avait goûté et négligé un fruit ou une racine, l'autre s'en accommodait et le négligeait à son tour; manége qu'ils répétaient assez souvent plusieurs fois de suite.

Les *Atèles* ne marchent, en s'aidant des quatre pieds, que lentement et péniblement : ils ferment aussi leurs mains, dans la marche, mais à un degré moindre; car ils ploient une phalange de moins. Accroupis ils hésitent, comme les orangs, à se déranger pour prendre un objet à leur portée. Afin de n'avoir point à dérouler leur longue queue, ils se traînent vers l'objet de leurs désirs; tout le corps est porté sur les deux bras, puis le tronc et les deux pieds, ramassés le long du ventre, se trouvent jetés en avant. Dans le temps suivant, le corps est posé sur les fesses, et les pieds et les bras à leur tour exécutent un mouvement semblable. Cette marche rappelle celle des *Kangourous*, ou bien l'alure des gens qui se servent de béquilles.

La voix des *Atèles* est un sifflement aigu et doux, que font entendre de la même manière la plupart des singes Américains : la Guyane, le Brésil, le Paraguay et tous les pays limitrophes de l'Amérique sont remplis d'*Atèles*.

GENRE SAGOUIN.

Les Sagouins ou Sakis ont une queue non prenante et qui n'est jamais denudée en dessous. Les espèces de ce genre dont nous devons maintenant parler sont :

Le Saïmiri (*Saimirius Sciureus*, Cuv.). Incis. $\frac{4}{4}$, can. $\frac{1\ 1}{1\ 1}$, mol. $\frac{6\ 6}{6\ 6}$.

Le *Saïmiri* n'a guère plus de dix ou onze pouces de longueur pour tout le corps ; mais sa queue est plus longue et velue dans toute son étendue ; son pelage est généralement d'un gris olivâtre ; ses bras et ses jambes sont d'un roux vif, et son museau noirâtre. Ce *Quadrumane* est certainement l'un des plus gracieux et des plus intéressants de tous, en même temps qu'il est un des plus intelligents. Ils habitent, en petites troupes, le Brésil et la Guyane.

La physionomie du *Saïmiri* est celle d'un enfant, dit M. de Humboldt ; c'est la même expression d'innocence, quelquefois le même souris malin, et la même rapidité dans le passage de la joie à la tristesse ; il ressent aussi vivement le chagrin et le témoigne aussi en pleurant. Ses yeux se mouillent de larmes quand il est inquiet et effrayé. Il est recherché par les habitants des côtes pour sa beauté, ses manières aimables, et la douceur de ses mœurs. Il étonne par une agitation continuelle ; cependant ses mouvements sont pleins de grâce. On le trouve occupé sans cesse à jouer, à sauter et à prendre des insectes, surtout des araignées, qu'il préfère à tous les aliments végétaux.

M. de Humboldt a remarqué plusieurs fois que les *Saïmiris* reconnaissaient visiblement des portraits d'insectes ; qu'ils les distinguaient, sur le vu de gravures en noir, et qu'ils semblaient faire preuve de discernement, en cherchant à prendre ces insectes : ils avançaient, à cet effet, leurs mains comme pour s'en saisir. Un discours suivi prononcé devant eux les occupait au point, que tantôt ils fixaient attentivement leurs regards sur l'orateur, et que tantôt ils cherchaient à s'approcher de lui pour toucher de leurs doigts ses dents ou sa langue. En général, ils montraient une rare sagacité pour découvrir et pour atteindre les insectes, dont ils paraissaient très-friands. Enfin une de leurs habitudes, qui n'est point équivoque, puisqu'elle fournit aux Indiens les seuls moyens dont ils usent pour se procurer vivants des *Saïmiris* qu'ils élèvent et qu'ils vont vendre sur la côte, c'est que les jeunes n'abandonnent jamais leur mère : ils tombent avec elle quand elle est frappée ; et s'ils n'en sont point séparés à ce moment, ils restent attachés à son cadavre.

Les *Saïmiris* vivent en troupe de dix à douze individus ; ils portent à la bouche leurs aliments, ou bien ils les saisissent avec les lèvres : enfin ils hument en buvant.

Le *Douroucouli* (*Nocthora Trivirgata*) est un des singes les plus remarquables qui aient été trouvés dans les forêts de la Guyane. Il est entièrement inconnu en Europe ; M. de Humboldt est le premier qui l'ait fait voir aux habitants des côtes de Cumana. Cet animal extraordinaire, qu'il est impossible de confondre avec les *Sagoins*, les *Sapajous*, les *Nyctipithèques* de M. Geoffroy, appartient à un groupe particulier, qui a des rapports avec les *Loris* de l'ancien continent, non par ses dents et par la forme de ses oreilles, mais bien par ses mœurs, la grandeur de ses yeux et l'ensemble de sa physionomie. Cette nouvelle *famille* de singes, que l'on pourrait désigner sous le nom d'*Aotes*, est caractérisée par une tête de chat; par de grands yeux jaunes, incapables de soutenir la lumière du jour; par l'absence presque totale de l'oreille externe, par une queue non prenante et beaucoup plus longue que le corps.

Le poil du *Douroucouli* est doux et très-agréable au toucher. Le dos du *Douroucouli* a un lustre argenté, surtout lorsqu'il est exposé aux rayons du soleil. Quoique la tête de ce petit animal ressemble à celle d'un chat tigre, son corps, extrêmement allongé, a plus d'analogie avec la forme de l'*Écureuil* ou de la *Marte*. Tant qu'on n'a pas examiné ses dents, et qu'on n'a pas vu l'usage qu'il fait de ses mains, dont les doigts sont très-longs, et dont la peau antérieure est très-fine et très-blanche, on a de la peine à croire que le *Douroucouli* soit un vrai singe. Il paraît même, au premier abord, plus éloigné des singes que le *Manaviri*, qui par ses mœurs et par son port tient à la fois du *Singe*, de l'*Ours* et du *chien*.

Le *Douroucouli* est le seul singe de l'Orénoque qui dorme le jour. Cette habitude lui a fait aussi donner le nom de *Monno-Dormillon*. M. de Humboldt a remarqué dans un individu mâle, conservé vivant plus de cinq mois, qu'il s'endormait assez ordinairement à neuf heures du matin, et qu'il se réveillait à sept heures du soir. Quelquefois le sommeil le prenait dès l'aube du jour, ou dès six heures du soir. La lumière l'incommodait beaucoup. Pour dormir il se cachait dans l'endroit le plus sombre, derrière quelques planches, ou dans le creux d'un arbre. Comme les écureuils et plusieurs espèces de *Viverres*, il avait une facilité extraordinaire à se glisser par les plus petites ouvertures. On en trouva un dans la cage d'un autre singe, dans laquelle il était entré en passant à travers les barreaux, qui n'étaient écartés les uns des autres que de cinq centimètres.

Si on le réveille pendant le jour on le trouve triste, abattu, et dans un état léthargique. On remarque alors qu'il a de la peine à ouvrir ses grandes paupières blanches. Ses yeux, qui la nuit ressemblent à des yeux de hibou, sont toujours troubles, sans éclat, et presque mourants. Le *Douroucouli*, dans sa position ordinaire, est assis comme un chien, le dos courbé, les quatre mains réunies, la tête baissée et presque cachée entre les mains de devant. Il est très-doux le jour. On peut le toucher sans en être mordu; on peut même lui ouvrir la bouche. Autant ce petit animal est triste et immobile le jour, autant il est inquiet et bruyant pendant la nuit. Étant presque aveugle jusqu'au coucher du soleil, il ne cherche sa nourriture que dans l'obscurité. Il chasse de petits oiseaux et surtout des insectes. A Nueva Barcellona, M. de Humboldt en a gardé dans la même chambre où il couchait; et il observa seulement que la nuit il saute contre les murs, et fait un bruit extraordinaire. Il mange de tous les végétaux. Il est surtout friand des bananes, de la canne à sucre, des fruits de palmier, des amandes du *Bertholletia*, et des semences du *Mimosa Juga*. Il a une adresse particulière à prendre les mouches; et cette occupation seule le tient quelquefois éveillé pendant le jour; mais pour voir les mouches il faut qu'il se trouve dans un lieu peu éclairé, et que sa proie lui vienne de très-près. Il mange très-peu, comparativement à d'autres singes de sa taille, par exemple au *Simia Scuirea* et au *Simia Œdipus*. Il se passe quelquefois de boire pendant vingt ou trente jours.

Le *Douroucouli* ayant le poil assez long et lustré, les indigènes se servent de sa peau pour en faire des bourses de tabac qu'ils vendent aux moines et aux soldats qui habitent les missions du Cassiquaire et du Rio-Negro. Ils surprennent quelquefois ce *Singe* en plein jour, lorsque, endormi et à demi caché dans le creux d'un arbre, le petit animal avance sa tête hors du trou par lequel il s'est glissé dans son gîte. Il arrive alors que les Indiens attrapent le mâle et la femelle à la fois, en les saisissant par le col, car les *Douroucouli* ne vivent pas par bandes, comme les *Alouates* et les *Sagouins*, mais deux à deux, dans une véritable monogamie.

Cet animal paraît assez difficile à apprivoiser; du moins celui que M. de Humboldt apporta avec lui, tantôt dans un canot, tantôt attaché sur le dos d'un mulet de charge, ne cessait de mordre les personnes qui le comblaient de caresses. Il jouait très-rarement, étant toujours occupé de lui-même et des moustiques, qu'il prenait avec une adresse singulière. Il souffletait, comme les chats, en allongeant la main avec une extrême agilité. Son cri nocturne : *muh, muh*, ressemblait à celui du Jaguar, ou grand tigre d'Amérique : aussi les blancs qui visitent les missions de l'Orénoque l'appellent *Titi Tigre*. Sa voix est d'un volume et d'une force extraordinaire, eu égard a la petitesse de sa taille; il a en outre deux autres cris, une espèce de miaulement (*e-i-aou*), et un son guttural très désagréable (*quer, quer*); sa gorge enfle lorsqu'il est irrité, et il ressemble alors, par son ronflement et la position de son corps, à un chat qui se voit attaqué par un chien.

FAMILLE DES OUISTITIS.

Ce petit Groupe, qui est très-voisin de la famille des Singes, et qui pendant longtemps a été confondu avec elle, est propre au Nouveau Monde, et cependant les OUISTITIS diffèrent moins des Singes de l'ancien continent que ceux d'Amérique. En effet, comme ces derniers, ils n'ont que vingt dents molaires; ce sont des animaux qui ont des formes agréables, la tête ronde, le visage plat, les narines latérales, point de callosités ni d'abajoues et la queue touffue et non prenante.

Aux membres postérieurs leur pouce est à peine opposable aux autres doigts; et tous leurs doigts, excepté le pouce des membres postérieurs, sont armés d'ongles comprimés et pointus comme des griffes : c'est même à l'aide de ces ongles qu'ils grimpent sur les arbres, comme le feraient des écureuils, car la conformation de leurs mains ne leur permet pas de se saisir des branches, à la manière des Singes. Ils vivent sur des arbres, et passent pour être gais, capricieux, irascibles et toujours en mouvement.

M. le docteur Pierquin, qui a eu l'occasion d'étudier anatomiquement une femelle de *Ouistiti*, a constaté, conformément à ce qu'avait avancé M. Isidore Geoffroy-Saint-Hilaire, que le cerveau était très-volumineux et parfaitement lisse. Cette circonstance est hors de doute, et elle fut parfaitement constatée, car c'était là un des points principaux des recherches anatomiques de ce médecin. Ainsi le cerveau ni le cervelet n'avaient, pas même à la loupe, la moindre trace de circonvolutions cérébrales. La substance grise ou corticale est très-épaisse; la substance blanche l'est un peu moins. Dans le cervelet, au contraire, la substance blanche est plus considérable. On divise cette famille en deux GENRES, les OUISTITIS et les TAMARINS.

GENRE OUISTITI.

Les OUISTITIS ont les incisives inférieures pointues et de même longueur que les canines; leur queue est très fournie et marquée d'anneaux alternativement gris et noirs. Tels sont l'*Ouistiti ordinaire*, l'*Ouistiti à pinceaux* et le *Pinche*.

L'*Ouistiti commun* (*Hapale Jacchus*, Cuv.), incis. $\frac{4}{4}$, can. $\frac{1-1}{1-1}$, mol. $\frac{5-5}{5-5}$, a été possédé pendant longtemps par un savant naturaliste, Audouin, dont les sciences naturelles déplorent encore la perte prématurée.

Cet observateur a publié sur cet animal de nombreuses observations, que nous allons analyser et qui sont dignes du plus vif intérêt.

On a pu remarquer souvent qu'un chien placé devant un miroir ne reconnaît pas dans l'image qui se présente à ses yeux celle d'un animal de son espèce, et que la vue d'un tableau ne produit sur lui aucune impression particulière. Il en est bien autrement des *Ouistitis*. Audouin s'est assuré, par des expériences plusieurs fois répétées, que ces Singes savent très-bien reconnaître, dans un tableau, non pas seulement leur image, mais même celle d'un autre animal. Ainsi, l'aspect d'un chat, et, ce qui semble plus remarquable encore, l'aspect d'une guêpe leur cause une frayeur très-vive, tandis qu'à la vue d'un autre insecte, tel qu'une sauterelle ou un hanneton, ils se précipitent sur le tableau comme pour saisir l'objet qui s'y trouve représenté. Ce seul fait semble prouver chez les *Ouistitis* des aptitudes instinctives remarquables. Il arriva un jour à l'un des deux individus qui vivaient chez Audouin de se lancer dans l'œil, en mangeant un grain de raisin, un peu du jus de ce fruit; depuis ce temps il ne manqua plus, toutes les fois qu'il lui arriva de manger du raisin, de fermer les yeux; ce qui prouve que les *Ouistitis* jouissent, à un haut degré, de la faculté d'associer leurs idées.

Nous ne pouvons résister au désir de citer le fait suivant : Les deux *Ouistitis* d'Audouin attrapaient, avec une incroyable dextérité, les mouches que le hasard amenait dans leurs cages ; mais une guêpe s'étant un jour approchée d'un morceau de sucre qu'on avait fixé à leurs barreaux, ces animaux, qui n'avaient jamais vu de guêpes, et qui ne pouvaient connaître par expérience le danger de la piqûre de ces insectes, prirent aussitôt la fuite, et allèrent se réfugier au fond de leur cage. Étonné de ces marques de frayeur, Audouin prit alors la guêpe et l'approcha des deux *Ouistitis*, qu'il vit aussitôt cacher leur tête entre leurs mains, et rapprocher leurs paupières en fronçant le sourcil, de manière à fermer presque entièrement leurs yeux. A peine leur avait-on présenté une sauterelle, un hanneton, ou quelque autre insecte dont ils n'avaient rien à redouter, qu'ils se précipitaient sur lui avec un avide empressement, le saisissaient à l'instant même, et le dévoraient avec délices.

Ils aimaient beaucoup le sucre, la pomme cuite et les œufs, qu'ils savaient saisir avec beaucoup de grâce, et vider avec une adresse remarquable ; mais ils refusaient les amandes de toute nature, les fruits acides ou acidules, et les feuilles qui se mangent en salade. Ils n'aimaient pas non plus la chair; mais lorsqu'on mettait dans leur cage un petit oiseau vivant, et qu'ils parvenaient à s'en rendre maîtres, ils lui ouvraient le crâne, mangeaient tout le cerveau, en ayant soin de lécher le sang qu'ils faisaient couler, et dévoraient quelquefois aussi la corne du bec, les tendons des pattes, et quelques autres parties non charnues.

Audouin a aussi remarqué que ces *Ouistitis* étaient très-curieux ; qu'ils avaient la vue très-perçante ; qu'ils tenaient beaucoup à leurs habitudes, quoiqu'ils fussent sous plusieurs rapports fort capricieux ; qu'ils reconnaissaient parfaitement les personnes qui avaient soin d'eux ; enfin que leurs cris étaient très-variés, suivant les passions qui les animaient. C'étaient, lorsqu'ils étaient effrayés, des glapissements qui semblaient partir du gosier, et qu'ils faisaient entendre en ouvrant la bouche et en montrant les dents, et lorsqu'ils étaient en colère, un sifflement bref, suivi d'une sorte de croassement. Dans d'autres circonstances, ils poussaient de petits sifflements prolongés, ce qui arrivait surtout quand on les mettait en plein air ; ou bien ils s'appelaient l'un l'autre par un gazouillement semblable à celui d'un grand nombre d'oiseaux.

GENRE TAMARIN.

Les TAMARINS ont la queue de couleur uniforme et plus touffue que les précédents ; leurs incisives inférieures sont d'ailleurs larges et plus petites que les canines. Le *Tamarin*, le *Marikina* ou *Singe-Lion*, le *Mico*, etc., se rapportent à ce sous-genre.

Les *Tamarins* sont moins communs que les *Sapajous*. Ils se tiennent dans les grands bois, sur les plus gros arbres, et dans les terres les plus élevées, tandis qu'en général les *Sapajous* habitent les terrains bas, où croissent les forêts humides. Les *Tamarins* ne sont pas peureux ; ils ne fuient pas à l'aspect de l'homme, et ils approchent même d'assez près les habitations. Ils ne font ordinairement qu'un petit, que la mère porte sur le dos. Ils ne courent presque pas à terre ; mais ils sautent très-bien de branche en branche sur les arbres. Ils vont par troupes nombreuses, et ont un petit cri ou sifflement fort aigu.

Ils s'apprivoisent aisément, et néanmoins ce sont peut-être de tous les singes ceux qui s'ennuient le plus en captivité. Ils sont colères, et mordent quelquefois assez cruellement lorsqu'on veut les toucher. Ils mangent de tout ce qu'on leur donne, pain, viande cuite et fruits. Ils montent assez volontiers sur les épaules et sur la tête des personnes qu'ils connaissent et qui ne les tourmentent point en les touchant. Ils se plaisent beaucoup à prendre les puces aux chiens, et ils s'avisent quelquefois de tirer leur langue, qui est de couleur rouge, en faisant en même temps des mouvements de tête singuliers. Leur chair n'est pas bonne à manger.

Le *Marikina*, dit Buffon, est assez vulgairement connu sous le nom de petit *Singe-Lion ;* nous n'admettons pas cette dénomination composée, parce que le Marikina n'est point un singe, mais un sagouin, et que d'ailleurs il ne ressemble pas plus au lion qu'une allouette ne ressemble à une autruche, et qu'il n'a de rapport avec lui que par l'espèce de crinière qu'il porte autour de la face, et par le petit flocon de poil qui termine sa queue. Il a le poil touffu, long, soyeux et lustré ; la tête ronde, la face brune, les yeux roux ; les oreilles rondes, nues et cachées sous les longs poils qui environnent sa face : ses poils sont d'un roux vif ; ceux du corps et de la queue sont d'un jaune très-pâle et presque blanc. Cet animal a les mêmes manières, la même vivacité et les mêmes inclinations que les autres *Tamarins*, et il paraît être d'un tempérament un peu plus robuste; car nous en avons vu un qu'on a pu garder cinq ou six ans à Paris, avec la seule attention de le tenir pendant l'hiver dans une chambre où tous les jours on allumait du feu.

Le *Mico* est un animal dont on doit la connaissance à La Condamine. Nous ne pouvons mieux faire que de rapporter ce qu'il en écrit, dans la relation de son voyage sur la rivière des Amazones : « Celui-ci, dont le gouverneur du Parat m'avait fait présent, était l'unique de son espèce qu'on eût vu dans le pays. Le poil de son corps était argenté et de la couleur des plus beaux cheveux blonds; celui de sa queue était d'un marron lustré approchant du noir. Il avait une autre singularité remarquable : ses oreilles, ses joues et son museau étaient teints d'un vermillon si vif, qu'on pouvait à peine se persuader que cette couleur fût naturelle. Je l'ai gardé pendant un an; et il était encore en vie lorsque j'écrivais ceci, presque à la vue des côtes de France, où je me faisais un plaisir de l'apporter vivant. Malgré les précautions continuelles que je prenais pour le préserver du froid, la rigueur de la saison l'a vraisemblablement fait mourir.... Tout ce que j'ai pu faire a été de le conserver dans l'eau-de-vie. » Il est évident que la première espèce de ces animaux dont parle La Condamine est le *Tamarin*, et que le dernier, auquel Buffon a donné le nom de *Mico*, est d'une espèce très-différente et vraisemblablement beaucoup plus rare, puisqu'aucun auteur ni aucun voyageur avant lui n'en avait fait mention, quoique ce petit animal soit très-remarquable par le rouge vif qui anime sa face et par la beauté de son poil.

Nous devons encore signaler dans cette FAMILLE une espèce à laquelle M. de Humboldt a donné le nom de *Léoncito;* c'est un des plus intéressants dans le nombre des singes nouveaux que ce célèbre naturaliste a eu l'occasion de décrire dans son voyage aux Tropiques. Ce singe des plaines de Mocoa est remarquable par sa ressemblance avec le lion d'Afrique. Il est très-rare, même dans son pays natal ; il habite les plaines qui bordent la pente orientale des Cordillères, les rives fertiles du Putumayos et du Caqueta ; il ne monte jamais jusqu'aux régions tempérées, tandis que des bandes vagabondes de *Simia Beelzebud* poussent quelquefois leurs excursions jusqu'à des hauteurs égales à celle du Canigou et même du mont Perdu. Le *Léoncito* de Mocoa diffère essentiellement de toutes les espèces connues : il n'a pas la tête blanche du *Simia Leucocephala,* figuré dans le bel ouvrage d'Audebert ; il diffère du *Simia-Rosalia* et du *Saki* ou *singe* à queue de renard (*Simia Pithecia*) par une tache blanche qui couvre le bout du nez, la bouche et le menton ; il diffère du *Simia Iacchus* du Brésil par sa queue sans anneaux blancs, par son visage noir et par la diversité de conformation qui existe entre les ongles des mains antérieures et postérieures ; les premières ressemblent presque à celles des chats, et les dernières ont les doigts presque semblables aux doigts de la main humaine. Le *Léoncito* n'a que sept ou huit pouces de long, sans compter la queue, qui est de la longueur du corps ; c'est un des *singes* les plus petits et les plus élégants que l'on ait vus. Il est gai, joueur ; mais, comme la plupart des petits animaux, très-irascible.

Lorsqu'il se fâche, il hérisse le poil de sa gorge, ce qui augmente sa ressemblance avec le lion d'Afrique.

M. de Humboldt n'a pu voir que deux individus de ce singe très-rare. C'étaient les premiers qu'on eût portés vivants à l'ouest des *Cordillères?* On les tenait en cage ; et leurs mouvements étaient si rapides, qu'il eut de la peine à les dessiner. Leurs sifflements imitaient le chant des petits oiseaux. On assure que dans les cabanes des Indiens de Mocoa le *Léoncito* se multiplie à l'état de domesticité.

FAMILLE DES MAKIS.

Les animaux dont se compose cette Famille ont les quatre pouces bien développés et opposables aux autres doigts ; mais, en général, ils s'éloignent des Singes et des Ouistitis par leur forme, qui se rapproche davantage de celle des Carnassiers, par la disposition ou le nombre de leurs dents. Un caractère suffit, du reste, pour les en distinguer, c'est l'existence d'un ongle pointu et relevé au premier ou aux deux premiers doigts de derrière, tandis que ceux des autres doigts sont tous plats.

Cette famille se compose de plusieurs Genres désignés sous le nom de Makis proprement dits, de Loris, de Galagos et de Tarsiers.

GENRE MAKIS.

Les Makis proprement dits habitent exclusivement l'île de Madagascar, où ils paraissent remplacer en quelque sorte les Singes. On les a nommés, à cause de leur tête pointue, des *singes à tête de renard* ; les habitants de la partie sud de Madagascar les apprivoisent et les dressent pour la chasse comme les chiens.

Les Makis saisissent à la manière des singes ; leurs pouces sont bien opposables aux autres doigts ; et lorsqu'ils cessent de l'être, c'est seulement aux membres supérieurs. Les LÉMURIENS ont les membres postérieurs les plus longs; aussi vont-ils le plus souvent par bonds et par sauts; ils marchent rarement, et ne se tiennent jamais sur deux membres seulement; ils ont le plus souvent une queue assez longue, mais jamais cet organe n'est susceptible de préhension, et les fesses des MAKIS sont toujours dépourvues de callosités.

Ils dorment assis, le museau incliné et appuyé sur la poitrine; leur vie est principalement nocturne; et c'est pendant le jour, couchés dans les endroits obscurs, qu'ils reposent. Quelques-uns sont lents, ce qui tient à leurs proportions et à leur forme; mais la plupart jouissent, au contraire, d'une grande vivacité et d'une facilité remarquable dans les mouvements. Ils sautent à de grandes distances, grimpent avec facilité et vivent dans les lieux fort retirés. Aussi n'a-t-on sur eux que des renseignements peu nombreux. Les espèces que l'on connaît sont toutes des pays les plus chauds, et c'est à Madagascar qu'elles vivent en plus grande abondance. Or l'on sait qu'aucun SINGE n'existe dans cette île si voisine de l'Afrique, et qui en diffère néanmoins beaucoup par ses productions naturelles. Un autre fait important pour l'histoire de la géographie des animaux, c'est que l'Amérique ne possède aucun LÉMURIEN, et que ceux des animaux de cette famille que produisent les parties les plus chaudes de l'Afrique et de l'Asie sont spécifiquement et même génériquement différents de ceux de Madagascar. Les MAKIS proprement dits, ou mieux ceux auxquels ce nom est resté en propre, ainsi que les genres INDRI et CHIROGALE comprennent seuls les espèces Madécasses; le GENRE GALAGO est d'Afrique, et les GENRES LORIS et TARSIERS habitent l'archipel Indien et le Bengale.

A l'état sauvage les *Makis* vivent par troupes de trente à quarante individus, excepté dans la saison des amours. A cette époque ils se séparent par paire, et restent ainsi isolés pendant environ six mois, temps durant lequel leurs petits ont besoin des secours de leurs parents.

On distingue, entre autres espèces de ce genre, le *Mococo*, le *Vari*, le *Mongouz*, etc., tous originaires de Madagascar.

Le *Mococo* est un joli animal, d'une physionomie fine, d'une figure élégante et svelte, d'un beau poil, toujours propre et lustré. Il est remarquable par la grandeur de ses yeux, par la hauteur de ses jambes de derrière, qui sont beaucoup plus longues que celles de devant et par sa belle et grande queue, qui est toujours relevée, toujours en mouvement et sur laquelle on compte jusqu'à trente anneaux, alternativement noirs et blancs, tous bien distincts et bien séparés les uns des autres. Il a les mœurs douces. Quoiqu'il ressemble en beaucoup de choses aux autres singes, il n'en a ni la malice ni le naturel.

Dans son état de liberté il vit en société, et on le trouve à *Madagascar* par troupe de trente ou quarante. Dans l'état de captivité il n'est incommode que par le mouvement prodigieux qu'il se donne; c'est pour cela qu'on le tient ordinairement à la chaîne; car, quoique très-vif et très-éveillé, il n'est ni méchant ni sauvage, il s'apprivoise assez pour qu'on puisse le laisser aller et venir sans crainte qu'il s'enfuie. Sa démarche est oblique comme celle de tous les animaux qui ont quatre mains au lieu de quatre pieds; il saute de meilleure grâce et plus legèrement qu'il ne marche. Il est assez silencieux, et ne fait entendre sa voix que par un cri court et aigu, qu'il laisse pour ainsi dire échapper lorsqu'on le surprend ou qu'on l'irrite. Il dort assis, le museau incliné et appuyé sur sa poitrine. Il n'a pas le corps plus gros qu'un gros chat, mais il l'a plus long, et il paraît plus grand parce qu'il est plus élevé sur les jambes. Son poil, quoique très-doux au toucher, n'est pas couché et se tient assez fermement droit.

Le *Mongou* est plus petit que le *Mococo;* il a comme lui le poil soyeux et assez court, mais un peu frisé; il a aussi le nez plus gros que le *Mococo* et assez semblable à celui du Vari. Pendant plusieurs années Buffon a eu chez lui un de ces *Mongous* qui était tout brun. Il avait l'œil jaune, le nez noir et les oreilles courtes : il s'amusait à manger sa queue, et en avait ainsi détruit les quatre ou cinq dernières vertèbres. C'était un animal fort sale et assez incommode : on était obligé de le tenir à la chaîne; et quand il pouvait s'échapper il entrait dans les boutiques du voisinage pour chercher des fruits, du sucre, et surtout des confitures, dont il ouvrait les boîtes : on avait bien de la peine à le reprendre, et il mordait cruellement alors ceux même qu'il connaissait le mieux. Il avait un petit grognement presque continuel; et lorsqu'il s'ennuyait et qu'on le laissait seul, il se faisait entendre de fort loin par un coassement tout semblable à celui de la grenouille.

Je trouve dans une *Revue Anglaise* quelques détails sur une visite faite dans une *Pagode Indoue* qui contenait un nombre considérable de *Makis* et autres *Quadrumanes.*

Nous nous amusâmes beaucoup, dit le narrateur, à voir la manière dont les singes prenaient soin de leurs petits; et comme ces hôtes privilégiés de l'enceinte sacrée sont familiers au point de ne rien craindre, nous pûmes nous approcher assez pour observer distinctement toutes leurs actions. Quelques mères avaient des petits, nés seulement depuis peu de jours ; d'autres donnaient encore à leur jeune progéniture l'éducation dont elle avait besoin pour se former ; toutes s'acquittaient de leurs devoirs avec une vigilance et une affection extrêmes, et tenaient ordinairement leurs petits à portée de la main et toujours à vue d'œil. Si, en se balançant sur les branches de l'arbre ou en cabriolant le long des murs, le jeune singe essayait de trop s'éloigner, la mère allongeait le bras, le saisissait par la queue, ou, si elle lui glissait de la main, l'empoignait par une jambe et le ramenait doucement. A la moindre alarme, au moindre trouble, elle le serrait aussitôt contre son sein ; le nourrisson appliquait aussitôt sa bouche sur la mamelle, embrassait fortement de ses bras et de ses jambes le corps de sa mère, et y restait ainsi attaché pendant qu'elle montait sur le tronc de l'arbre ou se réfugiait à l'extrémité d'une branche. Souvent les petits grimpaient sur le dos de leur mère, puis la quittaient, gambadaient ou se couchaient, à un grognement, un geste ou une grimace qu'elle faisait ; car on aurait pu croire qu'elle réglait leurs mouvements par une suite de signaux bien compris.

GENRE LORIS.

Nous devons remarquer, dans cette famille, le GENRE LORIS, incis. $\frac{4}{6}$, can. $\frac{1-1}{1-1}$, mol. $\frac{6-6}{5-5}$. Ces animaux sont des *Quadrumanes* sans queue, qui avoisinent les genres précédents par leurs yeux, grands et rapprochés, ce qui permet de soupçonner à l'avance qu'ils sont nocturnes, ce que d'ailleurs l'observation a démontré. Les *Nycticèbes* ont les formes ramassées et les membres courts ; et les *Loris* se font remarquer par leur corps effilé et par leurs extrémités longues et grêles. L'égalité entre leurs membres antérieurs et postérieurs est encore un de leurs caractères ; et il en résulte dans leurs allures des différences assez notables qui les éloignent des autres *Lémuriens*. Leur démarche est pénible, et la lenteur de leurs mouvements leur a fait quelquefois donner, comme aux *Bradypes*, le nom de *Paresseux*. La taille de ces animaux est intermédiaire à celle des *Makis* et des *Tarsiers*; ils sont répandus dans l'Inde, au Bengale, et dans les îles de l'Archipel, à Ceylan, à Java et à Sumatra.

GENRE GALAGO.

Le Genre Galago, incis. $\frac{4}{6}$, can. $\frac{1-1}{1-1}$, mol. $\frac{6-6}{5-5}$, se distingue par la rondeur de la tête, la brièveté du museau, la grandeur et le rapprochement des yeux, bien dirigés en avant; par la grandeur des oreilles, susceptibles de se contracter et de se fermer; par l'état rudimentaire des intermaxillaires, non soudés sur la ligne médiane, d'où suit la séparation des incisives en deux groupes latéraux, écartés l'un de l'autre par un vide, et placés en dedans des canines; par la proclivité et même l'horizontalité des incisives inférieures, dont les moyennes, très-petites, rappellent la crénelure des dents analogues des *Galéopithèques*. Derrière les canines, qui sont fortes et triangulaires, viennent en haut deux fausses molaires à une seule pointe; leur couronne est hérissée de quatre tubercules mousses, deux au côté interne, deux au côté externe. En bas les canines sont grosses et crochues; derrière elles est une fausse molaire, suivie de quatre molaires à couronne faite comme aux molaires supérieures. Le nez se termine par un petit muffle. Cette structure laisse pressentir les mœurs et les habitudes de ces *Quadrumanes*. Leurs grands yeux et leurs grandes oreilles annoncent des animaux nocturnes ou crépusculaires ; leurs dents molaires hérissées de pointes annoncent des insectivores. L'excès de longueur des membres postérieurs sur les antérieurs, combiné avec l'existence de quatre mains, leur donne sur les arbres, sites naturels de ces animaux, le même élan que les Kangourous et les Gerboises doivent à terre à la même cause mécanique ; il en résulte encore que sans quitter la place où ils se tiennent accroupis, mais en redressant les trois coudes du levier fléchi que représente leur corps quand ils sont assis et en étendant le bras, ils peuvent atteindre au vol les insectes passant assez loin d'eux pour se croire hors de leur portée. Leur longue queue, qui n'est pas prenante, est assez touffue, et ne s'étale pas comme chez les écureuils, à qui elle sert de parachute.

Parmi les espèces on remarque le *grand Galago*, de la taille d'un lapin, le *Galago nain,* moins fort qu'un rat.

Nous devons aussi parler du *Potto,* dont Bosmar a dit, dans son *Voyage en Guinée :* C'est un animal si vilain et si hideux, que je ne crois pas qu'on pût trouver son pareil en aucun lieu du monde. Ses pattes de devant ressemblent très-bien aux mains d'un homme ; sa tête est très-grosse à proportion de son corps. Le poil du jeune est gris de rat, et laisse voir une peau luisante et unie ; mais quand ils sont adultes le poil est doux et distribué en flocons comme de la laine.

GENRE TARSIER.

Le Genre Tarsier, incis. $\frac{4}{4}$, can. $\frac{1-1}{1-1}$, mol. $\frac{6\ 6}{6\ 6}$. Les jambes de derrière sont très-allongées, le tarse est trois fois plus long que le métatarse, la queue est longue.

La tête de ces animaux est ronde et terminée par un

museau très-court. Les yeux dirigés en avant, sont grands ainsi que les oreilles.

Ces petits *Quadrumanes* n'ont encore été trouvés que dans l'archipel Indien et à Madagascar. Ils doivent être extrêmement rusés, dit Geoffroy Saint-Hilaire, si l'on en juge par la forme de leur crâne. On ne connaît dans ce GENRE que deux espèces : le *Tarsier spectre*, que l'on trouve à Amboine et dans les îles de cet archipel, et le *Tarsier aux mains brunes*, découvert par M. Fischer. Ces animaux, éminemment insectivores, se tiennent dans les arbres, les oreilles et les yeux au guet ; dès que paraît un insecte ils s'élancent sur lui, le saisissent et le dévorent en un clin d'œil, quelquefois même sans abandonner la branche sur laquelle ils sont posés et retenus par leurs membres postérieurs.

On a rapproché des *Tarsiers* un groupe d'animaux placés primitivement parmi les *Rongeurs*, comme espèce du GENRE ÉCUREUIL ; il forme aujourd'hui le GENRE CHEIROMYS, dont on ne connaît encore qu'une espèce, l'*Aye-Aye de Madagascar*.

Cet animal est pourvu de dents incisives inférieures, très-fortes ; ses pieds ont tous cinq doigts, dont quatre de ceux de devant sont excessivement allongés, et dans ce nombre le médius est beaucoup plus grêle que les autres ; dans les pieds de derrière le pouce est opposable aux autres doigts. La structure de la tête de cet animal est d'ailleurs très-différente de celle des autres *Rongeurs*, et a plus d'un rapport avec les *Quadrumanes*. Il est grand comme un lièvre, à pelage brun-jaune, la queue longue et épaisse. C'est un animal nocturne, dont les mouvements sont lents et paraissent pénibles, et qui vit dans un terrier. Il se sert de son doigt grêle pour porter les aliments à sa bouche. Son nom est l'expression du cri qu'il pousse lorsqu'il fait un mouvement moins lent que de coutume.

Les os du carpe de l'*Aye-Aye* ou *Cheiromys* sont au nombre de neuf, comme dans la presque généralité des *Primatès*; quatre à la première rangée, dont le *semi-lunaire* est même plus développé que dans les *Indris*, la seconde, également de quatre, et, en outre, entre le scaphoïde et le trapézoïde, est un os intermédiaire considérable.

Pendant que je m'occupais de l'ostéographie de l'*Aye-Aye*, dit M. de Blainville, M. Laurillard, garde des galeries d'Anatomie, m'a remis, les quatre os principaux du tarse, c'est-à-dire l'*astragale*, le *calcanéum*, le *scaphoïde* et *cuboïde*, que je ne connaissais pas et que M. Cuvier avait, dès longtemps sans doute, fait extraire de la peau bourrée de la collection de Zoologie, comme j'avais d'abord fait moi-même pour la tête, les os de l'avant-bras et le corps. Dès lors j'ai pu confirmer ce qui n'était pour moi qu'une présomption, savoir : que le *calcanéum* et le *scaphoïde* sont presque aussi longs que dans le *Tarsier* et le *Galagos*. Ils ont, du reste, à peu près la même forme; ils sont plus robustes.

L'*Aye-Aye* est paresseux et sans défense; il vit sous terre, et se nourrit de vers, qu'il retire des trous des arbres, au moyen des longs doigts de ses membres antérieurs.

Sonnerat rapporte qu'il a nourri deux jeunes *Aye-Ayes*, mâle et femelle; ils n'ont vécu que deux mois. « Je les nourrissais, dit-il (*Voyages aux Indes*, t. II), de riz cuit, et ils se servaient, pour le manger, des doigts grêles des pieds de devant, comme les Chinois se servent de leurs baguettes. Ils étaient toujours assoupis, se couchant la tête placée entre leurs jambes de devant : ce n'était qu'en les secouant plusieurs fois qu'on parvenait à les faire remuer. »

Un savant naturaliste qui s'est livré à de profondes recherches sur les animaux rangés dans la *Famille* des *Quadrumanes*, M. Ogilby a porté son attention sur l'*Aye-Aye* de *Madagascar*, qui constitue le GENRE CHEIROMYS ; mais il ne parle de ses affinités qu'avec hésitation, parce qu'il n'a jamais eu l'occasion d'examiner l'animal lui-même et qu'il n'en connaît les caractères que d'après les autres naturalistes. Toutefois il est disposé à le regarder comme formant un troisième groupe parmi les *Pédimanes*, qui serait rangé dans une place intermédiaire entre les *Singes* du Nouveau Monde et les *Didelphides*. C'est à ces derniers qu'il serait disposé à l'associer, s'il n'était pas dépourvu du caractère *Marsupial* qui appartient à tous les autres animaux compris dans ce groupe. Dans quelques Didelphides, les Phalangers et les Pétauristes spécialement, il y a une disposition marquée à s'approcher de cette forme rongeante des incisives, qu'on observe dans l'*Aye-Aye*, et qui jusqu'ici avait été regardée comme lui conférant un caractere particulier et anormal.

M. Isidore Geoffroy-Saint-Hilaire a constaté que, depuis les travaux modernes, le nombre des GENRES de *Singes* s'est accru dans une grande proportion ; et que celui des espèces est plus que doublé. Cette augmentation numérique, considérable en elle-même, le paraît davantage si l'on songe qu'il s'agit ici des animaux les plus voisins de l'homme par leur organisation, et de ceux sur lesquels, dès les premières explorations, les recherches des voyageurs se sont dirigées d'une manière toute spéciale.

ORDRE III. — CARNASSIERS.

Cette grande division de la classe des *Mammifères* se compose principalement d'animaux de proie. On y range les bêtes fauves et les autres *Mammifères* qui ont à peu près la même organisation.

Les caractères qui distinguent les *Carnassiers* sont d'être onguiculés comme les *Bimanes* et les *Quadrumanes;* d'avoir la bouche armée de trois sortes de dents; de naître, comme eux, de la manière ordinaire, et de n'avoir pas de poches pour loger leurs petits. Ils présentent dans la terminaison des membres une différence profonde avec les animaux des deux premiers ordres; c'est de ne pas avoir le pouce opposable aux autres doigts.

D'après le genre de vie de la plupart de ces animaux, on peut prévoir que leur canal intestinal peut être moins volumineux, et moins long que chez les *Mammifères* qui se nourrissent de substances végétales. Les *Carnassiers,* pour saisir et dévorer une proie, qui en général se débat contre eux, ont besoin d'une force considérable dans leurs mâchoires : aussi les muscles servant à rapprocher ces organes sont-ils très-volumineux ; ce qui donne à la tête de ces animaux beaucoup de largeur. En général, leurs mâchoires sont très-courtes, et le mode d'articulation de ces os avec le crâne indique aussi que les dents sont destinées à couper de la chair ou à écraser des insectes, mais non pas à broyer de l'herbe ou des racines : l'articulation est dirigée en travers et serrée comme un gond, de façon à s'opposer à tout mouvement latéral ; elle ne permet à la bouche que de s'ouvrir et de se fermer, comme le feraient des branches de ciseaux.

Ces animaux diffèrent beaucoup entre eux par leurs formes et leur manière de vivre.

Le rapport de la taille des animaux, toujours proportionnée avec la quantité des aliments dont ils se nourrissent, est une loi qui souffre peu d'exceptions. Les animaux herbivores ou frugivores, qui trouvent en abondance de quoi satisfaire à leurs besoins, sont ordinairement les plus grands de tous; viennent ensuite les *Omnivores* et les *Carnassiers;* puis les *Insectivores,* qui se nourrissent d'animaux peu volumineux, quelquefois difficiles à trouver, et qui sont toujours plus petits que les autres. Les *Fourmiliers* semblent faire exception à cette règle; ils se nourrissent de petits animaux, et sont cependant d'une taille assez considérable. On doit dire que chez eux la petitesse de l'aliment est compensée par son abondance. En effet, les fourmis dont ils vivent existant toujours en nombre considérable, il leur est facile de s'en procurer une quantité plus que suffisante.

Les substances animales dont se nourrissent les *Carnassiers* se résolvent en trois principes élémentaires : la fibrine, la gélatine et l'albumine, toutes caractérisées par la présence de l'azote, mais qui diffèrent les unes des autres en ce que ce principe y est contenu en des proportions différentes. Il est en plus grande quantité dans la fibrine que dans les deux autres, et la gélatine est celle qui en renferme le moins.

On divise les Carnassiers en trois grandes Familles : les *Chéiroptères,* les *Insectivores* et les *Carnivores.* Leurs caractères sont énumérés dans le tableau suivant :

CARNASSIERS.

Onguiculés; bouche armée de trois sortes de dents.

Trois Familles.

- *1re Famille.* CHÉIROPTÈRES.
  Membres conformés pour le vol et la marche. Un repli de la peau s'étend, en forme de voile, des côtés du cou entre les quatre pattes.
  Deux Tribus.
  - *1re Tribu.* CHAUVE-SOURIS.
    Ailes formées par une membrane soutenue par des doigts très-longs.
    Deux Sections.
    - FRUGIVORES. Dents à couronnes plates. *Un Genre.* — Roussettes.
    - INSECTIVORES. Dents à pointes coniques. *Trois Genres.* — Vespertilions. Oreillards. Rhinolophes.
  - *2e Tribu.* GALÉOPITHÈQUES.
    Parachutes formés par un repli de la peau des flancs qui s'étend entre les pattes, mais peu entre les doigts, qui sont courts.
    Un Genre. — Galéopithèques.
- *2e Famille.* INSECTIVORES.
  Dents molaires hérissées de pointes coniques.
  Deux Tribus.
  - *1re Tribu.* MARCHEURS. Pattes antérieures de forme ordinaire, armées d'ongles petits.
    Deux Sections.
    - Corps couvert de piquants. *Un Genre.* — Hérissons.
    - Corps couvert de poils. *Un Genre.* — Musaraignes.
  - *2e Tribu.* FOUISSEURS. Pattes antérieures d'une forme particulière, armées d'ongles très-grands propres à fouir la terre.
    Un Genre. — Taupes.
- *1re Tribu.* PLANTIGRADES.
  Pieds posant sur le sol, dans toute leur longueur et dont la plante est privée de poils.
  Deux Sections.
  - Pas de dent carnassière à la mâchoire supérieure, une petite à la mâchoire inférieure; trois grosses dents tuberculeuses de chaque côté, à chaque mâchoire; queue courte. *Un Genre.* — Ours.
  - Une grande dent carnassière touchant à chaque mâchoire, suivie de
    - Deux dents tuberculeuses et trois fausses molaires; queue longue; museau court; doigts non palmes. *Un Genre.* — Ratons.
    - dent tuberculeuse
      - très-grosse en haut, très-petite en bas; queue courte, doigts palmés. *Un Genre.* — Blaireaux.
      - petite à chaque

5e Famille. CARNIVORES. Dents molaires tranchantes. *Trois Tribus*

- **2e Tribu. DIGITIGRADES.** Tarse relevé pendant la marche, pieds ne touchant le sol que par le bout.
  - Une ou deux dents tuberculeuses derrière la carnassière de la mâchoire inférieure.
    - Une dent tuberc. derrière chaque carnassière.
      - ...ses molaires, plus nombreuses inférieurement que supérieurement ; queue ronde.
        - Deux supérieures ; trois inférieures.
          - Ongles aigus, doigts palmés aux trois quarts de leur étendue. *Un Genre.* — **Putois.**
          - Ongles des pattes antérieures longs et propres à fouir. *Un Genre.* — **Mouffettes.**
      - Trois dents fausses molaires à chaque mâchoire de chaque côté ; doigts palmés ; queue aplatie horizontalement. *Un Genre.* — **Loutres.**
    - Trois dents tuberc. derr. la carnas. sup.
      - Deux dents tuberculeuses inférieurement et supérieurement ; langue douce ; ongles non rétractiles. *Un Genre.* — **Chiens.**
      - Une seule dent tuberculeuse derrière la carnassière inférieure ; langue rude. Ongles rétractiles. *Un Genre.* — **Civettes.**
  - Pas de dent tuberculeuse derrière la carnassière de la mâchoire inférieure.
    - Trois fausses molaires à chaque mâchoire ; langue rude ; ongles propres à fouir. *Un Genre.* — **Hyènes.**
    - Deux fausses molaires à chaque mâchoire ; ongles rétractiles. *Un Genre.* — **Chats.**
- **3e Tribu. AMPHIBIES.**
  - *1re Section.* Tête ronde ; dents canines médiocres, pattes antérieures armées d'ongles crochus ; postérieures dirigées en arrière, en forme de nageoires. *Un Genre.* — **Phoques.**
  - *2e Section.* Canines énormes, implantées dans la mâchoire supérieure ; muffle renflé ; narines ouvertes en haut. *Un Genre.* — **Morses.**

FAMILLE DES CHÉIROPTÈRES.

La plupart des CHÉIROPTÈRES sont des animaux organisés pour le vol plutôt que pour la marche. En effet, chez ces *Mammifères*, et même chez ceux qui n'ont pas de véritables ailes, il existe de chaque côté du corps une espèce de grande voile, formée par un repli de la peau, qui s'étend depuis le cou jusqu'aux pattes postérieures, et qui, mise en mouvement par les membres de l'animal, remplit les fonctions d'un parachute, à l'aide duquel il peut se soutenir en l'air lorsqu'il s'élance d'un point élevé.

Les anciens ont complétement ignoré la place que ces animaux devaient occuper dans la série zoologique. Aristote, les considérant comme des êtres de nature ambiguë, n'a pas su s'il devait en faire des *Quadrupèdes* ou des *Oiseaux*; Pline les a rangés parmi ces derniers, et son exemple a été suivi par presque tous les naturalistes jusqu'au dix-huitième siècle. Mais alors on a reconnu que les *Chauves-Souris* étaient de véritables *Quadrupèdes*, et que leur mode de génération devait les faire ranger parmi les *Mammifères*. Linné les a mises avec l'homme et les singes dans son ordre des *Primates*, en comprenant sous le nom générique de *Vespertilio* le peu d'espèces que l'on connaissait alors parmi elles. Bientôt le nombre de ces espèces s'accrut considérablement, et l'on dut établir plusieurs genres distincts parmi les *Vespertilio*.

Tous ces animaux forment un groupe très-naturel, chez lequel les doigts des extrémités supérieures sont considérablement allongés, et présentent entre eux de larges membranes qui s'étendent ensuite sur les côtés du corps entre les quatre membres, ainsi que dans l'espace interfémoral. Le pouce de ces membres n'est pas compris dans l'expansion membraneuse; il en est de même des doigts des pieds, qui n'ont d'ailleurs acquis aucun développement extraordinaire. C'est à l'accroissement considérable des parties tégumentaires que l'on doit attribuer les effets singuliers que Spallanzani croyait dépendre d'un sixième sens.

Ce célèbre expérimentateur avait crevé les yeux à plusieurs *Chauves-Souris,* et avait reconnu qu'elles se dirigeaient tout aussi bien après cette opération qu'elles l'auraient fait avant; elles savaient même éviter les plus petits obstacles. Ayant ensuite détruit les organes des autres sens auxquels il pensait devoir attribuer ce résultat singulier, et l'ayant obtenu de nouveau, il en conclut que les *Chauves-Souris* possédaient un sens de plus que les autres animaux; mais il paraît plus probable que le toucher, si délicat dans toute l'étendue de la membrane, produisait seul ces effets.

L'énorme développement des téguments se fait encore remarquer chez les Chéiroptères dans quelques autres de leurs organes. Plusieurs ont les oreilles fort grandes, et présentent même dans leur intérieur une membrane, nommée *orillon,* qui représente assez bien une deuxième conque auditive, mais qui n'est autre chose qu'une hypertrophie normale du tragus. Chez quelques espèces le nez offre une particularité remarquable; il est surmonté d'excroissances, qu'on appelle *feuilles*, et à la surface desquelles les narines sont le plus souvent ouvertes.

Les membres supérieurs des Chéiroptères sont remarquables par l'extrême allongement de leurs doigts et de plus par la présence d'un os particulier placé comme une sorte de rotule cubitale à l'articulation de l'avant bras avec l'humérus : cet os est constitué par l'apophyse olécrane du cubitus, restée libre dans les ligaments. Le sternum présente en avant, pour donner aux muscles pectoraux un point d'appui plus solide, une crête saillante ou bréchet, lequel est formé d'une série de petites épiphyses développées sur chacune des pièces du sternum. Les membres postérieurs sont comme déjetés sur les côtés. Ils sont garnis d'ongles crochus, au moyen desquels les *Chéiroptères* s'accrochent aux voûtes des souterrains qu'ils habitent. Le vol est presque l'unique moyen qu'ils aient de se mouvoir. Ils ne vont presque jamais à terre : ce n'est qu'avec peine qu'ils y rampent; et quelques-uns cependant, parmi les plus petits, possèdent la faculté de s'enlever de la surface du sol. Les autres ne sauraient le faire, et lorsqu'ils veulent commencer leur course aérienne, ils quittent le pan de la muraille ou le sommet de la voûte qui les retenaient accrochés, et ils se dirigent ensuite à l'aide de leurs ailes.

Les CHÉIROPTÈRES sont presque tous insectivores, et leurs dents présentent le plus souvent une disposition en rapport avec ce mode de nourriture ; d'autres sont frugivores, et il en est qui associent, suivant les circonstances, les insectes aux fruits. Dans certaines contrées plusieurs espèces, que l'on croyait être tout à fait insectivores, se nourrissent presque entièrement de fruits, tel que les *Phyllostomes*.

M. de Blainville a communiqué, il y a quelque temps, à l'Académie des Sciences ses vues sur la FAMILLE des CHÉIROPTÈRES. Il ne se borne pas à l'étude des espèces vivantes, mais il cherche, en remontant chez tous les historiens, et chez les plus anciens écrivains, les notions qu'on a eues jadis sur les mêmes espèces, et même sur les espèces fossiles.

Il résulte de ses recherches sur les CHÉIROPTÈRES :

1° Que des animaux de cette famille existaient avant la formation des terrains tertiaires moyens de nos contrées septentrionales ou Européennes, puisqu'on en a trouvé des restes indubitables dans la formation gypseuse des environs de Paris;

2° Qu'ils étaient très-probablement contemporains des *Anoplothérium* et des *Palæothérium*, puisque leurs ossements se trouvent dans les mêmes conditions géologiques;

3° Qu'ils ont continué d'exister sans interruption depuis ce temps jusqu'à nous, et cela dans toutes les parties de l'Europe, puisqu'on en rencontre des restes dans le *diluvium* des *Cavernes* et dans celui des *Brèches osseuses*.

4° Que ces *Chauves-Souris* si anciennes ne différaient que fort peu, si même elles différaient, des espèces actuellement vivantes dans les mêmes contrées.

Tous les CHÉIROPTÈRES ne sont pas également bien organisés pour le vol; et c'est en tenant compte des différences organiques qu'ils présentent sous ce rapport, qu'on les a distribués en deux tribus, ainsi qu'il suit :

Famille des CHÉIROPTÈRES.	Des *ailes* (formées par une membrane que soutiennent des doigts excessivement *longs*).	Chauves-Souris.
	Des *parachutes* (formés par un repli de la peau des flancs qui s'étend entre les pattes, mais peu entre les doigts, qui sont *courts*.)	Galéopithèques.

TRIBU DES CHAUVES-SOURIS.

Les CHAUVES SOURIS sont des animaux nocturnes, qui fuient la lumière; pendant le jour ils dorment cachés dans des cavernes ou quelque autre endroit obscur, et ne sortent qu'à la brune. En hiver ils tombent dans un sommeil léthargique, qui dure souvent pendant toute la saison froide. Leurs yeux sont excessivement petits; mais leurs oreilles sont souvent très-grandes ; et l'espèce de tact qu'ils exercent, à l'aide de la surface membraneuse de leurs ailes, est si exquis, qu'ils peuvent, ainsi que nous l'avons déjà dit, se diriger dans tous les détours de leurs labyrinthes, même après qu'on leur a arraché les yeux, et par la seule diversité des impressions de l'air. Ces singuliers animaux semblent, au premier abord, tenir autant de l'oiseau que du mammifère; car ils sont pourvus, comme le premier, d'ailes puissantes, et ils sont organisés pour voler dans les airs plutôt que pour marcher sur la terre. Mais si l'on examine avec plus d'attention la structure de leur corps, on voit que dans la réalité elle ne diffère que très-peu de celle des *mammifères* ordinaires, et que ces anomalies ne dépendent guere que de l'allongement extrême de toutes les parties des membres antérieurs. Les ailes des *Chauves-Souris* ne sont, en effet, autre chose que ces membres dont tous les os, et ceux des doigts surtout, sont devenus très-longs et servent à soutenir un prolongement de la peau des flancs, comme les baguettes d'un parapluie servent à en soutenir le taffetas.

Du reste, ces organes ne sont pas destinés uniquement à la locomotion aérienne, comme le sont les ailes des oiseaux; lorsqu'ils sont reployés, ils servent aussi à l'animal pour ramper ou pour se suspendre à quelque corps saillant, et à cet effet ils ont le pouce libre, court et armé d'un ongle crochu, comme celui de la plupart des autres *mammifères;* tandis que les autres doigts s'allongent outre mesure, perdent leur dernière phalange, ainsi que les ongles, et sont enveloppés dans le repli de la peau, qui s'étend des côtés du cou aux pattes postérieures, ou même jusqu'à la queue.

Les membres postérieurs conservent leurs dimensions ordinaires, et sont très-faibles : les pieds de derrière sont libres et pourvus de cinq doigts petits, égaux entre eux et terminés par des ongles crochus.

La marche est extrêmement pénible pour ces animaux, et a lieu au moyen d'une suite de culbutes obliques, qui les fatiguent beaucoup; aussi n'ont-ils recours à ce mode de progression que lorsqu'ils y sont forcés. Lorsqu'ils veulent changer de place ils le font en volant; et lorsqu'ils veulent se reposer, ils s'accrochent à quelque corps saillant, afin de pouvoir prendre plus facilement leur élan.

Le régime de ces animaux varie; tous ne vivent pas de substances végétales, comme on pourrait le croire par le nom de la classe à laquelle ils appartiennent. Les uns sont *Frugivores*, les autres *Insectivores*. Les *Chauves-Souris Frugivores* ont les dents molaires à couronne plate et le second doigt de devant armé d'un ongle, comme le pouce; on n'en a encore découvert que dans les Indes, et on les désigne sous le nom générique de *Roussettes*.

GENRE ROUSSETTE.

Ce GENRE comprend les plus grandes *Chauves-Souris* connues; il en est d'aussi grosses qu'un *Lapin*, et qui ont jusqu'à quatre pieds d'envergure et même davantage. Le jour elles se tiennent suspendues aux branches des arbres, dont le feuillage sert à les cacher. Le soir, lorsqu'elles quittent cette retraite, elles forment des essaims volants tellement considérables que l'air en est obscurci. C'est alors qu'elles vont à la recherche de leur nourriture, qui consiste principalement en fruits tendres et sucrés. Néanmoins elles ne dédaignent pas les oiseaux et les petits quadrupèdes, dont, au contraire, elles paraissent très-avides. L'hiver elles se retirent dans les fentes des rochers ou dans les creux des arbres; mais elles ne s'engourdissent pas.

Une espèce de ce GENRE, la *Roussette noire,* a près de quatre pieds d'envergure; et pour garantir les fruits de ses dévastations on est obligé de les garnir de filets.

Les *Chauves-Souris Insectivores* ont, au contraire, les dents molaires hérissées de pointes coniques, qui s'emboitent mutuellement. Elles diffèrent encore des précédentes par plusieurs autres caractères, tels que l'absence d'un ongle au doigt indicateur. On connaît un très-grand nombre de ces animaux..

Parmi ceux qui habitent la France nous citerons : 1° les *Vespertillons*, ou *Chauves-Souris* ordinaires, qui ont les oreilles séparées et de médiocre grandeur et le nez sans appendice foliacé (on en distingue plusieurs espèces, savoir la *Chauve-Souris* commune, la *Sérotine*, la *Pipistrelle*, etc.).

2° Les *Oreillards,* dont les immenses oreilles sont unies l'une à l'autre sur le crâne. L'espèce vulgaire habite nos maisons.

3° Les *Rhinolophes* ou *Chauves-Souris-Fer-à-cheval*, reconnaissables aux membranes foliacées et aux crêtes qui sont fixées sur le nez, et qui en gros présentent la figure d'un *fer à cheval;* elles se trouvent dans les carrières.

Dans l'Amérique méridionale il existe une *Chauve-Souris* grande comme une *pie;* on la connaît sous le nom de *Vampire*, et on la range dans le GENRE des *Phyllostomes.* La plupart des Vampires ont la réputation d'êtres malfaisants, à cause de l'habitude qu'ils ont de sucer le sang des animaux et même de l'homme, quand ils les surprennent endormis. On prétend qu'à l'époque de la découverte du Nouveau Monde ils firent périr tous les bœufs et les brebis que les Espagnols y avaient transportés.

TRIBU DES GALÉOPITHÈQUES.

Ces animaux, qui habitent l'archipel Indien, ont les quatre membres conformés de la manière ordinaire, mais réunis par un prolongement de la peau, qui s'étend des côtés du cou jusqu'à la queue et forme un grand parachute, à l'aide duquel ces *Cheiroptères* se soutiennent un peu en l'air, lorsqu'ils s'élancent d'une branche à une autre.

Les *Galéopithèques* ont pour patrie l'Hindoustan, une partie de la Chine et les îles de l'archipel Indien; ils y vivent d'insectes; leur taille est un peu plus grande que celle de l'*Écureuil;* mais leur forme n'a rien qui puisse être comparée à celle de ces animaux.

Les *Galéopithèques*, bien qu'ils n'aient de pouce opposable à aucun des membres, offrent néanmoins le même système d'organisation que les *Quadrumanes*, et se rapprochent surtout des *Makis*, comme l'avait reconnu Linné, et comme l'a depuis fait voir M. de Blainville, qui les considère comme constituant une famille dans ce groupe d'animaux.

Les habitudes des *Galéopithèques* sont nocturnes. Le jour ils s'attachent aux branches des arbres au moyen de leurs pieds de derrière, et y restent immobiles tant que le soleil demeure sur l'horizon. Le soir ils quittent leur retraite pour se mettre à la recherche des fruits et des insectes; leurs mouvements sont alors très-bruyants et se font entendre à des distances considérables. Tous ces Cheiroptères sont de la taille d'un chat, ce qui les a fait appeler par les voyageurs *Chats volants, Chiens-volants*, etc. L'espèce la plus connue est le *Galéopithèque roux*.

FAMILLE DES INSECTIVORES.

Cette Famille se compose de *Carnassiers* dont les dents molaires sont hérissées de pointes coniques comme celles de la plupart des *Cheiroptères*, mais dont la peau des flancs ne se prolonge pas de façon à faire des ailes ou des parachutes. Ce sont des animaux faibles et de petite taille, qui pendant le jour se cachent dans des trous ou dans des terriers, d'où ils ne sortent que le soir. Beaucoup d'entre eux passent l'hiver en léthargie. Ainsi que leur nom l'indique, ils vivent principalement d'insectes.

Ces animaux sont caractérisés par leurs dents molaires, très-nombreuses, et hérissées à leur couronne de petites pointes tranchantes; ils se nourrissent d'insectes, et sont tous de petite taille.

Les auteurs ont classé les *Insectivores* dans l'ordre des *Carnassiers,* auxquels ils réunissent, comme nous l'avons vu, les *Chauves-Souris;* et ils les font intermédiaires entre celles-ci et les vrais *Carnassiers* ou *Carnivores;* deux raisons principales ont souvent motivé cette détermination. Les *Insectivores* ont les dents molaires épineuses, comme celles des *Chauves-Souris*, qu'on plaçait auprès d'eux, et leurs pieds sont plantigrades.

Les principaux genres dont cette famille se compose sont exposés avec leurs caractères distinctifs dans le tableau suivant :

Famille des INSECTIVORES.	*Marcheurs* (pattes antérieures de forme ordinaire et armées d'ongles petits.	Corps couvert de piquants. . . .	*Hérissons.*
		Corps couvert de poils.	*Musaraignes.*
	Fouisseurs (pattes antérieures d'une forme particulière et armées d'ongles très-grands et propres à creuser la terre.)		*Taupes.*

Dans l'étude qu'il a faite de ce groupe de *Mammifères*, et qui comprend, avec les trois genres anciennement connus (*Taupe*, *Musaraigne* et *Hérisson*), plusieurs formes nouvelles, découvertes dans ces derniers temps, M. de Blainville a cherché à déterminer la position de cette famille, ainsi que la disposition et la distribution des genres et des espèces qui la composent.

Quoique les *Musaraignes* (*Sorex*) soient peut-être plus rapprochées des *Cheiroptères* par la forme générale, M. de Blainville croit néanmoins devoir commencer la série des *Insectivores* par les *Taupes*. Il termine par les *Hérissons*, dont les dernières espèces ont le système dentaire des *Carnassiers*.

La distribution des espèces est une conséquence de leur disposition; M. de Blainville les réunit sous les trois dénominations génériques *Talpa*, *Sorex*, *Erinaceus*, en prenant en considération l'ensemble de leur organisation; le système dentaire étant trop variable pour que toutes ses différences puissent être regardées comme *génériques*, la valeur de ces différences est beaucoup plutôt *spécifique*.

1° Les *Taupes*, *Talpa*, sont définies par la forme de leur corps sacciforme, plus large en avant qu'en arrière, par le grand développement proportionnel de leurs membres antérieurs, par la petitesse de leur queue, de leurs yeux et de leurs oreilles.

2° Les *Musaraignes*, *Sorex*, définies par la forme plus normale du corps, les membres dans les proportions habituelles, et la queue allongée, sont groupées d'après la considération de leur degré de rapprochement ou d'éloignement avec les *Taupes*.

3° Les *Hérissons*, *Erinaceus*, sont caractérisés par leur corps plus ou moins globuleux, plus gras, mais en général à museau pointu, leur queue variable ou nulle, leurs doigts forts, à ongles fouisseurs, et surtout les piquants plus ou moins abondants dont leur peau est armée, ainsi que par leur système dentaire de plus en plus semblable à celui des vrais *Carnassiers*. M. de Blainville retire de la famille des *Insectivores*, pour la placer parmi les digitigrades, à côté des *Vansires*, l'intéressante espèce de *Carnassiers* dont M. Doyère a fait le genre *Euplères*.

GENRE HÉRISSON.

Les Hérissons ont le corps couvert de piquants au lieu de poils, et la peau de leur dos est garnie en dessous de muscles tels que l'animal, en fléchissant la tête et les pattes, peut s'y enfermer comme dans une bourse, et présenter de toutes parts ses piquants à l'ennemi. Ils vivent dans les bois et se tiennent cachés pendant le jour entre les racines des vieux arbres. On en trouve assez communément en France.

Les *Hérissons* sont de petite taille; leur démarche est

lente; ils se nourrissent de petits animaux et de fruits, se creusent au milieu des bois des trous dans lesquels ils se cachent. Doué d'une intelligence fort peu développée, et d'une force très-médiocre, le *Hérisson* n'a d'autres ressources, lorsque le *renard*, son ennemi naturel, lui déclare la guerre, que de se retrancher derrière la forêt de piquants dont la nature l'a si généreusement pourvu. Il ne cherche donc pas à soutenir contre son rusé adversaire une lutte trop inégale; mais il se contente, mettant à profit une disposition particulière des muscles de son dos, de s'enrouler en boule de manière à présenter partout à son ennemi un rempart inabordable. Le jeune *renard* sans expérience ne manque point de se laisser prendre au piége; mais il s'aperçoit bientôt que c'est une lutte d'un tout autre genre qu'il doit livrer à son singulier adversaire, et il est alors fort curieux de le voir, assis à terre avec résignation, attendre patiemment, les yeux fixés sur sa proie, que, fatiguée de cette position insolite, elle distende involontairement ses muscles, pour se précipiter sur elle et la prendre au défaut de son armure.

Cet animal n'offre aucun but d'utilité dans les jardins où quelques personnes en ont placé; il ne fait pourtant aucun dégât et peut en détruisant les insectes avoir quelque avantage. Autrefois on faisait des espèces de fouets avec leurs piquants, mais aujourd'hui il n'est plus question de ce produit des *Hérissons*.

Les *Hérissons* passent environ trois mois de l'année dans l'engourdissement, et c'est en sortant de cette léthargie, c'est-à-dire au commencement du printemps, qu'ils s'occupent de leur reproduction. Les femelles mettent bas vers le mois de juin trois ou quatre petits, qui naissent tout blancs et sans épines. Ce n'est qu'à l'âge d'un mois ou de six semaines que les piquants acquièrent de la roideur, et ils n'ont toute leur force qu'à la fin de l'été. Ce genre ne renferme que deux espèces : le *H. d'Europe*, si connu de tout le monde, et le *H. à grandes oreilles*, qui est plus petit et plus rare.

GENRE MUSARAIGNE.

Les MUSARAIGNES sont de très-petits animaux, dont l'aspect rappelle en général celui d'une *Souris;* leur corps est couvert de poils, et sur chaque flanc on leur trouve une petite bande de soies roides, entre lesquelles suinte une humeur odorante. Elles se tiennent dans des trous qu'elles creusent en terre, et se nourrissent de vers et d'insectes. La *Musette* est une espèce de *Musaraigne* assez répandue dans nos campagnes, où on l'accuse, mais à tort, de causer par sa morsure une maladie aux chevaux et aux mulets.

M. Duvernoy a publié, dans les Mémoires de la Société d'histoire naturelle de Strasbourg, une étude très-approfondie de ce groupe d'insectivores.

GENRE TAUPE.

Les TAUPES sont des animaux essentiellement souterrains; leur corps est trapu, leur museau allongé et terminé par un boutoir mobile servant à percer la terre, et leurs membres antérieurs très-courts, mais extrêmement forts et très-larges, sont dirigés en dehors et terminés par d'énormes ongles propres à fouir. C'est l'un des animaux les plus redoutés par les cultivateurs, et de ceux contre lesquels on met en œuvre le plus grand nombre de moyens de destruction. Son corps, long de seize centimètres (six pouces), sans y comprendre la queue, qui a quatre à cinq centimètres, est cylindrique, lourd et uniforme; le cuir qui l'enveloppe forme un embonpoint constant, qui, joint au peu de longueur de ses membres, l'a rendu impropre à la marche. Son pelage est composé de poils fins, très-noirs, qui lorsqu'ils sont mouillés présentent quelques reflets métalliques. On trouve cependant, mais très-rarement, des variétés pies, blanches, jaunes ou cendrées.

Sous les rapports de l'organisation anatomique, de l'instinct et des mœurs, la *Taupe* est un des êtres les plus intéressants; on peut la considérer comme le *type* des animaux fouisseurs. Ses membres antérieurs, très-courts, sont rapprochés de la tête, et formés de muscles très-vigoureux; ses mains, espèce de pelles naturelles, ont la paume tournée en dehors, de manière à écarter et comprimer la terre à droite et à gauche; elles sont plates, larges, et assez semblables aux mains des hommes, avec cinq doigts courts, armés d'ongles longs, solides et tranchants. La tête est fort allongée et pointue; le museau terminé par un petit os ou boutoir, qui sert à percer la terre et à y pénétrer avec une facilité extraordinaire. Le train de derrière est faible : aussi l'animal se meut-il très-péniblement sur le sol.

L'extrême petitesse des yeux de la Taupe a fait croire, à tort, qu'elle était privée de la vue. Plusieurs anatomistes se sont livrés à des recherches patientes et difficiles sur le nerf optique de cet animal. Les uns, tels que M. Serre, pensent que ce nerf n'existe pas, et que l'œil ne reçoit qu'un rameau du nerf trifacial; d'autres, tels que M. Bailly, pensent que ce nerf existe. Quoi qu'il en soit, M. Desmarest a constaté que les *Taupes* voient; et M. Isidore Geoffroy-Saint-Hilaire s'est assuré, à l'aide du microscope, que l'organisation de leurs yeux était assez compliquée.

Le sens de l'odorat chez la Taupe est au plus haut degré de perfection ; la langue et le palais sont très-étendus, de même que les arcades dentaires. Quoique la *Taupe* soit privée d'une conque auditive, elle a l'ouïe d'une grande finesse. De longues moustaches sont placées autour de la base du boutoir.

« Le domicile où elles font leurs petits mérite une description particulière, dit Buffon ; il est fait avec une intelligence singulière. Elles commencent par pousser, par élever la terre, et former une voûte assez élevée ; elles laissent des cloisons, des espèces de piliers de distance en distance ; elles pressent et battent la terre, la mêlent avec des racines et des herbes, et la rendent si dure et si solide par-dessous, que l'eau ne peut pénétrer la voûte, à cause de sa convexité et de sa solidité. Elles élèvent ensuite un tertre par-dessous, au sommet duquel elles apportent de l'herbe et des feuilles pour faire un lit à leurs petits. Dans cette situation ils se trouvent au-dessus du niveau du terrain, et par conséquent à l'abri des inondations ordinaires, et en même temps à couvert de la pluie par la voûte qui recouvre le tertre sur lequel ils reposent. Ce tertre est percé tout autour de plusieurs trous en pente, qui descendent plus bas et s'étendent de tous côtés, comme autant de routes souterraines, par où la même *Taupe* peut sortir pour aller chercher la subsistance nécessaire à sa famille. »

Les *Taupes* vivent isolément, chacune dans son système de galeries particulières, et elles ne viennent guère au jour que lorsqu'elles veulent changer de canton pour trouver un terrain plus riche en nourriture, ou à l'époque de l'amour pour le rapprochement des sexes. Les mâles, plus robustes et plus gros que les femelles, creusent des souterrains moins tortueux ; et leurs taupinières sont plus nombreuses et plus rapprochées les unes des autres que celles qui appartiennent aux travaux des femelles. Les jeunes individus ne pratiquent que des boyaux tortueux et offrant à de grandes distances des taupinières d'un petit volume. Selon les saisons, les galeries des *Taupes* sont plus ou moins profondes, parce que la température qui résulte de ces saisons a une influence sur les insectes et les vers en les faisant s'enfoncer plus ou moins.

Selon la nature du sol, ces galeries sont aussi plus ou moins superficielles ; ainsi, quand le terrain est sablonneux, les racines sont peu profondes et les insectes s'enfoncent peu, les galeries des *Taupes* rasent pour ainsi dire la surface de la terre, et font elles-mêmes une saillie en dessus ; quand, au contraire, le terrain est à la fois gras et léger, ces travaux sont profonds, et poussés avec une telle activité, qu'ils occupent un développement quadruple au moins des premières.

La *Taupe* marche, pour ainsi dire, comme les autres animaux dans la terre, qui est aussitôt élargie avec ses pattes. Quand, cependant, cette terre détachée la gêne, elle s'en débarrasse en la repoussant à la surface du sol ; ce qui forme les petits monticules appelés taupinières, qui sont des points d'arrêt et de repos, d'où partent ensuite d'autres ramifications. La galerie qui communique d'une taupinière à une autre est presque toujours en ligne droite. Le travail de la *Taupe* est réglé : elle le commence au point du jour, le reprend sur les neuf heures du matin, puis à midi, et enfin au coucher du soleil, époque à laquelle elle le pousse avec le plus d'ardeur, pour faire sa provision de nuit, qu'elle passe toujours au gîte avec sa famille.

C'est une erreur de croire que la *Taupe* mange des plantes, si on en excepte cependant des oignons de colchique, qui paraissent être la première nourriture de ses petits. Le tort qu'elle fait aux végétaux vient seulement du peu de profondeur des galeries, qui passent immédiatement au-dessous de leurs racines, et les empêchent de croître. Ces racines, si elles sont longues, sont coupées, et la plante périt. Souvent aussi la *Taupe* les saisit, les tire à elle, fait descendre la plante, et l'emporte au gîte pour le tapisser et le rendre plus sec et plus moelleux, ce qu'elle exécute avec un art admirable. On a trouvé plusieurs centaines d'épis de blés roulés ainsi sur les parois d'un logement.

Ses travaux bouleversent les semis, et rendent informe le terrain le plus péniblement cultivé.

Dans les prairies, la *Taupe* nuit beaucoup à la disposition des canaux d'irrigation, en perçant les chaussées et les digues, et en livrant ainsi des passages aux eaux. Les galeries qu'elle creuse servent souvent de retraite aux belettes, aux campagnols, aux *Mulots*, et à d'autres animaux nuisibles à l'agriculture. Les taupinières gênent aussi beaucoup le travail des moissonneurs, en les empêchant de faucher régulièrement; mais, tout en causant de notables dégâts, elle rend un service important, dont on ne lui tient aucun compte : je veux parler de la chasse qu'elle fait aux larves de hannetons, ou vers blancs, qui font tant de mal à la végétation. La terre qu'elle rejette à la surface du sol est un excellent engrais; et l'on a remarqué que la végétation est plus forte et plus active dans les endroits où il y a des taupinières.

On fait une chasse active aux *Taupes*, soit en les poursuivant avec la bèche ou la houe, et en les enlevant avec un instrument, une fois qu'on a reconnu le lieu où elles travaillent; soit en plaçant des piéges dans leurs galeries qu'on a interrompues.

Le piége le plus usité et le plus anciennement imaginé est la taupinière de Delafaille. Il consiste en un cylindre de bois creux, long de huit pouces, dont le diamètre intérieur est égal à celui des galeries ordinaires des *Taupes*. A chaque bout de ce cylindre est placée, en dedans, une petite fourche en bois, suspendue supérieurement et d'une manière mobile, par l'angle de la réunion de ses deux branches, de façon que celles-ci touchent obliquement à la partie inférieure du conduit; ces fourches sont situées en sens opposé, et leurs pointes se regardent. Ces piéges étant placés par une coupure que l'on fait à la galerie la plus nouvellement faite par la *Taupe* que l'on veut atteindre, la cavité intérieure est comme la continuation de cette galerie. Or, si la *Taupe* veut la traverser, elle rencontre d'abord une des fourches, dont elle soulève facilement les branches; mais lorsqu'elle a passé celles-ci retombent et empêchent son retour; plus loin elle ne peut passer au delà de la deuxième fourche, qui s'oppose de la même manière que la première à sa sortie, lorsqu'elle est entre les deux. Une petite tige mobile et terminée par un peu de papier fait connaître par son mouvement que l'animal est pris, et alors on va relever le piége.

Les taupiers Allemands sont dans l'usage de planter des petits bâtons blancs sur toutes les galeries qui aboutissent à chaque taupinière d'un champ et de se tenir en embuscade, armés d'une petite bêche tranchante : dès qu'ils observent le mouvement d'un bâton, ils accourent et enfoncent vivement leur bêche à environ un pied de distance; ce qui coupe la retraite à la *Taupe*, et la prend vivante; ils prennent souvent une vingtaine de ces animaux en peu de temps.

Si cela demandait moins de peine et de travail, on pourrait découvrir tous les boyaux, et on le fait pour détruire les nids. Lorsqu'on connaît leur position, plusieurs hommes munis de bêches se placent autour, et à un signal donné coupent toutes les galeries; ensuite ils attaquent le gîte, et assomment les *Taupes*.

Différentes substances, comme des petits morceaux de sureau et de saule, de la poirée, de l'oignon, du chanvre vert, de la fiente de cochon, des écrevisses pourries, des noix bouillies avec du sel, de la paille mêlée avec de la résine de cèdre, etc., placées dans les galeries et les taupinières paraissent avoir la propriété d'incommoder les *Taupes* et de les chasser de leur habitation. On obtient le même résultat avec différents gaz, de la fumée de bois ou d'herbages aromatiques.

Un nommé Calme, taupier de Paris, introduisait, à l'aide d'un soufflet particulier, des fumigations de soufre et de tabac dans les taupinières, et étouffait ainsi les animaux qui s'y trouvaient. Ce moyen vaut mieux que le précédent.

La chair de la *Taupe* a une mauvaise odeur, et elle se corrompt promptement. Le pelage de cet animal, doux et fin, a été employé comme fourrure, mais rarement, parce qu'il est difficile de trouver un nombre considérable de peaux qui offrent exactement les mêmes teintes. Sous le règne de Louis XV, quelques femmes du bon ton, non contentes de couvrir leur visage de blanc, de rouge et de mouches de taffetas noir, remplaçaient encore leurs sourcils par de petites bandelettes de peau de taupe.

Les dégâts qu'elles causent dans les prairies et dans les

jardins méritent aux *Taupes* la haine de tous les cultivateurs, et ce n'est pas sans raison; car, bien que ne mangeant point de végétaux, elles en font périr une grande quantité en détruisant leurs racines pour chercher les insectes qui s'y cachent. Au reste, il est possible qu'elles fassent aux plantes moins de tort qu'on ne croit ordinairement; si d'un côté elles en font périr, de l'autre elles dévorent une foule de petits animaux qui en auraient détruit peut-être davantage.

On connaît cinq espèces de *Taupes*, dont deux seulement appartiennent à l'Europe; ce sont la *T. commune* et la *T. aveugle*. La *Chrysochlore du Cap*, aussi appelée *T. dorée*, à cause de la beauté de son pelage; le *Condylure* ou *T. à museau étoilé;* le *Scalope*, la *T. du Canada*, sont trois espèces étrangères, dont la première appartient à l'Afrique et les deux autres à l'Amérique septentrionale.

Dans cette FAMILLE des *Insectivores* nous devons aussi mentionner les *Cladobattes*, assez semblables par la nature de leur poil, par leur taille et par leurs mœurs, aux écureuils, et qui vivent dans les îles de l'archipel des Indes.

A côté d'eux nous citerons, mais sans insister sur leurs caractères zoologiques, les *Euplères*, qui sont des animaux de la même FAMILLE, dont la seule espèce connue vit à Madagascar, et vient d'être tout récemment décrite par M. Doyère, sous le nom d'*Euplère de Goudot*. Cet animal habite l'intérieur des forêts qui couvrent les montagnes du pays des Ambanivoulers. Dans le jour, lorsqu'on est au milieu de ces bois, on voit fréquemment cet animal sortir de sa retraite et chercher en furetant sa nourriture. Il saute et court avec beaucoup d'agilité. Lorsqu'on s'approche de lui il hérisse aussitôt en diadème la huppe épineuse qu'il porte ordinairement rabattue sur le cou ; on l'entend alors souffler tres-distinctement, et il saute par intervalle en hérissant de plus en plus ses piquants.

Enfin, les *Tanrecs*, qu'on plaçait d'abord dans le même genre que les Hérissons, diffèrent peu de ces derniers, dont ils ont la taille, le poil épineux et aussi la manière de vivre. Ils sont originaires de Madagascar, et une de leurs espèces a été transportée à Bourbon, où elle s'est perpétuée. On assure que dans la première de ces îles les Tanrecs s'endorment pendant les grandes chaleurs, comme sous nos climats les hérissons le font pendant la mauvaise saison.

Les caractères des *Tanrecs* sont les uns communs avec les *Hérissons*, les autres différentiels. Parmi ces derniers on peut citer, quoique n'étant qu'un caractère de second ordre, la disposition relative des poils et des piquants. Chez les *Hérissons*, la tête est couverte de poils, en dessus comme en dessous, jusqu'à la nuque ; à partir de ce point, toute la partie supérieure est couverte de piquants qui ont même longueur. Chez les véritables *Tanrecs*, après un espace nu, assez étendu, qui est un prolongement du muffle, le museau offre des poils dont la longueur et la grosseur vont en augmentant insensiblement d'avant en arrière, jusqu'à ce qu'au niveau des yeux ils soient déjà de véritables piquants, suivis eux-mêmes d'autres plus grands et plus forts. Le passage des poils aux piquants est aussi insensible sur les flancs ; vers la croupe, les piquants, sans diminuer de longueur, deviennent plus grêles et finissent par n'être que des soies ; enfin, du milieu des piquants et des soies naissent de distance en distance de longs poils comparables à ceux de moustaches.

Dans ces derniers temps, M. Isidore Geoffroy a fixé la

synonymie et la description des espèces anciennement connues, le *Tanrec* de Buffon et le *Tanrec* demi-épineux ; puis il en a fait connaître une nouvelle espèce, le *Tanrec* armé, dont le seul individu connu a été donné au Muséum, avec d'autres animaux d'Afrique, par M. le capitaine d'artillerie Sganzin, qui les avait pris sur les lieux mêmes où ils vivent.

Quant au *Tendrac* de Buffon, M. Isidore Geoffroy-Saint-Hilaire a été conduit à le retirer du *Tanrec*, pour le comprendre dans le nouveau Genre qu'il établit sous le nom d'*Éricule.*

FAMILLE DES CARNIVORES.

Dans son acception la plus générale, le mot Carnivore appartient à tous les animaux qui se nourrissent de chair ; mais les naturalistes donnent à ce mot une signification moins étendue, et ne l'appliquent qu'à cette Famille des *Mammifères* de l'ordre des *Carnassiers* qui comprend les *Chats,* les *Hyènes,* les *Martes*, les *Chiens*, etc., et qui se distingue principalement par l'existence de dents propres à déchirer et à couper la chair.

Chez ces animaux, dont la force est en général très-grande, les mâchoires sont robustes et armées chacune de deux canines grosses, longues et écartées, entre lesquelles sont placées six incisives. Les molaires sont tantôt entièrement tranchantes, tantôt mêlées seulement de tubercules mousses, et ne présentent jamais de pointes coniques disposées comme chez les *Insectivores*. L'une des dents grosses molaires est ordinairement beaucoup plus grande et beaucoup plus tranchante que les autres, et porte le nom de dent *carnassière* : derrière elle se trouvent une ou deux dents presque plates, qui portent le nom de tuberculeuses, et entre elles et les canines un nombre variable de fausses molaires.

La forme et la position de ces diverses dents sont en rapport avec les habitudes plus ou moins *carnassières* de ces animaux. Ceux qui vivent le plus exclusivement de proie ont les dents les plus tranchantes et les mâchoires les plus courtes, tandis que ceux qui se nourrissent de substances végétales aussi bien que de chair ont des dents en majeure partie tuberculeuses; et l'on peut juger du régime plus ou moins *carnivore* de l'animal par la proportion de ces parties tranchantes et tuberculeuses.

Les animaux de cette FAMILLE ont, en général, les pattes armées d'ongles crochus et propres à retenir ou même à déchirer leur proie ; il est à noter qu'ils manquent presque complétement de clavicules ; mais la forme de leurs membres varie beaucoup et est en rapport avec des différences non moins grandes dans leur mode de progression. C'est d'après ces caractères que l'on divise comme il suit les CARNIVORES en trois tribus : les *Plantigrades*, les *Digitigrades*, et les *Amphibies*.

TRIBU DES PLANTIGRADES.

Cette *Tribu* a pour caractère zoologique d'avoir cinq doigts à tous les pieds, et d'en appuyer la plante entière sur le sol pendant que l'animal marche, ou qu'il est debout, ce qui lui donne une base de sustentation plus large et plus de facilité pour se dresser sur ses pieds de derrière. Les *Plantigrades* ont des mouvements lents; comme les *Insectivores*, une vie souterraine et nocturne ; et dans les pays froids ils passent l'hiver en léthargie. Les GENRES les plus remarquables de cette *Tribu* sont les

Ours, les *Ratons*, les *Blaireaux* et les *Gloutons*, qu'on peut reconnaître aux caractères suivants :

GENRE OURS.

Le Genre Ours : incisiv. $\frac{6}{6}$, can. $\frac{1-1}{1-1}$, mol. $\frac{6-6}{7-7}$, réunit de grands animaux, à corps trapu, à membres épais, et à queue extrêmement courte ; leurs allures sont très-lourdes, mais ils ont une force prodigieuse.

La conformation de leurs membres, peu favorable à la course, leur permet de se tenir facilement redressés sur leurs pattes de derrière et de grimper avec agilité sur les arbres, qu'ils embrassent entre leurs pattes. Quelques-uns sont aussi très-bons nageurs ; et ils doivent en partie cette faculté à la quantité de graisse dont leur corps est chargé. Ils sont de tous les *carnivores* ceux qui, par leur organisation, sont les moins forcés à vivre de chair et ont le régime le moins carnassier. En effet, la structure de leurs dents, presque entièrement tuberculeuses, est plus favorable pour broyer les fruits et les racines que pour couper et déchirer la chair : aussi sont-ils *omnivores*.

La plupart des *Ours* vivent dans les grandes forêts ; mais il en est une espèce qui habite les glaces et les côtes des mers polaires. Les premiers établissent d'ordinaire leurs demeures dans des cavernes ou dans des antres qu'ils se creusent avec leurs ongles, forts et crochus. En hiver ils s'endorment dans leurs retraites, et lorsque le froid est rigoureux passent toute cette saison dans une léthargie profonde.

Les naturalistes admettent dans les *Ours* trois divisions distinctes, qui elles-mêmes se subdivisent :

Les *Ours noirs*,

Les *Ours bruns*,

Les *Ours blancs*.

Il ne faut pas confondre l'*Ours* de mer et l'*Ours blanc* de terre : quoique blancs tous deux, ils appartiennent à deux espèces tout à fait différentes.

Les *Ours blancs* terrestres se trouvent dans la grande Tartarie, en Moscovie, en Lithuanie et dans les autres provinces du Nord.

L'*Ours blanc* marin se nourrit de poissons, et abonde dans le Spitzberg.

L'*Ours brun* habite les Alpes.

On rencontre l'*Ours noir* dans les forêts des pays septentrionaux et de l'Amérique.

L'*Ours brun* est féroce et carnassier.

L'*Ours noir* n'est que farouche, et refuse de manger de la chair.

La voix de l'*Ours*, dit Buffon, est un grondement, un gros murmure, souvent mêlé d'un frémissement de dents, qu'il fait surtout entendre lorsqu'on l'arrête. Il est très-susceptible de colère. Quoiqu'il paraisse doux pour son maître, et même obéissant lorsqu'il est apprivoisé, il faut toujours s'en défier, et le traiter avec circonspection, surtout ne le pas frapper au bout du nez. On lui apprend à se tenir debout, à gesticuler, à danser; il semble même écouter le son des instruments et suivre grossièrement la mesure : mais pour lui donner cette espèce d'éducation il faut le prendre jeune et le contraindre pendant toute sa vie.

L'*Ours* qui a de l'âge ne s'apprivoise ni ne se contraint plus : il est naturellement intrépide, ou tout au moins indifférent au danger. L'*Ours* sauvage ne se détourne pas de son chemin, ne fuit pas à l'aspect de l'homme. Cependant, on prétend que par un coup de sifflet on le surprend, on l'étonne, au point qu'il s'arrête et se lève sur les pieds de derrière : c'est le temps qu'il faut prendre pour le tirer et tâcher de le tuer; car s'il n'est que blessé il se jette sur le tireur, et, l'embrassant avec ses pattes de devant, il l'étoufferait, s'il n'était secouru.

On chasse et on prend les *Ours* de plusieurs façons, en Suède, en Norvége, en Pologne, etc. La manière, dit-on, la moins dangereuse de les prendre est de les enivrer en jetant de l'eau-de-vie sur le miel qu'ils aiment beaucoup, et qu'ils cherchent dans les troncs d'arbre. A la Louisiane et au Canada, où les *Ours noirs* sont très-communs, et où ils ne nichent pas dans les cavernes, mais dans de vieux arbres morts sur pied et dont le cœur est pourri, on les prend en mettant le feu dans leurs maisons. Comme ils montent très-aisément sur les arbres, ils s'établissent rarement à raz de terre; et quelquefois ils sont nichés à trente et quarante pieds de hauteur. Si c'est une mère avec ses petits, elle descend la première: on la tue avant qu'elle soit à terre; les petits descendent ensuite : on les prend en leur passant une corde au cou, et on les emmène pour les élever ou pour les manger, car la chair de l'*Ourson* est délicate et bonne. Celle de l'*Ours* est mangeable; mais comme elle est mêlée d'une graisse huileuse, il n'y a guère que les pieds, dont la substance est plus ferme, qu'on puisse regarder comme une viande délicate.

La chasse de l'*Ours*, sans être fort dangereuse, est très-utile lorsqu'on la fait avec quelque succès. La peau est de toutes les fourrures grossières celle qui a le plus de prix; et la quantité d'huile que l'on tire d'un seul *Ours* est fort considérable. On met d'abord la chair et la graisse cuire ensemble dans une chaudière; la graisse se sépare. « Ensuite, dit M. du Pratz, on la purifie en y « jetant, lorsqu'elle est fondue et très-chaude, du sel

« en très-bonne quantité et de l'eau par aspersion. Il se « fait une détonation, et il s'en élève une fumée épaisse « qui emporte avec elle la mauvaise odeur de la graisse. « La fumée étant passée et la graisse étant encore plus « que tiède, on la verse dans un pot, où on la laisse reposer « huit ou dix jours. Au bout de ce temps, on voit nager « dessus une huile claire, qu'on enlève avec une cuil- « ler : cette huile est aussi bonne que la meilleure huile « d'olives, et sert aux mêmes usages. Au-dessous, on « trouve un saindoux aussi blanc, mais un peu plus mou « que le saindoux de porc ; il sert aux besoins de la cuisine, « et il ne lui reste aucun goût désagréable ni aucune « mauvaise odeur. »

L'*Ours* devient quelquefois susceptible d'un grand attachement; et l'on en peut citer comme preuve l'histoire de Masco, arrivée à Nancy, sous le règne de René II.

Masco était un *Ours* renfermé dans une cage du palais : sa violence, ses accès, sa fureur, lorsqu'on l'irritait, lui avaient valu dans le pays une réputation de férocité, passée en proverbe; on disait, en effet, dans le pays : mauvais comme Masco.

Il arriva qu'un pauvre petit ramoneur de cheminées, ne sachant où dormir par une froide nuit d'hiver, s'avisa, dans un moment de désespoir, d'entrer dans la cage de Masco, en passant entre deux barreaux, et de s'y blottir sans bruit. Masco s'aperçut bientôt de la présence de son hôte ; mais, au lieu de lui faire du mal, il le réchauffa, le prit en amitié, et le reçut chaque nuit. L'enfant vint à mourir de la petite vérole; dès ce moment l'*Ours* refusa toute nourriture, et mourut.

L'*Ours* est doué d'une très-bonne vue et d'une grande finesse d'odorat; et, bien qu'il soit armé de dents redoutables, on ne saurait dire que son naturel soit essentiellement carnassier. Il se nourrit principalement de substances végétales ; il a un goût prononcé pour les fruits sucrés, et il aime le miel avec une telle ardeur, que, malgré sa prudence naturelle, il ne résiste presque jamais à s'exposer à un piége quand le miel sert d'appât. Il vit volontiers de jeunes pousses de fruits ou de racines succulentes ; et ce n'est que lorsque la faim le pousse qu'il attaque les autres animaux, encore ne le fait-il qu'à la dernière extrémité. Quelques auteurs ont prétendu qu'il y avait des *Ours carnassiers* et des *Ours herbivores ;* c'est une erreur, qui tient à ce qu'on a observé des *Ours* placés dans des circonstances différentes, sous le rapport de leur nourriture. Ainsi, par exemple, dans les pays glacés du Nord, où ces animaux ne peuvent trouver pendant les trois quarts de l'année ni fruits ni végétaux, ils n'ont d'autres ressources que de devenir *chasseurs* et *carnivores*. Tout le monde a lu l'histoire de ces hardis voyageurs qui, forcés d'hiverner sur les côtes du Groënland, avaient chaque jour à livrer de terribles combats contre des *Ours* affamés.

Dans nos pays tempérés, où l'hiver est de courte durée, ces animaux ne vivent pas de chair ; et lorsque la saison rigoureuse vient de faire disparaître des plaines et des forêts tous les végétaux ou les fruits dont ils se nourrissent, on les voit disparaître tout à coup. Ils n'émigrent pas ; mais ils se retirent dans de vieux troncs d'arbres, dans des creux de rochers, ou dans des tanières creusées d'avance, et dorment presque engourdis pendant des mois entiers. Il ne faut pas croire cependant qu'ils soient entièrement privés de sentiment, comme le *Loir* ou la *Marmotte*. Mais l'*Ours*, naturellement gras, l'est excessivement sur la fin de l'automne; cette abondance de graisse lui fait supporter l'abstinence; et il ne sort de sa retraite que lorsqu'il se sent en danger de mourir de faim. C'est alors que sa rencontre est dangereuse; il attaque tous les animaux qui se trouvent sur son passage, et se jette avec une insouciance intrépide au-devant du péril. Il ne se dérange pas à la vue de l'homme armé; il court sur lui, se dresse sur ses pieds, et, l'œil ardent, la gueule béante, les pates levées, il s'élance pour écraser son ennemi de tout son poids; c'est ce moment qu'il faut saisir pour le frapper. Malheur à qui le manque du premier coup; car il n'est jamais plus à craindre que lorsqu'il est blessé. Quand, poursuivi longtemps et excédé de fatigue, il sent que ses forces vont l'abandonner, il s'appuie le dos contre un rocher ou contre un arbre, et ramasse des pierres qu'il lance à ses ennemis; réduit à ce point, il ne tarde pas à recevoir la mort.

L'*Ours blanc*, qui se distingue facilement par sa forme aussi bien que par la couleur de son pelage, est bas sur ses jambes; son cou et surtout sa tête sont plus allongés que dans aucune autre espèce de ce genre; enfin, l'intérieur de sa bouche est entièrement noir. Cet animal habite les régions glacées de notre hémisphère; il se nourrit de poissons, de jeunes amphibies, et de jeunes cétacés: cependant, il n'est pas essentiellement carnassier, et s'habitue très-bien à ne vivre que de pain. Il nage avec une étonnante facilité, et plonge de même. On rencontre quelquefois les *Ours blancs* formant des troupes assez nombreuses, ce qui les distingue encore des autres *Ours*, qui sont toujours solitaires. Ces animaux se rassemblent par le besoin d'une retraite en hiver; ils se contentent pour cela de quelque fente pratiquée dans les rochers, ou même la glace; et, sans s'y préparer aucun lit, ils s'y couchent et s'y laissent ensevelir sous d'énormes masses de glaces : ils y passent le mois de janvier et de février dans une véritable léthargie.

Mentionnons aussi l'*Ours aux grandes lèvres,* qu'on trouve au Bengale, dans le Nepaul, à la côte de Malabar, etc. L'*Ours aux grandes lèvres* est surtout remarquable par l'allongement et la mobilité de ses lèvres; les poils dont son corps est couvert présentent aussi dans leur longueur et leur couleur, d'un noir profond, une particularité remarquable.

Cet *Ours* est aussi nommé jongleur. C'est, sans aucune comparaison, l'espèce la plus remarquable de toutes celles du GENRE OURS.

L'*Ours aux grandes lèvres* est un peu moins grand que l'Ours des Alpes. Sa tête est petite et terminée par un museau épais et fort allongé, surmonté d'une large plaque cartilagineuse qui couvre le nez; ce qui, joint à l'allongement de la lèvre supérieure, donne à cet animal une expression de férocité stupide et d'irritation intérieure très-effrayante.

On rencontre cet *Ours* au Bengale, dit M. Lesson; il paraît y être commun : sa docilité et sa grande intelligence l'ont entièrement soumis aux jongleurs indiens, qui le plient à une foule d'exercices dans lesquels il excelle, en surpassant en adresse les *Ours* des Alpes, que les bateleurs promènent dans les villes d'Europe.

Un individu amené en Europe avait eu les incisives arrachées, de sorte que ses mâchoires, lisses en devant, et ses lèvres extensibles lui donnaient une physionomie fort étrange. Shaw en fit un *Bradype;* et Illiger créa pour cet animal le GENRE PROCHILUS; puis Meyer le baptisa du nom de *Blaireau-Ours;* et Fischer, de Moscou, l'appela *Chrondorhynchuo*. M. de Blainville rectifia le premier cette grave erreur, en rapportant parmi les *Ours* ce carnassier, ballotté dans tant de genres; bien que le colonel Sykes ait penché, en ces derniers temps, à le classer dans une Tribu à part.

Le pelage est entièrement noir, la poitrine exceptée, où se dessine une large tache blanche en forme d'Y renversé; parfois sous les yeux existe une petite maculature albine. L'*Ours à grandes lèvres* est l'*Aswail* des Mahrattes. Le colonel Sykes n'a jamais rencontré plus de quatre dents incisives à la mâchoire supérieure, mais constamment six à l'inférieure. Il habite les cavernes, et creuse la terre avec ses griffes : il aime les thermites ou fourmis blanches, les fruits du borassus à éventail, le miel et le riz. Il vit par couples, conduisant deux petits, qui montent sur le dos de leur mère lorsqu'ils sont en danger.

Jeune, cet animal paraît svelte et élevé sur ses jambes; mais lorsque ses poils noirs ont pris tout leur accroissement, et que ceux de la tête, en particulier, se sont développés en une épaisse crinière, l'allure de l'*Ours aux grandes lèvres* est lourde et monstrueuse.

GENRE RATON.

Les RATONS ressemblent beaucoup à de petits *Ours* qui auraient une longue queue; ils habitent les forêts de l'Amérique. Une espèce est remarquable par son habitude singulière de ne rien manger sans l'avoir plongé dans l'eau. Quoi qu'il en soit, les *Ratons* sont omnivores, et peuvent manger indistinctement des racines charnues, des fruits tendres, des insectes ou de la chair; mais ils préfèrent les végétaux, les substances douces et sucrées, et surtout le miel. Leur régime est donc absolument le même que celui des *Ours*, auxquels ils ressemblent aussi par leurs habitudes nocturnes et par leur marche embarrassée et plantigrade ; mais ils ne paraissent pas sujets à l'engourdissement hivernal.

On ne connaît que deux espèces de *Ratons :* le *Laveur*, ainsi nommé de l'habitude qu'il a de détremper tous les aliments secs qu'il mange, et le *Crabier*, qui tire son nom des crabes, dont il fait sa principale nourriture. Ces deux animaux sont d'Amérique, où on leur fait la chasse à cause de leur fourrure : les poils en sont assez doux pour être employés à la fabrication des chapeaux.

GENRE BLAIREAU.

Les Blaireaux sont des animaux nocturnes, à marche rampante, dont la queue est très-courte, les doigts très-engagés dans la peau, et qui se distinguent surtout par une poche située sous la queue, et d'où suinte une humeur grasse et fétide. Leurs ongles de devant, très-allongés, les rendent habiles à fouir la terre. Leurs poils sont longs et soyeux.

On reconnaît le *Blaireau* à son corps allongé, de la taille de deux pieds à deux pieds et demi environ, non compris la queue, qui est courte, et n'a guère que l'apparence d'un faisceau de poils ; à ses jambes, très-courtes aussi et fort trapues ; à ses pieds, dont la plante entière appuie sur le sol pendant la marche, et qui sont sans pouces séparés, et garnis chacun de cinq doigts très-engagés dans la peau ; à la fermeté, à l'excessive longueur des ongles dont sont armés ceux de devant ; à sa fourrure, composée de poils longs, épais, rares et rudes, grisâtre en dessus, noire en dessous, et présentant une bande noirâtre de chaque côté de la tête, qui se rapproche assez pour la forme de celle du *Renard;* à ses oreilles, courtes et arrondies; à ses yeux, petits, et, comme celles-ci, cachés en grande partie par les poils. En un mot cet animal est de la taille d'un chien de médiocre grandeur, et il a la physionomie du mâtin, si ce n'est qu'il est beaucoup plus bas sur les jambes et que son ventre touche presqu'à terre, ce qui le rapproche aussi un peu de l'*Ours.*

Le *Blaireau* est, d'ailleurs, un animal paresseux; défiant, solitaire, à marche rampante et à vie nocturne; qui reste la plupart du temps au fond d'un terrier oblique et tortueux, séjour ténébreux qu'il se creuse facilement à l'aide de ses ongles forts et crochus, qui sont destinés à fouir la terre; domicile souterrain qu'il pousse quelquefois fort loin, mais toujours dans les lieux, dans les bois les plus sombres, et dont il ne sort que pour chercher sa subsistance, loin de la société, et lorsque la la lumière du soleil n'éclaire plus l'horizon.

Les *Blaireaux* dorment la nuit entière et les trois quarts de la journée, sans cependant être sujets à l'engourdissement en hiver, comme les marmottes et les loirs. Cette habitude du sommeil fait qu'ils sont toujours fort gras et qu'ils supportent aisément la diète, restant souvent trois ou quatre jours sans sortir de leur terrier, surtout dans les temps de neige.

Autrefois que les *Blaireaux* étaient plus communs qu'ils ne le sont aujourd'hui, on dressait à leur chasse des bassets à jambes torses, qui pénétraient dans leur domicile, les acculaient, et donnaient ainsi le moyen de les prendre avec des pinces, en ouvrant le terrier par-dessus.

On les chassait aussi au collet, en tendant le piége sur leur passage et en se servant d'un fil de laiton pour le faire.

D'autres fois on les attendait à l'affût. Au reste, les chasseurs ne se donnaient tant de peine que parce que la peau du *Blaireau* était employée comme une fourrure grossière, et que sa chair, qui, selon M. Savonarola, a la saveur de celle du sanglier, était servie sur les tables les plus distinguées. Cela se pratiquait en Italie et en Allemagne, ainsi que nous l'apprend Jean Bruyren Champin ; et même en Provence, où le célèbre Quiqueran de Jeansen, évêque de Sénez, avait mis ce gibier des plus à la mode, comme il le raconte lui-même, dans son panégyrique latin de cette belle province.

Quoique le *Blaireau* fasse plutôt du bien que du mal dans les campagnes, puisqu'il détruit une multitude d'animaux malfaisants, on le chasse partout avec acharnement, à cause de sa fourrure, avec laquelle on fait des housses et des couvertures pour les chevaux de trait. Son poil, qui ne se feutre pas, est aussi fort recherché pour la fabrication des pinceaux et des brosses.

On distingue deux espèces de ce genre, le *Blaireau d'Europe* et celui de la *baie d'Hudson,* qui diffèrent très-peu l'un de l'autre.

GENRE GLOUTON.

Les Gloutons ressemblent beaucoup aux *Blaireaux*, mais sont beaucoup plus carnassiers : leur nom leur a été donné à cause de l'idée exagérée qu'on s'était faite de la voracité de l'une des espèces de ce genre, le *Glouton* du Nord, qui passe pour être très-cruel, et qui se met en embuscade sur un arbre pour sauter sur le dos des grands animaux dont il fait sa proie. Si quelque quadrupède passe à leur portée, ils s'élancent sur lui, se cramponnent à sa croupe, et le déchirent à belles dents jusqu'à ce qu'il

9.

tombe, épuisé par la fatigue et par la perte de son sang. Alors ils le dépècent, en dévorent une partie et mettent le reste en réserve pour une autre fois.

On trouve des *Gloutons* dans les deux continents. Partout leurs mœurs sont sauvages et nocturnes, comme celles des autres plantigrades; mais ils sont moins sédentaires; ils quittent volontiers leur pays pour un autre où ils espèrent trouver plus facilement leur subsistance.

Nous ne pouvons oublier ici le *Ratel, Gulo mellivorus,* qui vit au Cap de Bonne-Espérance ainsi que dans l'Inde. Cet animal est renommé dans tous les Voyages au Cap pour son adresse à dérober le miel des abeilles sauvages. On dit qu'il est averti du voisinage des ruches par le *coucou indicateur*, qui vient après lui partager le butin.

TRIBU DES DIGITIGRADES.

Les animaux de cette *Tribu* se distinguent par la conformation de leurs pattes. Au lieu de poser la plante entière de leurs pieds sur la terre, et d'avoir toute cette partie dénuée de poils, ils ne marchent que sur le bout des doigts, en relevant le tarse, et il en résulte que leurs allures sont plus légères et leur course plus rapide.

Ils sont en même temps plus exclusivement carnassiers que les plantigrades, et leur goût pour la chair, joint à leur légèreté, en fait des animaux essentiellement chasseurs : aussi leurs pattes sont-elles presque toujours armées d'ongles puissants, leurs mâchoires robustes et leurs dents molaires presque entièrement tranchantes. Le nombre de petites dents tuberculeuses qu'on leur trouve au fond de la bouche varie, et comme ces différences coïncident avec des dispositions plus ou moins sanguinaires, on les prend avec raison pour base de la classification des *Digitigrades.*

Nous avons exposé dans le Tableau de l'ordre des CARNASSIERS les caractères différentiels tirés de la dentition, et qui motivent la création des divers GENRES de la *Tribu* des *Digitigrades*. On peut aussi les distinguer, d'après d'autres caractères, qui ont moins d'importance que ceux fournis par les dents, mais qui sont plus faciles à retenir : le Tableau ci-après en donne le résumé.

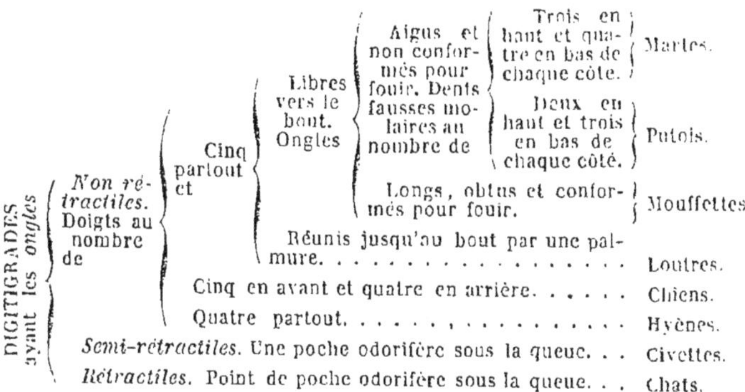

DIGITIGRADES ayant les *ongles*
- *Non rétractiles.* Doigts au nombre de
  - Cinq partout et
    - Libres vers le bout. Ongles
      - Aigus et non conformés pour fouir. Dents fausses molaires au nombre de
        - Trois en haut et quatre en bas de chaque côté. . . . Martes.
        - Deux en haut et trois en bas de chaque côté. . . . Putois.
      - Longs, obtus et conformés pour fouir. . . . Mouffettes.
    - Réunis jusqu'au bout par une palmure. . . . . Loutres.
  - Cinq en avant et quatre en arrière. . . . . . Chiens.
  - Quatre partout. . . . . Hyènes.
- *Semi-rétractiles.* Une poche odorifère sous la queue. . . Civettes.
- *Rétractiles.* Point de poche odorifère sous la queue. . . Chats.

Les DIGITIGRADES, pourvus d'une seule dent tuberculeuse à chaque mâchoire, forment un petit groupe naturel, désigné sous le nom de *Carnivores Vermiformes*, à raison de leur corps long, grêle, et bas sur pattes. Ils ont cinq doigts à toutes les pattes, et répandent une odeur plus ou moins forte, occasionnée par une liqueur fétide que sécrètent deux glandes placées près de l'anus. Quoique de petite taille, ce sont des animaux très-sanguinaires ; et, à raison de leurs formes grêles, ils peuvent passer par les plus petites ouvertures. On les divise, comme nous l'avons déjà vu, en *Putois*, *Martes*, *Mouffettes* et *Loutres*.

GENRE PUTOIS.

Les PUTOIS sont les plus sanguinaires de tous. Leur tête est arrondie, et le museau, court, dépasse sensiblement la bouche; les oreilles sont arrondies, beaucoup plus larges que hautes; la langue est couverte de papilles rudes; le pelage est bien fourni, brillant et doux; leur queue est longue, et ils ont de chaque côté de l'anus des glandes qui sécrètent une matière visqueuse et fétide. Leur vie est solitaire et nocturne; on en trouve dans les deux mondes.

Le *Putois* commun est brun, à flancs jaunâtres, avec des taches blanches à la tête, et long de quinze à dix-huit pouces, sans y comprendre la queue, qui en a six. C'est la terreur des poulaillers et des garennes. Il s'approche des habitations, monte sur les toits, s'établit dans les greniers, dans les granges et dans les lieux peu fréquentés, d'où il ne sort que la nuit pour aller chercher sa proie. Il se glisse dans les basses-cours, monte aux volières, aux colombiers, où, sans faire autant de bruit que la *Fouine*, il fait plus de dégâts; il coupe ou écrase la tête de toutes les volailles; ensuite il les transporte une à une, et en fait un magasin. Si, comme il arrive souvent, il ne peut les emporter, parce que le trou par où il est entré est trop petit, il leur mange la cervelle, et emporte leurs têtes. Il est aussi fort avide de miel; il attaque les ruches en hiver, et force les abeilles à les abandonner.

Les *Putois* vivent de proie à la ville, et de chasse à la campagne; ils s'établissent dans des terriers de lapins, dans des fentes de rocher, dans des troncs d'arbres creux, d'où ils ne sortent guère que la nuit, pour se répandre dans les champs, dans les bois. Ils cherchent les nids des perdrix, des alouettes et des cailles; ils grimpent aussi sur les arbres pour les prendre; ils épient les rats, les taupes, les mulots, et font une guerre continuelle aux lapins, qui ne peuvent leur échapper, parce qu'ils entrent facilement dans leurs trous. Les *Putois* se trouvent dans nos climats, et même jusqu'en Suède.

Les animaux de ce GENRE, quoique répandus partout, sont pourtant plus communs dans le Nord, où leur fourrure moelleuse et lustrée forme une branche importante de commerce. Nous en avons trois espèces en France: le *Putois commun*, la *Belette*, que sa petitesse rend peut-être encore plus dangereuse, et le *Furet*, fléau des lapins.

Le *Furet* a le pelage brun, clair ou jaunâtre. Il a le corps plus allongé et plus mince, la tête plus étroite, le museau plus pointu que le *Putois*; la femelle est plus petite que le mâle; il est originaire de Barbarie. On ne le trouve en France qu'à l'état domestique, et on l'y emploie pour poursuivre les lapins dans les terriers. Cet animal, dit Buffon, est l'ennemi le plus acharné du lapin : lorsque l'on présente un lapin, même mort, à un jeune *Furet* qui n'en a jamais vu, il se jette dessus, le mord avec fureur; s'il est vivant, il le prend par le cou, par le nez et lui suce le sang. Lorsqu'on le lâche dans des trous de lapins, on le museile, afin qu'il ne les tue pas dans le fond du terrier, et qu'il les oblige seulement à sortir et à se jeter dans le filet dont on couvre l'entrée.

Si on laisse aller le *Furet* sans muselière, on court risque de le perdre, parce qu'après avoir sucé le sang du *Lapin* il s'endort. La fumée qu'on fait dans le terrier n'est pas toujours un moyen sûr pour le ramener, parce que souvent il y a plusieurs issues, et qu'un terrier communique à d'autres, dans lesquels le *Furet* s'engage à mesure que la fumée le gagne. Les enfants se servent aussi du *Furet* pour dénicher les oiseaux ; il entre aisément dans les trous des arbres et des murailles, et il les apporte au dehors.

La *Belette* est marron clair en dessus, blanche en dessous, longue d'environ six pouces, plus quinze à dix-huit lignes pour la queue. Cet animal est très-commun dans nos climats, et très-redoutable pour les poulaillers, où sa petite taille lui permet de s'introduire par les plus petites ouvertures. Lorsqu'une *Belette* peut entrer dans un poulailler, elle n'attaque pas les coqs ou les vieilles poules ; elle choisit les poulettes, les petits poussins, les tue par une seule blessure, qu'elle leur fait à la tête ; elle les emporte ensuite les uns après les autres. Elle casse aussi les œufs, et les suce avec une incroyable avidité.

En hiver, elle demeure ordinairement dans les greniers, dans les granges ; souvent même elle y reste au printemps pour y faire ses petits dans le foin ou la paille. Pendant ce temps elle fait avec plus de succès que le chat la guerre aux rats et aux souris, parce qu'ils ne peuvent lui échapper, et qu'elle entre après eux dans leurs trous : elle grimpe aux colombiers, prend les pigeons, les moineaux, etc. En été elle va à quelque distance des maisons, surtout dans les lieux bas, autour des moulins, le long des ruisseaux, des rivières ; se cache dans les buissons pour attraper les oiseaux, et souvent s'établit dans le creux d'un vieux arbre pour y faire ses petits.

Le Genre Putois présente encore à notre observation l'*Hermine*. Le corps de cet animal a près de neuf pouces de longueur, sans compter la queue, qui en a quatre. Ce petit animal a deux pelages; en hiver elle est blanche avec le bout de la queue noir, et porte le nom d'*Hermine*; pendant l'été elle est d'un beau brun en dessus et d'un blanc jaunâtre en dessous, avec le bout de la queue toujours noir : c'est alors le *Roselet*. Elle se trouve surtout dans les parties septentrionales de l'ancien et du nouveau continent; et, sans être chez nous aussi commune que la *Belette*, elle n'y est point rare. Elle recherche les contrées rocailleuses, et fuit le voisinage des habitations.

Les peaux d'hiver de cette espèce sont très-recherchées comme fourrure, et font un objet considérable de commerce; mais l'hermine des pays très-septentrionaux est la plus estimée, parce qu'elle est d'une blancheur éclatante, au lieu que celle des climats tempérés conserve toujours une teinte jaunâtre.

GENRE MARTE.

Les animaux du Genre Marte proprement dit ressemblent beaucoup aux *Putois*, mais en diffèrent par un museau plus allongé, par une langue couverte de papilles molles. Les nombreuses espèces de ce genre sont répandues dans les deux mondes; parmi elles nous citerons :

La *Marte commune* vit de chasse, et détruit un nombre prodigieux d'oiseaux, dont elle cherche les nids pour en sucer les œufs; elle mange aussi du miel, comme le *Putois* et la *Fouine*. Elle prend les écureuils, les mulots, les lérots, etc.; se laisse suivre assez longtemps par eux, avant de grimper sur un arbre, d'où elle les regarde tranquillement passer, sans même se donner la peine de monter jusqu'au-dessus des branches. Elle est un peu plus grosse que la *Fouine*, et cependant elle a la tête plus courte : elle a les jambes plus longues, et court par conséquent plus aisément. Sa couleur est d'un brun assez brillant : le bout du museau, la moitié postérieure de la queue et les membres sont plus foncés et presque noirs : sa gorge est jaune, son poil est fin, bien fourni, et peu sujet à tomber. Elle a la partie postérieure du ventre roussâtre, et le cou et une partie de la poitrine de la même couleur que la gorge.

La *Marte* ne prépare pas un lit pour ses petits; lorsqu'elle est près de mettre bas elle grimpe au nid que l'écureuil se construit au-dessus des arbres, avec autant d'art que les oiseaux, chasse le maître du logis, en élargit l'ouverture, s'en empare, et y fait ses petits. Elle se sert aussi dans le même cas des anciens nids de ducs et de buses, et des trous des vieux arbres, dont elle déniche les pics-de-bois et les autres oiseaux. Sa progéniture ne se compose que de deux ou trois petits, qui naissent au printemps, les yeux fermés; mais ils grandissent rapidement, et la mère leur apporte bientôt des oiseaux et des œufs, jusqu'à ce qu'elle les puisse mener à la chasse avec elle.

Les *Martes* ont des vésicules intérieures qui contiennent une matière odorante, semblable à celle que fournit la *Civette*, et leur chair se ressent un peu de cette odeur; cependant la chair de la *Marte* n'est pas mauvaise à manger.

La *Marte* est aussi commune dans le nord de l'Amérique que dans le nord de l'Europe et de l'Asie; il ne faut pas la confondre, au reste, avec la *Marte zibeline*, qui est noire et dont la fourrure est bien plus précieuse. La partie de la peau la plus estimée dans la *Marte* est celle qui est la plus brune et qui s'étend tout le long du dos jusqu'à l'extrémité de la queue. Le pelage d'hiver de la *Marte*, de la *Zibeline* et de l'*Hermine*, est l'objet d'un grand commerce pour les Russes, qui les trouvent en abondance en Sibérie.

La *Fouine* est brune, elle a tout le dessous de la gorge et du cou blanchâtre; seize pouces environ de longueur, plus la queue, qui en a huit. Elle se trouve dans nos forêts, et s'approche souvent des habitations, où même elle établit sa demeure; mais c'est un hôte dangereux. Lorsqu'elle parvient à s'introduire dans un poulailler ou une faisanderie, elle commence par mettre à mort tout ce qu'elle peut atteindre, et l'emporte ensuite pièce à pièce dans son repaire : elle est aussi très-avide d'œufs, prend les souris, les rats, les taupes, les oiseaux dans leurs nids. Elle aime aussi le miel et les graines de chènevis.

GENRE MOUFFETTE.

Les *Mouffettes* forment le passage des *Plantigrades* aux *Digitigrades*; elles sont moins carnassières que la plupart des autres *Martes*; dans la marche elles appuient un peu le talon sur le sol; leurs doigs sont armés d'ongles forts et propres à creuser la terre, et elles vivent presque toutes dans des terriers. La forme de leurs ongles fouisseurs, la couleur de leur pelage, varié de blanc et de noir, et l'odeur fétide qu'elles exhalent lorsqu'elles sont agitées par la colère sont trois caractères qui suffisent pour les distinguer. Cette odeur est telle, qu'il n'est pas de chien ni de chat qui veuille les-poursuivre; l'homme lui-même en est quelquefois suffoqué. On trouve les *Mouffettes* principalement en Amérique; on n'en connaît que deux espèces de l'ancien continent.

GENRE LOUTRE

Les *Loutres*, au corps plus allongé que celui des *Martes*, sont surtout organisées pour une vie aquatique; elles se trouvent dans les lacs, les fleuves et parfois dans les eaux de la mer. L'espèce d'Europe se rencontre aussi en France, mais elle n'y est pas commune. Quoi qu'on en ait dit, son caractère n'est ni sanguinaire ni redoutable, et elle est facile à soumettre et même à apprivoiser. Avec quelques précautions, on réussit à la dresser pour la pêche, en mettant à profit la facilité avec laquelle elle se meut au sein des eaux. L'homme la lâche à la recherche du poisson, et elle lui produit souvent un gain considérable; elle peut prendre jusqu'à trente livres de poisson par jour. La fourrure de cette espèce est beaucoup moins estimée que celle de la grande *Loutre de mer*, autrement appelée *Saricovienne*. Celle-ci fréquente le Nord; on la chasse avec activité : sa peau, dont on fait un commerce très-lucratif, est particulièrement recherchée par les Chinois de distinction, et devient l'un des plus beaux ornements de leur riche parure.

La *Loutre de mer* est deux fois plus grande que la nôtre, et son pelage, noirâtre, d'un vif éclat de velours, forme une des fourrures les plus précieuses. Les Anglais et les Russes vont chercher cet animal dans tout le nord de la mer Pacifique, et en transportent annuellement un grand nombre de peaux à la Chine et au Japon. Cette espèce habite le *Kamtschatka*, la partie la plus septentrionale de l'Amérique et plusieurs îles voisines; elle se tient le plus souvent sur les bords de la mer, et non pas, comme les autres espèces, à portée des eaux douces. On dit qu'elle vit par couples.

Le second *Groupe* des *Carnivores Digitigrades*, caractérisé par l'existence de deux dents tuberculeuses derrière la carnassière de la mâchoire supérieure, se compose des animaux les moins sanguinaires de cette *Tribu;* ils sont d'assez grande taille, mais leur courage ne répond pas à leur force, et ils se nourrissent le plus souvent de cadavres. Parmi les GENRES de ce GROUPE, celui dont l'étude va d'abord nous occuper, c'est le GENRE CHIEN.

GENRE CHIEN.

Ce GENRE se compose d'espèces qui se ressemblent par les points principaux de leur organisation, mais qui se séparent cependant en deux *Groupes* distincts : les CHIENS et les RENARDS. Tous ces animaux ont trois fausses molaires en haut, quatre en bas, et deux dents tuberculeuses derrière chaque mâchoire carnassière ; leur langue est douce ; leurs pieds de devant sont propres à fouir ; leur vue est excellente, leur ouïe fine, leur odorat d'une subtilité prodigieuse ; ils mêlent des végétaux à leur nourriture animale, et ils aiment la chair corrompue : ce sont en général des animaux de taille moyenne, dont les proportions annoncent la force et l'agilité.

Le *Groupe* des *Chiens* proprement dits se compose de chiens ordinaires et de diverses espèces de *Loups*. Il se distingue de celui des *Renards* par la queue, qui chez ces derniers est plus longue et plus touffue; par la forme du museau, et surtout par la disposition de la pupille. Chez les *Chiens*, de même que chez les autres animaux diurnes, cette ouverture est circulaire, tandis que chez les *Renards* elle prend en se contractant sous l'influence de la lumière la forme d'une fente, particularité qui est caractéristique des animaux nocturnes.

Le *Chien domestique* se distingue des autres espèces de ce genre par sa queue recourbée, qui varie d'ailleurs à l'infini, par la taille, la forme et la couleur, et la qualité du poil. Cet animal naît les yeux fermés, et ne les ouvre que le dixième ou le douzième jour. Les femelles font de six à sept petits et quelquefois douze. La vie du *Chien* est communément bornée à quatorze ou quinze ans; on en a vu cependant qui ont vécu jusqu'à vingt ans. On reconnaît son âge par les dents, qui sont blanches, tranchantes et pointues, et qui deviennent mousses, inégales et de couleur noire à mesure qu'il vieillit.

Les *Chiens* sont voraces et gourmands; ils peuvent cependant se passer de nourriture pendant longtemps; ils s'accommodent assez de toute espèce d'aliments, quoiqu'ils aient un goût particulier pour la viande, et surtout pour la charogne. Leur estomac, doué d'une grande énergie, digère très-bien les os les plus durs et les plus compacts.

Le *Chien* court avec beaucoup de célérité, et peut fournir une longue route. Ayant les pores de la peau très-serrés, il ne sue jamais, même dans les plus fortes chaleurs; mais lorsqu'il est très-échauffé, il laisse pendre sa langue et la retire fréquemment; il se jette dans l'eau sans être incommodé. Il boit en lapant, de sorte qu'il enlève avec sa langue l'eau, qui, étant introduite ainsi peu à peu dans son estomac, s'échauffe de manière qu'il n'éprouve aucune incommodité par le froid subit qu'une masse d'eau avalée d'un trait produit dans l'intérieur du corps lorsqu'on est très-échauffé.

La grande sensibilité de l'odorat, dans quelques races de *Chiens*, leur donne un discernement que l'on ne rencontre dans aucune autre espèce d'animaux, sans en excepter l'homme. Cette aptitude se fait remarquer surtout dans la découverte et la poursuite du gibier. Le *Chien* saisit au bout de vingt-quatre heures les traces odorantes dont le sol est imprégné, et il se dirige ainsi vers le gîte où se cache l'animal.

L'on distingue pour la chasse deux races principales de *Chiens*, dont l'une est dressée à poursuivre les animaux, et l'autre à les arrêter au lieu où elle les découvre. Les *Chiens* de chasse doivent être dressés de diverses manières, suivant l'espèce des animaux qu'ils doivent poursuivre ou attaquer.

Dans les plaines on chasse avec le *Chien* couchant, ou *Chien* d'arrêt, ou *Chien* ferme. Trois races sont propres à cette chasse, le *Braque*, l'*Épagneul* et celui que les chasseurs nomment *Griffon* : le *Braque* est plus léger et plus brillant dans sa quête; mais la plupart de ces chiens craignent l'eau et les routes, au lieu que l'*Épagneul* et le *Griffon* s'accoutument aisément à chasser et à rapporter dans l'eau, même par les plus grands froids, et quètent au loin et dans les lieux les plus fourrés comme en plaine. Il y a donc toujours beaucoup plus de ressources dans ces deux races de chiens que dans celle des *braques*.

Pour la chasse dans les forêts on se sert de *Limiers* et de *Chiens* courants. Le *Limier* est un gros chien qui ne donne pas de la voix, et que l'on emploie à quêter le gibier et à le lancer. Les *Limiers* viennent ordinairement de Normandie; dans le nombre de ces chiens il y en a de noirs, mais ils sont plus communément d'un gris tirant sur le brun. Les noirs sont marqués de feu, et ont aussi du blanc sur la poitrine; ils ont vingt à vingt-deux pouces de hauteur; ils sont épais; ils ont la tête grosse et carrée, les oreilles longues et larges, les cuisses et les reins bien

10.

faits ; ils sont vigoureux, et ont le nez très-bon ; ils sont hardis et même méchants.

Le dictionnaire des chasses de l'*Encyclopédie* établit qu'on ne connaissait autrefois en France que deux espèces de *Chiens* courants, toutes deux originaires de Saint-Hubert; l'une de *Chiens noirs*, l'autre de *Chiens blancs*. Les *Chiens noirs* avaient les jambes et le dessus des yeux marqués de feu, et quelquefois un peu de blanc sur la poitrine ; ils étaient de moyenne taille, peu gros et peu vigoureux, mais ils étaient dociles. Les *Chiens blancs* avaient plus de vitesse et d'ardeur, mais ils étaient plus emportés. Saint Louis ramena d'Orient une troisième race de *Chiens* courants, à poils gris de lièvre, hauts sur jambes, et ayant les pieds bien faits et les oreilles grandes ; ils étaient plus vifs que les *Chiens noirs*, mais ils n'avaient pas l'odorat aussi fin.

Le *Chien* est une des conquêtes les plus utiles que l'homme ait faites sur la nature ; toute l'espèce est devenue notre propriété, et on a même perdu la trace de son état primitif.

« Les espèces que l'homme a beaucoup travaillées, tant « dans les végétaux que dans les animaux, dit Buffon, « sont donc celles qui de toutes sont le plus altérées ; et « comme quelquefois elles le sont au point qu'on ne peut « reconnaitre leur forme primitive, comme dans le blé, « qui ne ressemble plus à la plante dont il a tiré son ori« gine, il ne serait pas impossible que dans la nombreuse « variété des chiens que nous voyons aujourd'hui, il n'y « en eût pas un seul de semblable au premier chien, ou « plutôt au premier animal de cette espèce, qui s'est peut« être beaucoup altérée depuis la création, et dont la sou« che a pu par conséquent être très-différente des races

« qui subsistent actuellement, quoique ces races en soient « originairement toutes également provenues. »

Les *Chiens* sauvages que l'on trouve dans plusieurs contrées sont des races domestiques qui ont recouvré leur indépendance depuis un certain nombre de générations, et repris par là quelques-uns des traits de l'espèce primitive. Des causes aussi puissantes que celles qui résultent des climats divers, de la nourriture, etc., suffisent à peine pour expliquer les nombreuses modifications que le *Chien* domestique a éprouvées et qui forment ses différentes races : aussi a-t-on pensé que nos chiens n'avaient pas pour souche une seule espèce, mais qu'ils venaient d'espèces différentes, qu'on ne pouvait plus reconnaître aujourd'hui, à cause du mélange de leurs races.

Les modifications nombreuses que présentent les diverses espèces de *Chiens* se fondent les unes dans les autres, et ont rendu leur classement très-difficile. S'il eût été possible de déterminer l'espèce originelle, ce travail eût été tout simple ; mais c'est cette race primitive qui a échappé aux travaux patients et soutenus des naturalistes, et qui a fait naître les hypothèses ingénieuses qui ont été imaginées sur ce sujet. Les uns ont fait descendre le *Chien* du *Loup ;* d'autres ont dit qu'il provenait du *Chacal,* et il en est qui ont admis pour lui une espèce distincte de toutes celles que l'on connaît, et qui aurait disparu totalement de la surface du sol. Cette dernière opinion n'est pas susceptible d'être admise ; mais les deux premières méritent qu'on les examine. Toutefois on doit reconnaître que le *Chacal* paraît avoir fourni le plus grand nombre des races, qui en effet ont ordinairement la même taille, les mêmes habitudes et souvent la même coloration. Mais plusieurs variétés, que leurs forces prodigieuses rendent remarquables, semblent se rapprocher davantage du loup, et c'est probablement de cet animal qu'elles proviennent.

Là où les hommes ne sont qu'à demi civilisés, les *Chiens*, on peut le dire, se trouvent dans le même cas; depuis le *Chien marron* de la Nouvelle-Hollande jusqu'à l'élégant *Épagneul* ou à l'intelligent *Griffon*, le lien s'établit aisément par le *Chien des Esquimaux*, des Islandais, par les diverses races que l'Afrique a produites, par les mille nuances enfin qui distinguent les *Chiens* de tous les pays.

Toutes ces différences constituent autant de races ou variétés que les naturalistes étudient avec soin, et qu'ils cherchent à reproduire dans leurs classifications. Souvent ces modifications méritent de fixer notre attention. En effet, ce ne sont plus seulement des variations dans la couleur du pelage ou son épaisseur, dans la taille ou la forme extérieure, ce sont de véritables altérations organiques, bien plus profondes souvent que les différences qui caractérisent certains genres. La tête, extrêmement allongée chez quelques *Chiens*, est très-courte au contraire chez certains autres, et remarquable par l'ampleur de sa cavité crânienne; la mâchoire inférieure est chez quelques dogues beaucoup plus avancée que la supérieure; les doigts varient, et on en compte quelquefois six, nombre que ne possède aucun mammifère terrestre; la queue chez d'autres ne présente qu'un très-petit nombre de vertèbres; les *Chiens de Terre-Neuve* ont entre les doigts des rudiments de membranes, et une race voisine des *Épagneuls* a les narines profondément séparées par un sillon, ce qui fait paraître son nez bifide.

C'est pour se diriger dans ce labyrinthe que Buffon avait

choisi le *Chien de berger*, comme type de la race primitive, en ce sens que c'était la moins domestique de toutes.

Depuis Buffon l'histoire naturelle s'est enrichie d'une variété qui vit presque entièrement libre, puisque les hommes qui se la sont associée, les habitants de la Nouvelle-Hollande, sont les sauvages les moins avancés dans la civilisation. On a pensé que l'espèce de *Chien* qui vit avec cette variété de la race humaine était bien près de l'état de pure nature, et c'est en lui comparant les autres *Chiens* qu'on a été conduit à trois familles principales dans ce sous-genre : les *Mâtins*, les *Épagneuls* et les *Dogues*.

1° MATINS. Chez les espèces de cette famille les pariétaux tendent à se rapprocher, mais insensiblement et en s'élevant au-dessus des temporaux.

Le *Chien de la Nouvelle-Hollande* a la taille et les proportions du *Chien de berger*, avec la tête du *mâtin*; son pelage est très-fourni et sa queue très-touffue. Le dessus du cou, de la tête et du dos ainsi que la queue sont fauve foncé, le dessous du cou et de la poitrine sont plus pâles, le museau et la face interne des membres sont blanchâtres. La longueur du corps est de 785 millimètres.

Le premier *Chien* de cette race vu à Paris avait été rapporté du port Jaskson par Péron et Lesueur; ses mouvements étaient très-agiles et son activité fort grande; son courage était plein d'audace, et il se jetait avec énergie sur les grilles au travers desquelles il voyait une panthère, un ours, un jaguar. N'ayant aucun sentiment instinctif de la propriété, il saisissait avec fureur les provisions de viande qui se trouvaient à sa portée, témoignant ainsi de l'influence qu'exerce sur les animaux les exemples de rapine et de barbarie.

Le *Danois* est de la plus grande beauté : il est blanc et moucheté, avec une élégante profusion de points ronds et noirs ; son odorat est peu sensible.

Le *Lévrier.* Cet animal d'une forme élégante était autrefois estimé au point qu'il était le compagnon ordinaire des gentilshommes, qui se faisaient alors distinguer par leur coursier, leur faucon et leur lévrier. Il a le corps long, la tête délicate et allongée, les yeux grands, la gueule longue, les dents aiguës et très-blanches, et un large poitrail ; ses jambes de devant et de derrière sont longues et droites, ses hanches rondes et fortes, ses reins nerveux, et son ventre mince. C'est le plus leste de tous les chiens ; il est propre à la chasse dès son douzième mois. Il chasse à la vue, et non à l'odorat comme les autres chiens.

2° Épagneuls. Chez les animaux de cette famille les pariétaux ne tendent pas à se rapprocher au-dessus des temporaux ; ils s'écartent et se renflent, au contraire, de manière à agrandir la cavité cérébrale ; les sinus frontaux prennent beaucoup d'étendue.

Les principales races de cette famille sont les plus intelligentes de tout le Genre Chien.

L'*Épagneul* est originaire d'Angleterre ; il a les poils longs, lisses et soyeux, ceux de la queue et des oreilles surtout ; on distingue les *Épagneuls* de la grande et de la petite espèce.

Le *grand Épagneul* a la tête marquée symétriquement, c'est-à-dire que le museau et le milieu du front sont blancs et le reste de la tête d'un noir de jais.

Le *petit Épagneul* est de tous les chiens celui qui a la plus jolie tête : il a de gros yeux saillants, le museau rond, les dents très-blanches, les oreilles longues et pendantes, les pattes fines, la queue relevée et la cravate la plus soyeuse qu'on puisse voir.

Les ÉPAGNEULS sont, en général, ou tout noirs, ou tout blancs. Parmi les premiers il en est que l'on nomme *Gredins* ou *Épagneuls* d'Angleterre, parce qu'ils sont de pure race; on appelle Pyrames les *Gredins* qui ont les sourcils, le museau et les extrémités des pattes marqués de feu, c'est-à-dire de couleur fauve.

L'*Épagneul*, indépendamment de la beauté de sa robe, de la vivacité, de la force, de la légèreté de ses mouvements, possède par excellence toutes les qualités qui peuvent lui attirer l'affection de l'homme. C'est peut-être de tous les chiens, après le barbet, celui qui est le plus susceptible d'attachement pour son maître. Il a un sentiment naturel et exquis d'attachement, de fidélité, de patience et de courage que l'éducation peut encore perfectionner. Il chasse très-bien, quoique le nez bas; il donne de la voix et sait forcer le gibier dans les broussailles. Il va volontiers à l'eau, et il est également propre à la chasse des oiseaux aquatiques. Nulle autre espèce de chiens ne mérite mieux que celle des *Épagneuls* qu'on lui applique ces paroles de Buffon : « Sans avoir, comme l'homme, la lumière de la pensée, le chien a toute la chaleur du sentiment; il a plus que lui la fidélité, la constance dans ses affections; il est tout zèle, tout ardeur et tout obéissance; plus sensible au souvenir des bienfaits qu'à celui des outrages, il ne se rebute point par les mauvais traitements; il les subit, les oublie, ou ne s'en souvient que pour s'attacher davantage. »

M. Knight a communiqué à la Société royale de Londres l'observation d'un jeune *Chien Terrier* dont les parents avaient été élevés à détruire les Putois, et d'un jeune *Épagneul* dont les ancêtres, depuis plusieurs générations, avaient été employés à chercher des bécasses, et qui avaient été élevés ensemble comme compagnons. Lorsque chacun d'eux se trouva pour la première fois en présence de la proie particulière vers laquelle il était guidé par son instinct héréditaire, il la poursuivit avec une ardeur excessive, sans s'inquiéter de celle que poursuivait son compagnon. Nombre de fois il a vu que de jeunes *Épagneuls* tout à fait sans expérience étaient presque aussi adroits à trouver des bécasses que leurs parents élevés avec soin dans ce but. Un jeune *Chien d'arrêt,* dont les parents avaient été élevés à trouver et à rapporter le gibier blessé, remplissait le même office aussi bien que le *Chien* le mieux élevé, quoiqu'il n'eût jamais été instruit à le faire.

Le *Barbet* est l'une des variétés des plus intelligentes et des plus communes en France. Elle est remarquable par ses longs poils bouclés, de couleur noire ou blanche ou mélangée; ces animaux sont attachés à leurs maîtres, et exécutent différents tours d'adresse assez remarquables; ils aiment beaucoup à aller à l'eau.

Le *Chien courant.* On en trouve plusieurs variétés remarquables par la longueur de leurs oreilles pendantes; ils ont la jambe forte, le poil court, la queue relevée; ils sont blancs, ou noirs, ou fauves, ou tachetés de ces diverses couleurs. C'est la race la plus convenable pour suivre le gibier à la piste, le lièvre, le chevreuil, le sanglier, etc.

Le *Chien de berger.* Sa taille est moyenne, ses oreilles

courtes et droites; il est couvert de poils longs sur tout le corps, excepté sur le museau; il est de couleur noire ou brun foncé. De toutes les espèces de chiens c'est celui qui a le plus d'instinct pour la garde des troupeaux.

Le *Chien-Loup*. Il se distingue du *Chien de berger* par les poils qui couvrent toutes les parties de la tête et par une queue très-relevée; sa couleur est généralement blanche, ou noire, ou fauve : on l'emploie dans quelques pays à la garde des troupeaux.

Le *Basset*. Dans cette race les jambes sont toujours très-courtes, quelquefois droites et souvent torses. Les oreilles sont larges, longues et pendantes. Les *Bassets* sont recherchés pour la chasse au *Chien courant*.

Le *Braque* diffère peu du précédent et du *Chien courant* ordinaire; il a le museau moins long, les oreilles plus courtes, les jambes plus allongées et le corps plus épais; ils sont blancs ou tachetés de noir et de fauve.

Le *Chien de Terre-Neuve*, que l'on dit né de l'union d'un dogue anglais et d'une louve, est, malheureusement, encore fort rare en France; c'est un animal très-précieux : son instinct particulier le porte à braver la fureur des flots, et on le dresse facilement à retirer de l'eau les personnes ou les objets naufragés. Son intelligence d'ailleurs le rend capable de tous les exercices qu'on lui demande; toutefois, lorsqu'on ne lui donne pas assez à manger, il se jette sur la volaille avec laquelle il prend plaisir à jouer. A l'état sauvage il est très-redoutable aux brebis; mais l'éducation fait disparaître ce vice. Depuis cinquante ans l'Angleterre s'est approprié le *Chien de Terre-Neuve*; il a été introduit en France en 1819, et pourtant nous n'en voyons encore aucun sur les bords de la mer, des rivières, des canaux, des étangs, où journellement il périt tant d'enfants et de bestiaux. Ce serait un grand service rendu au pays, que de multiplier cette précieuse espèce, partout au moins où l'autorité doit préparer les secours à porter aux personnes en danger de se noyer.

Le *Terrier*. Cette race, dont on forme des meutes en Angleterre pour chasser le renard, le lièvre et le lapin, est noire, ayant les yeux, le dessous du corps et les pattes d'un jaune-roux foncé. Elle a beaucoup de vivacité et d'intelligence, et une grande ardeur pour la chasse; elle guette les souris et les saisit avec autant d'adresse que le font les chats.

Le *Chien des Alpes*, que l'on voit sur le mont Saint-Bernard, au mont Liban, dans les vastes solitudes de l'Amérique du Sud, est aussi doué d'un instinct secourable. On l'envoie à la recherche des voyageurs égarés; il les appelle par ses aboiements, leur porte des aliments dans un panier suspendu à son cou, et les arrache aux dangers qui les menacent. C'est aux religieux du mont Saint-Bernard que l'Europe doit cette excellente race de chiens, qui a reçu d'eux une mission d'humanité dont elle s'acquitte fidèlement, et qu'elle transmet à ses descendants.

Les *Chiens des Esquimaux* sont peut-être les animaux les plus malheureux de leur espèce; toujours soumis à de rudes travaux, ils ne reçoivent pendant la plus grande partie de l'année que la plus maigre pitance, et ils sont traités avec fort peu de douceur par leurs maîtres. Leur caractère se ressent de ces mauvais traitements : ils sont grands voleurs, et on ne parvient jamais, à quelque correction qu'on les soumette, à leur faire perdre l'habitude de s'emparer de tous les aliments qui seraient à leur por tée. Ils sont querelleurs entre eux, grondeurs envers les hommes, et toujours prêts à montrer les dents. Cependant les femmes, qui les traitent toujours avec plus de douceur, qui prennent soin d'eux pendant qu'ils sont petits ou lorsqu'ils sont malades, s'en font mieux obéir, et réussissent toujours à les faire venir pour être attelés aux traîneaux, même aux époques où ces pauvres animaux souffrent le plus cruellement de la faim.

Comme la pesanteur des traîneaux varie, le nombre des chiens qu'on y attelle varie également. On compte ordinairement qu'il faut trois chiens pour chaque quintal, et, à ce taux, on peut faire mille toises environ en huit minutes. On a vu un bon chef de file, attelé seul à un traîneau pesant cent quatre-vingt-seize livres, parcourir dans le même temps un espace de huit cent vingt-cinq toises.

Dans l'été les chiens ne sont pas attelés aux traîneaux, mais alors ils servent de bêtes de somme, et tous, en suivant leurs maîtres à la chasse, ils portent un fardeau de vingt à trente livres. Du reste, si dans cette saison ils ont encore beaucoup de fatigue, du moins ils sont assez bien nourris, et peuvent se gorger des débris de baleine, de morse et de veau marin, dont les hommes ne font pas usage. En hiver, au contraire, où tous les animaux ressentent une faim plus vive, ils n'ont presque rien à manger, et sont réduits à se remplir l'estomac des choses les moins propres à servir d'aliments.

Les *Chiens des Esquimaux* sont à peu près de la taille de nos *Chiens de berger*, mais plus fortement charpentés et couverts d'un poil plus épais.

3° Dogues. Les chiens de cette famille ont le museau

très-court, les sinus frontaux très-étendus et le crâne petit. Ce sont des animaux peu intelligents, comparativement aux autres races.

On distingue dans cette famille le *Dogue de forte race*. Ils sont faciles à reconnaître par la grosseur de leur tête et de leur corps. Leurs oreilles sont petites et à demi pendantes; leurs lèvres, épaisses, tombent de chaque côté de la gueule; ils ont les jambes assez courtes et fortes; les poils ras, blancs et noirs. Le *Dogue* est employé de préférence à tout autre dans les combats de bêtes féroces et de taureaux.

Doguin ou Carlin. Il a une grande analogie avec les précédents; mais il a les lèvres moins pendantes et la taille plus petite.

Le chien n'est pas d'une grande utilité après sa mort. Cependant ceux dont les poils sont longs, fins et beaux, donnent diverses fourrures; on les fait aussi servir, en les filant, à la fabrication des gants et des bas.

Plusieurs peuples de l'Asie, de l'Afrique et de l'Amérique mangent la chair du chien. Les Nègres la préfèrent à celle de tous les autres animaux. Leur plus grand régal est de manger un chien rôti. Ce même goût se rencontre chez les sauvages du Canada, chez les *Kamtschadales* et dans les îles de l'Océanie. Le capitaine Cook fut sauvé d'une maladie grave en avalant du bouillon fait avec du chien. Hippocrate dit que les Grecs mangeaient du chien; les Romains en servaient sur leurs tables les plus somptueuses; Pline assure que les petits chiens rôtis sont excellents, et qu'on les jugeait dignes d'être présentés aux dieux. A Rome on mangeait toujours des chiens rôtis dans les festins que l'on donnait pour la consécration des pontifes ou dans les réjouissances publiques.

Porphyre, écrivain grec du troisième siècle, raconte ainsi l'origine de la coutume de manger du chien. Un jour qu'on sacrifiait un chien, certaine partie de la victime tomba par terre, le prêtre la ramassa pour la remettre sur l'autel; mais elle était très-chaude, et il se brûla. Par un mouvement spontané et assez en usage dans ce cas, il mit ses doigts dans sa bouche, et il trouva que le jus était fort bon. La cérémonie terminée, il mangea la moitié du chien, et porta le reste à sa femme. A chaque sacrifice, ils se régalèrent de la victime; bientôt le bruit en courut par la ville, chacun en voulut essayer, et dans peu de temps on trouva des chiens rôtis sur les meilleures tables; on commença par manger les jeunes chiens, puis on fit cuire les gros.

Les bulletins de la récente expédition des Anglais en Chine nous ont donné des détails fort curieux sur la nourriture des Chinois; ils ne boivent point le lait des vaches ni des chèvres, et ils riaient fort des soldats anglais qui s'en gorgeaient à leur arrivée. Ils disent que le lait n'est autre chose qu'un excrément comme l'urine, et qu'il faut avoir un grand courage pour avaler cette boisson dégoûtante. Mais, en revanche, ils engraissent des chiens dans des cages, comme nous faisons de nos poulets, ils les nourrissent de substances végétales; ils les mangent, et les trouvent excellents; c'est même un des mets les plus recherchés de l'Empire céleste. On le vend dans toutes les boucheries chinoises; mais il ressemble à nos dindes truffées : le public n'en achète pas, c'est une friandise réservée aux heureux du siècle. Il en était de même autrefois chez les sauvages de la mer du Sud.

Il nous reste à parler de la terrible maladie du chien appelé rage, et qui dans nos climats paraît n'attaquer que les chiens, les loups, les renards et les chats. Le *Chien enragé* ne reconnaît plus son maître, et en cet état il se jette indifféremment sur les hommes et sur les animaux; il les mord, et sa morsure leur communique la même maladie, si l'on n'y apporte un prompt remède. Le principal symptôme de la maladie, à son dernier degré, est l'horreur pour l'eau ou *hydrophobie*.

La rage est une maladie aiguë, caractérisée par des accès de fureur, des envies de mordre, souvent accompagnée de l'horreur de l'eau, des boissons, et quelquefois de convulsions à l'aspect des corps brillants et lumineux.

Cette maladie survient spontanément à quelques animaux; l'homme et plusieurs autres animaux n'en sont attaqués que par la morsure d'un animal déjà malade, par le contact ou l'introduction de sa bave dans une blessure ou sur une partie recouverte d'une peau très-fine.

La rage ne se développe pas principalement dans les froids rigoureux de l'hiver et dans les fortes chaleurs de l'été, mais bien dans les mois de mars et d'avril pour les loups, et dans ceux de mai et de septembre pour les chiens; dans les pays très-chauds et dans les pays très-froids la rage est assez rare.

Lorsque la rage survient à un chien, il est d'abord abattu, triste; il reste tapi dans un coin, grogne souvent, sans cause apparente, surtout contre les étrangers, il cherche à les mordre. Le plus ordinairement il refuse les aliments, la boisson, ou en prend en petite quantité. Après deux ou trois jours de cet état, les symptômes augmentent, l'animal quitte tout à coup la maison de son maître, fuit de tous côtés; mais sa démarche est incertaine, mal assurée; le poil est hérissé, l'œil hagard, fixe, brillant, la tête basse, la gueule béante, pleine d'une bave écumeuse ; la langue est pendante, la queue serrée ; alors il éprouve des accès de fureur qui lui reviennent par intervalles : il se jette sur les animaux qu'il rencontre, les mord, et continue ensuite son chemin. A ce degré de la maladie, l'animal ne prend ordinairement aucun aliment et évite la boisson. Quelquefois cependant on le voit manger, boire et même traverser les rivières. Ainsi c'est par le rapprochement, le concours de tous ces signes que l'on peut bien juger de la nature de la maladie ; et en général on doit se méfier de la morsure d'un animal qui n'a pas été provoqué.

Il est donc du devoir du bon citoyen de veiller sur l'état des animaux qui sont dans sa maison ; et dès les premiers signes de la maladie d'un *Chien,* il doit le sacrifier sur-le-champ, ou l'enfermer dans une cour, dans un endroit, d'où il ne puisse s'échapper.

Lorsqu'un *Loup* est enragé, il quitte les bois, court dans les campagnes, se jette avec fureur sur tous les animaux qu'il rencontre, attaque même les hommes, et n'est effrayé ni de leur nombre ni du bruit de leurs armes.

Si un *Loup* est vagabond, si un *Chien* s'est échappé de la maison de son maître, la police du lieu doit charger quelques hommes courageux et prudents de poursuivre l'animal, jusqu'à ce qu'ils aient pu l'arrêter ou le tuer : les hommes chargés de ce soin doivent être armés d'un sabre, d'un fusil, et ne pas s'écarter beaucoup les uns des autres.

Lorsqu'un homme a été mordu par un animal enragé, le premier soin doit être de laver sur-le-champ la blessure, de la presser en tous sens pour exprimer le sang et entraîner la bave que la dent de l'animal y a insinuée.

On peut pour cet objet employer l'eau d'une fontaine,

d'un ruisseau que l'on rencontre ; mais les lotions sont bien plus efficaces si on emploie l'eau chaude, si on y fait fondre du savon, du sel : l'eau de chaux, l'eau de lessive sont aussi très-efficaces ; on peut encore employer l'urine chaude.

Après cette lotion première, qui doit être faite avec beaucoup de soin, et continuée au moins pendant dix minutes, il faut brûler la partie mordue, soit en y appliquant un fer rouge, soit en y appliquant un caustique, tel que de l'eau-forte ou autre substance de cette nature (1). Mais quelque moyen que l'on emploie, il faut que la brûlure comprenne toute l'étendue de la morsure, qu'elle en suive exactement le trajet, la direction. Pour bien faire cette opération importante, il faut observer : 1° que dans le nombre des dents qui garnissent la mâchoire de l'animal, il y a de chaque côté deux longues canines recourbées, aiguës ; 2° que l'animal furieux les enfonce avec force ; 3° que les chairs, serrées par les mâchoires, cèdent à la force qui les presse, et qu'ainsi les morsures sont souvent obliques et plus profondes qu'elles ne paraissent l'être.

Quels que soient le nombre, la grandeur, la situation

(1) A défaut de pierre à cautère et de beurre d'antimoine, voici un caustique que l'on peut préparer sur-le-champ et presque dans tous les pays. — On prend une once de chaux vive récente, que l'on met en poudre dans un mortier bien sec. On la mêle sur-le-champ avec une once de savon tendre, et on en forme une pâte sans ajouter d'eau. — On peut se servir de ce mélange comme de la pierre à cautère. On en applique une couche d'une ou deux lignes d'épaisseur sur toute l'étendue de la plaie, on la recouvre d'un morceau d'étoupe et d'un bandage convenable ; et après quelques heures d'application on trouve une escarre plus ou moins épaisse, suivant la quantité que l'on en a mise sur la plaie.

des morsures, il faut apporter à toutes la même attention.

La suite du traitement doit consister dans des pansements simples avec quelques onguents propres à faciliter, à entretenir la suppuration, à hâter la chute des parties qui ont été brûlées. Il importe aussi d'écarter du blessé tout objet de crainte, d'inquiétude, et de lui faire sentir que le traitement est très-efficace, puisqu'il détruit le venin dans la partie où il avait été apporté.

On doit employer le même traitement pour le bétail qui a été mordu par un animal enragé. Cependant si la morsure était bornée à la queue, à l'oreille, à une partie de peu d'importance pour la vie, il est plus simple, plus court de couper sur-le-champ la partie au delà de l'endroit de la morsure.

Le *Loup commun* est une autre espèce du Genre Chien ; il se distingue facilement des *Chiens domestiques*, parce que sa queue est droite au lieu d'être relevée comme chez ces derniers. Ses oreilles sont également droites, et son pelage est fauve. Cet animal a la taille de nos plus grands chiens et la physionomie d'un mâtin ; mais, loin d'être comme eux un animal éminemment sociable, il vit presque toujours solitaire dans les grandes forêts, ne se réunit en troupe avec ses semblables que lorsque la faim le presse. Il est très-fort, agile, adroit, et pourvu de tout ce qui lui est nécessaire pour la poursuite, l'attaque et la conquête de sa proie. Cependant il est lent et lâche, et ce n'est que lorsqu'il est poussé par le besoin qu'il brave le danger ; tourmenté par une faim excessive, il exerce de grands ravages. Il attaque les femmes, les enfants, et quelquefois même il ose se jeter sur l'homme ; il habite toute l'Europe.

Le *Loup* proprement dit est l'un des animaux dont l'appétit pour la chair est le plus véhément; et quoique avec ce goût il ait reçu de la nature les moyens de trouver, attaquer, vaincre, saisir et dévorer sa proie, cependant il meurt souvent de faim, parce que l'homme, lui ayant déclaré la guerre, le force à fuir, à demeurer dans les bois, où il ne trouve que quelques animaux sauvages, qui lui échappent par la vitesse de leur course, et qu'il ne peut surprendre que par hasard ou par patience, en les attendant longtemps et souvent en vain dans les endroits où ils doivent passer. Le *Loup* est naturellement grossier et poltron; mais il devient ingénieux par besoin et hardi par nécessité. Pressé par la famine il brave le danger, vient attaquer les animaux qui sont sous la garde de l'homme, ceux surtout qu'il peut emporter facilement, comme les agneaux, les petits chiens, les chevreaux. Il se cache pendant le jour, dans son fort, n'en sort que la nuit, rôde autour des habitations, vient attaquer les bergeries, gratte et creuse la terre sous les portes; met tout à mort avant de choisir et d'emporter sa proie.

Le *Loup* ressemble si fort au chien, qu'il semble être modelé sur la même forme; mais le naturel de ces deux animaux est bien différent. Le chien s'apprivoise aisément, s'attache et demeure fidèle à son maître. Le *Loup*, même pris jeune, ne s'attache que difficilement, et ordinairement il reprend avec l'âge son caractère féroce. Buffon a cru à tort qu'on ne pouvait apprivoiser les *Loups* et les habituer à vivre avec les chiens. Les expériences faites à la ménagerie du Jardin des Plantes ont prouvé le contraire; on est même parvenu à faire croiser ces deux races d'animaux, et les métis qui en sont résultés paraissent tenir des deux souches à la fois.

Le *Loup* a beaucoup de force, surtout dans les parties

antérieures du corps, dans les muscles du cou et de la mâchoire; il porte avec la gueule un mouton, sans le laisser toucher à terre, et court tellement vite que les chiens seuls peuvent l'atteindre et lui faire lâcher prise ; il mord cruellement, et toujours avec d'autant plus d'acharnement qu'on lui résiste moins. Il craint pour lui, et ne se bat que par nécessité, jamais par un mouvement de courage. Il est plus dur, moins sensible, plus robuste que le chien. Il est infatigable; et c'est peut-être de tous les animaux le plus difficile à forcer à la course. Lorsque le *Loup* tombe dans un piége, il est si fort épouvanté et pendant si longtemps, qu'on peut ou le tuer sans qu'il se défende, ou le prendre vivant sans qu'il résiste; on peut lui mettre un collier, l'enchaîner, le museler, le conduire ensuite partout, sans qu'il donne le moindre signe de colère.

Le *Loup* préfère la chair vivante à la chair morte, et cependant il dévore les voiries les plus infectes. Il sent de loin les émanations des corps morts ou vivants que le vent lui apporte.

Le *Chacal* a toutes les formes du loup; il est seulement plus petit : sa taille se rapproche de celle du renard, dont il a aussi la queue touffue. Son pelage fauve clair, joint à sa force et à ses habitudes, lui a fait donner par les voyageurs le nom de *Loup doré*. On le trouve en Asie et en Afrique, par troupes de trois ou quatre cents, qui vivent ensemble sous la conduite d'un chef expérimenté. Cet animal est très-vorace; mais, comme il est peu courageux, il se nourrit plutôt de charognes que de proie vivante; on prétend même qu'il va jusqu'à déterrer les cadavres dans les cimetières. Quand il est repu, il se retire dans des terriers qu'il se creuse lui-même. C'est d'après cette ressemblance d'habitude du *Chacal* avec le chien sauvage que M. Isidore Geoffroy Saint-Hilaire a été conduit à penser que cet animal pourrait bien être la souche de notre chien domestique.

Le second *Groupe* du Genre Chien comprend les *Renards*. Ces animaux ont le même système de dentition que les chiens, mais ils ont la tête plus large, le museau plus pointu, la queue plus longue et plus touffue, des prunelles qui le jour sont en sens vertical. Ils sont nocturnes, se creusent des terriers, répandent une odeur fétide, et n'attaquent que les animaux faibles. On en trouve des espèces dans toutes les parties du monde; ceux des pays froids donnent une fourrure très-recherchée.

Le *Renard* diffère du loup par la forme de sa tête et de son museau, et par sa pupille ovale, qui est le caractère vraiment distinctif de cet animal. Il est aussi semblable au chien, sous quelques rapports. Parmi les nombreuses dissemblances qui l'en séparent, il faut citer son naturel sauvage et insociable, et l'odeur forte qui lui est particulière.

Toutes les parties du monde fournissent des *Renards*; l'Europe n'en possède que deux espèces, le *Renard* commun et l'*Isatis*.

Le *Renard* commun offre deux variétés : le *Renard Charbonnier* et le *Renard noir*. Cet animal est connu dans nos climats par ses ruses et sa prudence. Ainsi que le loup, il ne se fie pas seulement à sa force et à la légereté de sa course. Son instinct merveilleux lui fait pratiquer un asile où il demeure et se réfugie dans le danger. Il se loge sur la lisière des bois, à portée des fermes et des hameaux. Quand il s'est introduit dans une basse-cour, il met tout à mort, emporte ses victimes à plusieurs reprises, jusqu'à ce que le jour l'oblige à faire retraite.

La chasse du *Renard* est amusante. La chasse à courre fait les délices des riches propriétaires Anglais, qui entretiennent à grands frais des chevaux et des chiens pour cet objet. Tous les chiens le chassent avec ardeur; mais les bassets et les chiens courants sont ses ennemis les plus habiles et les plus acharnés. Quand il se voit poursuivi, il gagne son terrier; on laisse les bassets s'y glisser après lui, et on l'attend à la sortie pour le tuer au fusil. Il arrive parfois que le furet le fait déguerpir de son trou. On lui tend encore des piéges munis d'un appât. Une fois réduit aux abois, il se défend avec courage et mord tout ce qu'il peut atteindre.

Durant le temps de la gestation la femelle reste au terrier; elle met bas en avril quatre ou cinq petits. Elle est si défiante, que lorsqu'après une sortie elle s'aperçoit qu'ils ont été dérangés, elle les change de place et les transporte avec sa gueule dans une retraite plus cachée. Ceux-ci naissent les yeux fermés, s'accroissent en deux ans et en vivent treize ou quatorze. Cet animal glapit, aboie, en hiver seulement. Il a des tons différents selon des différents sentiments qui l'affectent. Sa fourrure d'hiver, beaucoup moins recherchée que celle des renards du pôle Antarctique, sert pourtant à nos usages domestiques. Ses poils sont généralement roux. Le *Renard charbonnier* a une couleur gris argenté et les pieds plus noirs. A côté de cette espèce nous devons citer le *Renard Turc*, le *Renard croisé*, que plusieurs auteurs regardent comme de simples variétés, le *Corsac*, le *R. argenté*, l'*Isatis* ou *R. bleu*, le *R. tricolor*, qui vivent tous dans le Nord, excepté le *Charbonnier* et le *Corsac*, et dont la peau forme des fourrures précieuses.

L'*Isatis*, connu sous le nom de *Renard de Sibérie*, est l'espèce qui fournit les plus belles peaux au commerce. Dans ce pays, où on lui fait une guerre active dans un but de négoce, il ne sort que la nuit de ses terriers à plusieurs issues; il se montre timide, défiant, habile à lutter de ruse avec le chasseur. Mais là où il peut vivre en sécurité aucun animal n'est plus imprudent, plus dépourvu de défiance. Dans l'île de Berhing, Heller, l'un des compagnons du navigateur qui a donné son nom au détroit, les trouva en grand nombre, et tellement inexpérimentés qu'ils se laissaient assommer à coups de bâton. Voleurs et voraces, ils s'emparaient de tout, des chaussures et des vêtements des hommes endormis; ils dévoraient les cadavres et attaquaient les malades.

Parmi les *Renards* propres au continent de l'Asie, on ne connaît que le *Corsac*. Cet animal vit en troupes dans les terrains secs et sablonneux, et habite aussi des terriers à plusieurs issues, d'où il ne sort que la nuit. Il fait la chasse aux *Outardes*, aux *Perdrix*; il est aussi friand de poisson, et ne boit que rarement. Sa fourrure d'hiver est moins précieuse que celle du renard du Nord.

On ne connaît en Afrique que deux espèces de *Renards*: l'une se trouve en Égypte et en Barbarie; l'autre, que l'on appelle *Fennet*, paraît s'étendre dans toute l'Afrique septentrionale. La première a la taille et les mœurs du renard commun. Le *Fennet* est d'une espece très-petite, et sur laquelle règne encore une grande incertitude parmi les naturalistes.

L'Amérique est la partie du monde ou les espèces de renards sont le plus multipliées. Jusqu'ici elles sont au nombre de quatre ou cinq. Le *Renard rouge* a un pelage très fourré de poils soyeux et laineux : on le rencontre surtout dans les régions tempérées de l'Amerique du Nord. Il a la taille et les proportions du renard ordinaire.

GENRE CIVETTE.

Le genre CIVETTE comprend non-seulement la *Civette* proprement dite, mais aussi la *Genète*, la *Mangouste*, et plusieurs autres *Carnassiers*, qui semblent en quelque sorte établir le passage entre les chiens et les chats. Comme ces derniers, ils ont la langue rude, et leurs ongles se redressent plus ou moins dans la marche, de manière à conserver toujours leur pointe très-aiguë ; tous ont sous la queue une poche plus ou moins profonde, contenant une matière grasse, dont l'odeur est souvent très-forte.

La *Civette* est une espèce des contrées chaudes de l'Afrique, principalement de l'Abyssinie, de la Guinée, du Congo ; sa taille est celle du renard ; mais son corps est plus allongé et moins élevé sur jambes. Elle a sur un fond gris des bandes transversales, étroites et parallèles l'une à l'autre, plus larges sur les côtés du corps et les cuisses, et quelquefois assez rapprochées, et contournées de manière à former des taches œillées. La queue a quatre anneaux bruns sur ses deux premiers tiers, le reste noir ; le cou est blanc inférieurement, avec des bandes noires. En devant de l'anus est placée l'ouverture de la cavité dans laquelle se fait la sécrétion de l'humeur odorante. Cette cavité, dont la grandeur varie un peu, suivant les sujets, est une sorte de poche au fond de laquelle s'ouvrent deux autres poches plus petites, à parois glanduleuses, inégales et bosselées extérieurement et dont chaque bosselure correspond à un follicule sécréteur : chacun de ces follicules verse le produit de leur sécrétion dans la cavité commune. Là, cette humeur s'épaissit, et prend la consistance d'une forte pommade.

Les *Civettes* sont des animaux farouches et carnivores, qui ont l'habitude de sortir le soir, et la nuit seulement, pour aller chasser les petits mammifères et aussi les oiseaux. Elles se tiennent dans les pays sablonneux ou sur les montagnes; dans certains lieux habités, elles cherchent, comme les renards, à s'introduire dans les poulaillers.

Pour se procurer plus abondamment la matière qu'elles sécrètent, on a l'habitude, dans quelques contrées, de les élever dans une sorte de domesticité. Pendant longtemps les Hollandais en ont possédé un certain nombre à Amsterdam. On a soin de les tenir dans des cages étroites où elles ne peuvent se retourner, et lorsqu'on veut s'emparer de leur pommade, on ouvre la cage par derrière, et avec une cuiller on racle cette matière dans la poche où elle s'est amassée. Cette opération peut être répétée une et même deux fois par semaine.

La substance qu'on nomme *civette* est une matière épaisse, grasse, onctueuse et de la consistance du miel ou de l'axonge; sa couleur, presque entièrement blanche, peu après qu'on en a fait la récolte, devient brune avec le temps; son odeur est extrêmement forte, fétide même, et sa saveur âcre et brûlante. D'après l'analyse qu'en a faite M. Boutron Charlard, la civette se compose des substances qui suivent : Ammoniaque, élaïne, stéarine, mucus, résine, huile volatile, matière colorante jaune et quelques sels. Elle a été longtemps employée en médecine comme stimulante et antispasmodique.

Le *Zibet* est une autre espèce du Sous-Genre des *Civettes*; elle a beaucoup de rapports avec la précédente, et a même été confondue avec elle par quelques auteurs; elle s'en distingue cependant par sa coloration; les taches de son dos et de ses flancs sont plus nombreuses et toutes pleines, quelquefois assez rapprochées pour former des lignes; il règne le long de l'épine une bande noire bien distincte. La gorge est blanche, avec deux bandes noires de chaque côté; la queue, longue, est couverte d'anneaux noirs plus nombreux.

Le *Zibet* habite l'Inde. On connaît fort peu ses habitudes. Sa pommade, quoique très-odorante, n'est point employée en Europe, à cause de l'éloignement du pays où on la trouve.

La *Genette* a beaucoup de rapport avec la *Civette*; sa couleur est grise, tachetée de brun et de noir, avec le museau noirâtre, des taches blanches aux sourcils, sur la joue, de chaque côté du bout du nez, la queue annelée de noir et de blanc. On la trouve depuis la France méridionale jusqu'au cap de Bonne-Espérance. Elle se tient le long des ruisseaux près des sources. De même que la *Civette*, elle a une poche où il y a une espèce de parfum; elle purge les maisons de rats et de souris, qui ne peuvent supporter son odeur. Elle se tient le long des ruisseaux ou dans les lieux humides, et fuit les terrains secs et élevés. Sa nourriture se compose de *Lapins*, de *Rats* et d'*Oiseaux*; elle est aussi très-friande d'œufs. A défaut de matières animales, les fruits et les racines tendres lui suffisent pour sa subsistance. La *Fossane* ou *G.* de *Madagascar*, le *Rasse* ou *G.* des *Indes* appartiennent aussi à ce *Sous-Genre*.

La *Mangouste d'Égypte* ou *Rat de Pharaon* appartient au même GENRE; elle ressemble à la *Civette*, mais s'en distingue en ce que ses yeux assez grands, à pupille allongée transversalement, sont susceptibles d'être recouverts presque en entier par une grande paupière clignotante. Elle est plus grande que nos chats, effilée comme nos martes, et de couleur grisâtre. Cet animal est le fameux *Ichneumon* des anciens, qu'adoraient les Égyptiens, à cause de l'habitude qu'on lui supposait de s'introduire dans le corps du crocrodile endormi, pour lui dévorer les entrailles. La *Mangouste* est d'un naturel doux et timide; elle rend de véritables services à l'Égypte, car elle détruit un grand nombre d'œufs de crocodile; du reste, elle se nourrit aussi de toutes espèces d'animaux petits. Élevée dans les maisons, elle donne la chasse aux souris et aux petits reptiles, si communs dans ce pays.

La *Mangouste* de *l'Inde* a de 244 à 271 millimètres de longueur. Cet animal est fort utile aux naturels du pays, pour les débarrasser des serpents, dont il est l'ennemi; les preuves de sagacité qu'il donne sont vraiment étonnantes. Aussitôt qu'il aperçoit un serpent, il s'élance sur lui, quelle que soit sa grosseur, et le saisit à la gorge; mais il faut qu'il soit dans un lieu ouvert et où il puisse recourir à une certaine herbe, qu'il sait être un antidote contre la morsure empoisonnée du serpent, s'il vient à en être atteint.

Un de ces animaux fut mis, dit-on, en présence d'un serpent dans une chambre fermée; on le posa à terre, mais, loin d'attaquer son ennemi, il courut dans la chambre, cherchant s'il ne trouverait pas une ouverture par où il s'échapperait. N'en ayant pu trouver, il revint rapidement se cacher vers son maître, et rien ne put le décider à quitter sa retraite. On le porta hors de la maison, on le mit de nouveau en présence du serpent, dans un lieu ouvert; il s'élança sur lui et en quelques instants il le fit périr. Il disparut aussitôt, et revint au bout de quelques minutes, après avoir mangé l'herbe préservatrice, qui n'est autre que l'*Ophioriza mongoz* de Linné, reconnue par les Indiens comme un antidote puissant contre l'action du venin, et à laquelle ils ont donné le nom de l'animal qui leur en a indiqué les propriétés.

M. Isidore Geoffroy Saint-Hilaire a proposé l'établissement de deux nouveaux genres de mammifères carnassiers de la famille des *Viverriens*, qu'il nomme *Ichneumie* et *Galidie*.

Le genre *Viverra* de Linné, revu par Cuvier et par M. Geoffroy, était devenu parfaitement naturel, et sa coordination semblait ne plus rien laisser à désirer, lorsqu'il y a quelques années il se composait de quatre genres : *Civette*, *Genette*, *Mangouste* et *Suricate*. Ces genres, en même temps que faciles à distinguer, formaient un groupe parfaitement défini à l'égard des *Ursiens*, qui les précèdent, et des *Mustelliens*, qui les suivent. Cependant des genres nouveaux ont été établis : les uns, tels que les *Paradoxures*, les *Ailurcs*, et surtout les *Ictides*, semblent combler, peu à peu, l'intervalle qui séparait les *Viverriens* des *Ursiens*; les autres, tels que les genres *Crossarque* et *Athylace* de F. Cuvier, *Cryptocropte* de Bennett, *Cynictis* et *Mongo* d'Ogilby, et tout récemment encore l'*Amblyodon* de M. Jourdan, s'intercalent entre les quatre genres anciennement connus, et opèrent entre eux des transitions plus ou moins intimes, en même temps qu'ils détruisent la possibilité d'une classification de tous les *Viverra* en série linéaire. Les recherches de M. I. Geoffroy en ajoutent deux autres, qui formeront de nouvelles transitions : l'un, *Galidie*, sert à lier avec les *Mustelliens*, les *Mongos*, les *Genettes*, et par elles tout le Groupe des *Vi-*

verriens, déjà lié par d'autres groupes avec les *Féliens*, et surtout par d'autres encore avec les *Ursiens*; l'autre *Ichneumie* lie les *Mangoustes* au genre des *Cynictis*. Le genre *Galidie* comprend trois espèces de Madagascar, dont une imparfaitement connue et deux entièrement nouvelles. Le genre *Ichneumie* compte de même trois espèces, dont deux connues et l'autre inédite.

M. Jourdan, directeur du Musée de Lyon, a décrit deux espèces nouvelles de mammifères de l'Inde, désignées, l'une sous le nom d'*Hémigale zébré*, l'autre sous celui d'*Ambliodon doré*, et qui se rapprochent beaucoup des *Paradoxures*.

L'*Hémigale zébré* lie les *Genettes* aux *Paradoxures*, par ses pieds semi-plantigrades, son museau effilé, ses fausses molaires minces, tranchantes et dentelées; les vraies molaires formant presque un carré allongé et couronnées cependant de petits tubercules aigus.

L'*Hémigale* est à la fois insectivore ou frugivore; il a la tête effilée, le museau fendu, les oreilles droites, la queue non susceptible de se tordre, comme des *Paradoxures;* les orteils sont entourés de poils à leur base, les ongles à demi rétractiles; la plante des pieds postérieurs est nue. Le poil est assez court, lisse, et rappelle celui de grands *Félis,* le fond de la robe est blanc fauve; les zébrures sont formées de larges bandes brunâtres, disposées longitudinalement sur le cou, et transversalement sur le corps de l'animal; sa longueur, depuis la pointe du museau jusqu'à la naissance de la queue, est de cinquante centimètres; celle de la queue est de trente-six centimètres.

L'*Amblyodon doré* se rapproche des *Ictides* par le développement considérable des organes de l'olfaction, et des *blaireaux* par ses incisives et ses canines. Il est plus *plantigrade* que les Paradoxures, dont il a d'ailleurs la plupart des caractères. C'est un carnassier omnivore. Ses formes sont encore plus lourdes que celles des Paradoxures; la tête est moins effilée, ses oreilles sont plus courtes, les poils sont annelés et assez longs. Les parties supérieures du tronc, ses côtés, les régions externes des membres et l'origine de la queue sont d'un roux doré teint de brun, et d'autant plus qu'on se rapproche davantage de la ligne moyenne du dos. La poitrine et l'abdomen sont d'un blanc fauve terreux; les pattes sont brunes; le dessus du museau et son front sont d'un blanc brunâtre, les côtés du museau et le pourtour des yeux bruns; les joues, la mâchoire et le devant du cou d'un jaune terreux; l'occiput et le haut du cou noirâtres, ainsi que la plus grande partie de la queue, qui se termine par un flocon blanc.

M. Jourdan a proposé de réunir aux deux genres *Hémigale* et *Amblyodon* les *Civettes*, les *Genettes* et les *Paradoxures*, pour en faire une petite famille qui aurait plusieurs caractères communs, entre autres celui des ongles à demi rétractiles.

Le troisième *Groupe* des *Carnivores Digitigrades* réunit les animaux de cette Tribu qui n'ont point de petites dents derrière la grosse molaire d'en bas. C'est dans ce Groupe que se trouvent les animaux les plus cruels, les plus carnassiers et les plus redoutables par leur force; ils ont été partagés en deux GENRES : les HYÈNES et les CHATS.

GENRE HYÈNE

La *Hyène* est un animal dangereux, qui a la taille d'un gros chien; son train de derrière est un peu plus bas que celui de devant; sa queue est courte et pendante, et sa tête est terminée par un museau gros et obtus. Il n'a que quatre doigts à chaque pied, armés d'ongles courts, épais, forts, et propres à creuser la terre; sa langue est rude; et son œil, grand et brillant d'un feu sombre, voit la nuit aussi bien que le jour. Sa mâchoire est garnie de dents fortes et incisives.

Cette tête basse, ces yeux ardents, cette gueule qui annonce un grognement sourd, cette crinière, toujours hérissée, qui se prolonge sur tout le corps, en même temps que ses pattes de derrière pliées comme pour marcher avec précaution et sans bruit, dénotent la lâcheté; c'est là, en effet, le caractère de la *Hyène!*

La *Hyène* est sauvage et solitaire. Elle choisit pour son gîte les cavernes des montagnes, les fentes de rochers, ou bien elle se creuse une tanière; son caractère est si féroce, qu'on n'a jamais pu parvenir à l'apprivoiser. Elle vit de proie; mais on la voit préférer aux proies vives les chairs les plus corrompues : elle se glisse la nuit dans les cimetières, soulève les pierres des tombeaux, ou creuse profondément au-dessous, pour enlever des lambeaux de cadavre, qu'elle dévore avec une dégoûtante gloutonnerie. Elle est lâche et cruelle; jamais elle n'attaque en face; jamais non plus on ne l'a vue rassasiée; elle est si vorace, qu'on croit qu'elle possède la faculté de rejeter les aliments qui chargent son estomac, pour pouvoir en dévorer de nouveaux. Elle rôde toujours autour des lieux habités; et son cri sinistre ressemble aux sanglots d'un homme qui vomirait avec effort. Son poil, d'un blanc sale, coupé de raies noires, placées d'une manière irrégulière, lui donne une apparence lugubre, qui complète l'ensemble le plus effroyable et le plus repoussant.

On ne sait que fort peu de choses des habitudes de la *Hyène*, de la manière dont elle s'y prend pour guetter ou saisir sa proie. On sait encore moins comment elle élève ses petits et combien elle en fait. On a fait cependant, sur toutes celles qu'on a pu voir, une remarque singulière, c'est qu'au moment où elle se lève pour fuir ou courir, elle est boiteuse de la jambe gauche, et que cette gêne, qui dure pendant une centaine de pas, est si marquée qu'on dirait que l'animal va tomber.

La *Hyène* est fort rare ; on ne la trouve guère que dans quelques contrées de l'Afrique et de l'Asie. On en connaît trois espèces, la *H. rayée*, la *H. brune*, la *H. tachetée*.

On doit rapprocher du GENRE HYÈNE un animal originaire d'Afrique, et qui rappelle ces animaux par ses formes extérieures, mais que la singulière conformation de son système dentaire a fait avec raison distinguer en un Sous-Genre particulier qu'on a nommé *Protèle*. Ces *Protèles* préfèrent les sables du désert ; ils se creusent des terriers dans lesquels ils passent une partie du jour ; et, comme les Hyènes, ils ne sortent que le soir ou pendant la nuit pour chercher leur nourriture. Leurs dents ne sont pas sans analogie avec celles de diverses espèces de Phoques.

M. Isidore Geoffroy-Saint-Hilaire a publié de nouveaux détails sur ce mammifère carnassier de l'Afrique méridionale. Il paraîtrait que cet animal se nourrirait principalement, non de proie vivante, mais de ces queues si lourdes et si grasses que portent les moutons d'Afrique, et que même en Perse, au rapport du voyageur Chardin, on est obligé de soutenir sur un petit chariot.

GENRE CHAT.

Le GENRE CHAT a été établi par Linné ; il réunit des *Carnassiers Digitigrades* que leur air de famille fait aisément reconnaître.

Les *Chats* sont de tous les animaux carnivores les plus fortement armés. Leurs mâchoires, très-courtes, sont mues par des muscles prodigieusement forts. Ils ont deux fausses molaires en haut et deux en bas, suivies d'une très-grande dent carnassière : leurs ongles rétractiles, qui se cachent entre les doigts dans l'état de repos, par l'effet des ligaments élastiques, ne perdent jamais leur pointe ni leur tranchant. Leurs doigts sont au nombre de cinq aux pieds de devant et de quatre à ceux de derrière. Ils ont l'ouïe excessivement fine, et c'est le plus développé de leurs sens. Ils font grand usage de leur odorat ; ils le consultent avant de manger, et même toutes les fois qu'une cause quelconque vient leur donner de l'inquiétude. Leur langue est revêtue de pointes cornues très-rudes ; leur pelage est généralement doux et fin, et toute la surface de leur corps est très-sensible au toucher. Leurs moustaches paraissent surtout le siége d'impressions très-délicates.

Les espèces du GENRE CHAT varient beaucoup pour la taille et pour les nuances de leur pelage fourré, d'un poil doux, poli, luisant, sec, souvent varié de teintes vives et fortement chamarrées. Toutes néanmoins présentent à peu près les mêmes formes, avec un air de famille, et chez tous des mœurs pareilles résultent d'une organisation commune. Leur langue, hérissée de pointes déchirantes, recourbées en dedans, écorche quand elle lèche, et provoque chez les chats les plus caressants cette soif de sang à laquelle ils ne peuvent résister.

Ces animaux voient mal durant le jour, qu'ils passent habituellement à dormir; mais leur pupille allongée, et qui peut se développer prodigieusement dans l'obscurité, leur permet de discerner les objets, même pendant la nuit; ce qui les sert pour surprendre leur proie tandis qu'elle sommeille. Pour ne pas la réveiller, ils se glissent dans l'ombre bien plus qu'ils ne marchent, posent doucement la patte, sans faire le moindre bruit, cessent de faire entendre leur grognement, et retiennent jusqu'à leur haleine. Ils grimpent au besoin jusqu'à elle; et, n'étant pas taillés pour courir, ils trouvent dans le prodigieux ressort de leur colonne vertébrale la faculté de sauter et de faire des bonds énormes. Il devient d'autant plus difficile à leur victime d'échapper à une si brusque agression, que rien n'est plus sûr que le coup d'œil des chats, et mieux calculé que la portée de leurs doigts rétractiles, ordinairement repliés en dessous, et qu'ils savent allonger d'une façon particulière.

Quand il s'agit pour eux d'attaquer ou de se défendre, leur poil se hérisse, les griffes acérées qu'on n'apercevait pas au bout de leurs pattes de velours apparaissent tout à coup terribles et déchirantes; la queue se redresse, tandis que leurs oreilles fuient en arrière, et s'appliquent contre les côtés de la tête; enfin le regard resplendit. Alors la face, où rayonnent de dures moustaches, se ride profondément, et prend une expression de rage indéfinissable; la gueule, où brillent des dents aiguës, s'ouvre convulsivement, et souffle une sorte d'injure, à laquelle se mêle un bruit sourd, roulant comme un petit tonnerre dans la poitrine, renflée par la fureur. Ils se défendent avec une prodigieuse bravoure dès qu'ils reconnaissent l'impossibilité d'éviter la bataille; mais jusqu'à ce qu'ils se trouvent forcés à une résistance désespérée ils ont toujours un œil à la retraite. Une fois réduits aux dernières extrémités, ils deviennent véritablement redoutables.

Leur allure est invariablement celle d'une prudente défiance. Tous marchent obliquement, regardent de travers, vont à leur but par quelque détour, et craignent l'eau. Quoique sachant nager naturellement, on ne les voit jamais s'y jeter, quelque peu profonde qu'elle puisse être, même pour saisir les poissons qui s'y trouveraient à leur portée, et de la chair desquels ils se montrent très-friands.

Les espèces du Genre Chat sont répandues dans les parties chaudes et tempérées des deux hémisphères; les plus grandes, demeurées dans l'état sauvage, sont la terreur des régions équatoriales, où toutes les autres créatures tremblent à leur approche; les plus petites s'étendent dans les climats moins ardents, jusque bien avant dans le Nord. Cette dernière espèce, apprivoisée, mais non soumise, n'est pas esclave comme le chien. Elle garde sous nos toits toute son indépendance.

A la tête du Genre Chat se place le *Lion*, long de cinq à six pieds, de l'extrémité du museau à l'origine de la queue, haut de trois à quatre, distingué par sa tête carrée, le flocon de poils qui termine sa queue, la crinière qui revêt la tête, le cou et les épaules chez le mâle. C'est le plus fort des animaux carnassiers; il a l'air imposant, le regard fier, la démarche noble; sa force est telle que d'un seul coup de pattes il brise les reins du cheval, et qu'il terrasse l'homme le plus robuste d'un seul coup de queue. Il peut franchir d'un seul bond un espace de trente pieds; et il traîne sans peine à de grandes distances les plus gros bœufs.

Autrefois répandu dans les trois parties de l'ancien monde, le Lion paraît aujourd'hui confiné dans l'Afrique et quelques parties voisines de l'Asie. Le rugissement du Lion a un tel éclat, que lorsqu'il résonne au milieu des montagnes il ressemble au tonnerre qui gronde dans le lointain : ce rugissement est un frémissement creux et profond. Dans ses accès de rage il a un autre cri, moins effrayant, mais court, coupé et réitéré. Rien n'est plus terrible que cet animal lorsqu'il s'apprête au combat : il se bat les flancs de sa longue queue; sa crinière se redresse, se hérisse, et enveloppe entièrement sa tête; tous ses muscles sont en mouvement; ses énormes sourcils cachent à demi sa prunelle; il découvre ses dents et sa langue redoutable, et il allonge ses griffes, qui ont presque la longueur du doigt. A l'exception de l'éléphant, du rhinocéros, du tigre, de l'hippopotame, aucun autre animal n'oserait se mesurer avec lui.

La Barbarie, qui de nos jours recèle encore un nombre considérable de ces animaux, en fournissait bien davantage aux Romains; et les Grecs en retiraient de l'Asie Mineure plus qu'on ne pourrait en rencontrer de nos jours. Quintus Scævola fit, le premier, combattre des lions devant le peuple de Rome; il eut bientôt de nombreux imitateurs. Sylla, pendant sa préture, donna en spectacle le combat de cent lions mâles. Lors de la dédicace du théâtre de Marcellus, on fit tuer deux cent soixante-huit lions. Aux fêtes données par César, dans l'année 46 avant Jésus-Christ, quatre cents de ces animaux périrent également; et, quelque temps avant, Pompée en avait rassemblé six cents pour les jeux destinés à célébrer l'inauguration de son théâtre. La même abondance de lions dans les spectacles de Rome subsista jusqu'au temps de Marc-Aurèle, et au milieu du troisième siècle Probus en fit encore paraître au cirque deux cents, parmi une infinité d'autres animaux. Mais ce grand carnage commença dès lors à amener une diminution notable de ces animaux, et jusqu'à Honorius on défendit aux particuliers la chasse du lion, en réservant ce monopole à l'État. Lorsqu'à la mort de Théodose, en 395, cet empereur monta sur le trône, la chasse du lion redevint un droit public. La poursuite et la destruction de ces animaux s'opérèrent avec une nouvelle activité, et l'homme a besoin aujourd'hui de s'enfoncer dans les déserts de l'Afrique pour être sûr d'en rencontrer.

On aurait tort de croire que la sécurité et l'accroissement de la population en Afrique soient intéressés à la destruction des lions. A l'époque où cette partie du monde nourrissait une telle multitude de Lions sauvages, l'espèce humaine y était aussi nombreuse qu'en tout autre pays. En Afrique, en Asie et en Amérique, les animaux carnassiers de grande taille de l'espèce des Lions n'attaquent l'homme que lorsqu'ils sont pressés par la faim, ou lorsqu'ils se croient en péril; ils ne font pas un carnage inutile de victimes et ne détruisent que ce qu'il leur faut pour vivre.

Quelque ennemi que le Lion paraisse de la domesticité, nous avons cependant de nombreux exemples de sa soumission et, sans invoquer le témoignage d'Élien, qui parle de Lions des Indes que l'on dressait à la chasse, nous pourrions citer des exemples de Lions qui, dans l'antiquité, ont été attelés à des chars et ont traîné patiemment des rois et des généraux vainqueurs, dans les solennités triomphales. Qu'il nous suffise de rappeler ce que tout le monde a pu voir, à Paris et dans nombre d'autres villes de la province et des pays étrangers. Un homme s'est donné en spectacle enfermé dans une vaste cage de fer avec des Lions qu'il avait réduits à une complète obéissance. Tantôt il simulait des luttes effroyables avec ces terribles animaux, allumait leur colère, provoquait leurs affreux rugissements, faisait hérisser leur crinière; puis d'un seul geste apaisait leur fureur, les faisait ramper à ses pieds; puis s'étendait tranquille sur le corps encore frémissant de ces terribles bêtes, dont les sourds rugissements témoignaient qu'elles étaient peu faites pour ce rôle d'obéissance passive.

« Classer l'homme avec le singe, dit Buffon, le lion avec le chat, dire que le lion est un chat à crinière et à queue longue! c'est dégrader, défigurer la nature, au lieu de la décrire et de la dénommer. » Malgré ces éloquentes paroles, on ne peut nier que le naturel noble et fier du Lion n'ait pour compensation l'instinct féroce et les appétits brutaux des hôtes des forêts, qui ont occupé une place moins élevée que la sienne dans l'esprit du grand naturaliste. Il agit tout à fait à leur manière; comme eux, il se cache pour guetter sa proie, se jette sur elle avec fureur et la déchire à belles dents. Il est vrai que presque toujours vainqueur, même avant de combattre, parce que peu d'animaux sont capables d'opposer au Lion la moindre résistance, il ne s'amuse pas à les faire souffrir : d'un coup de dent il les tue et les emporte, en dressant sa tête. Mais si, au lieu de livrer le combat aux animaux, c'est l'homme qui devient son agresseur, lorsque son superbe ennemi emploie, pour se rendre maître du roi des animaux, les mêmes piéges que celui-ci a tant de fois pré-

13.

parés pour les loups, les buffles ou les cerfs, et s'il réussit à l'y faire tomber, le Lion vient honteusement se soumettre et recevoir des chaînes, sans que rien révèle sa grandeur. Il hurle quand il a faim, et dévore les animaux qu'on lui jette, sans paraître regretter son royaume sauvage. La belle réputation du Lion vient de son extérieur imposant bien plus que des observations faites sur ses mœurs. Ses habitudes diffèrent très-peu des mœurs des animaux de proie; il n'est pas moins féroce qu'eux; lorsque la faim le chasse de sa tanière, il déchire tout, s'attaque à tout, ne respecte ni la vieillesse ni l'enfance, combat tout et dompte tout, non par noblesse, mais par force. Sa démarche, lente et mesurée, lui donne un aspect grave et sévère. Tout fuit à son approche, parce que tout a peur; ses qualités morales sont la raison du plus fort.

L'organisation de ces animaux les portent à sentir tous avec force et violence. Ainsi, plus passionnés encore que le loup, ils se battent pour leur compagne; et, comme chez les loups, le vainqueur fuit avec elle. L'amour des Lionnes pour leurs petits est poussé à l'extrême; elles combattent jusqu'à la mort pour les défendre. Beaucoup moins forte que le Lion, dans l'état ordinaire, une Lionne quand elle est mère terrasse un Lion avec une incroyable facilité. L'inquiétude la tient éveillée nuit et jour; elle veut être seule près de ses enfants, et tout le jour elle les caresse, les soigne, s'en occupe sans cesse, jusqu'au moment où ils sont assez forts pour recevoir une éducation spéciale.

Le Lion, si beau, si fort, si intelligent même, a pourtant son infirmité : son odorat est très-peu délicat et ses yeux sont très-mauvais; il manque donc des deux sens les plus nécessaires à la chasse. L'homme trouve dans le chien un suppléant à ces deux qualités, qu'il n'a pas assez parfaites pour sentir le gibier et le poursuivre dans sa course active. Le Lion a trouvé aussi dans les forêts un petit animal qui voit et sent pour lui, et qui marche en avant, comme un chien d'arrêt, pour lui indiquer le gibier à courrir. Cet animal, de fort petite taille, est le Lynx. Sans lui le roi des animaux subirait parfois les tortures de la faim ; et cependant, sans faire valoir ses services, le Lynx attend patiemment que son maître ait fini son repas pour se permettre de toucher aux miettes qu'il veut bien lui céder ; et, comme un bon chien, il se couche à ses pieds, et y dort en toute sécurité.

Le *Lynx* ou *Loup Cervier*, qui était autrefois très-répandu par toute l'Europe, est aujourd'hui refoulé dans quelques parties encore boisées et montagneuses de ce continent ; on ne le trouve plus guère qu'en Allemagne, en Suisse, en Prusse et en Italie. En France il est très-rare, et n'y existe même qu'accidentellement, dans les Pyrénées. On soupçonne qu'il se trouve aussi dans le nord de l'Afrique.

C'est le Lynx que les poëtes et les peintres attelaient au char de Bacchus, à côté des tigres et des panthères ; que les anciens rangeaient dans les êtres fabuleux ; qui voyait, disait-on, à travers les murailles et portait avec lui une mine de pierres précieuses cachée à tous les yeux, et dont les augures même interrogeaient les mouvements. Depuis que la vérité a fait place au mensonge, le Lynx n'est autre qu'un petit animal dont la vue est perçante et longue. Cet animal se fait remarquer par le pinceau de poils qui surmonte ses oreilles ; il grimpe sur les arbres les plus élevés des forêts ; il s'y tient caché entre les branches, pour épier la belette, l'hermine, l'écureuil ; il produit de grands dégâts parmi les troupeaux, et détruit un grand nombre de lièvres et de bêtes fauves ; son cri ressemble à celui du loup ; il a la gentillesse du chat, sa vivacité, son adresse ; mais, plus fort et plus vorace que ce dernier, il combat dans les bois les animaux au-dessus de lui. Il poursuit jusqu'aux cerfs et aux loups ; son courage est tel, qu'il ne calcule pas toujours ses forces pour attaquer ; enfin il est, comme nous l'avons dit, l'avant-coureur ou l'éclaireur du Lion. Sa fourrure change de couleur selon les climats et la saison ; elle est plus belle l'hiver que l'été.

Le *Tigre*, ainsi que le Lion, est doué d'une force extraordinaire ; ses superbes proportions ; ses griffes aiguës, qui font, à elles seules, des blessures mortelles ; ses dents incisives et pénétrantes, qui cassent et rompent les os des animaux avec autant de facilité qu'elles dévorent leur chair ; sa ruse, qui sait prendre et choisir ses moyens d'attaque avec la finesse, l'adresse de notre chat domestique, tout en fait un animal très-redoutable. Son appétit est plus insatiable encore que celui du Lion, et de plus il a dans les gencives une irritation continuelle, que la présence du sang soulage. Avec cette nature sauvage, vorace et prodigieusement forte, le *Tigre* est aussi cruel que les autres animaux féroces qui garnissent les forêts, mais pas davantage que le Lion, et peut-être moins que la hyène : il ne supporte pas avec plus de patience le supplice de la faim, n'est pas moins cruel pour son ennemi, mais enfin il n'est ni plus lâche ni plus sanguinaire que le Lion. Pris de bonne heure, il s'apprivoise assez facilement, devient doux et même caressant ; on le voit faire le gros dos quand on le flatte avec la main, et témoigner son contentement par un grognement analogue à celui du chat domestique.

Les privations le rendent inexorable ; mais lorsqu'il ne

manque de rien il oublie sa force, et ne songe pas à être cruel. La passion de la Tigresse pour ses petits est plus violente encore que celle des Lionnes; l'ennemi qui les lui enlève est sûr d'être poursuivi par elle jusqu'à la dernière extrémité. Sa vengeance ne connaît que du sang pour s'apaiser; elle combattrait contre des forces inouïes plutôt que de laisser vivre le ravisseur de ses enfants.

Le *Jaguar*, qui est presque aussi grand que le Tigre royal et presque aussi dangereux, habite les grandes forêts d'Amérique. Son pelage est jaune en dessus avec quatre rangées de tâches noires en forme d'yeux le long des flancs et blanc rayé de noir en dessous. On le distingue quelquefois sous le nom de Tigre d'Amérique; et les fourreurs l'appellent la grande Panthère. Il habite les forêts marécageuses d'une grande partie de l'Amérique méridionale. Il terrasse les veaux, les chevaux et même les jeunes taureaux : il est surtout très-dangereux pour les troupeaux, en ce que, au lieu d'être effrayé par les chiens, il semble prendre plaisir à se jeter sur eux pour les déchirer. Aussi agile que robuste, il grimpe lestement sur les arbres les plus élevés pour y surprendre les singes. Cependant, malgré sa force et son agilité, il n'attaque jamais l'homme, à moins d'y être poussé par la faim. Quand il est repu, bien loin d'être redoutable, il semble fuir la rencontre de tous les animaux, surtout de ceux qui pourraient troubler son repos. Le Jaguar noir, *Felis nigra*, Erxleben, est une simple variété de cette espèce.

Le *Jaguar*, longtemps confondu avec la Panthère et le Léopard, n'en a bien été distingué que dans la ménagerie du Muséum d'histoire naturelle de Paris. Le hasard l'avait fait placer à côté d'une Panthère, et l'on fut si frappé de la différence de la voix de ces deux animaux, à peu près de même taille, qu'on dut conclure qu'ils n'étaient pas de la même espèce, et par un examen plus attentif on les distingua complétement l'un et l'autre. Cet animal acquiert une taille qui approche de celle du Lion; sa longueur est d'environ quatre pieds, sa hauteur de deux pieds et demi, sa queue a trente pouces. Son pelage est d'un fauve jaunâtre sur toutes les parties supérieures du corps. Le dessous du cou, le tour de la gueule, le ventre, l'intérieur de la cuisse et des jambes sont d'un beau blanc. Ses taches sont noires, pleines, en forme de rond avec un ou plusieurs points au milieu; sa voix ressemble à une sorte d'aboiement rauque; et lorsqu'il menace il souffle à peu près comme le chat domestique. Sa force est prodigieuse; les voyageurs prétendent qu'il peut emporter un cheval et traverser à la nage, avec cette proie, une rivière large et profonde. Il habite les lieux couverts et les grandes forêts de l'Amérique; il se cache dans les cavernes, et n'est pas effrayé par le feu; car plus d'une fois les Indiens qu'environnaient de grands brasiers ont été attaqués par lui. Il se nourrit de toute espèce de gibier, et s'avance dans l'eau pour attraper le poisson, qu'il aime beaucoup.

On dit que le *Jaguar* livre quelquefois à l'alligator un combat qui finit par la mort des deux combattants. Si ces deux ennemis se rencontrent au bord de l'eau, le *Jaguar* s'élance sur la tête de l'alligator, et lui enfonce ses griffes dans les yeux; l'alligator, aveuglé, plonge incontinent : tous deux disparaissent sous l'eau, et sont noyés. L'Amérique ne doit pas être le seul théâtre de ces sortes de combats : la Panthère, le Léopard et l'Once sont exposés, en Asie et en Afrique, aux attaques du crocodile, et se défendent de même.

Les Espagnols et les Indiens chassent le *Jaguar* avec des lacets qu'ils lancent si adroitement, en courant à toute bride, qu'à cent pas ils l'enlacent et le mettent hors d'état de se défendre. Ils le chassent aussi avec des meutes nombreuses ; alors l'animal monte quelquefois aux arbres pour se soustraire à leur poursuite, et s'élance sur le chasseur. Les Indiens sont assez hardis pour attaquer le *Jaguar* corps à corps; le bras enveloppé d'une peau de mouton, ils évitent la première atteinte de ses morsures, et au moment où il s'élance ils lui enfoncent leur arme dans la poitrine.

Les peaux de *Jaguar* sont assez recherchées, longtemps elles ont fait l'objet d'un commerce très-considérable; mais le nombre de ces animaux a diminué, et l'on n'en tue que rarement.

Le *Couguar* est le *Gouazouara* de d'Azara. On le nomme aussi *Lion des Péruviens* ou *Tigre rouge*. Son pelage est d'un fauve agréable et uniforme, sans aucune tache; ses oreilles sont noires, sa queue noire à son extrémité seulement. Les jeunes ont dans le premier âge une livrée comme les Lionceaux. Le *Couguar* habite l'Amérique méridionale et une grande partie de l'Amérique septentrionale. On le trouve au Paraguay, au Brésil, à la Guiane et dans les États-Unis. Le *Felis noir,* qui se trouve à Cayenne, n'en est peut-être qu'une variété, affectée de mélanisme.

L'*Ocelot* appartient exclusivement aux contrées les plus chaudes de l'Amérique, depuis le Mexique jusqu'au Chili. Un peu plus grand que le renard, il ne l'est pas assez pour être privé de la faculté de grimper sur les arbres, où il trouve un refuge contre les poursuites de ses ennemis, et une position commode pour surprendre ses victimes. Aussi poltron que cruel, il fuit dès qu'il se voit attaqué, et il se tient habituellement dans les forêts. Il sera donc fort difficile de délivrer l'Amérique de ce dangereux animal. Aucune espèce à robe mouchetée n'est vêtue aussi magnifiquement que l'*Ocelot :* le fond de son pelage est d'un beau gris, sur lequel s'étendent avec régularité des bandes de taches plus sombres et bordées de noir. Le dos de l'animal est partagé par une ligne continue et brune, qui limite les bandes de taches disposées symétriquement de part et d'autre, en se prêtant aux formes des diverses parties du corps. La queue même est astreinte à cette régularité dans la distribution des taches dont elle est couverte. Les couleurs du mâle sont plus vives et plus brillantes que celles de la femelle, distinction que l'on n'a point observée entre les deux sexes des autres espèces de ce genre d'animaux.

Durant le jour l'*Ocelot* se tient caché ou embusqué, soit sur un arbre, soit dans un buisson bien fourré. Dans les pays habités il ne sort des forêts que pendant la nuit pour rôder autour des fermes. Ses habitudes sont celles de la crainte et de la trahison.

La *Panthère* est fauve en dessus, blanche en dessous, avec six ou sept rangées de taches en forme de roses, c'est-à-dire formées par la réunion de cinq ou six taches simples sur chaque flanc. Elle compose avec quelques autres la série des chats tachés, connus dans le commerce de la pelleterie sous le nom de Tigres d'Afrique ou à taches.

La *Panthère* n'attaque que les espèces de Gazelles, les petits quadrupèdes et les oiseaux, qu'elle poursuit jusque sur les arbres. Elle est commune en Afrique, et principalement sur la côte de Barbarie, d'où les anciens tiraient les nombreux individus qui furent tués dans le Cirque. Les Grecs lui donnaient le nom de *Pardalis*, et les Latins celui de *Panthera*.

« Sa belle et soyeuse fourrure, a dit un écrivain distingué, ne fait cependant qu'une faible partie de sa beauté ; ses mouvements onduleux et caressants ; son dos, qui ploie, se relève, et s'abaisse ; sa tête, qui frôle les barreaux de sa loge, en se baissant pour solliciter une caresse de son gardien ; ce mufle, sensitif et mouvant, qui cherche les parfums, et dont toutes les houppes nerveuses semblent demander des sensations ; ses pattes, garnies d'épais coussins, qui, fortes et moelleuses, pressent et repoussent le sol avec je ne sais quelle volupté d'élasticité et de vigueur ; la grâce et la flexibilité des contours, la souplesse et la fluidité des mouvements : voilà ce qui attire et fascine les regards, encore plus que la richesse de la fourrure ; tandis que, malgré la douceur parfois voilée de l'œil, l'élargissement de la tête de l'animal vers les tempes, le tremblement de ses lèvres, l'écartement, la forme acérée, la blancheur de ses dents, et la mobilité de ses mâchoires, donnent à sa physionomie flatteuse et caressante quelque chose de féroce. »

La Panthère paraît être d'une nature fière et peu flexible ; on la dompte plutôt qu'on ne l'apprivoise ; jamais elle ne perd en entier son caractère féroce ; et lorsqu'on veut s'en servir pour la chasse, il faut beaucoup de soins pour la dresser et encore plus de précautions pour la conduire et l'exercer.

On mène la Panthère sur une charrette, enfermée dans une cage, dont on lui ouvre la porte lorsque le gibier paraît ; elle s'élance vers la bête, l'atteint ordinairement en quelques sauts, la terrasse et l'étrangle. On prétend que si elle manque son coup, elle devient furieuse, et se jette quelquefois sur son maître, qui d'ordinaire prévient ce danger en portant avec lui des morceaux de viande ou des animaux vivants, comme des agneaux et des chevreaux, qu'il livre à sa fureur.

Tout le monde se rappelle, à Paris, qu'on offrit il y a quelques années à la curiosité publique plusieurs animaux féroces, que leur maître avait réussi à rendre pour lui, mais pour lui seul, doux et obéissants. J'ai pensé qu'on ne lirait pas sans intérêt des détails sur une Panthère, animal ordinairement terrible, et auquel l'éducation avait fait complétement dépouiller sa cruauté naturelle. Ces détails sont extraits d'une lettre adressée par madame Sophie Bowdich à M. Loudon, naturaliste distingué de Londres.

La Panthère dont il est ici question avait été donnée à M. Hutchison, résident à Coumassie, capitale du royaume anglais des Aschantis, par Saï, souverain de ce pays; elle avait à peu près un an lorsque M. Hutchison quitta cette ville pour se rendre au cap Côte, dont il était gouverneur. Pendant le trajet elle se laissait conduire en lesse avec une grande docilité; seulement, au moment des repas on lui rendait la liberté : alors, couchée aux pieds de son maître, elle attendait patiemment qu'il lui donnât de sa main les aliments qui lui étaient destinés.

Arrivés au cap Côte, elle inspira d'abord une vive terreur aux habitants du fort; mais on s'y accoutuma peu à peu, et bientôt on la laissa entièrement libre dans l'intérieur du château; mais elle quittait rarement M. Hutchison, qu'elle suivait partout comme un chien. La place que *Saï*, c'est le nom que son maître lui avait donné, affectionnait le plus, était l'une des fenêtres du salon, d'où l'on découvrait toute la ville. Là elle passait des heures entières, la tête appuyée sur les pattes de devant, placées sur le bord de la croisée, et elle semblait prendre un grand plaisir à regarder ce qui se passait au-dessous d'elle.

Malgré sa turbulence naturelle, elle était d'une grande douceur pour tout le monde, et particulièrement pour les enfants, qui semblaient rechercher ses caresses et dans la société desquels elle paraissait se plaire. Souvent même ces derniers allaient partager avec elle le matelas sur lequel elle avait habitude de se coucher. Un matin que M. Hutchison donnait audience à quelques nègres, *Saï*, désespérée d'être longtemps sans le voir, se mit à le chercher dans tous les coins de la forteresse. L'audience terminée, le gouverneur rentra dans son cabinet, et se mit à écrire. Tout à coup il entend des pas pesants sur l'escalier, et, jetant les yeux sur la porte, qu'il avait laissée ouverte, il aperçoit sa Panthère. A ce moment il se crut perdu, car *Saï*, d'un seul bond, s'élança à son cou, qu'elle serra fortement entre ses pattes; mais il fut bientôt rassuré, car, au lieu de lui faire le moindre mal, elle se mit à frotter doucement sa tête contre son épaule en remuant la queue, et à lui faire mille caresses, comme pour lui témoigner sa joie de l'avoir retrouvé.

Une vieille servante était un jour occupée à nettoyer le plancher, et se tenait à genoux le haut du corps baissé. *Saï* s'élança d'un sopha sur lequel elle était couchée, et lui sauta sur le dos, où elle resta comme en triomphe, levant la tête et remuant la queue. Les domestiques accoururent aux cris de cette pauvre femme, qui croyait sa dernière heure arrivée; mais, s'imaginant que la Panthère était en train de la dévorer, ils s'enfuirent tous, tremblant pour eux-mêmes. Cependant, dès que M. Hutchison, attiré par le bruit, eut appelé *Saï*, elle se rendit à sa voix, paraissant seulement toute contente de la niche qu'elle venait de faire.

Madame Bowdich, voulant amener cet animal en Europe, eut besoin de se l'attacher par de fréquentes visites et par des caresses, pendant tout le temps que durèrent les préparatifs qu'elle faisait pour quitter l'Afrique. La Panthère fut transportée à bord du vaisseau dans une grande cage de bois. Pendant les premiers jours elle resta couchée, sans vouloir manger, et parut souffrir beaucoup du mal de mer; mais elle se rétablit promptement, et reprit sa gaieté ordinaire.

Le plus grand plaisir que madame Bowdich pût procurer à *Saï* pendant la traversée, c'était de lui donner deux fois la semaine un peu d'eau de lavande, en passant à travers les barreaux de sa cage une petite coupe en papier remplie de cette liqueur. *Saï*, qui paraissait avoir un goût très-prononcé pour toute espèce de parfums, s'en emparait aussitôt, et se roulait dessus en faisant mille contorsions, jusqu'à ce que l'odeur fût complétement dissipée. Par ce moyen, madame Bowdich l'accoutuma, en très-peu de temps, à faire patte de velours toutes les fois que l'on jouait avec elle.

Malgré sa docilité et sa douceur, on était obligé de la tenir constamment enfermée, à cause de l'aversion décidée qu'elle témoignait pour les nègres, dont la vue seule la mettait en fureur.

Un jour, un gros singe, qui appartenait à l'un des matelots, se trouva inopinément en présence de la Panthère, qui à l'instant même voulut s'élancer de sa cage, et qui montra dans ses mouvements, et surtout dans ses regards étincelants, un tel retour à sa férocité native, que le singe, épouvanté, sauta d'un seul bond à l'autre extrémité du vaisseau, et se blottit si bien sous un tas de voiles, qu'on eut les plus grandes peines à l'en tirer.

Le bâtiment, ayant été abordé par des pirates, fut dépouillé de presque tous les vivres qu'il portait. La ration de *Saï* fut en conséquence réduite, et devint à peine suffisante pour l'empêcher de mourir de faim. En effet, on ne lui donnait plus par jour qu'un perroquet; on avait embarqué plus de trois cents de ces oiseaux, qui mouraient successivement à mesure qu'on avançait vers le nord. Au bout de quelques jours de ce régime, notre Panthère parut très-malade, et refusa même sa modique ration. Madame Bowdich fit alors ouvrir sa cage; mais au lieu de témoigner, comme à l'ordinaire, par des gambades la joie de se voir en liberté, *Saï* vint tristement se coucher aux pieds de cette dame, en appuyant sa tête sur ses genoux, comme pour implorer des secours. Madame Bowdich elle-même lui fit avaler, à deux reprises différentes, environ douze grains de calomélas en pilules, en les lui introduisant dans la gueule aussi loin que possible. Ce traitement réussit à merveille, et l'animal revint en peu de jour à une santé parfaite.

La Panthère, débarquée à Londres, fut présentée à la duchesse d'York, qui la fit placer dans Exeterchange, où elle resta trois semaines entièrement en liberté; mais au bout de ce temps elle mourut d'une violente inflammation de poumons.

Le *Léopard*. Sa longueur est de cinq pieds cinq pouces, y compris la queue; sa hauteur moyenne, deux pieds un pouce. Le Léopard est semblable à la Panthère; mais il présente neuf ou dix rangées de taches sur les flancs. Le Léopard se rencontre communément dans la Guinée, le Sénégal, etc., etc.

Les mœurs des *Panthères*, du *Léopard*, de l'*Once* et du *Jaguar* diffèrent peu des mœurs du tigre. Également intraitables, également ennemis des hommes, également voraces et cruels, ce n'est jamais sans dangers qu'on essaye de les soumettre. L'Once est le plus doux de ces espèces; même on est parvenu quelquefois à le dresser pour la chasse. Lorsqu'on a réussi dans cette éducation difficile, c'est un des animaux les plus soumis; il va seul à la chasse par l'ordre de son maître, revient docilement lui rapporter le fruit de sa fatigue; et lorsque ses recherches ont été infructueuses, il est honteux et semble demander pardon. Dans la Perse et dans plusieurs autres provinces de l'Asie il y a des Onces assez petites pour qu'un cavalier puisse les porter en croupe; elles sont assez douces pour se laisser manier et caresser avec la main. La Panthère est vêtue de la robe la plus éclatante. Le Jaguar, quoique le plus petit de tous, est le plus cruel.

« Le *Chat domestique*, dit Buffon, est un animal domestique infidèle, que l'on ne garde que par nécessité, pour l'opposer à un autre animal domestique encore plus incommode, et que l'on ne peut chasser. Car nous ne comptons pas les gens qui, ayant du goût pour les bêtes, n'élèvent des Chats que pour s'en amuser : l'un est l'usage, l'autre l'abus; et quoique ces animaux, surtout quand ils sont jeunes, aient de la gentillesse, ils ont en même temps une malice innée, un caractère faux, un naturel pervers, que l'âge augmente encore, et que l'éducation ne fait que masquer. De voleurs déterminés ils deviennent seulement, lorsqu'ils sont bien élevés, souples et flatteurs comme les fripons; ils ont la même adresse, la même subtilité, le même goût pour faire le mal, le même penchant à la petite rapine; comme eux, ils savent couvrir leur marche, dissimuler leur dessein, épier les occasions, attendre, choisir, saisir l'instant de faire leur coup, se dérober ensuite au châtiment, fuir et demeurer éloignés jusqu'à ce qu'on les rappelle. Ils prennent aisément les habitudes de la société, mais jamais les mœurs. Ils n'ont que l'apparence de l'attachement; on le voit à leurs mouvements obliques, à leurs yeux équivoques; ils ne regardent jamais en face la personne aimée; soit défiance ou fausseté, ils prennent des détours pour en approcher, pour chercher des caresses, auxquelles ils ne sont sensibles que pour le bien qu'elles leur font. Bien différent en cela de cet animal fidèle dont tous les sentiments se rapportent à la personne de son maître, le Chat paraît ne sentir que pour lui, n'aimer que sous condition, ne se prêter au commerce que pour en abuser, et par cette convenance de naturel il est moins incompatible avec l'homme qu'avec le chien, dans lequel tout est sincère. »

Le *Chat commun* est originaire de nos forêts d'Europe. Dans son état sauvage il est gris brun; en état de domesticité il varie en couleur; ses soies sont plus ou moins fines, plus ou moins allongées. Le *Chat commun* est le seul animal du GENRE CHAT que l'homme ait pu rendre utile à ses besoins. Ces animaux n'ont pas d'affection pour ceux qui les entourent, ils aiment plutôt la maison que le propriétaire; cependant leur forme, leur adresse, leurs mouvements légers, la beauté de leur robe en font des animaux charmants. Mais de gracieux qu'ils sont dans leur jeunesse, ils deviennent tristes et sauvages dans leur vieillesse.

Cependant il y a des Chats partout où il y a des hommes ; ils sont d'une grande utilité dans les maisons pour détruire et chasser les rats, les souris et les petits rongeurs qui s'y introduisent.

Les Égyptiens les adoraient et les embaumaient après leur mort.

Quant à l'origine de cet animal, elle est complétement inconnue ; et rien n'indique l'époque à laquelle l'homme soumit aux habitudes de sa vie domestique un être qui, sans être malicieux, faux et pervers, n'en reste pas moins un animal de proie dont l'état de domesticité a bien pu modifier les habitudes, mais ne saurait changer la nature.

Suivant M. Temminck, le *Chat domestique* ne viendrait point du *Felis catus*, mais d'une autre espèce, qui habite l'Égypte. Voici ce que dit cet auteur (*Monographies de Mammal.*) : « En cherchant à remonter à l'ori-« gine de la domesticité du Chat, on se trouve en quelque « sorte guidé par la pensée vers les contrées qui furent « témoins des premiers élans de la civilisation, des con-« naissances et des arts. C'est de l'enceinte des temples « consacrés à Isis, et sous le règne des Pharaons, qu'on a « vu naître les premiers rayons des sciences, depuis plus « dignement honorées en Grèce et portées de proche en « proche dans les contrées que nous habitons. L'Égypte, « témoin de cette civilisation naissante, a sans doute fourni « à ses habitants réunis en société cet animal utile. Plus « encore que les autres peuples cultivateurs, les Égyptiens « ont dû apprécier les bonnes qualités du Chat ; s'ils en « ont eu connaissance, ce que tout porte à croire, il est « certain qu'une espèce sauvage propre à ces contrées a « fourni la première race domestique. »

S'il faut en croire cet auteur, toutes nos races de Chats

domestiques ne reconnaîtraient point une même origine. C'est ainsi que ceux de l'Afrique et d'une partie de l'Europe descendraient de l'espèce Égyptienne, tandis que la race du *Chat Angora*, qui est originaire de la Russie Asiatique, serait le produit d'un autre type sauvage inconnu, et qui probablement vit dans les contrées du nord de l'Asie.

Le Chat était autrefois très-commun dans les bois de notre pays; il devient tous les jours de plus en plus rare, et on ne le trouve plus guère maintenant que dans les forêts d'une certaine étendue. Sa disparition des lieux voisins de nos habitations est la suite de la guerre d'extermination que lui font les chasseurs. C'est, en effet, le fléau des lièvres, des lapins, des perdrix et des cailles. Il grimpe même sur les arbres pour attraper les écureuils et pour surprendre les oiseaux dans leur nid. Ses nombreuses variétés sont le *Chat ordinaire*, le *Chat d'Espagne*, le *Chat d'Angora* et celui *des Chartreux*. Au reste, quoique apprivoisé, le Chat n'est jamais aussi attaché à son maître que le chien; il n'est pas rare d'en voir dans les campagnes abandonner le logis pour devenir tout à fait sauvages.

En Angleterre on emploie les Chats à la garde des espaliers. On place un Chat avec une petite chaîne fixée au cou du Chat et au pied d'un mur, afin de le forcer à rester en place. La chaîne offre une longueur telle que le Chat puisse embrasser en étendue les deux largeurs de l'arbre; la chaîne ne doit pas être lourde, afin de ne pas embarrasser les mouvements de l'animal, qui a bientôt contracté l'habitude de rester en place. Les oiseaux ne tardent pas à s'apercevoir que ce n'est point impunément qu'ils viennent attaquer les fruits, et les Chats eux-mêmes, trouvant cette chasse fructueuse, prennent plaisir à se fixer près des arbres. Quelques Chats dressés à cette surveillance suffisent pour protéger un jardin de trois ou quatre hectares, et leur vigilance, aussi grande la nuit que le jour, fait fuir les rats aussi bien que les oiseaux.

Buffon a décrit, sous le nom d'*Animal anonyme*, un *Digitigrade* dont l'histoire a été longtemps obscure et qui fut rencontré pour la première fois, par Bruce, en 1767, à l'époque de son consulat à Alger. Cet animal est le *Fennec ;* il a été observé également dans le Darfour et le Dongola par les naturalistes prussiens Hempricels et Ehrenberg. Il résulte des discussions auxquelles sa découverte a donné lieu, qu'il était connu des anciens : Champollion le jeune l'a retrouvé figuré sur les monuments Égyptiens ; et il peut servir, ainsi que le chameau à une bosse, à résoudre le problème de l'origine des Égyptiens et de l'ancienneté de leur civilisation. Le Fennec a les membres antérieurs et postérieurs à peu près égaux, quatre doigts à chaque patte, comme les chiens ; il a un pli au bord externe de l'oreille, qui est très-grande ; sa lèvre supérieure est surmontée d'une épaisse moustache, et sa queue est plus courte que son corps, qui a neuf pouces, depuis l'occiput jusqu'à l'origine de la queue. Cet animal vit dans le sable des déserts ; il s'y creuse des terriers, où il reste caché pendant une grande partie du jour.

Tout le monde sait que non-seulement les yeux des chats et des chiens, mais encore ceux de plusieurs autres espèces, brillent souvent la nuit d'un éclat jaune, verdâtre ou rougeâtre ; jusqu'à présent on n'a pu parvenir à découvrir la cause de ce phénomène ; M. Rengger, auteur de l'*Histoire naturelle des Animaux du Paraguay*, a fait de nombreuses observations à cet égard. Il a constamment remarqué la phosphorescence des yeux chez plusieurs espèces, comme le *Nictipithecus Trivirgatus*, les *Felis Onca*, *Concolor* et *Pardalis*, le *Canis Azaræ*, etc., etc., tandis que chez d'autres animaux nocturnes, tels que les *Chéiroptères*, les *Felis Yuaguarundi* et *Lyra*, les *Marsupiaux*, ainsi que plusieurs *Rongeurs*, il n'a jamais pu l'apercevoir. Il suit de ses observations que les yeux des animaux qui sont doués de la propriété phosphorescente brillent durant la nuit, ou bien pendant le jour lorsque les animaux se trouvent dans l'obscurité, et même en plein jour lorsque le temps est couvert. Dans ces moments la pupille est excessivement dilatée, et les deux chambres de l'œil sont éclairées ; la lumière est projetée en avant vers les objets que l'animal regarde, et les éclaire de manière qu'on distingue très-bien, dans la plus grande obscurité, les corps placés à dix-huit pouces de distance. En regardant dans ce moment les yeux de ces animaux, on voit distinctement que la lumière part du fond de l'œil, et probablement du nerf optique, et dure souvent jusqu'à une minute. Elle paraît dépendre de la volonté de l'animal. Cependant on l'observe aussi dans les moments où les animaux sont vivement excités ; et il est probable qu'alors les yeux brillent sans la participation de la volonté. Chez un individu du GENRE Chien, affecté de goutte sereine, les yeux ne brillaient jamais. Chez un autre qui avait une cataracte l'œil malade ne brillait que lorsque la pupille était assez dilatée pour que la lumière pût passer autour du cristallin. Le docteur Parlet affirme que les yeux perdent leur phosphorescence lorsqu'on blesse le nerf optique, tandis que les blessures de la cornée et de l'iris n'ont aucune influence sur cette propriété. M. Rengger a conclu de ses observations que la phosphorescence vient du nerf optique, et qu'elle sert aux animaux nocturnes à éclairer et distinguer les objets placés devant eux.

TRIBU DES AMPHIBIES.

La *troisième Tribu* de la famille des *Carnivores* comprend les animaux qui, pouvant plonger très-longtemps et ayant le corps disposé très-favorablement pour la natation, se tiennent le plus souvent dans la mer, quoiqu'ils aient constamment besoin de respirer l'air. Ces animaux ont reçu, à cause de ce genre de vie, le nom d'amphibies ; ils ont les pieds si courts et tellement enveloppés dans la peau qu'ils ne peuvent sur terre leur servir qu'à ramper ; mais, comme les intervalles des doigts sont remplis par des membranes, ce sont des rames excellentes. Ils ne viennent à terre que pour se reposer au soleil, dormir, et allaiter leurs petits. Leur corps allongé, leur échine très-mobile, et pourvue de muscles qui la fléchissent avec force, leur bassin étroit, leur poil ras, serré contre la peau, concourent à en faire de bons nageurs; ils forment deux Genres : les *Phoques* et les *Morses*.

GENRE PHOQUE.

Les *Phoques* ont la tête ronde et assez semblable à celle d'un chien, le regard doux et intelligent, les dents canines médiocres; leur colonne vertébrale est très-longue, ainsi que leur sternum, qui est composé de huit pièces successivement placées ; leurs membres sont très-raccourcis et *empêtrés*, comme disait Daubenton, les postérieurs étant tout à fait placés dans l'axe du corps.

Les Phoques habitent les mers, l'embouchure des

fleuves et les baies des zones froides et glacées. Ces animaux sont d'une douceur de mœurs, d'une timidité, d'une facilité à reconnaître les soins du maître, à bien s'apprivoiser, qu'aucun animal ne surpasse, si ce n'est le chien. Les habitudes marines des Phoques sont telles, qu'il ne semble pas impossible que dans l'avenir on parvienne à le réduire en domesticité, et, comme on l'a fait quelquefois de la loutre, à en tirer un véritable parti pour la pêche. Les Phoques comme espèces sont difficiles à distinguer entre eux. Un pelage uniforme, composé de poils assez durs et rebroussé comme une brosse, quelquefois mêlé avec un duvet soyeux, d'une couleur fauve, grise, noire ou marbrée de ces couleurs servirait peu à les spécifier. Les naturalistes se servent pour les distinguer de la forme du museau, qui n'est pas chez tous la même : par exemple l'une de ces espèces, qui habite dans l'Océan Pacifique, a le nez si prolongé et si mobile, qu'il est presque devenu une trompe.

On connaît les *Phoques* proprement dits, qui n'ont pas d'oreille externe, et les *Otaries*, qui ont un lambeau de peau un peu redressé pour conque auditive : les dents sont en général plus pointues que tranchantes et bonnes pour briser en gros fragments la chair solide des poissons, plutôt que pour la triturer.

Les habitants des côtes du Groënland, du Spitzberg et des autres contrées arctiques trouvent dans la chasse du Phoque des ressources contre les besoins qui les assiègent, dans ces climats rigoureux.

Les Groënlandais ont plusieurs manières de chasser les Phoques. A la mer libre, ils cherchent à les surprendre, en arrivant contre eux sous le vent et avec le soleil brillant en regard de manière à n'être vus ni entendus de ces animaux. Aussitôt que les chasseurs arrivent à la portée, le harponeur lance au phoque le plus voisin un trait à la hampe duquel est attachée par une corde une vessie insufflée. Le Phoque, blessé, plonge avec la rapidité de la flèche, entraînant avec lui la vessie, qui, par sa résistance à immerger, gêne les mouvements de l'animal et indique son retour à la surface pour respirer ; de sorte que les chasseurs sont avertis de frapper avec plus de facilité une première, une seconde fois et finissent par le tuer. D'autres fois ils fatiguent de tant de cris et de clameurs les troupes de Phoques, que ceux-ci plongent dans la profondeur des eaux, et y restent si longtemps qu'ils sont comme asphyxiés lorsqu'ils reviennent à la surface, ce qui rend leur destruction plus facile par le harpon ou le plomb du *mousquet*.

Dans l'hiver, lorsque la mer, dans les baies fréquentées par les Phoques, est recouverte d'une glace épaisse, ceux-ci cherchent des trous ou des crevasses pour y entrer ; c'est par ces mêmes trous que les Phoques viennent respirer Le Groënlandais, blotti dans la neige, attend patiemment au bord de ces trous que les Phoques viennent mettre le nez à l'air, et alors ils les harponnent à coup sûr. En Écosse, aux Orcades, dans les îles Shetland, sur tous les écueils de cette mer, les Phoques sont nombreux ; ils viennent se réfugier dans les grottes profondes excavées par la mer sous les falaises. C'est là que les chasseurs, montés dans de légers bateaux, pénètrent à la lueur des flambeaux, et font un grand carnage des Phoques, surpris ou émerveillés à tel point par cette lumière inaccoutumée, qu'ils se laissent tuer à coups de massue sur le nez. En Écosse cette chasse se fait en bateaux avec des carabines d'une grande portée.

Deux nations sont en possession presque exclusive du commerce des Phoques ; et les bénéfices que leur procure ce genre de chasse sont énormes. Les Anglais et les Américains de l'Union entretiennent dans ce but, chaque année, plus de deux cent cinquante ou trois cents navires, ayant chacun dix à quinze hommes d'équipage. Mais des moyens de destruction si actifs ne sont pas sans influence sur le nombre des Phoques, et chaque année on voit ces animaux diminuer dans les parages où naguère encore ils étaient en grande abondance ; ils s'éloignent de plus en plus : aussi les navigateurs sont-ils souvent obligés de prolonger leurs expéditions ; et lorsqu'ils viennent à rencontrer dans les hautes latitudes quelques-unes de ces terres encore inabordées, ils en trouvent les plages couvertes de Phoques en très-grand nombre. Les îles Shetland paraissent avoir été connues de quelques pêcheurs Américains, qui y faisaient chaque année des chasses extrêmement lucratives, avant que la découverte de ces îles eût été publiée par un capitaine Hollandais. Ces expéditions sont souvent confiées à des officiers aussi habiles que courageux ; il nous suffira de citer James Weddel, qui, tout en chassant ces mammifères aux Shetland, a fait des découvertes importantes dans cet archipel, incomplétement connu avant ses relations.

La chair de ces animaux est la principale nourriture du Groënlandais ; de leur peau il fait des vêtements, et il en couvre en même temps ses bateaux ; les nerfs se transforment en fil, les vessies deviennent des bouteilles ; la graisse lui tient lieu de beurre et de suif ; le sang même du phoque est pour le Groënlandais un breuvage excellent, qu'il préférerait peut-être au meilleur bouillon de bœuf. La plupart des auteurs ont considéré les Phoques comme dépourvus complétement d'intelligence ; mais cette assertion est tout à fait erronée. Quand ces animaux voient pour la première fois des hommes s'approcher d'eux ils ne manifestent aucune crainte ; ils restent tranquillement couchés par terre, même en voyant tuer et écorcher leurs semblables. Mais bientôt ils vont se réfugier au sommet des rochers escarpés ou des écueils, afin de pouvoir se précipiter dans la mer aussitôt qu'ils aperçoivent leurs ennemis. Lorsqu'ils campent dans un tel lieu, trois ou quatre d'entre eux sont placés en sentinelles pendant que les autres dorment. Dès qu'un bateau se montre ils donnent l'alarme, et tout à coup la troupe entière est en mouvement, chacun se jette entre les brisants ; de sorte qu'à l'arrivée de l'embarcation ils se trouvent tous sous l'eau, à la seule exception de quelques femelles qui ont des petits à soigner. Ces mères courageuses restent sur la plage pour protéger leurs petits. Lorsqu'elles sont attaquées, elles saisissent avec les dents leurs petits par la partie postérieure du corps et plongent avec eux dans la mer, où elles les tiennent de manière que leur tête s'avance hors de l'eau pour qu'ils n'en soient pas suffoqués. Il n'est pas rare que quelques-uns des mâles restent auprès des femelles et coopèrent à la défense de leurs jeunes, jusqu'à la dernière goutte de leur sang.

Il est bien difficile d'établir avec précision le classement des Phoques en espèce. L'âge, le sexe, les variétés de localités semblent chez ces animaux se multiplier à l'infini. M. Lesson a décrit, dans la *Revue zoologique*, un Phoque de l'Amérique du Nord tenant de près au *Phoque commun*, et s'en éloignant par la coloration de son pelage, l'allongement de son cou, la brièveté de ses moustaches et les ongles très-petits de ses membres postérieurs. Cet animal fut tué près de Salem, sur la côte septentrionale des États-Unis.

G. Cuvier a indiqué dans les terrains tertiaires plusieurs débris fossiles du GENRE *Phoque*.

Le *Phoque à ventre blanc* ou *moine* est plus de deux fois plus grand que le *Veau marin;* il n'a pas moins de dix à douze pieds de long. C'est probablement l'espèce dont Virgile parle dans ses Géorgiques.

Le *Phoque à trompe* est très-reconnaissable à la trompe courte et mobile qui termine son museau. C'est la plus grande des espèces du genre : elle n'a pas moins de vingt-cinq à trente pieds, et se trouve en grandes troupes dans le midi de la mer Pacifique.

Les *Otaries* sont faciles à distinguer à la petite conque qui garnit l'ouverture du conduit auditif, à leurs doigts antérieurs, à peu près immobiles et terminés par des ongles menus et aplatis. Les espèces sont beaucoup moins nombreuses que celles du sous-genre précédent. Les principales sont le *Phoque à crinière* ou *Lion marin*, et le *Phoque ursin* ou *Ours marin*. Le premier, que caractérise l'espèce de crinière que lui forment les poils du col, plus épais et plus crépus que dans les autres parties du corps, est presque aussi grand que le *Phoque à trompe* : il a plus de vingt pieds de long quand il est parvenu à son entier développement. On le trouve dans tous les parages de la mer Pacifique. Le *Phoque ursin* est beaucoup plus petit, et n'a pas de crinière.

GENRE MORSE.

Les *Morses* se distinguent facilement des *Phoques* par les énormes canines qui, plantées dans la mâchoire supérieure, se dirigent en bas comme des défenses, et atteignent jusqu'à deux pieds de longueur. La grandeur des alvéoles nécessaires pour loger de semblables canines relève le devant de la mâchoire supérieure, en forme de gros mufle renflé, et les narines se trouvent presque regarder le ciel, au lieu de terminer le museau.

Ces dents sont recourbées en dedans, l'animal s'en sert pour s'accrocher, soit aux glaçons, soit à la terre, et suppléer à la mauvaise conformation de ses pieds de derrière, qui lui sont presque inutiles lorsqu'il est hors de l'eau. Ses pieds, palmés comme ceux des oiseaux nageurs, sont précisément tels qu'il convient pour les évolutions dans l'eau : le Morse s'y meut avec rapidité, détache avec ses dents les coquillages des rochers, ainsi que les plantes marines, qui sont, avec les poissons de petite taille, une partie de ses aliments.

Les Morses étaient autrefois en bien plus grand nombre qu'ils ne le sont aujourd'hui; on les trouvait en société, occupés à s'aider mutuellement, à réunir leurs forces contre leurs ennemis communs; mais depuis que les mers du Nord, de l'Asie et de l'Europe sont fréquentées par les navigateurs, les massacres les ont beaucoup diminués. Plus méfiants qu'autrefois, si on les surprend à terre ou sur les glaces ils s'empressent de regagner la mer; mais les chasseurs parviennent aisément à leur couper la retraite, choisissent dans la bande les individus dont il leur convient de s'emparer, et les harponnent sans que les autres puissent les défendre, tant les mouvements de ces animaux sont difficiles et lents. Quelques compagnons de la victime essayent, il est vrai, d'arrêter et de rompre les cordes; mais l'industrie de l'homme triomphe de ces résistances, et finit par les dégager du poids des Morses qui se sont jetés dessus et se cramponnent vi goureusement, soit dans la terre, soit dans les glaçons.

Cette espèce inoffensive diminue rapidement; elle est peut-être du nombre de celles qui disparaîtront tôt ou tard. La chair des Morses fournit de l'huile aussi bonne que celle des baleines, et leurs dents sont préférables à l'ivoire, comme plus dures et moins sujettes à jaunir; elles n'ont, il est vrai, ni la grosseur ni la longueur des défenses de l'éléphant; mais on en trouve qui ont plus de 812 millim. de long et près de 325 millim. de tour, à leur insertion dans l'alvéole.

Quand le Morse est arrivé à toute sa croissance il peut peser de deux à trois mille kilogrammes; mais on en a vu qui avaient plus de sept mètres de longueur.

Nul animal ne mériterait mieux le nom de Pachyderme; car sa peau a de quarante et un à cinquante-quatre millimètres d'épaisseur. On la jetait autrefois; mais, comme on a remarqué que les habitants de la Nouvelle-Écosse la coupaient en lanières, et en faisaient des espèces de cordages d'une extrême solidité, on s'est mis à la tanner et on l'emploie maintenant à différents usages. La chair du Morse est d'une saveur et d'une odeur si insupportables, que les animaux même ne s'en nourrissent qu'à la dernière extrémité. Un de ces animaux de taille ordinaire peut donner un demi-tonneau (mille livres) d'une excellente huile.

C'est particulièrement dans les grandes chaleurs que les Morses viennent en troupeaux sur le rivage, et s'endorment sur les rochers. Les chasseurs se glissent alors entre eux et la mer, et tâchent de les pousser en avant en les piquant avec des épieux. Quand ils les supposent arrivés à une distance assez grande, ils commencent à les attaquer sérieusement. Toutefois, ce n'est pas toujours une facile victoire : quand les Morses se sentent blessés, ou qu'ils voient tomber quelqu'un des leurs, ils font une résistance désespérée, frappant à droite et à gauche tout ce qui se trouve à portée de leurs redoutables défenses. On prétend que quand ils voient leur mort inévitable ils poussent des gémissements excessivement plaintifs et douloureux. Ce qui est plus certain, c'est que pendant le combat ils se retournent souvent pour protéger ceux d'entre eux qu'ils voient blessés ou plus particulièrement en danger. Hors le cas de défense, le Morse n'attaque jamais l'homme ; il fuit seulement à son approche.

La chasse du Morse à la mer est moins productive et plus dangereuse, parce que l'animal s'y meut plus à l'aise et qu'il se précipite sur les chaloupes, les faisant chavirer quelquefois, et d'autres fois les enfonçant à coups de défenses.

Les Russes avaient discontinué la chasse et la pêche du Morse, la voyant devenir de moins en moins profitable. Ils l'ont reprise avec succès depuis quelques années, en concurrence avec les habitants de la Finmaschie.

On ne connaît parmi les *Morses* qu'une seule espèce qu'on appelle indistinctement *Vache marine*, *Cheval marin*, *Bête à la grosse dent*, *Vache*, etc.; mais les différences qui distinguent les individus que l'on possède dans les cabinets peuvent faire supposer qu'il en existe davantage. Ces animaux vivent dans les régions les plus septentrionales du globe; ils étaient autrefois assez communs sur les côtes de certaines îles, pour qu'on ait pu en tuer six, sept et même jusqu'à huit cents dans une seule journée.

ORDRE IV. — MARSUPIAUX.

Les MARSUPIAUX sont des Mammifères onguiculés qui, en venant au monde, ont les divers organes à peine ébauchés et qui se greffent en quelque sorte à la tétine de leur mère pour y achever leur développement. Chez la plupart de ces animaux, la peau du ventre forme, au-devant des mamelles, une poche servant à loger les petits, pendant que leur mère les allaite; et c'est cette particularité d'organisation qui leur a valu le nom de *Marsupiaux* ou *animaux à bourse*.

Les petits, incapables d'aucun mouvement et ayant à peine des formes distinctes, restent pendant un certain temps fixés aux mamelles de leur mère et cachés dans la poche mammaire dont nous venons de parler. Ils ne s'en détachent que lorsqu'ils sont revêtus de poils, que leurs yeux se sont ouverts, et qu'ils peuvent commencer à prendre d'autre nourriture que le lait. Longtemps après qu'ils sont sortis de cette poche, on les voit encore s'y réfugier pour se préserver d'un danger. Dans les espèces sans poche et à queue prenante, les petits sont pendants sous le ventre de leur mère durant un certain temps; ensuite ils montent sur son dos, et enroulent leur queue autour de la sienne pour se donner un point d'appui.

L'histoire des Marsupiaux n'a commencé à s'éclaircir que depuis un petit nombre d'années; et cependant ces animaux sont connus depuis très-longtemps. Plutarque, dans son livre de l'*Amour maternel*, parle des *Chats* de *l'Inde* (probablement des *Phalangers*), qui, après avoir mis au jour leurs petits, les cachent dans leur sein lorsqu'ils veulent les soustraire à quelque danger. Les relations plus fréquentes des Européens avec l'Inde, ou plutôt avec les grandes îles de l'archipel Indien, et surtout la découverte de l'Amérique, rendirent bientôt ces notions vulgaires; mais néanmoins il fallut chercher longtemps avant d'en trouver l'explication. On pensa d'abord que les petits naissaient à la mamelle, ou qu'ils y arrivaient directement de l'ovaire, comme à un véritable utérus. Mais l'absence de canaux qui pussent permettre ce passage, et des observations plus suivies, ne tardèrent point à démontrer que les germes suivent la voie ordinaire, mais qu'ils séjournent peu dans les conduits de la génération, et que, par une sorte d'avortement, ils passent à l'extérieur. Alors, par un mécanisme particulier de la bourse et des organes génitaux qui se rapprochent, les germes vont se fixer aux mamelles, auxquelles ils adhèrent intimement par la bouche. Les organes internes rendent parfaitement compte du curieux phénomène de cette gestation *extra-abdominale;* leur disposition a pendant longtemps été un problème pour les anatomistes, mais on possède aujourd'hui, grâce aux travaux de Geoffroy Saint-Hilaire, une description rigoureuse et généralement adoptée de toutes les parties qui les composent.

Tous les Marsupiaux n'ont pas de bourse; quelques espèces en sont dépourvues, et n'en présentent d'autres traces que de simples vides existant sur les côtés de l'abdomen. Cette différence, que d'abord on pourrait croire importante, est néanmoins d'une très-faible valeur, car les espèces qui manquent de poche présentent les mêmes caractères principaux que celles qui en ont une : c'est-à-dire une double gestation, 1° très-courte, et qui se passe, comme chez tous les animaux, dans l'utérus et les annexes; 2° plus longue, et qui a lieu aux mamelles.

Il y a donc chez ces animaux comme deux naissances ; et ce n'est qu'à la seconde, et après avoir cessé d'adhérer aux mamelles, que les jeunes Marsupiaux ont achevé leur vie de *fœtus*. Ils peuvent alors abandonner la bourse ; mais ils y rentrent, ainsi que chacun sait, lorsqu'un danger les menace et que le besoin de téter les y appelle. Un autre trait caractéristique des Marsupiaux, c'est la présence à la partie antérieure du pubis de deux os, dits *os marsupiaux*, qui ne se retrouvent, dans les autres animaux de la classe des Mammifères, que chez les *Monothrèmes*.

Examinés sous le point de vue de leur distribution géographique, les Marsupiaux n'offrent pas moins d'intérêt. Tous sont propres à l'Amérique et à l'Australasie : l'Europe et l'Afrique en manquent entièrement ; et il paraît aujourd'hui prouvé qu'ils n'existent point dans l'Asie continentale. Ces animaux se trouvent dans des pays dont les Européens n'ont eu connaissance que par suite des voyages maritimes entrepris à la fin du quinzième siècle, pour chercher une route nouvelle dans les Indes.

C'est du continent Américain que furent apportés en Europe les premiers Marsupiaux. Vincent Yanez Pinjon, qui avait été l'un des compagnons de Christophe Colomb dans son premier voyage, aborda en 1500 aux côtes de la Guyane, et en ramena une femelle de *Sarigue-Opossum*, avec ses petits encore contenus dans la poche qui leur sert de berceau. Le fait fut mentionné dans un recueil de voyages (*il Nuovo-Mondo*) publié vers 1506, recueil qui fut presque aussitôt traduit en plusieurs langues, et dont il y eut en peu d'années de nombreuses réimpressions. La description, assez reconnaissable, qu'on y donnait de l'animal fut donc connue de tous ceux qui s'intéressaient aux résultats des nouvelles découvertes.

Des êtres aussi étranges, sous tous les rapports, ne pouvaient manquer d'être pour les voyageurs l'objet d'une vive curiosité ; et cette curiosité était très-facile à satisfaire, car les *Sarigues* abondent dans le nouveau continent. On en rencontre sous toutes les latitudes, depuis l'équateur jusqu'au trente-cinquième parallèle, tant au Nord qu'au Sud ; et à toutes les hauteurs (du moins entre les tropiques), depuis les plages que la mer inonde, jusque sur des plateaux qui s'élèvent de près de trois mille mètres au-dessus de son niveau. Trois grandes espèces, que l'on n'apprit que fort tard à distinguer les unes des autres, et qui se partagent en quelque sorte ce vaste territoire, l'*Opossum*, le *Gamba*, le *Crabier* attiraient principalement l'attention, parce que c'est chez elles que la poche ventrale des femelles se montrait le plus apparente.

Cette poche se retrouva plus tard, et tout aussi complète, dans les premières espèces de *Phalangers* qu'on eut occasion d'observer, espèces qui se rapprochaient d'ailleurs de nos grands *Sarigues* non-seulement par la taille et les proportions générales, mais par plusieurs autres caractères extérieurs. M. Geoffroy Saint-Hilaire, dont les travaux importants ont doté de tant de richesses l'anatomie comparée et la zoologie, a exposé dans un mémoire sur les *Monothrèmes* ses idées particulières sur la génération marsupiale. Nous craindrions d'affaiblir, en les analysant, ces considérations savantes et originales ; nous les reproduirons textuellement :

« La génération marsupiale, dit M. Geoffroy, offre un quatrième mode, l'*embryulipare*, le premier acte de naissance des *Marsupiaux*, qu'il ne faut pas confondre avec les générations *vivipare*, *ovipare* et *ovo-vivipare*. Partout l'ovaire engendre l'*Ovule* (le jaune ou le vitellus). Si l'ovule ayant traversé une très-courte moitié d'oviducte ne s'est qu'un peu imprégné ou recouvert des produits séreux, il est arrêté dans la portion suivante de l'oviducte, la matrice ; il se greffe aux parois de celle-ci, et le sujet, en développement, devient un fœtus avec placenta et *naît vivipare*. Qu'au contraire l'ovule, sorti fort gros de l'ovaire, acquière, en traversant l'oviducte, l'état d'une grosse boule, laquelle irrite de plus en plus les parois de l'intestin oviducte, le volume de cette boule s'accroît de couches séreuses empruntées à l'oviducte, et vers la fin de cet arrangement doit survenir une couche épaisse, avec membrane d'enveloppe, qui prive la boule d'aller se greffer sur un point de l'oviducte. Puis cette boule, acquérant sa dernière période dans le canal, s'y revêt des membranes de la coque et de la coque elle-même; il y a dès lors un œuf formé. Telle est la condition de la génération *ovipare;* il faut plus tard incubation et éclosion du sujet. Plus tard sans doute, mais alors par deux modes différents : 1° après que la mère s'est débarrassée et a pondu son œuf, donnant ainsi sa condition d'*Ovipare,* comme chez l'oiseau ; et 2° dans le cas où la mère ne parviendrait pas à se débarrasser, et qu'elle garderait au dedans d'elle son œuf, tenu alors de subir ses phases d'incubation et d'éclosion. Cet événement est ce qu'on nomme la génération *ovo-vivipare*, qui forme le cas spécial de la *vipère*, des *poissons* cartilagineux et des *monothrèmes*. Ce mot est mal fait, je le sais ; mais quand je m'en sers, j'explique l'acception que je lui donne alors.

« La génération marsupiale est donc différente, puisque, selon moi, elle peut prendre le nom d'*embryulipare*.

Une ponte l'occasionne, quand le produit de la génération, *ovule* d'abord en sortant de l'ovaire, s'est transformé, après son entrée dans le pavillon, en un commencement d'embryon. C'est dans l'état d'*embryule* de cette phase du développement que se fait une première naissance du Marsupial, au profit de la bourse, autre matrice supplémentaire. Arrive son autre phase de développement, l'événement d'un seconde naissance, quand le petit brise les liens qui l'attachaient aux tétines. A ce moment le Marsupial devient *vivipare*. L'*ovaire* produit donc son ovule comme à l'ordinaire ; et celui-ci traverse un oviducte, en dedans duquel rien ne l'arrête. A peine s'est-il, dans ce passage, transformé (lui alors étant excessivement petit et nageant dans un fluide abondant), qu'il est porté dans la bourse. Là a lieu une autre greffe que dans la matrice, une greffe de la bouche à la tétine. Aussi le mode de nutrition participe de deux moyens : 1° la mère lance son fluide alimentaire dans la bouche et l'estomac du sujet ; et 2° celui-ci, né pour la seconde fois, c'est-à-dire lorsqu'il a rompu les liens qui l'avaient fixé sur ses mamelles, devient lactivore à la manière des *Mammifères* ordinaires. »

Les modifications nombreuses qu'offrent les divers *groupes* des *Marsupiaux* ont nécessité leur classement zoologique.

Tous ces animaux, qui se trouvent liés entre eux d'une manière si intime par le mode de développement de leurs petits, présentent, sous d'autres rapports, de grandes différences. Si l'on examine leur dentition, elle est, chez les uns, tout à fait semblable à celle des *Insectivores*, ce qui détermine pour eux un régime analogue. Chez d'autres, qui ont encore les trois sortes de dents, les molaires sont tuberculeuses au lieu d'être hérissées de pointes, d'où résulte leur régime *frugivore*. Il en est enfin qui manquent de canines, et qui, si l'on tenait compte de cette circonstance, devraient être placés dans les *Rongeurs*.

Ces animaux diffèrent aussi beaucoup entre eux par leur forme générale et par leurs mœurs, et on a pu dire qu'ils forment moins un *Ordre* particulier dans la CLASSE des MAMMIFÈRES, qu'une série d'animaux singuliers, que la diversité de leur organisation pourrait faire regarder comme parallèles aux *Quadrumanes*, aux *Carnassiers*, aux *Rongeurs* et aux *Édentés*.

Les *Marsupiaux* n'ont encore été rencontrés que dans l'Amérique, dans quelques îles de la mer du Sud, et surtout dans la Nouvelle-Hollande, qui, à quelques exceptions près, ne renferme que des Mammifères de cette FAMILLE. Ce fait n'est pas moins remarquable que l'existence exclusive des *makis* dans l'île de Madagascar. On dirait que chaque continent, ainsi que les îles d'une étendue considérable, ont des espèces d'animaux qui n'appartiennent qu'à eux seuls.

On divise l'ordre des *Marsupiaux* en *six Tribus*.

MARSUPIAUX.

Mamelles inguinales renfermées dans une poche, ou cernées par des plis de la peau du ventre. Les petits naissent encore avortons, mais ayant les organes de la déglutition, de la respiration et de la circulation plus développés que les autres animaux, au même âge.

Six tribus.

- **MARSUPIAUX INSECTIVORES.** Longues canines à chaque mâchoire, plusieurs petites incisives et des molaires hérissées de pointes. *Six Genres.* — Sarigues. Chironectes. Peramèles. Phascolages. Dasyures. Thylacinos.
- **MARSUPIAUX FRUGIVORES.** Canines rudimentaires ou nulles, au moins à la mâchoire inférieure. Deux grandes incisives plus ou moins inclinées en avant, à la mâchoire inférieure. Molaires plus ou moins tuberculeuses.
  - Plusieurs dents incisives à la mâchoire supérieure.
    - Des canines ou des fausses molaires à la mâchoire supérieure entre les incisives et les molaires.
      - **PHALANGERS.** Six petites incisives en haut, pouce bien distinct à tous les pieds, les deux doigts suivants réunis jusqu'aux ongles. *Trois Genres.* — Phalangers. Couscous. Phalangers volants.
      - Deux grandes incisives en haut suivies de quelques petites. Pas de pouce aux pattes postérieures.
        - **POTOROUS.** Pattes postérieures et queue très-longues. *Un Genre.* — Kangourous-Rats.
        - **KOALAS.** Pas de queue, pattes courtes. *Un Genre.* — Koulas.
    - **KANGOUROUS.** Point de canines ni de fausses molaires, mais un grand espace vide entre les incisives et les mâchelières. *Un Genre.* — Kangourous.
  - **PHASCOLOMES.** Deux dents incisives longues et inclinées à chaque mâchoire. *Un Genre.* — Wombats.

La *première Tribu* des *Marsupiaux* se compose d'animaux essentiellement insectivores; quelques-uns d'entre eux sont propres à la Nouvelle-Hollande, mais la plupart habitent l'Amérique. Ces derniers forment le Genre Sarigue.

GENRE SARIGUE.

Les *Sarigues* ont le pouce de derrière parfaitement opposable aux autres doigts, disposition qui leur a valu le nom de *Pédimanes*. Ce sont des animaux nocturnes, qui nichent sur les arbres et qui vivent de fruits, de viandes mortes ou d'animaux faibles. On en cite quinze à dix-huit espèces, toutes d'Amérique. Ces animaux ont cinquante dents, nombre le plus grand que l'on ait observé parmi les quadrupèdes. Leur langue est hérissée; leur queue prenante et en partie nue, c'est-à-dire qu'elle peut entourer les branches d'arbres et les serrer fortement. Leur estomac est simple et petit. Dans toutes les espèces les femelles ne sont pas pourvues de la poche dont nous avons parlé; mais dans celles qui en sont pourvues ce sac naturel s'ouvre et se ferme à la volonté de la mère. Lorsqu'elle va à la chasse la poche se referme complétement; elle emporte ses petits avec elle, et ce précieux fardeau ne l'empêche pas de grimper avec agilité sur les arbres. Le Sarigue est lent et gauche dans ses mouvements; sa fourrure est sale et d'une odeur fétide; son museau est long, ses yeux petits, et sa bouche fendue outre mesure. Pour achever de le rendre laid, la nature l'a pourvu de longues oreilles; mais c'est dans les soins maternels qu'il mérite l'intérêt de l'observateur. A leur naissance, les petits du Sarigue sont à peine gros comme une fève; par les soins de leur mère, en quelques jours ils ont acquis la grosseur d'un rat, et le développement parfait de leurs organes s'opère en peu de temps.

« Quel admirable tableau, dit une femme distinguée (1), qui a écrit sur l'histoire naturelle un livre qui manquait pour l'éducation de la jeunesse, quel admirable tableau que ces petits attachés nuit et jour à la mamelle de leur mère, et la trouvant toujours soumise à leurs besoins, à leurs caprices, obéissant au moindre signe pour leur ouvrir leur gîte et les y faire rentrer, ne prenant jamais de repos, toujours fatiguée et toujours active, protégeant ses enfants, même déjà grands, contre l'ennemi, et les cachant dans son sac précieux, afin de les soustraire au danger qui les menace ou qu'ils craignent seulement; enfin les quittant pour la première fois le jour où leur séparation doit être éternelle! Que penser d'un amour si vif, si rempli de sollicitude, auquel succède la plus froide indifférence!... »

GENRE CHIRONECTES.

Les *Chironectes* ont des membranes entre les doigts des pieds de derrière, qui ont le pouce privé d'ongles. Buffon a décrit cet animal sous le nom de *petite Loutre* de la Guiane : « Elle se trouve, dit-il, autour des eaux salées comme autour des eaux douces; elle établit sa demeure dans des monceaux de pierres, d'où les chasseurs la font sortir, en imitant sa voix au moyen d'un petit sifflet. » Il ajoute qu'elle ne mange que les parties grasses du poisson, et qu'une loutre apprivoisée, à laquelle on donnait tous les jours un peu de lait, rapportait continuellement du poisson à la maison.

(1) Madame Achille Comte.

D'après Buffon ces animaux sont très-communs à la Guiane, le long de toutes les rivières et des marécages, parce que le poisson y est fort abondant ; elles vont même par troupes, quelquefois fort nombreuses : elles sont farouches, et ne se laissent point approcher ; pour les avoir il faut les surprendre ; elles ont la dent cruelle, et se défendent bien contre les chiens. Elles font leurs petits dans des trous qu'elles creusent au bord des eaux ; on en élève souvent dans les maisons.

GENRE PÉRAMÈLE.

Les *Péramèles* ont la tête longue et le museau effilé. Toute leur organisation indique qu'ils vivent à terre, comme les blaireaux ; leur nez est allongé, leur poil rude, et leurs pieds terminés par de grands ongles presque droits. Aussi il n'y a pas de doute qu'ils ne se creusent un terrier, et peut-être le font-ils avec plus de dextérité qu'aucun autre animal, car ils n'ont à craindre ni que leurs ongles se brisent ni qu'ils se détachent ; avantage dont ils sont redevables à la forme de leur dernière phalange des doigts, qui se trouvent, comme dans les paresseux, les pangolins et les myrmécophages, fendus à leur extrémité libre.

Les mœurs des Péramèles sont peu connues ; ils doivent sauter facilement, si l'on en juge par leur train de derrière, plus élevé que l'antérieur.

GENRE PHASCOLAGE.

Les *Phascolages*, les *Tylacines*, originaires de l'Australie, sont carnassiers. Leur taille est moyenne. Le *Tylacine* est un animal de la forme et de la taille d'un loup, auquel il ne le cède pas en férocité. Du reste, ses mœurs sont encore trop peu connues pour qu'on en puisse faire l'histoire ; on sait seulement qu'il existe dans la Tasmanie ou terre de Van-Diémen, où il attaque indistinctement tous les petits quadrupèdes qu'il rencontre, et dont il triomphe toujours par la force de son système dentaire. Celui-ci ressemble beaucoup à celui des Sarigues, dont il ne se distingue que parce qu'il a deux incisives de moins à chaque mâchoire. Outre l'espèce vivante dont nous venons de parler, on a trouvé dans les plâtrières des environs de Paris les ossements d'une seconde, qui est entièrement anéantie.

GENRE DASYURE.

Les *Dasyures* se trouvent à la Nouvelle-Hollande ; ils font continuellement le guet autour des habitations, dans lesquelles ils cherchent à s'introduire pour dévorer les petits animaux qu'on y élève ; ce sont surtout des fléaux pour la volaille. Ils se distinguent des précédents par des formes plus basses et surtout par quatre molaires qu'ils ont de moins à chaque mâchoire. On compte dans ce genre environ quatre espèces, dont les principales sont le *Dasyure hérissé*, qui est de la taille d'un blaireau, et le *Dasyure à longue queue*, qui est grand comme un chat.

La *deuxième Tribu* de cet *Ordre* réunit des *Marsupiaux* grimpeurs qui ont le pouce grand et opposable, et qui par leur forme générale ressemblent un peu aux écureuils.

GENRE PHALANGER.

Quelques-uns de ces *Marsupiaux* ont reçu le nom de *Phalangers volants*, à cause d'un prolongement de la peau des flancs qui réunit ses membres entre eux, et qui constitue de chaque côté du corps une espèce de parachute, au moyen duquel l'animal se soutient un peu en l'air quand il saute d'un arbre à un autre.

Le nom de *Syndactyle* rappelle que ces animaux ont deux de leurs doigts réunis ; c'est ce caractère que Buffon a voulu indiquer en adoptant le mot de *Phalanger*. Les Phalangers se rapprochent davantage des Sarigues par leur port et par leurs habitudes ; mais ils en diffèrent essentiellement par leurs doigts et leurs dents. Leur patrie est aussi très-différente, puisqu'ils sont de l'Australie et du grand archipel des Indes. Ils sont défiants et très-sauvages ; ils vivent sur des arbres élevés, où ils trouvent en abondance les feuilles, les fruits et les insectes dont ils font leur nourriture. Le moindre bruit les met en émoi, et les fait fuir au hasard dans la première direction venue. Dans leur effroi, ils lâchent leur urine, dont la fétidité est pour eux un moyen de salut bien plus efficace que leur fuite.

Les *Phalangers volants* sont des animaux nocturnes, qui habitent les forêts de la Nouvelle-Hollande, où ils sautent de branche en branche, en s'aidant de leurs parachutes pour soutenir leur élan. Ces animaux s'éloignent des *Insectivores* ; leurs canines sont plus courtes, et quelquefois même manquent complétement, ce qui rend leur régime entièrement végétal ; les fruits et les feuilles des arbres sur lesquels ils se tiennent sont leur unique nourriture. On en connaît cinq ou six espèces, dont les principales sont le *grand Pétauriste*, qui est de la taille d'une fouine, le *P. nain*, qui n'est pas plus grand qu'une souris.

GENRE POTOROU.

La *Tribu* des *Potorou* ne compose encore qu'une seule espèce ; c'est un animal de la taille d'un petit lapin et de la couleur d'une souris, que la plupart des voyageurs désignent sous le nom de kangourou-rat, parce qu'ils ont comparé sa forme à celle du kangourou et son pelage à celui d'un rat. Les habitudes du Potorou sont encore peu connues ; mais la grandeur de ses ongles aux membres antérieurs fait présumer qu'il se creuse un terrier, et son système dentaire qu'il se nourrit de fruits. La queue des Potorous est longue et épaisse. L'un d'eux, le Potorou de While, vit aux alentours du Port-Jackson, où il n'est pas rare. Ses mœurs sont douces et timides.

GENRE KOALA.

Le Genre des *Koala* est établi sur un mammifère *Didelphe*, originaire de la Nouvelle-Hollande, et dont le port est assez semblable à celui d'un ours, ce qui lui a fait donner par M. de Blainville le nom de *Phascolarctos*, (*Ours à poche*). Ces Marsupiaux se rapprochent des potorous par la disposition de leurs dents, mais diffèrent de tous les précédents par leur corps trapu, leurs jambes courtes, et par l'absence complète de queue. Leurs doigts de devant, au nombre de cinq, se partagent en deux groupes pour saisir ; ceux de derrière sont disposés à peu près comme dans les deux groupes précédents. On ne connaît qu'une espèce de koala, qui ressemble un peu à un petit ours.

GENRE KANGOUROU.

Le Genre des *Kangourous* réunit des animaux *Herbivores* très-remarquables par la petitesse de leurs pattes antérieures, par la longueur de leur train de derrière et de leur queue, sur lesquels ils se posent verticalement comme sur un trépied.

On sait que le Kangourou est originaire de la Nouvelle-Hollande. Les habitants de ce pays lui font une chasse assidue, de sorte que depuis quelque temps il est fort rare. La chair du Kangourou, ainsi que celle de tous les *Marsupiaux*, paraît être d'une qualité inférieure à celle des autres Mammifères, qui se nourrissent à peu près des mêmes substances. La portion la plus estimée de la chair se trouve accumulée au train de derrière, et souvent le chasseur, lorsqu'il a une distance assez longue à parcourir pour rentrer chez lui, coupe, pour alléger son fardeau, le train de devant de l'animal qu'il abandonne aux oiseaux de proie, en ne gardant pour lui que la partie à laquelle on donne la préférence.

La grande espèce, sur laquelle ont été faites presque toutes les observations, est de couleur variable; elle est généralement rousse ou d'un gris cendré à la partie supérieure du corps, et blanche à la partie inférieure. Le capitaine Cook a vu le Kangourou, et l'a fait le premier connaître dans l'Europe en 1789. Cet animal est indifférent à tout traitement, quel qu'il soit, bon ou mauvais; ceci paraît même être un des caractères essentiels qui distinguent les Marsupiaux des autres Mammifères. Leur intelligence est aussi d'un très-bas degré, et ils s'y prennent très-maladroitement quand ils attaquent les autres animaux. Ainsi, tandis que les carnassiers, comme le chien, le chat, etc., tuent d'abord leur proie avant de commencer à la manger, ceux-là se mettent à la manger de suite, à mesure qu'ils la déchirent en morceaux; les individus du GENRE DASYURES particulièrement se contentent de couper avec leurs dents tout simplement la queue aux moutons et au bétail qu'ils rencontrent par troupeaux, sans chercher à s'emparer du reste. L'expression de la physionomie de ces animaux reste constamment la même, quel que soit le traitement qu'on leur inflige; ils sont impassibles, et on remarque toujours dans leurs yeux le caractère de stupidité qui leur est propre. Jamais ces animaux n'exercent de violences graves sur les hommes; bien plus, on peut les battre, sans qu'ils cherchent à se venger ou même à échapper aux coups qu'ils reçoivent.

Le Kangourou ne présente aucune utilité comme animal domestique. La structure de son corps s'oppose d'abord à ce qu'il puisse être employé à aucun travail, et les produits qu'il est susceptible de fournir sont en trop petit nombre pour avoir quelque importance. Les Kangourous qu'on élève dans quelques parcs de Londres sont si méchants et si vicieux, qu'on a été obligé de les caser dans des enceintes particulières; car ils blessaient avec les ongles les curieux qui venaient les voir.

La peau du Kangourou n'a pas autant de valeur que celle de nos ruminants; ses poils ne peuvent être employés dans aucune fabrique; il ne reste donc que le corps, dont il n'y a de bon que la partie postérieure. La chair, étant entièrement dépourvue de graisse, ne peut point servir aux usages qu'on fait de la chair ou plutôt de la graisse des autres animaux.

Cet animal, dont nos collections d'histoire naturelle renferment aujourd'hui des spécimens, se sert principalement pour courir, ou plutôt pour sauter, de ses deux jambes de derrière, beaucoup plus développées que celles de devant, et de sa queue longue et forte. On le chasse avec des chiens dressés à le poursuivre et à l'attaquer. Si le terrain est couvert de broussailles, ceux-ci, quelles que soient leur ardeur et leur vitesse, n'ont aucune chance d'atteindre leur proie. Le kangourou bondit par-dessus les obstacles qui arrêtent la meute, et gagne bientôt d'impénétrables fourrés qui lui servent d'asile. Mais en plaine les chances ne sont plus les mêmes : poursuivi, harcelé, cet animal se fatigue et se voit bientôt réduit à faire tête. S'il n'a affaire qu'à un seul assaillant, il l'attend assis sur ses jambes de derrière, s'apprêtant à saisir son ennemi de ses deux pattes de devant, qui lui servent comme de bras. Dans cette position il essaye de faire constamment face à son adversaire, épiant l'occasion de l'attaquer avec avantage, de le renverser et de le déchirer avec les ongles puissants dont ses pattes de derrière sont armées. Mais ce ne sont pas là toutes ses ruses : la faculté de se tenir debout lui rend facile l'emploi d'un stratagème qui lui réussit souvent : s'il rencontre dans sa fuite un marais, un ruisseau peu profond, il ne manque pas de choisir ces lieux pour le théâtre du combat; le chien assez audacieux pour l'y suivre est inévitablement perdu, s'il n'est secondé. Le kangourou, fort de la supériorité de sa taille, qui lui permet de tenir sa tête hors de l'eau, finit par échapper à la poursuite la plus active. Nous nous abstiendrons de parler longuement des autres espèces, qui diffèrent peu par leurs mœurs et leur organisation de l'espèce que nous venons de décrire. Ces espèces sont : 1° le *K. Griseus*, dont les oreilles sont un peu pointues; 2° le *K. Ruficollis*, dont la queue est d'un gris rougeâtre à la face inférieure et blanchâtre à la face supérieure; 3° le *K. Laniger*, qui ressemble en quelque sorte au lama.

GENRE PHASCOLOME.

Le Genre des *Phascolomes* ne comprend qu'une seule espèce, celle du *Wombat* ou *Phascolomys,* qui représente tout à fait par sa forme générale, ses habitudes et son système dentaire, les Rongeurs et particulièrement les marmottes; il manque de pouce aux pieds de derrière, et n'a point de queue, ce qui permet de le distinguer aisément de tous les autres Marsupiaux.

C'est un animal de la taille d'un chien, lourd, à tête grosse et plate, à jambes assez courtes, et dont les mouvements sont remarquables par leur lenteur. Il se nourrit d'herbes, et vit dans les terriers, à l'île de King, au sud de la Nouvelle-Hollande, dans le détroit de Baso, en Australie, et dans les îles Furneaux. Sa chair est, dit-on, assez délicate.

Dans une des séances de la Société Géologique de Londres du commencement de 1846, M. *Owen* a montré le crâne d'un wombat du continent Australien, qui diffère de celui de la terre de Van-Diemen par quelques caractères assez tranchés pour que l'on ne puisse les rapporter à la même espèce.

Le *Phascolomus Wombatus* anciennement connu ne se trouve que dans l'île de Van-Diemen, et se distingue par son front, plus étroit, et par plusieurs différences dans la proportion des dents et la disposition de leur émail.

L'espèce nouvelle paraît spéciale au continent de la Nouvelle-Hollande, et a reçu le nom de *Phascolomus Latifrons.*

ORDRE V. — RONGEURS.

Les *Rongeurs* se distinguent facilement de tous les autres Mammifères onguiculés, sans poches mammaires, par la disposition de leurs dents, qui est en rapport avec leur manière de se nourrir. Ces animaux présentent à chaque mâchoire un vide entre les dents incisives et les dents molaires.

Les premières sont remarquables par leur force, leur longueur, leur forme arquée, et leur bord tranchant est taillé en biseau ; leur nombre est presque toujours de deux seulement à chaque mâchoire, et leur surface antérieure est ordinairement teinte en jaune plus ou moins foncé.

Les dents molaires ont une couronne large, plate et traversée par des lignes saillantes qui rendent leur surface semblable à celle d'une meule.

Enfin la mâchoire inférieure de ces animaux, au lieu de s'articuler avec le crâne par un condyle transversal (ainsi que cela se voit chez les carnassiers), lui est unie par un condyle longitudinal, qui ne permet de mouvement que d'avant en arrière : il en résulte que ces animaux ne peuvent se servir de leurs dents ni pour déchirer la chair ni même pour couper leurs aliments, et qu'ils sont réduits en quelque sorte à les limer, à les réduire par un travail continu en particules très-déliées ; et c'est de là que leur est venu le nom de *Rongeurs*.

La plupart des Rongeurs sont des animaux de petite taille ; les plus grands, tels que le castor, le porc-épic et quelques *Cabiais* ne sont pas supérieurs aux blaireaux ou aux renards. Leur caractère principal est la présence de deux sortes de dents ; les unes grandes, ordinairement au nombre de deux à chaque mâchoire, et placées antérieurement ; les autres constamment peu nombreuses, séparées des premières par un espace vide appelé barre, et que l'on reconnaît pour des mâchelières. Quant aux premières, on les regarde généralement comme des incisives ; mais si l'on fait attention à leur nature, et surtout à leur implantation, on ne tarde pas à constater que ce sont de véritables canines. Elles sont, il est vrai, placées à la partie antérieure ; mais leurs racines, extrêmement longues, remontent jusque auprès des mâchelières ; quelquefois même elles passent au-dessus. Ce qui confirme encore mieux cette manière de voir, c'est que l'articulation de la mâchoire des Rongeurs est, ainsi que nous l'avons déjà dit, en rapport avec leur système dentaire. Les condyles sont étendus longitudinalement, et jouissent d'un mouvement très-prononcé d'avant en arrière, qui permet aux dents canines de couper avec plus de facilité. L'encéphale est petit chez toutes les espèces, et remarquable par le petit nombre des circonvolutions qu'on observe à sa surface : aussi les Rongeurs sont-ils des animaux peu intelligents. Ils se livrent souvent, en vertu de leur impulsion instinctive, à des travaux remarquables, et qu'on serait tenté au premier abord de rapporter à l'intelligence, mais qui sont déterminés par l'organisation seule, et à la perfection desquels l'éducation ne peut rien ajouter.

Le Tableau suivant expose la classification des animaux de cet Ordre, en onze *Tribus* et trente-quatre *Genres*.

RONGEURS. Onguiculés, pas de mains, pouce non opposable; pas de dents canines; incisives très-développées, disposées pour ronger des corps durs. *Deux Divisions.*

- **CLAVICULÉS.** Clavicules bien développées et s'étendant presque toujours du sternum à l'omoplate. *Sept Tribus.*
  - Dents molaires, pourvues de racines, cessant de croître aussitôt qu'elles sont complètement formées; composées
    - d'émail et d'ivoire, sans matière corticale. Incisives
      - de longueur ordinaire. Celles de la mâchoire inférieure
        - **ÉCUREUILS.** très-comprimées; queue longue et garnie de poils. *Cinq Genres.* — Écureuils. Guerlinguets. Sciuroptères. Tamias. Polatouches.
        - **RATS.** Queue grêle et en général peu ou pas garnie de poils. *Six Genres.* — Hamsters. Marmottes. Rats. Loirs. Échymis. Capromys.
      - **RATS-TAUPES.** très-longues et à découvert. Queue très-courte ou nulle. *Quatre Genres.* — Lemmings. Rats-Taupes. Oryctères. Diplostomes.
    - d'ivoire, d'émail et de matière corticale.
      - **CASTORS.** Pattes postérieures palmées, cinq doigts partout. *Trois Genres.* — Castors. Couïas. Ondatras.
      - **GERBOISES.** Pattes postérieures non palmées. Doigts en nombre variable. *Trois Genres.* — Hélamys. Gerboises. Gerbilles.
  - Dents molaires dépourvues de racines et continuant à croître pendant toute la vie.
    - **CAMPAGNOLS.** Trois dents molaires à chaque mâchoire. *Un Genre.* — Campagnols.
    - **CHINCHILLAS.** Quatre mol. partout. Doigts anter. de long. ordinaire. *Un Genre.* — Chinchillas.
- **A CLAVICULES IMPARFAITES.** Clavicules nulles ou trop courtes pour servir d'arc-boutant entre l'épaule et le sternum *Quatre Tribus.*
  - Dents molaires dépourvues de racines.
    - **LIÈVRES.** Deux petites incisives supplémentaires derrière les deux incisives ordinaires de la mâchoire supérieure. *Deux Genres.* — Lièvres. Lagomys.
    - **CABIAIS.** Point d'incisives supplémentaires. *Trois Genres.* — Cabiais. Kobayes. Kérodons.
  - Dents molaires pourvues de racines.
    - **PACCAS.** Dos dépourvu de piquants. *Deux Genres.* — Pacas. Agoutis.
    - **PORCS-ÉPICS.** Dos armé de piquants. *Quatre Genres.* — Porcs-épics. Athérures. Ursons. Coendons.

TRIBU DES ÉCUREUILS.

La *Tribu* des *Écureuils* réunit des animaux qui se font reconnaître par leur queue longue et garnie de poils, et par la forme de leurs dents incisives inférieures, qui sont très-comprimées. Leur tête est large, leurs yeux saillants et vifs, et leur taille légère; leurs membres antérieurs sont soutenus par des clavicules assez fortes et pourvus seulement de quatre doigts armés d'ongles crochus, tandis qu'aux pattes postérieures il y en a cinq. Ce sont des animaux remarquables par leur agilité ; ils vivent sur les arbres et se nourrissent de fruits. On les divise en *Écureuils proprement dits*, *Écureuils volants*, etc.

Les *Écureuils proprement dits* ont les poils de la queue dirigés sur les côtés et représentant comme une large plume. Il y en a beaucoup d'espèces dans les deux continents; en France on rencontre en grand nombre l'écureuil commun, qui dans nos climats conserve toujours les couleurs que chacun lui connaît, savoir : le dos d'un roux vif et le ventre blanc, mais qui dans le Nord devient pendant l'hiver d'un beau cendré bleuâtre, et porte alors le nom de *Petit-Gris.*

Ces petits animaux, vifs et gracieux, habitent les forêts et se construisent un nid dans les parties les plus élevées des plus hauts arbres; ils le forment de liens flexibles et de mousse, lui donnent une forme sphérique, et en placent l'ouverture à la partie supérieure, en ayant soin de le recouvrir d'une espèce de toit conique qui empêche la pluie d'y pénétrer. C'est dans ce nid qu'ils passent une partie de la journée : ils en sortent le soir, qui est le moment où ils s'ébattent, en sautant d'une branche à l'autre et en poussant un sifflement assez aigu.

Pendant l'été les Écureuils s'occupent à faire des provisions pour l'hiver; aussi a-t-on remarqué qu'ils avaient une grande propension à cacher les aliments qui leur restent. Le tronc d'un arbre creux devient ordinairement leur magasin, et ils y ont recours dès que les fruits dont ils se nourrissent sont devenus rares; ils savent les reconnaître sous la neige, qu'ils écartent avec leurs pattes, et leur instinct les porte à ne pas réunir dans le même lieu tout ce qu'ils recueillent : ordinairement ils se font plusieurs magasins, et lorsque l'un est découvert et pillé ou bien épuisé ils recourent aux autres.

C'est par leur adresse et leur agilité seules qu'ils parviennent à se soustraire à leurs ennemis. Dès qu'un bruit extraordinaire les avertit de leur approche, ils sortent de leur nid, et au moyen de leurs ongles, qui leur permettent de se suspendre à l'écorce des arbres, on les voit, pour fuir l'objet de leur effroi, mettre toujours entre eux et lui l'épaisseur d'une branche, ce qui fait qu'on a de la peine à les voir, si on en est aperçu. Lorsque l'on tourne autour de l'arbre pour se placer du même côté qu'eux, ils passent aussitôt du côté opposé, et lorsque leur peur devient plus grande ils se tapissent et restent immobiles entre deux branches.

Ce sont des animaux d'une propreté extrême; jamais ils ne font d'ordures dans leurs nids, et sans cesse ils sont occupés à polir leur poil avec leurs pattes de devant, qu'ils emploient au reste à beaucoup d'usages. C'est avec elles qu'ils portent leurs aliments à leur bouche, qu'ils arrachent la mousse dont ils font leur nid. On les voit quelquefois opposer leurs doigts au rudiment de pouce dont ils sont pourvus, de manière que dans ce cas leurs pattes font tout à fait l'office de mains. La grande hauteur de leur train de derrière en fait des animaux essentiellement sauteurs; aussi lorsqu'ils sont à terre ne vont-ils que par sauts, et pour se reposer ils s'asseoient en relevant leur belle queue par derrière et en la ramenant comme une sorte de panache étendu au-dessus de leur tête.

On a dit qu'ils se servaient d'une écorce pour bateau, et de leur queue pour voile, lorsqu'ils voulaient passer un ruisseau; mais il est permis de croire qu'un ruisseau, même pour un Écureuil libre, et que quelques dangers imminents n'effrayent pas, sera toujours une barrière qu'il ne tentera jamais de franchir; et s'il était poussé par la peur à se jeter à l'eau, la nage serait sans doute son unique ressource. La voix de l'Écureuil est un cri très-aigu, et quelquefois il fait entendre, quoique sa bouche soit fermée, un petit bruit que l'on dit être un signe d'impatience ou de colère.

GENRE GUERLINGUET.

Les animaux du Genre Guerlinguet ne diffèrent des Écureuils ordinaires que par leur queue presque ronde, et non distique; du reste, leurs habitudes sont les mêmes. On n'en trouve que dans les pays chauds des deux continents. A cette division se rapportent six ou sept espèces, dont les principales sont le *grand Guerlinguet* d'Amérique, le *Lary* de Sumatra, remarquable par son pelage varié, le *Guerlinguet Nain* de Cayenne, dont la longueur ne dépasse pas celle du Rat, etc.

GENRE TAMIAS.

Les animaux du Genre Tamias se distinguent des autres Écureuils par leurs formes, plus trapues, et par leurs ongles fouisseurs ; la plupart ont aussi des abajoues. Au lieu de grimper sur les arbres, comme les autres, ils se tiennent à leur pied, et s'y creusent un terrier entre leurs racines. Leur robe est remarquable par les bandes longitudinales dont elle est variée. On en connaît trois ou quatre espèces, dont les principales sont le *Barbaresque*, le *Palmiste* et surtout le *Suisse*, ainsi nommé d'une bande blanche, bordée de noir, qu'il porte de chaque côté sur son dos.

Le *Barbaresque* a la tête et le chanfrein plus arqués, les oreilles plus grandes, la queue garnie de poils plus touffus et plus longs que le *Palmiste ;* il est plus Écureuil que Rat, et le *Palmiste* est plus Rat qu'Écureuil par la forme du corps et de la tête. Le *Barbaresque* a quatre bandes blanches, au lieu que le *Palmiste* n'en a que trois ; la bande blanche du milieu se trouve dans le *Palmiste* sur l'épine du dos, tandis que dans le *Barbaresque* il se trouve sur la même partie une bande noire mêlée de roux, etc.

Au reste, ces animaux ont à peu près les mêmes habitudes et le même naturel que l'Écureuil commun ; comme lui, le *Palmiste* et le *Barbaresque* vivent de fruits, et se servent de leurs pieds de devant pour les saisir et les porter à leur gueule ; ils ont la même voix, le même cri, le même instinct, la même agilité ; ils sont très-vifs et très-doux ; ils s'apprivoisent fort aisément et au point de s'attacher à leur demeure, de n'en sortir que pour se promener, d'y revenir ensuite d'eux-mêmes sans être appelés ni contraints. Ils sont tous deux d'une très-jolie figure ; leur robe, rayée de blanc, est plus belle que celle de l'Écureuil ; leur taille est plus petite, leur corps est plus léger, et leurs mouvements sont aussi prestes. Le

Palmiste et le *Barbaresque* se tiennent, comme l'Écureuil, au-dessus des arbres; mais le *Suisse* se tient à terre, et s'y pratique, comme le mulot, une retraite impénétrable à l'eau : il est aussi moins docile et moins doux que les deux autres; il mord sans ménagement, à moins qu'il ne soit entièrement apprivoisé. Il ressemble donc plus aux Rats ou aux Mulots qu'aux Écureuils, par le naturel et par les mœurs.

GENRE POLATOUCHE.

Les Rongeurs du Genre Polatouche se distinguent de tous les precédents par la disposition de la peau des flancs, qui s'étend entre les jambes antérieures et postérieures, de manière à former de chaque côté du corps une sorte de parachute, à l'aide duquel l'animal peut faire de très-grands sauts et se soutenir quelques instants en l'air. L'espèce la plus commune se trouve en Pologne, en Russie et en Sibérie, et vit solitaire dans les forêts; d'autres habitent le nord de l'Amérique, l'archipel Indien, etc. C'est l'Écureuil volant (*Sciurus Volans*); sa couleur est gris cendré en dessus et blanche en dessous, et sa taille égale celle d'un Rat. Ce petit animal, dit Buffon, habite sur les arbres comme l'Écureuil; il va de branche en branche, et lorsqu'il saute pour passer d'un arbre à un autre, ou pour traverser un espace considérable, sa peau, qui est lâche et plissée sur les côtés du corps, se tire au dehors, se bande et s'élargit par la direction contraire des pattes de devant, qui s'étendent en avant, et de celles de derrière, qui s'étendent en arrière dans le mouvement du saut. La peau, ainsi tendue et tirée en dehors de plus d'un pouce, augmente d'autant la surface du corps sans en accroître la masse, et retarde par conséquent l'accélération de la chute, en sorte que d'un seul saut l'animal arrive à une assez grande distance. Ainsi, ce mouvement n'est point un vol comme celui des oiseaux, ni un voltigement comme celui des chauves-souris, qui se font tous deux en frappant l'air par des vibrations réitérées ; c'est un simple saut, dans lequel tout dépend de la première impulsion, dont le mouvement est seulement prolongé et subsiste plus longtemps, parce que le corps de l'animal, présentant une plus grande surface à l'air, éprouve une plus grande résistance et tombe plus lentement.

Le Polatouche approche en quelque sorte de la chauve-souris par cette extension de la peau, qui dans le saut réunit les jambes de devant à celles de derrière, et qui lui sert à se soutenir en l'air. Il paraît aussi lui ressembler un peu par le naturel, car il est tranquille et pour ainsi dire endormi pendant le jour. Il ne prend de l'activité que le soir. Il est très-facile à apprivoiser, mais il est en même temps sujet à s'enfuir, et il faut le garder dans une cage ou l'attacher avec une petite chaîne ; on le nourrit de pain, de fruits, de graines ; il aime surtout les boutons et les jeunes pousses du pin et du bouleau ; il ne cherche point les noix et les amandes, comme les Écureuils ; il se fait un lit de feuilles, dans lequel il s'ensevelit et où il demeure tout le jour ; il n'en sort que la nuit et quand la faim le presse. Comme il a peu de vivacité, il devient aisément la proie des martres et des autres animaux qui grimpent sur les arbres.

M. Adolphe Delessert a rapporté de l'Inde, et principalement des Nil-Gherries, une nouvelle espèce du GENRE ÉCUREUIL.

Le *Sciurus Delessertii* appartient au sous-genre des *Funambulus* établi par M. Lesson, et dont le type est l'*Écureuil Palmiste* de l'Inde.

La taille de cet Écureuil est celle du *Palmiste;* mais il en diffère par ses couleurs et par la forme de son crâne, qui est plus renflé. Ses dents molaires sont également au nombre de cinq à la mâchoire supérieure, et de quatre à l'inférieure, de chaque côté.

Le pelage de ce petit Mammifère est en général d'un vert olivacé, résultant de poils bruns à leur base et finement annelés de noirâtre et de jaunâtre dans leur seconde moitié. Le dessous du corps est jaunâtre sale, et il y a au milieu du dos l'indication de trois petites bandes brunes, longitudinales, séparées par du fauve olivacé. Les oreilles ne sont pas pénicillées, comme celles de l'Écureuil commun, et la queue a les poils moins abondants à sa pointe que vers sa base.

La longueur totale du corps et de la tête égale quatre pouces et demi; la queue avec ses poils terminaux a cinq pouces.

TRIBU DES RATS.

Les animaux de cette *Tribu* ont trois molaires, dont l'antérieure est la plus grande, et dont la couronne est divisée en tubercules mousses, qui en s'usant lui donnent la forme d'un disque diversement échancré; leur queue est longue et écailleuse. Leurs pattes de devant sont en général terminées par quatre doigts bien développés et par un tubercule qui représente un pouce rudimentaire. Les pattes postérieures ont cinq doigts complets. Ces animaux sont forts nuisibles par leur fécondité et la voracité avec laquelle ils rongent et dévorent des substances de toute nature.

GENRE MARMOTTE.

Les *Marmottes*, de même que les Écureuils, ont cinq dents molaires en haut et quatre en bas, toutes hérissées de pointes. Aussi quelques-uns de ces animaux mangent-ils des insectes aussi bien que de l'herbe. Elles ont des formes lourdes et trapues; la tête plate et épaisse, les oreilles arrondies, les membres courts et larges, la queue petite, et la fourrure épaisse et grossière. Leur démarche est embarrassée et elles courent mal, mais peuvent s'aplatir de manière à passer par des fentes étroites. Elles creusent avec promptitude une retraite profonde dans laquelle plusieurs individus se retirent pendant l'hiver, saison qu'elles passent dans une léthargie profonde. Elles vivent ensemble par compagnies de cinq, neuf, douze, quatorze; souvent elles se rassemblent en cercle dans un lieu bien exposé aux rayons du soleil; là elles se chauffent, assises sur le derrière, mais tournant sans cesse la tête de côté et d'autre. Si l'une d'elles aperçoit un homme, un chien, un ennemi quelconque, elle pousse un cri, ou sifflement aigu, répété sur-le-champ par toute la troupe, qui est aussitôt dispersée.

Le terrier des Marmottes est formé d'une grande cavité, qui ressemble à un four de un à deux mètres de diamètre, selon que la société est formée de cinq à six, de quinze à seize individus. La galerie qui conduit au terrier a souvent une longueur de sept mètres, et présente une espèce de cul-de-sac où sont déposés les décombres ou matériaux, terres, pierres et mousses employés à boucher pendant l'hiver l'entrée du terrier, qui n'est habité que dans cette saison, et qui est alors propre et jonché de foin. Les Marmottes ont pour l'été des retraites faites plus à la hâte, avec moins de recherche, de forme irrégulière, et tenues moins propres. C'est dans ces dernières qu'elles se retirent au besoin, soit pour se mettre à l'abri des injures de l'air, soit pour se soustraire à leurs ennemis. Aux approches de l'hiver, elles sont très-grasses et vivent plus en famille ; dès les premières neiges elles se rassemblent, gagnent le grand terrier, en ferment exactement l'entrée, et y subissent bientôt un engourdissement qui dure jusqu'en mars ou avril ; elles sortent alors, sont très-maigres et avides de nourriture. On les attrape plus facilement en plaine, où elles descendent parfois, que sur les montagnes. Dans l'état de domesticité elles mangent de tout, et rongent les vêtements, les meubles, etc. A peine si dans une chambre bien chaude elles évitent de s'engourdir pendant l'hiver. Leur tête et leur corps, très-aplati, leur permet de passer à travers des ouvertures très-étroites et de s'introduire dans des fentes de rocher, où elles se cramponnent avec tant de force qu'il est impossible de les en retirer.

La *Marmotte commune* se trouve dans les Alpes, immédiatement au-dessous des neiges perpétuelles. Les montagnards vont l'hiver la prendre dans ses terriers ; ils la mangent, et vendent la peau, qui est une fourrure commune et de bas prix. C'est elle que les petits Savoyards qui viennent dans nos villes mendier leur existence apportent souvent avec eux ; elle est grande comme un lapin et son pelage est d'un gris jaunâtre.

L'hibernation a été bien souvent l'objet des recherches et des expériences des naturalistes. Depuis les anciens, qui ne nous ont laissé sur ce sujet que des hypothèses fort contestables, on a, tour à tour, cherché la solution de ce problème intéressant dans des explications physiologiques et chimiques empruntées soit à la nature de l'animal, soit à l'état de l'atmosphère dans laquelle il est plongé.

D'après la théorie de Spallanzani, connue dès 1789, l'hibernation serait produite par un accroissement très-sensible dans la rigidité de la fibre musculaire, et par conséquent par la diminution de l'irritabilité. Carlisle (en 1805) et Mangili (en 1806) crurent devoir reprendre ces expériences en sous-œuvre, et en augmentèrent le nombre. Selon les remarques de Saissy, de Prunelle et de Mangili, publiées en 1807 et 1808, il suffirait que la température atmosphérique s'approchât de zéro, et que l'animal fût placé de manière à n'éprouver l'action d'aucun courant d'air, ni même l'action de la lumière, pour que le phénomène eût lieu. L'animal qui doit subir l'hibernation ferme son terrier, se contracte, se tient pelotonné, immobile, roide et les yeux fermés. Les fonctions les plus importantes de la vie se suspendent; la respiration, considérablement ralentie, est à peine perceptible; le sang quitte les extrémités pour engorger les vaisseaux de l'abdomen. Il y a abstinence de toute espèce de nutrition et cessation complète de toute sécrétion. La sensibilité et l'irritabilité sont tellement suspendues, que l'on peut agiter l'animal, le rouler, le disséquer même, sans le tirer de sa torpeur, qui rappelle tout à fait l'état d'anesthésie produit par l'inspiration de l'éther ou du chloroforme. Ces circonstances tiennent au peu d'étendue et de développement de l'appareil respiratoire, à la grande capacité du cœur, des artères et des veines, à la température très-basse du sang, à la qualité de la bile et à celle de la peau, qui est très-dense et très-épaisse. Ainsi, d'après ces auteurs, le froid commence à décider de cette sorte d'asphyxie incomplète, et l'organisation l'achève; l'animal meurt si le froid est trop violent; il se réveille au retour du printemps, pourvu que le mercure monte plus haut que cinq à sept degrés centigrades au-dessus de zéro.

Les travaux entrepris en 1825 par le professeur Otto, de Breslau, sur l'hibernation, rattachent ce phénomène, 1° à la circonstance qui chez les animaux hibernants détermine la carotide cérébrale à passer par la cavité du tympan et par le trou auditif; 2° à ce que la masse du cerveau se trouve plus petite que le volume du corps.

Berger, de Genève, a publié, dans l'année 1828, de curieuses *Expériences et remarques sur quelques animaux qui s'engourdissent pendant la saison froide,* tels que le *Lérot,* le *Muscardin*, la *Marmotte* et le *Limaçon des vignes*. « Le but de l'hibernation, dit ce savant physiologiste, doit être attribué à la privation « temporaire, dans l'état de nature, de la nourriture la « mieux appropriée à l'entretien de la vie active des animaux sujets à cette torpeur, et révèle des *causes finales*, « qui les maîtrisent, les conduisent irrésistiblement à un « profond assoupissement. » Malheureusement cette explication a contre elle les observations qui établissent que les animaux hibernants s'engourdissent à côté des aliments, et qu'ils se vident à l'aide d'un jeûne rigoureux.

En résumé, le problème de l'hibernation n'est pas encore résolu; et les recherches intéressantes provoquées, il y a quelques années, par l'Académie des Sciences n'ont pas encore dégagé de l'obscurité qui les enveloppe les causes qui concourent à l'existence du sommeil léthargique.

Les *Spermophiles*, dont les formes sont plus sveltes et plus légères que celles des Marmottes véritables, se rapprochent un peu du Genre précédent, surtout des *Tamias :* ce qui les a fait appeler *Écureuils de terre*. Ce qui les distingue des Marmottes, c'est qu'ils ont des abajoues dans lesquelles ils ramassent des provisions de graines; d'où leur nom de *Spermophile*, qui signifie *aimant les graines*. Nous en avons une espèce en Europe; c'est le *Souslik* ou *Zizel*, joli petit animal, dont le pelage gris-brun est ondé ou tacheté de blanc. Le *Souslik à treize raies* et celui de la Louisiane ou *Écureuil jappant* appartiennent aussi au même groupe.

Les *Sousliks* habitent ordinairement les déserts, se font des tanières sur les pentes des montagnes, pourvu que le fond de la terre soit noir. Leurs tanières sont de sept ou huit pieds de longueur, jamais droites, mais tortueuses, ayant deux, trois, quatre et cinq sorties : leur distance est inégale. Ils pratiquent dans ces tanières différents endroits où, en temps d'été, ils font leurs provisions pour l'hiver. Dans les terres labourées ils ramassent, pendant le temps de la moisson, les épis de froment, de même que la graine des pois, du lin et du chanvre, qu'ils mettent séparément l'un de l'autre, à l'intérieur de leurs tanières, dans les endroits préparés exprès et d'avance. Dans les endroits incultes ils ramassent des graines de différentes herbes. En été ils se nourrissent de grains, d'herbes, de racines et de jeunes souris. Pour peu qu'elles soient grosses, le *Souslisk* ne peut en faire sa proie. Indépendamment des magasins où ces animaux gardent leurs provisions d'hiver, ils se pratiquent encore dans leurs tanières des endroits pour reposer, et qui en sont distants de quelques pieds. Ils rejettent leurs ordures hors de leurs retraites. Les femelles portent depuis deux jusqu'à cinq petits; ils naissent aveugles et sans poil, et ne commencent à voir que quand le poil paraît.

Le *Cynomis*, aussi nommé *Rat-Chien*, est un petit

GENRE de *Rongeurs* américains dont on doit la distinction à M. Rafinesque. Il est voisin des *Hamsters*. On en connaît deux espèces : le *Cynomys social*, ou *Écureuil jappant*, et le *Cynomys gris*, tous deux des bords du Missouri.

GENRE LOIR.

Les *Loirs* sont de jolis petits animaux, à poil doux, à queue velue et même touffue, au regard vif, qui se tiennent sur les arbres comme les Écureuils, et se nourrissent de fruits. De même que les Marmottes, ils passent la saison froide roulés en boule et dans un sommeil léthargique très-profond. On peut les reconnaître au nombre de leurs dents molaires, qui est de quatre à chaque mâchoire et de chaque côté.

Le *Loir commun*, qui est à peu près de la taille du Rat ordinaire, habite les parties méridionales de l'Europe; il vit dans les grandes forêts, et se pratique dans le creux des arbres et des rochers une retraite, qu'il garnit de mousse, et dans laquelle il amasse des provisions pour s'en nourrir lors de son réveil au printemps. Dans quelques parties de l'Italie on mange ces petits animaux, et les Romains les élèvent et les engraissent pour leur table. On fait des fosses dans les bois, que l'on tapisse de mousse, qu'on recouvre de paille, et où l'on jette de la faîne : on choisit un lieu sec à l'abri d'un rocher exposé au midi; les loirs s'y rendent en nombre, et on les y trouve engourdis vers la fin de l'automne; c'est le temps où ils sont les meilleurs à manger.

Les pays étrangers en ont des espèces avec quelques piquants sur le dos; on les appelle *Échimys*. Celles d'Europe ont toutes le pelage doux au toucher; ce sont les

Loirs proprement dits. Ces jolis animaux à queue assez fournie, à l'œil vif, aux mouvements agiles, grimpent comme des Écureuils sur les arbres, où ils vont chercher les fruits et, quand l'occasion s'en présente, les œufs et même les jeunes oiseaux. Quoique la plupart de ces petits Rongeurs se trouvent répandus sous presque toutes les latitudes, les espèces en sont néanmoins plus nombreuses au Midi qu'au Nord, sans doute parce qu'elles y trouvent plus abondamment leur nourriture, et peut-être aussi parce qu'elles ne pourraient résister à un froid trop vif.

Le Loir ressemble assez à l'Écureuil par les habitudes naturelles; il habite, comme lui, les forêts; ils vivent tous deux des mêmes aliments. Le *Loir* ne fait point de bauge au-dessus des arbres comme l'Écureuil; mais il se fait un lit de mousse dans le tronc de ceux qui sont creux; il se gîte aussi dans les fentes des rochers élevés, et toujours dans des lieux secs : il craint l'humidité, boit peu, et descend rarement à terre. Il diffère encore de l'Écureuil en ce que celui-ci s'apprivoise, et que l'autre demeure toujours sauvage. Ces petits animaux sont courageux, et défendent leur vie jusqu'à la dernière extrémité. Ils ont les dents de devant très-longues et très-fortes : aussi mordent-ils violemment; ils ne craignent ni la belette ni les petits oiseaux de proie; ils échappent au renard, qui ne peut les suivre au-dessus des arbres : leurs plus grands ennemis sont les chats sauvages et les martres.

Le *Lérot* est une autre espèce de Loir, qui est assez commun aux environs de Paris, et qui fréquente les espaliers et se retire dans les cavités des murs de vergers; sa nourriture consiste en fruits, et il commet souvent de grands dégâts.

Le froid engourdit les Lérots, et la chaleur les ranime.

On en trouve quelquefois huit ou dix dans le même lieu, tous engourdis, tous resserrés en boule au milieu de leurs provisions de noix et de noisettes.

Ils produisent, en été, cinq ou six petits, qui croissent promptement, mais qui cependant ne produisent eux-mêmes que dans l'année suivante. Leur chair n'est pas mangeable comme celle du Loir; ils ont même la mauvaise odeur du Rat domestique, au lieu que le Loir ne sent rien; ils ne deviennent pas aussi gras, et manquent des feuillets graisseux qui se trouvent dans le Loir, et qui enveloppent la masse entière des intestins. On trouve des Lérots dans tous les climats tempérés de l'Europe, et même en Pologne, en Prusse; mais il ne paraît pas qu'il y en ait en Suède ni dans les pays septentrionaux.

Le *Muscardin* est une troisième espèce du GENRE LOIR, qui est de la taille d'une petite Souris, et qui habite la lisière des bois, les haies, etc.; il se fait, comme l'Écureuil, un lit de mousse pour l'hiver.

L'*Hydromis* est un animal originaire de l'Australasie, et dont les habitudes sont encore inconnues. Ses pieds ont tous cinq doigts; les antérieurs sont libres, et les postérieurs sont palmés et peuvent faire fonction de rames, comme les pattes du canard et celles du castor. L'*Hydromis* habite le bord des eaux, émigre parfois au loin pour chercher d'autres rivières; il se creuse des terriers dans les berges avec ses ongles, qui sont vigoureux; il mange de toutes les substances végétales qu'on lui présente, quand il est apprivoisé, et il est d'un caractère extrêmement doux. Assez commun aux environs de Buénos-Ayres et dans le Tucuman, l'*Hydromis* est assez rare au Paraguay.

Ces animaux se rapprochent des castors et des ondrata ou rats musqués du Canada par leurs habitudes, comme les castors ils ont des poils de deux espèces : l'un long et placé au dehors; l'autre plus court, plus soyeux, plus fin et très-fourni.

On trouve assez souvent des têtes et des fourrures entières d'Hydromis chez les marchands de fourrures. Leurs couleurs varient : les uns sont d'un brun marron sur le dos, d'un roux vif sur les flancs et d'un brun clair sous le ventre; le poil annelé de brun et de roux, mais avec une nuance générale de brun; le feutre, caché sous les longs poils, d'un brun cendré et plus clair sous le ventre. Les autres sont entièrement roux. On en voit aussi qui ont la grande raie du dos presque rouge, avec des flancs très-pâles; quelquefois enfin le poil est entièrement décoloré par la maladie albine.

Quoi qu'il en soit de ces accidents de couleur, les Hydromis se reconnaissent à la forme de leur tête large et déprimée comme celle des *Rats d'eau*, des *Campagnols* et des *Castors*, mais avec un museau un peu moins obtus, au cou gros et court, aux oreilles petites et rondes, aux moustaches longues, roides et fournies, à la queue presque aussi longue que le reste du corps, parfaitement ronde et terminée en pointe.

Les peaux d'Hydromis nous sont arrivées longtemps, par milliers, par la voie de l'Espagne, et ont été employées dans la fabrication des chapeaux sous le nom de *Racoonda*. A ces mots d'*Hydromis* et de *Racoonda* il faudrait, pour donner une complète synonymie, en ajouter bien d'autres encore; car parmi les voyageurs, les marchands et les naturalistes, on a désigné de manières bien diverses le même animal observé, souvent avec peu de soin, dans diverses contrées et dans l'état de vie ou de mort. Ainsi le fameux voyageur d'Azara, si bon observateur du reste, l'a appelé *Quouya*, du nom qu'il porte au Tucuman; et c'est M. Geoffroi Saint-Hilaire qui a donné aux animaux de ce genre le nom d'*Hydromis*.

On s'est assuré par la dissection que le larynx, ou plutôt la glotte, communique avec la partie postérieure des narines, qui se prolongent en forme d'entonnoir, de manière qu'elles sont l'unique voie de la respiration. C'est un point de grande importance pour un animal d'habitudes aquatiques, dont la mâchoire inférieure est au-dessous de l'eau quand il nage et les narines juste au-dessus. Une telle construction du larynx s'oppose d'ailleurs à toute émission de sons bien distincts, à toute modulation de la voix, et tout ce qu'on peut en attendre c'est un cri aigre.

GENRE RAT.

Les *Rats proprement dits* se distinguent par la disposition de leurs dents molaires (au nombre de trois partout) et par leur queue longue et calleuse. Ce sont des animaux de petite taille, qui se nourrissent principalement de substances végétales, telle que des graines et des racines; mais ils mangent aussi des matières animales, et lorsque la disette les pousse ils se livrent des combats acharnés, et se dévorent entre eux. Il y en a quatre espèces, qui sont devenues communes dans nos maisons : le *Rat domestique*, le *Surmulot*, la *Souris*, le *Mulot*. Les *Rats* étrangers sont le *Rat Géant* des Indes, le *Pilois* des Antilles, tous deux de la taille d'un chat.

Le *Rat domestique* n'était pas connu des anciens, et paraît être originaire de l'Amérique. Il paraît qu'il existait en grand nombre dans les lieux que le Surmulot occupe maintenant, après y avoir presque entièrement détruit son espèce. Le Rat domestique est même devenu un animal assez rare à Paris, et on ne le trouve guère que dans les granges, où il fait sa nourriture du grain, de la farine, du fruit et des légumes de toute espèce qui s'y trouvent. Son goût pour les matières animales est très-prononcé, et il fait la chasse aux jeunes animaux. Dans les maisons rurales où il se propage il devient un véritable fléau, par les dommages qu'il cause en rongeant le linge, les harnais de cuir, le lard, en un mot tout ce qui lui tombe sous la dent.

Le *Rat domestique* paraît avoir penétré en Europe dans le moyen âge, et se trouve aujourd'hui en Perse, dans l'Inde, en Afrique et en Amérique. Sa longueur ne surpasse pas huit pouces; le plus souvent le dessus du corps est noirâtre, le dessous blanc ou cendré. On trouve dans le Nord des individus tout blancs, ayant les yeux roses. Tous ces animaux rongent le bois des planchers, percent les vieux murs, et se pratiquent ainsi des retraites dans des lieux d'où il est difficile de les déloger. La femelle donne plusieurs portées par an, de trois à huit petits chacune; fécondité qui ferait de cette espèce un fléau terrible si la voracité féroce des individus les plus forts ne les portait à dévorer les plus faibles.

Le *Surmulot* est le plus grand de nos *Rats;* il a sept pouces de long (la queue non comprise), et son pelage est brun roussâtre. Il est aujourd'hui très-multiplié en Europe; mais cependant il n'y a été introduit que dans le dix-huitième siècle. Les vaisseaux faisant le commerce avec l'Inde l'ont transporté en Angleterre, d'où il s'est répandu en France, dans toutes les autres parties de l'Europe, en Amérique et partout où les Européens ont fondé des colonies. Aux environs de Paris les *Surmulots* sont très-abondants, dans les voiries, et notamment dans celle de Montfaucon, où vers le soir on les voit recouvrir en entier les cadavres des chevaux abattus dans la journée. On en trouve aussi beaucoup dans les égouts du voisinage des marchés, dans tous les lieux où des substances animales en décomposition sont rassemblées en quantité, et dans ceux où les grains sont abondants. Ils se creusent des terriers à peine assez profonds pour contenir leurs corps.

Les Rats, dit M. de Monglave, dans un travail plein d'intérêt sur cette importante question d'hygiène publique, les Rats, trouvant à Montfaucon une nourriture abondante, s'y sont multipliés d'une manière prodigieuse; leur nombre est incalculable. Si l'on dépose les carcasses de chevaux équarris dans la journée, en un coin quelconque du local, on les trouve le lendemain entièrement dépouillées des chairs adhérentes. Comment détruire ces hôtes incommodes? Voici ce que l'homme a trouvé. Dans le terrain de Dussaussois il existe un espace entouré de murs, et qui communique à l'extérieur par des chattières. Il y laisse deux ou trois carcasses, et quand la nuit est avancée il descend en silence avec ses ouvriers; ils bouchent extérieurement les chattières, et pénétrant dans l'enceinte, une torche d'une main, un bâton de l'autre, ils commencent un massacre général de Rats, faisant descendre, en les brûlant avec les torches, ceux qui, plus hardis, cherchent à escalader les murs.

En recommençant ainsi à quelques jours d'intervalle, on est parvenu à tuer seize mille cinquante Rats dans un mois, deux mille six cent cinquante en un seul jour, neuf mille cent un en quatre chasses; et cependant la partie de l'établissement de Dussaussois où a lieu ce massacre n'est pas la vingtième de l'emplacement où sont déposées les matières animales; et l'on n'y étend que deux ou trois carcasses; et le nombre des Rats, loin de diminuer, ne fait que s'accroître : peut-on après cela trouver de l'exagération dans le nombre de cent mille têtes auquel on évalue la population *ratillarde* de Montfaucon ?

Ces Rats industrieux ont l'habitude de se creuser des terriers comme les mulots et les lapins; ils ont fait crouler tous les murs des alentours; et pour garantir sa maison de leurs attaques, Dussaussois a été obligé de se fortifier : il a garni sa demeure de tessons de bouteilles. Le verre coupe non-seulement leurs pattes, mais son poli ne laisse encore aucune prise à leurs ongles et à leurs dents.

Toutes les éminences voisines ont été perforées par eux, au point que le terrain tremble sous les pieds de ceux qui le foulent, et que quelques-unes des parties escarpées, minées de cette façon par la base, s'écroulent et laissent à découvert les galeries creusées par ces animaux.

Tous ne sont pas assez heureux pour se loger dans le clos d'équarrissage. Le petit peuple, *plebecula,* s'établit à quatre ou cinq cents pas de la voirie; le nombre de ceux-ci est considérable; à force de passer et de repasser, ils ont tracé sur le gazon de petits sentiers avec des embranchements qui partent de Montfaucon et aboutissent à un terrier particulier. Ces sentiers sont surtout remarquables en hiver, parce que les *Rats* déposent, dans toute leur longueur, la terre glaise mouillée qui adhère à leurs pattes et qu'ils ramassent en sortant du clos.

Leur prédilection pour telle ou telle partie du cheval est fort singulière; ils commencent par lui crever les yeux, et par boire tout le liquide qui y est renfermé; ils mangent ensuite la graisse qui se trouve au fond des orbites : jamais un cadavre ne passe la nuit dans le clos sans que ses yeux soient entamés.

Dans les fortes gelées il est impossible d'équarrir tous les chevaux abattus; ils durcissent, et les *Rats* se procurent difficilement leur nourriture. Ils pénètrent alors dans le corps de l'animal par la blessure s'il a été saigné, ou par le fondement si la peau est restée intacte; ils s'y établissent, le dévorent intérieurement; et quand le dégel survient l'ouvrier ne trouve plus, au-dessous de la peau, qu'un squelette mieux dépouillé qu'il n'eût pu l'être par le plus habile anatomiste.

La fécondité de ces Rats est extraordinaire : les femelles ont cinq ou six portées par an, et chacune de ces portées est de quatorze à dix-huit petits; en remuant la terre on trouve des nichées de ce nombre. Leur voracité est extrême : M. Magendie alla chercher lui-même douze Rats pour faire une expérience; il les enferma dans une boîte : à son arrivée chez lui il n'en trouva que trois; ils s'étaient dévorés les uns les autres, et n'avaient laissé que les queues et les débris de leurs compagnons.

Le *Mulot*, à longue queue écailleuse, le corps grisâtre, tirant sur le jaune, blanc en dessous et sur les côtés, est plus gros que la Souris, mais beaucoup moins que le Rat. On le trouve en Europe, dans les bois, dans les champs, dans les jardins. Il se retire l'hiver dans les granges et dans les maisons. Il vit de grains, de semences d'arbres qu'il emmagasine. Il attaque les oiseaux, les autres Rats, et même les individus de son espèce. Les oiseaux de proie, le Renard, la Martre, le Putois, etc., en détruisent heureusement une grande quantité.

« Le Mulot, dit Buffon, habite les terres sèches et élevées ; on le trouve en grande quantité dans les bois et dans les champs qui en sont voisins ; il se retire dans des trous qu'il trouve tout faits, ou qu'il se pratique sous des buissons et des troncs d'arbre : il y amasse une quantité prodigieuse de glands, de noisettes ou de faînes ; on en trouve quelquefois jusqu'à un boisseau dans un seul trou ; et cette provision, au lieu d'être proportionnée à ses besoins, ne l'est qu'à la capacité du lieu. Ces trous sont ordinairement de plus d'un pied sous terre, et souvent partagés en deux loges, l'une où il habite avec ses petits, et l'autre où il fait son magasin. Ces animaux causent de grands dommages aux plantations ; ils emportent les glands nouvellement semés ; ils suivent le sillon tracé par la charrue, déterrent chaque gland l'un après l'autre, et n'en laissent pas un. Eux seuls font plus de tort à un semis de bois que tous les oiseaux et tous les autres animaux ensemble. Je n'ai trouvé d'autre moyen pour éviter ce grand dommage que de tendre des piéges de dix en dix pas dans toute l'étendue de la terre semée : il ne faut qu'une noix grillée pour appât, sous une pierre plate soutenue par une bûchette ; ils viennent pour manger la noix, qu'ils préfèrent au gland ; comme elle est attachée à la bûchette, dès qu'ils y touchent la pierre leur tombe sur le corps, et les étouffe ou les écrase. »

La *Souris* est la plus petite des espèces de *Rats* qui vivent dans nos habitations ; c'est la seule qui ait été connue des anciens. Ces petits animaux creusent dans les planchers de nos maisons et les vieilles murailles dont le plâtre se détache facilement des galeries plus ou moins longues, où ils font leur résidence habituelle ; ils se nourrissent de toutes les substances animales ou végétales qu'ils peuvent atteindre, et ont surtout du goût pour le suif, le lard et les autres corps gras. Quelquefois on en rencontre à l'état sauvage dans les bois, où ils se nourrissent principalement de glands et de faînes. Nous citerons encore ici quelques lignes de Buffon : « Ces petits animaux ne sont point laids, dit-il; ils ont l'air vif et même assez fin : l'espèce d'horreur qu'on a pour eux n'est fondée que sur les petites surprises et sur l'incommodité qu'ils causent. Toutes les Souris sont blanchâtres sous le ventre, et il y en a de blanches sur tout le corps; il y en a aussi de plus ou moins brunes, de plus ou moins noires. L'espèce est généralement répandue en Europe, en Asie, en Afrique; mais on prétend qu'il n'y en avait point en Amérique, et que celles qui y sont actuellement en grand nombre viennent originairement de notre continent : ce qu'il y a de vrai, c'est qu'il paraît que ce petit animal suit l'homme, et fuit les pays inhabités, par l'appétit naturel qu'il a pour le pain, le fromage, le lard, l'huile, le beurre, et les autres aliments que l'homme prépare pour lui-même. »

Nous avons dit que les *Souris blanches* aux yeux rouges n'étaient qu'une variété, une sorte de dégénération dans l'espèce de la *Souris.*

GENRE HAMSTER.

Les *Hamsters* ont à peu près les mêmes dents que les Rats; mais leur queue est courte et velue, et les deux côtés de la bouche sont creusés (comme dans certains singes) en sacs ou en abajoues, qui leur servent à loger les graines dont ils se nourrissent.

Le *Hamster commun* est plus grand que le Rat; gris roussâtre en dessus, noir aux flancs et en dessous, avec trois taches blanchâtres de chaque côté. Il se nourrit de racines et de toutes les graines céréales que l'homme cultive; il peut cependant vivre de chair, et lorsque la faim le presse il n'épargne pas même sa propre espèce. Il se creuse un terrier à double galerie; l'une, oblique, sert à rejeter au dehors les déblais de la terre, et l'autre, perpendiculaire, sert d'entrée et de sortie à l'animal; ces canaux conduisent à diverses excavations circulaires, qui communiquent ensemble par des conduits horizontaux; l'une de ces chambres est garnie d'un lit d'herbes sèches, et sert de retraite à l'animal; les autres sont destinées à contenir les provisions qu'il amasse pendant la saison chaude pour s'en nourrir pendant l'hiver. Cet animal vit solitaire, mais en grand nombre, dans l'Alsace, l'Allemagne et diverses parties sablonneuses de l'Europe et de l'Asie; il nuit beaucoup à l'agriculture, à cause de la quantité de grains qu'il amasse.

La femelle du Hamster fait deux ou trois portées par an, et à chaque fois elle produit six petits au moins et quelquefois seize ou dix-huit. Trois semaines après leur naissance ceux-ci sont assez grands pour pourvoir d'eux-mêmes à leur subsistance, et ils sont chassés impitoyablement du terrier par leur mère. La fourrure du Hamster commun, ou *Marmotte d'Allemagne,* sans être précieuse, fait cependant un article assez considérable du commerce des pelleteries.

La vie du Hamster, dit Buffon, est partagée entre les soins de satisfaire aux besoins naturels et la fureur de se battre. Il paraît n'avoir d'autre passion que celle de la colère, qui le porte à attaquer tout ce qui se trouve en son chemin, sans faire attention à la supériorité des forces de l'ennemi. Ignorant absolument l'art de sauver sa vie en se retirant du combat, il se laisse plutôt assommer de coups de bâton que de céder. S'il trouve le moyen de saisir la main d'un homme, il faut le tuer pour se débarrasser de lui. La grandeur du cheval l'effraye aussi peu que l'adresse du chien. Ce dernier aime à lui donner la chasse : quand le Hamster l'aperçoit de loin, il commence par vider ses poches, si par hasard il les a remplies de grains; ensuite il les enfle si prodigieusement, que la tête et le cou surpassent beaucoup en grosseur le reste du corps; enfin il se redresse sur ses jambes de derrière, et s'élance dans cette attitude sur l'ennemi; s'il l'attrape, il ne le quitte qu'après l'avoir tué, ou perdu la vie; mais le chien le prévient pour l'ordinaire, en cherchant à le prendre par derrière et à l'étrangler. Cette fureur de se battre fait que le Hamster n'est en paix avec aucun des autres animaux; il fait même la guerre à ceux de sa race, sans en excepter la femelle.

Quand deux Hamsters se rencontrent, ils ne manquent jamais de s'attaquer réciproquement, jusqu'à ce que le plus faible succombe sous les coups du plus fort, qui le dévore. Le combat entre un mâle et une femelle dure pour l'ordinaire plus longtemps que celui de mâle à mâle. Ils commencent par se donner la chasse et se mordre; ensuite chacun se retire d'un autre côté, comme pour reprendre haleine : peu après ils renouvellent le combat, et continuent à fuir et à se battre, jusqu'à ce que l'un ou l'autre succombe. Le vaincu sert toujours de repas au vainqueur.

TRIBU DES RATS-TAUPES.

La *Tribu* des RATS-TAUPES réunit des animaux qui participent des caractères des *Rats* et des *Taupes*; des premiers par leur forme générale et par leur système dentaire; des secondes par la vigueur de leurs ongles, par leurs habitudes, par la brièveté de leurs oreilles et par la petitesse ou même par le défaut absolu des organes de la vision. Des pattes courtes et propres à déchirer la terre, un corps lourd et informe, une queue courte et quelquefois nulle, des dents incisives larges, sillonnées dans leur longueur et trop grandes pour être recouvertes par les lèvres, tels sont les caractères zoologiques qui distinguent les *Rats-Taupes* des autres *Rongeurs* claviculés.

Ces animaux ont des formes désagréables à l'œil; mais ils ont des qualités précieuses : leurs pattes, armées d'ongles robustes et tranchants, quoique moins vigoureux que ceux de la *Taupe commune*, leur permettent de creuser la terre avec facilité, non-seulement pour s'y pratiquer un terrier, mais encore pour y chercher les racines dont ils font leur principale et presque leur unique nourriture. Les espèce de cette Tribu sont étrangères à l'Europe.

GENRE ORYCTÈRE.

Les Oryctères ont à peu près la même forme générale que les Rats-Taupes; ils en diffèrent par leurs dents molaires, qui sont au nombre de quatre partout, tandis que dans le Genre précédent on n'en compte que trois. Une espèce, appelée par Buffon *Taupe des Dunes*, est presque de la taille d'un lapin.

« Ces Taupes, dit *Allamand*, habitent dans les dunes « qui sont aux environs du cap de Bonne-Espérance et « près de la mer : on n'en trouve point dans l'intérieur du « pays. Leur longueur, depuis le museau jusqu'à la queue, « en suivant la courbure du corps, était d'un pied; sa « circonférence, prise derrière les jambes de devant,

« était de dix pouces, et de neuf devant les jambes de « derrière. La partie supérieure de son corps était blan- « châtre, avec une légère teinte de jaune qui se changeait « en couleur grise sur les côtés et sous le ventre.

« Si ces animaux surpassent de beaucoup les autres « Taupes en grandeur et en grosseur, ils leur ressem- « blent par les yeux et par les oreilles : mais il y a plus « encore, ils vivent, comme elles, sous terre ; ils y font « des trous profonds et de longs boyaux ; ils jettent la « terre comme nos Taupes, en l'accumulant en de très- « gros monceaux : cela fait qu'il est dangereux d'aller à « cheval dans les lieux où ils sont ; souvent il arrive que « les jambes des chevaux s'enfoncent dans ces trous jus- « qu'aux genoux.

« Il faut que ces Rats-Taupes multiplient beaucoup, « car ils sont très-nombreux. Ils vivent de plantes et « d'oignons, et parconséquent ils causent beaucoup de « dommages aux jardins qui sont près des dunes. On « mange leur chair, et on la dit fort bonne.

« Ils ne courent pas vite, et en marchant ils tournent « leurs pieds en dedans, comme les perroquets ; mais ils « sont très-expéditifs à creuser la terre. Leur corps touche « toujours le sol sur lequel ils marchent. Ils sont méchants ; « ils mordent très-fort, et il est dangereux de les irriter. »

Le Genre Géomys n'est point encore adopté ; il renferme des Rongeurs à abajoues, ayant cinq doigts onguiculés à tous les pieds ; les ongles de ceux de devant très-longs, et une queue ronde et nue, ce qui les différencie des Hamsters. La seule espèce, le *Géomys* du *Pin*, est d'un gris de souris, et de la taille du Rat ; sa queue, entièrement nue, est plus courte que le corps. Elle habite la Géorgie, dans la région des pins.

GENRE DIPLOSTOME.

Le **Genre Diplostome** a des abajoues très-grandes, atteignant en arrière jusqu'aux épaules; dents incisives sillonnées; corps cylindrique, sans queue et sans oreilles; les yeux couverts par le poil; quatre doigts à chaque pied. On en connaît deux espèces, le *Diplostome brun*, qui est entièrement brun, et a onze pouces de longueur; il vit sous terre, de racines, dans les plaines de Missouri, et le *Diplostome blanc*, qui, du même pays que la précédente, n'a que cinq pouces et demi de longueur et a son pelage blanc.

GENRE LEMMING.

Les *Lemmings*, autre espèce de Campagnols qui se trouve en Sibérie; elle est célèbre par les longues migrations qu'elle fait chaque année; ce sont de petits Rongeurs qui habitent les bords de la mer Glaciale, et qui voyagent aussi en troupes très-nombreuses, dévastant tout ce qui se trouve sur leur passage.

Leur arrivée dans un canton, dit un savant professeur, est regardée comme un fléau terrible; partout où ils passent ils dévastent les campagnes. Vainement chercherait-on à les détruire; le nombre en est trop grand; et quand on y parviendrait, un malheur succéderait à l'autre : leurs cadavres amoncelés infecteraient l'air de leurs miasmes pestilentiels, et occasionneraient des maladies funestes. C'est ce qui arrive quelquefois lorsque, quelque changement subit dans l'atmosphère venant à les surprendre dans leurs migrations, ils se trouvent tous détruits par cet accident. Malheureusement les ravages qu'ils font sont ordinairement si considérables, qu'ils sont presque toujours suivis de la famine, à moins que, prévenus à l'avance de leur arrivée prochaine, les habitants n'aient eu le temps de serrer chez eux leurs récoltes, pour les mettre à l'abri de la voracité de ces animaux. On ne connaît que quatre espèces de Lemmings, dont la plus célèbre est le *Lemming de Norvége.*

M. le professeur Ch. Martins a publié, il y a quelques années (1840), de très-curieuses observations sur les migrations et les mœurs des Lemmings. On savait que cette espèce de Rongeurs descend, à certaines époques (tous les six ou huit ans, dit-on), par troupes nombreuses, des montagnes de la Norvége et de la Laponie, pour s'étendre dans tous les pays environnants. S'il faut croire les écrivains qui ont écrit les premiers l'histoire de ces excursions, ces animaux marchent par files serrées, marquant leur passage par la destruction qu'ils font de l'herbe et des racines qu'ils rencontrent.

Peu de naturalistes, dit M. Martins, ont eu la bonne fortune d'assister à une migration de Lemmings. Linné affirme qu'elles n'ont lieu que tous les dix ou vingt ans; mais M. Martins pense qu'elles sont plus fréquentes. En 1839 il en rencontra, presque sans interruption, depuis Bossecop (lat. 70°) jusqu'à Muonioniska (lat. 67° 55′), et tout porte à croire que leur demeure habituelle est la chaîne qui partage la presqu'île Scandinave et qui sépare la Suède de la Norvége. A Bossecop les Lemmings étaient assez rares; M. Martins n'en vit pas dans la forêt marécageuse qui sépare le village du plateau Lapon, mais il en rencontra des quantités considérables sur la rive gauche du fleuve Muonio, à Karasuando, à Ayen-Paika, dans une épaisse forêt de pins et de sapins.

« Ils tracent, dit Linné, des sillons rectilignes, parallèles, profonds de deux ou trois doigts, et distants l'un de l'autre de plusieurs aunes. Ils dévorent tout sur leur passage, les herbes, les racines. Rien ne les détourne de leur route; un homme se met-il dans leur passage, ils glissent entre ses jambes. S'ils rencontrent une meule de foin, ils la rongent et passent à travers; si c'est un rocher, ils le contournent en demi-cercle, et reprennent leur direction rectiligne. Un lac se trouve-t-il sur leur route, ils le traversent en ligne droite, quelle que soit sa largeur, et très-souvent dans son plus grand diamètre. Un bateau est-il sur leur trajet au milieu des eaux, ils grimpent par-dessus et se rejettent dans l'eau de l'autre côté. Un fleuve rapide ne les arrête pas, ils se précipitent dans les flots, dussent-ils tous y périr. » Toutefois ils n'entrent jamais dans les maisons; M. Martins en vit beaucoup autour de Karasuando, mais pas un seul dans les habitations.

Ces détails sont confirmés par différents auteurs, Léemius et Hoegstroem entre autres. Zetterstedt dit que dans la migration de 1823 ils faillirent faire sombrer plusieurs bateaux en traversant l'Angermanelv, près d'Hernoesand.

Rycaut, qui écrivait avant Linné, et qui paraît avoir assisté à une migration, donne les mêmes détails. Les Lemmings marchent surtout la nuit et le matin, mais ils sont tranquilles le jour. « Je serais, dit-il, tenté de croire à la justesse de cette assertion; car nous les avons vus en marche le matin, et la nuit il nous était impossible de conserver dans notre chambre ceux que nous avions mis en cage; ils sautaient, sifflaient et aboyaient tellement qu'ils nous empêchaient de dormir. »

Le même auteur affirme qu'ils portent un petit dans leur gueule, et l'autre sur leur dos; il les a même figurés ainsi. Linné a répété la même chose. Dans la migration que M. Martins a vue les femelles étaient pleines et n'avaient pas encore mis bas.

Après plusieurs jours de marche, ces armées arrivent enfin sur les bords de la mer du Nord ou du golfe de Finlande; mais en route ils succombent à une foule d'accidents. Hoesgtroen pense qu'un centième à peine retourne dans les montagnes. Beaucoup de Lemmings doivent périr de froid. Wormius rapporte qu'on les dit frileux, et en effet tous ceux que M. Martins laissa dans leur cage hors de la chambre, pendant la nuit, périrent, quoiqu'ils ne fussent pas en plein air, et que le thermomètre descendît à peine à quelques degrés au-dessous de zéro. Un plus grand nombre se noie en traversant les rivières, quoiqu'ils nagent très-bien. Le savant naturaliste auquel nous empruntons ces détails jeta quelques-uns de ces animaux au milieu du Muonio, dont la largeur est le double de celle de la Seine à Paris et le courant très-fort; tous gagnèrent le bord sans beaucoup de peine. Cependant leurs cadavres flottaient en nombre considérable à la surface de la rivière. Peut-être avaient-ils essayé de traverser un de ses rapides.

La plupart deviennent la victime de leurs nombreux ennemis. Les chiens des Lapons mangent la tête seulement : d'où l'on avait conclu autrefois que ces Rats étaient vénéneux. Un chien finlandais, qui accompagnait M. Martins, en étrangla un nombre prodigieux; plusieurs fois il fit des essais pour les avaler; mais il les rejeta toujours avec dégoût. Il paraît certain que les rennes ont aussi l'habitude de les manger. Ils se détournent de leur route pour les poursuivre, et vont quelquefois tellement loin qu'ils ne retrouvent plus leur chemin pour revenir.

Quelle est la cause de ces migrations? Les auteurs anciens les attribuaient à une influence surnaturelle. Olaüs Magnus affirme sérieusement que ces animaux tombent du ciel, soit que les orages les apportent de quelques îles éloignées, soit qu'ils les engendrent eux-mêmes. Cette fable fut reproduite par Leemius, et surtout par Wormius, qui rapporte des faits pour lui donner la consistance d'une vérité démontrée. Une femme, dit-il, étant assise devant sa porte, un Lemming tomba sur ses genoux. Deux de ces animaux tombèrent dans un bateau au milieu de la mer. Le même auteur s'appuie sur des exemples de pluies de grenouilles, de lombrics, d'écureuils et d'hermines. Thomas Bartholin partageait l'opinion de son ami Wormius : cette erreur fut réfutée d'abord par Linné, puis par Gunnerus. Dans le Nordland ce dernier a vu aussi tomber du ciel deux Lemmings et un hérisson; mais il aperçut chaque fois, au-dessus de sa tête, les oiseaux de proie qui les avaient enlevés. Il ajoute qu'on peut très-bien concevoir qu'un Lemming échappe, en se débattant, aux serres d'une corneille ou d'une pie : quant à ceux qui sont tombés dans un bateau, ils l'avaient escaladé, comme cela s'est souvent renouvelé depuis.

Maintenant c'est un préjugé généralement répandu dans le Nord que ces migrations, qui ont presque toujours lieu en automne, annoncent des hivers très-rudes. Hoegstroem a rassemblé quelques faits à l'appui de cette opinion, et il compare ces migrations à celles des hermines, des écureuils, des martes, des renards et des hirondelles, qui semblent aussi pressentir les hivers rigoureux ou les froids prématurés.

Pallas attribue leur migration au manque de vivres. C'est l'opinion des Norvégiens. Cette disette, disent-ils, est due à des vents constants qui dessèchent les plateaux de la Laponie. M. Martins a remarqué que ces plateaux n'étaient nullement brûlés ni desséchés lorsqu'il les avait traversés. Le lichen des rennes couvrait partout la terre de ses pousses jaunâtres, et la contrée tout entière semblait saupoudrée d'une couche de fleur de soufre. Si une extrême multiplication, dit-il, n'est pas la cause occasionnelle de ces migrations, elle en est certainement une des causes concomitantes, puisque dans l'automne de 1838 nos compagnons de voyage n'avaient pas vu un seul Lemming dans les mêmes lieux où ils étaient par milliers en 1839.

Tous les auteurs parlent du courage de ces petits animaux ; M. Martins le regarde comme une aveugle combativité. Quel que soit son ennemi, dès que le Lemming voit qu'il ne peut lui échapper, il s'assied sur son train de derrière, et cherche à se défendre en sifflant et en aboyant comme un petit chien. Il s'élance même pour mordre son adversaire, et se laisse enlever de terre plutôt que de lâcher prise ; entre eux les Lemmings se battent avec fureur. Lorsqu'on en mettait deux à la fois dans la cage la lutte commençait aussitôt, et ne cessait que par la mort de l'un des combattants. Pour en garder plusieurs ensemble, il fallait les prendre dans le même terrier. Scheffer assure même que pendant les migrations ils se divisent en deux armées ennemies, et se livrent de grandes batailles le long des lacs et des prés.

Leur instinct rongeur est peu développé ; car ils ne rongeaient pas les mailles d'un filet dans lequel on les prenait.

« J'ai voulu savoir, dit M. Martins, quelle était la température de ces animaux, je me suis donc servi d'un petit thermomètre ordinaire, dont le zéro a été bien vérifié, mais dont cependant je ne puis garantir les données à plus de trois ou quatre dixièmes de degré. J'introduisis ce thermomètre immédiatement après avoir fait une boutonnière à l'abdomen de quatre Lemmings, et j'obtins les nombres suivants :

Premier.	39,5 C.	moyenne 39,5 C.
Deuxième.	39,3	
Troisième.	40,2	
Quatrième.	39,0	

TRIBU DES CASTORS.

Les *Rongeurs* qui forment la TRIBU des CASTORS se distinguent par la conformation de leurs dents, par leur mode de vie essentiellement aquatique, par leur queue déprimée, écailleuse, et élargie en une véritable palette.

GENRE CASTOR.

Le GENRE CASTOR ne comprend qu'une seule espèce vivante, laquelle se trouve dans une grande partie de l'hémisphère boréal. Cet animal est célèbre par ses mœurs et les services qu'il rend au commerce; il est anciennement connu en France sous le nom de *Bièvre*, nom qui se rapproche plus ou moins de celui par lequel on le désigne encore aujourd'hui dans presque tout le reste de l'Europe. C'est un Mammifère d'une taille variable, mais approchant assez de celle du chien basset; à formes lourdes et ramassées. Son pelage, variant du noir au roux-marron, au fauve-gris, et même au blanc, mais constamment plus foncé sur les parties supérieures que sur les parties inférieures du corps, est composé de deux sortes de poils : les uns soyeux, longs et brillants, les autres gris, courts, touffus, d'un éclat métallique, d'une finesse extrême et imperméables à l'humidité. Chacun de ses quatre pieds est garni de cinq doigts munis d'ongles propres à fouir la terre ; ceux de devant ont ces doigts courts, petits et séparés ; ceux de derrière au contraire sont entièrement palmés, et paraissent conformés pour la natation, aussi bien que les pattes des oies et des cygnes ; ils ont encore, de plus que ceux de devant, un ongle double, obtus, tranchant et oblique au second de leurs doigts, beaucoup plus allongé. La queue, aplatie horizontalement et de forme presque ovale, est couverte d'écailles hexagonales, petites, analogues à celles des poissons, et est ordinairement longue d'un pied, épaisse d'un pouce et large de cinq à six pouces. Elle a d'ailleurs une teinte d'un gris-brun ardoisé.

Dans l'Amérique septentrionale, les *Castors*, qui vivent par troupes nombreuses au milieu des vastes forêts qui couvrent cette partie du monde, construisent des habitations dans lesquelles tout semble avoir été disposé avec un art merveilleux. Les huttes, placées au milieu de l'eau, ou sur ses bords, n'ont aucune issue à l'extérieur, et les *Castors* sont obligés de plonger pour parvenir dans leur intérieur. Suivant que les localités l'exigent, ces animaux savent varier leurs constructions ; dans certains fleuves qui sont sujets à changer de niveau, ils les protègent par des digues très-bien exécutées.

Rien n'est plus digne d'intérêt que la précision avec laquelle chacun veut concourir aux travaux communs ; les uns disposent les matériaux recueillis, tandis que les autres vont se les procurer ; leurs dents puissantes leur permettent de couper des arbres avec facilité ; mais, comme leurs forces musculaires ne suffisent pas toujours pour les transporter, ils ont soin de choisir un bois situé au-dessus de leurs constructions, et placent l'arbre à flot, à l'endroit où ils l'ont abattu ; il leur est ensuite facile de le diriger en descendant le courant.

Les Castors de l'Europe ne manifestent pas une aussi grande habileté; ils ne construisent pas, ils se contentent de creuser le long des grands fleuves des terriers où ils se tiennent. Cependant le Castor Européen et celui d'Amérique ont les mêmes penchants, les mêmes facilités instinctives pour construire ; et si l'un et l'autre ne les manifestent pas également, cela tient aux circonstances dans lesquelles ils sont aujourd'hui placés. Frédéric Cuvier a observé, au Muséum d'Histoire Naturelle, les constructions exécutées par un Castor Européen. C'était vers le plus fort de l'hiver ; un Castor pris sur les bords du Rhin avait été placé dans une grande cage, à laquelle se trouvaient deux grilles opposées l'une à l'autre et établissant un fort courant d'air. Le froid devint bientôt plus violent, et l'animal, exposé à toute sa rigueur, fit tous ses efforts pour s'y soustraire. Les carottes, les petits morceaux de bois et mille autres objets qu'on avait apportés pour sa nourriture ou son amusement furent aussitôt mis en usage, et formèrent les principaux matériaux d'un mur que l'animal compléta avec la neige que le vent avait jetée dans sa cage. Ce mur improvisé fut placé à l'une des ouvertures qui établissaient le courant d'air, et le lendemain, lorsqu'on l'aperçut, il avait déjà acquis par la congélation d'une partie de ses matériaux une grande solidité. C'est ainsi qu'un animal né au milieu des Castors, qu'il n'avait jamais vus construire, trouve dans ses facultés et son organisation assez d'habileté pour le faire aussi bien que ceux qui travaillent en société.

On a vu des Castors apprivoisés, et on a même observé

que dans cet état, aussi bien que dans leurs forêts et leurs étangs, leur queue est pour eux un instrument de percussion, une rame pour la natation, un moteur pour se précipiter rapidement au fond de l'eau, et revenir à la surface avec la même célérité. Tout fait présumer que ces animaux s'accoutumeraient à vivre près de l'homme, et sous sa tutelle; qu'ils consentiraient à résider, comme le cygne domestique, sur une pièce d'eau qu'on lui aurait préparée, dans une cabane qui ne serait pas son propre ouvrage. Les mœurs de cette espèce inoffensive offriraient un spectacle attrayant : rien de plus gracieux, dit-on, que les jeux des petits castors. On lit dans la narration du voyage du capitaine Franklin dans les mers Polaires une anecdote que nous nous plaisons à transcrire : « Un négociant qui avait « fait un long séjour dans le pays contigu à la baie d'Hud- « son vit un jour cinq jeunes Castors qui s'amusaient dans « l'eau, sautant sur un tronc d'arbre, se poussant l'un « l'autre, et faisant à qui mieux mieux mille espiégleries « enfantines. A la faveur de quelques broussailles, il s'a- « vança très-près de ce groupe, arma son fusil, et s'ap- « prêtait à faire feu : mais il était père ; le tableau qu'il « avait sous les yeux était une image si naïve, si vraie de « sa propre famille! il fut désarmé, et ne tira point. »

Pour que les Castors puissent se livrer à leur admirable industrie, il leur faut une entière sécurité. Dès qu'ils sont inquiétés, ils abandonnent leurs étangs et leurs cabanes, et n'en construisent plus. Cet animal se résout alors à creuser des terriers au bord d'une rivière ; il les multiplie assez pour que ces asiles ne puissent être découverts tous à la fois, et qu'il puisse, en plongeant sous l'eau, aller de l'un à l'autre sans être aperçu. Ses excursions nocturnes sont commencées plus tard, et il pousse les précautions au point qu'on ne trouve nulle part l'empreinte de ses pas; on ne reconnaît les lieux qu'il habite que par les souches des arbres qu'il a coupés. Quelquefois toute la population de la bourgade se met à creuser des terriers autour d'un étang; ce sont des lieux de refuge, dans le cas où les cabanes auraient été forcées. Les chasseurs américains nomment *washes* ces retranchements où le Castor arrive en plongeant, et qu'il rend assez spacieux pour qu'il y puisse respirer à l'aise sans se montrer à découvert.

La chasse des Castors est une occupation d'hiver. On les prend soit en les attaquant dans toutes leurs retraites, soit dans des piéges. De quelque manière que le chasseur s'y prenne, il a besoin de connaître parfaitement les habitudes de ces animaux, de discerner au moyen des plus faibles indices l'emplacement de leurs *washes*, etc. Il faut aussi beaucoup de précautions et d'adresse pour que cet animal ne se méfie pas des piéges qu'on lui tend; son odorat n'est pas moins subtil que celui du meilleur chien de chasse; il reconnaît, même après quelques mois, ce que l'homme a touché, et il l'évite. On ne parvient à faire disparaître cette odeur qu'en frottant les piéges avec de l'*onguent castoreum*, tiré des mâles de cette espèce. La chasse aux piéges est pratiquée principalement dans le bassin du *Missouri*. Autour de la baie d'Hudson, on continue encore l'ancien usage de la chasse à force ouverte, à laquelle toute la population indigène de cette contrée se livre pendant l'hiver. Ce sont les femmes qui vont attaquer les cabanes, afin de faire fuir les *Castors* vers les lieux où les hommes les attendent.

Cette chasse fut autrefois très-fructueuse : en 1840 la seule Compagnie de commerce de la baie d'Hudson vendit soixante mille peaux de Castor. Il n'est pas étonnant que ces animaux deviennent plus rares, car l'imprévoyance et la cupidité des chasseurs tend à faire tarir très-promptement cette source de bénéfice. Il n'y a déjà presque plus de Castors dans les contrées adjacentes à l'océan Atlantique; leur nombre diminue sensiblement autour de la baie d'Hudson; dans le bassin du Mississipi, on n'en trouve plus que dans la partie supérieure du cours des rivières.

Un voyageur a pensé qu'il ne serait pas impossible d'arrêter cette guerre d'extermination, ou d'en diminuer, au moins, les effets destructeurs.

GENRE COUIA.

On a donné le nom de *Couia* ou de *Myopotame* à d'autres Rongeurs aquatiques, qui ressemblent beaucoup aux Castors, si ce n'est que leur queue est ronde et allongée. Ces animaux, qui vivent dans des terriers, au bord des rivières, dans une grande partie de l'Amérique méridionale, fournissent un duvet qui s'emploie en chapellerie comme celui du Castor, et leur peau est aussi un objet important de commerce.

GENRE ONDATRA.

L'*Ondatra* est de la grosseur d'un petit Lapin et de la forme d'un Rat. Il a la tête courte et semblable à celle du Rat d'eau, le poil luisant et doux, avec un duvet fort épais au-dessous du premier poil. Il a la queue longue, et couverte de petites écailles comme celle des autres Rats; mais elle est fort aplatie vers la partie du milieu jusqu'à l'extrémité, et un peu plus arrondie au commencement; il semble qu'elle ait été serrée et comprimée des deux côtés dans toute sa longueur. Les doigts des pieds ne sont pas réunis par des membranes ; mais ils sont garnis de longs poils assez serrés, qui suppléent en partie l'effet de la membrane, et donnent à l'animal plus de facilité pour nager. Il a les oreilles très-courtes, et non pas nues comme le rat domestique, mais bien couvertes de poils en dehors et en dedans ; les yeux grands et de trois lignes d'ouverture ; deux dents incisives, d'environ un pouce de long, dans la mâchoire inférieure, et deux autres, plus courtes, dans la mâchoire supérieure : ces quatre dents sont très-fortes, et lui servent à ronger et à couper le bois.

Ces animaux sont peu farouches, et en les prenant petits on peut les apprivoiser aisément : ils sont même très-jolis lorsqu'ils sont jeunes. Leur queue est fort courte dans le premier âge : ils jouent innocemment et aussi lestement que de petits chats ; ils ne mordent point, et on les nourrirait aisément si leur odeur n'était point incommode.

Comme l'*Ondatra* est du même pays que le Castor, que comme lui il habite sur les eaux, qu'il est en petit à peu près de la même figure, de la même couleur et du même poil, on les a souvent comparés l'un à l'autre ; on assure même qu'au premier coup d'œil on prendrait un vieux Ondatra pour un Castor qui n'aurait qu'un mois d'âge. Au reste, ces animaux se ressemblent assez par le naturel et l'instinct. Les Ondatras, comme les Castors, vivent en société pendant l'hiver : ils font de petites cabanes d'environ deux pieds et demi de diamètre, et quelquefois plus grandes, où ils se réunissent plusieurs familles ensemble. Ce n'est point, comme les marmottes, pour y dormir pendant cinq ou six mois ; c'est seulement pour se mettre à l'abri de la rigueur de l'air. Ces cabanes sont rondes et couvertes d'un dôme d'un pied d'épaisseur ; des herbes, des joncs entrelacés mêlés avec de la terre grasse, qu'ils pétrissent avec les pieds, sont leurs matériaux. Leur construction est impénétrable à l'eau du ciel, et ils pratiquent des gradins en dedans pour n'être pas gagnés par l'inondation qui envahit la terre. Cette cabane, qui leur sert de retraite, est couverte pendant l'hiver de plusieurs pieds de glace et de neige, sans qu'ils en soient incommodés. Ils ne font pas de provisions pour vivre, comme les Castors; mais ils creusent des puits et des espèces de boyaux au-dessous et alentour de leur demeure pour chercher de l'eau et des racines.

TRIBU DES GERBOISES.

Les *Gerboises* se rapprochent des *Rats* par la forme de leurs dents molaires; mais elles ont la queue plus fournie que celle de ces animaux, et souvent terminée par un flocon de poils; leurs membres sont d'ailleurs beaucoup plus longs, surtout les postérieurs : aussi les Gerboises sont-elles très-agiles à la course. Elles progressent par bonds, et vivent pour la plupart dans les contrées désertes des parties les plus chaudes. L'Afrique et l'Asie possèdent un nombre assez considérable de ces Mammifères.

GENRE HÉLAMYS.

L'*Hélamys* est originaire du cap de Bonne-Espérance, cette contrée de l'Afrique où la création animale se montre sous les formes si variées et si extraordinaires. Longtemps confondu, sans nom propre, et avec la désignation vulgaire de *Lièvre sauteur*, dans la famille des Gerboises, ce n'est que par les travaux de F. Cuvier qu'il est devenu le type d'un Genre nouveau, en recevant la dénomination scientifique d'*Hélamys*.

La conformation de l'Hélamys est des plus remarquables. D'une taille et d'une grosseur intermédiaires entre celle du Lièvre et du Lapin, avec lequel il présente d'ailleurs de grandes analogies, il a les membres postérieurs d'une longueur extrême, et terminés par de grands pieds palmés, tandis que les membres antérieurs, excessivement courts et menus, sont pourvus de véritables mains; il porte de plus une queue d'un volume et d'un développement considérables. Sa tête, qui semble modelée sur celle du Lièvre, est animée par de grands yeux noirs, saillants, et décorée de longues oreilles. Sa robe, d'un brun jaunâtre, nuancé de gris sur la tête, le dos, la croupe et les flancs, devient d'un blanc pur sous le menton, la poitrine et le ventre. De longs poils soyeux lui dessinent au-dessus des yeux un sourcil clair-semé, et d'épaisses et longues moustaches ornent ses lèvres supérieures.

La différence pour la forme, la grosseur et la longueur que nous venons de signaler entre les membres antérieurs et les membres postérieurs de l'Hélamys est telle, qu'on ne comprend pas au premier abord qu'il puisse combiner ses jambes de devant avec ses jambes de derrière; mais, ainsi que les Gerboises et les Kangourous, il ne marche pas; il ne fait que sauter, et se sert seulement pour exécuter ses mouvements rapides de ses jambes de derrière, qui, souples et nerveuses, le lancent au besoin, d'un seul effort, à une distance de trois ou quatre mètres. Il s'aide, pour bondir ainsi, de sa queue musculeuse, dont il use comme d'une sorte de balancier, et même, suivant quelques auteurs, comme d'un point d'appui qui faciliterait son élan. Il porte alors la tête droite, et les jambes de devant si exactement appliquées contre le corps, qu'elles disparaissent tout à fait dans les poils de la poitrine. Il ne quitte cette position perpendiculaire de bipède, pour prendre les allures horizontales du quadrupède, que lorsqu'il faut gravir les lieux escarpés ou descendre dans des précipices. Hormis ces cas exceptionnels, ses membres antérieurs font office de bras et de mains pour porter à sa bouche les fruits, les grains, les bourgeons dont il se nourrit, sa conformation ne lui permettant guère de brouter. Lorsqu'il veut savourer à son aise quelques morceaux friands, il s'assied sur le derrière, courbant le dos et étendant devant lui ses longues jambes.

L'Hélamys, qui, comme le Lapin, habite des demeures souterraines, qu'il creuse avec une promptitude merveilleuse, au moyen de ses mains adroites, armées d'ongles tranchants, légèrement recourbés, a le caractère timide et les habitudes paisibles et innocentes. Ce n'est que pendant la nuit qu'il s'aventure à sortir de son terrier pour aller prendre ses ébats et sa nourriture; et même alors il ne s'en éloigne guère, et y revient à grandes enjambées et en poussant un petit grognement sourd aussitôt que le plus léger bruit suspect vient frapper son oreille, toujours attentive. Pendant le jour il demeure constamment chez lui, et passe son temps soit à dormir, soit à mettre en ordre, selon les saisons, les provisions de grains et de fourrage, dont on trouve rarement ses magasins dégarnis. Ces soins ne l'occupent que peu, et de longues heures lui restent à donner au sommeil; aussi a-t-il plus qu'aucun autre animal peut-être perfectionné l'art de dormir. Il s'assied le dos appuyé contre le mur; ses jambes de derrière, portées en avant, sont légèrement écartées et mollement ployées aux genoux. Ces préliminaires accomplis, il courbe la tête jusqu'à ce qu'elle ait trouvé sa place entre les deux genoux ; et alors prenant ses longues oreilles à deux mains, il les rabat sur ses yeux, et les y retient ainsi appliquées en manière de rideaux.

GENRE GERBOISE.

Chez les *Gerboises*, les doigts, au nombre de trois, quatre ou même cinq aux membres postérieurs, sont supportés, comme chez les Oiseaux, par un seul os du métatarse. L'espèce la plus commune de ce Genre est le *Gerboa*, qui est de la taille d'un Rat, et n'a que trois doigts aux membres inférieurs. On rencontre ce Rongeur depuis la Barbarie jusque auprès de la mer Caspienne.

Les *Gerbilles*, qui sont voisines des *Gerboises*, n'ont pas, comme elles, le métatarse composé d'un seul os, et leur système dentaire est encore plus voisin de celui des rats ordinaires ; elles sont de même propres aux régions chaudes de l'ancien continent. Les espèces Américaines du même groupe ont reçu le nom de *Mérions*, qui leur a été donné par Frédéric Cuvier. Ce savant naturaliste a même séparé dans deux Genres distincts les *Gerbilles* et les *Gerboises ;* et dans un travail lu, en 1836, à l'Académie des Sciences il a proposé de donner aux *Gerbilles* le nom d'*Allactagas,* et de laisser aux autres le nom de *Gerboises.*

Les *Allactagas* ne se distinguent pas seulement des Gerboises par le nombre des doigts, puisqu'elles en ont cinq aux pieds postérieurs ; mais elles se distinguent encore par la forme des molaires et par la structure de plusieurs parties de la tête. Ainsi, tandis que dans celles-ci les vraies molaires présentent des replis d'émail nombreux et irréguliers, dans les autres ces replis sont réduits à un seul sur chacune des faces latérales de ces mêmes dents. D'un autre côté, si la structure générale de la tête est la même chez tous ces animaux, et se caractérise par la grandeur du crâne, la brièveté du museau et surtout la grande largeur du trou sous-orbitaire, on y trouve des différences tres-caractéristiques pour chacune de ces divisions. Sous ce rapport les espèces à trois doigts postérieurs sont remarquables, par la grande largeur de la tête et la capacité du crâne, largeur qui est en partie occasionnée par le développement énorme de la caisse et par la largeur de l'arc maxillaire et celle de la partie de l'os jugal qui le borde, l'un et l'autre servant à l'attache des muscles du nez et des lèvres. Chez les espèces à cinq doigts, au contraire, la capacité du crâne est fort réduite, toutes les parties de l'oreille sont ramenées à des dimensions assez petites, et toutes celles qui composent l'arcade zygomatique sont, à bien dire, linéaires; de sorte qu'elles n'offrent que d'étroites surfaces aux muscles qui y prennent leur point d'appui.

TRIBU DES CAMPAGNOLS.

Les Campagnols ressemblent beaucoup aux Hamsters par leur forme, par leurs habitudes et par leur manière de vivre; leurs ongles sont généralement forts et propres à creuser la terre; ils vivent dans des terriers, se nourrissent de grains, de fruits secs, d'amandes, etc.; mais ils s'en distinguent par le *défaut d'abajoues* et par *leur queue longue et velue*. D'ailleurs, ils ne font jamais de grandes provisions, parce qu'ils ne sont pas sujets à l'engourdissement hivernal et qu'ils changent de domicile à chaque changement de saison.

Le nom vulgaire de *Campagnols*, ainsi que la dénomination scientifique d'*Arvicola*, indique que ces animaux fréquentent toujours les champs et les bois, et ne s'approchent jamais des villages ni des lieux fréquentés. L'été ils habitent les terres, et causent aux cultivateurs des torts irréparables; quelquefois ils détruisent entièrement les récoltes. Il y a trente ans, en moins de deux années, les Campagnols occasionnèrent en Vendée une perte de près de trois millions de francs, ainsi que l'établit l'enquête qui fut faite à l'occasion de ce désastre.

GENRE CAMPAGNOL.

Le *Campagnol*, confondu souvent sous le nom de *Rat des champs* avec le *Mulot*, est l'un des *Sous-Genres* du Genre Rat le moins connu, soit à cause de la similitude des espèces voisines, soit à cause de la petite taille des individus et de leur mode d'habitation sous terre. Il est même très-remarquable que les espèces de Sibérie, étudiées par le célèbre Pallas, aient été longtemps mieux connues que celles d'Europe. Linné en fit, dans son grand Genre Rat, une section caractérisée par une queue arrondie, poilue; M. de Selys pense qu'il y aurait lieu d'en former, sous le nom d'*Arvicolines*, une nouvelle famille, qui se placerait tout naturellement entre les *Murines* et les *Léporines*, et à laquelle appartiendraient aussi plusieurs nouveaux Genres de l'Amérique septentrionale, qui ont aussi les dents sillonnées.

Les *Campagnols* sont beaucoup moins omnivores que les Rats et les Souris; plusieurs espèces Sibériennes paraissent même se nourrir exclusivement des bulbes de certaines liliacées.

M. de Selys, au lieu de diviser les Campagnols en

nageurs et en terrestres, les classe d'après la forme de l'oreille externe.

Ceux où l'oreille est presque nulle, cachée sous le poil, forment une première section, comprenant le *Campagnol fauve*, dont la queue, égalant à peine le tiers du corps, est jaunâtre; il diffère du *Campagnol des champs* par sa couleur, d'un fauve plus pur et plus clair en dessus; il est blanchâtre en dessous; sa longueur est de trois pouces deux lignes.

Le *Campagnol amphibie* ou le *Rat d'eau*, dont la queue est plus longue que la moitié du corps et formée de vingt-trois vertèbres; sa longueur excède six pouces.

Ceux qui ont l'oreille externe bien développée appartiennent à la seconde section; ce sont :

Le *Campagnol des champs* de Selys, qui a les oreilles plus longues que le poil, la queue de la longueur du tiers du corps, composée de seize vertèbres, et dont la couleur, assez variable, est d'un fauve jaunâtre plus ou moins gris en dessus et blanchâtre en dessous. Sa longueur est de trois pouces neuf lignes.

Le Campagnol des champs se multiplie excessivement dans certaines années; puis il disparaît presque entièrement, et l'on observe que c'est surtout après une année de sécheresse qu'il est plus rare. Il se nourrit de blé et de racines.

Le *Campagnol souterrain*, dont les oreilles médiocres sont entourées de poils qui les font paraître cachées durant la vie de l'animal; les yeux, de moitié plus petits que ceux de l'espèce précédente; sa queue, de la longueur du tiers du corps, composée de quinze vertèbres, noirâtre en dessus et blanchâtre en dessous; les pieds couverts de poils courts, d'un gris noirâtre, ainsi que le dessus du corps. Sa longueur est de deux pouces neuf lignes.

Le *Campagnol roussâtre* est long de deux pouces neuf lignes, d'un roux ferrugineux, assez vif en dessus, gris cendré sur les côtés et blanchâtre en dessous. Ses pieds sont blanchâtres, ses yeux sont proéminents, ses oreilles assez longues ; ce qui le distingue du Campagnol souterrain : ses doigts sont aussi proportionnellement plus allongés, sa queue est aussi longue que la moitié du corps.

Le *Rat d'eau* est aussi une espèce de Campagnol ; il est un peu plus grand que le Rat commun, et habite au bord des eaux, mais il nage et plonge mal.

M. Ch. Martins a trouvé une nouvelle espèce de Campagnol dans des montagnes, au-dessus de la limite des neiges perpétuelles, sur le sommet du Faulhorn, à 2,708 mètres au-dessus de la mer, dans un lieu où le froid atteint de 20 à 25 degrés centigrades au-dessous de zéro.

TRIBU DES CHINCHILLAS.

Ce groupe, créé par MM. Isidore Geoffroy-Saint-Hilaire et d'Orbigny, ne comprend que le *Chinchilla* ordinaire. Cet animal a longtemps été confondu avec le Hamster. Il se trouve maintenant compris dans cette grande famille, tout Américaine, qui correspond au GENRE CAVIA de Linné, à côté des *Agoutis* et du *Cochon d'Inde*.

Il est assez bizarre que l'on ait ignoré jusqu'à ces dernières années et la forme extérieure et l'organisation anatomique d'un animal que recherche le plus le luxe des nations civilisées, et qu'on ait importé en Europe depuis des siècles les douces et belles fourrures qui avaient enveloppé de petits êtres dont on ne soupçonnait ni le caractère, ni les mœurs, ni même l'origine.

Le silence gardé par les marchands Péruviens, ou l'ignorance où ils étaient des habitudes du *Chinchilla*, ont donné carrière aux conteurs, et nous ne manquons pas de récits fantastiques sur ces animaux, pas plus qu'on n'en a manqué à l'égard de l'Hydromis, dont la fourrure orangée est une richesse pour l'habitant des îles du canal d'Entrecasteaux. L'abbé Molina, dont l'*Essai sur l'histoire naturelle du Chili* fut publié à Bologne en 1782, a décrit le premier le Chinchilla comme une espèce du Genre Mus de Linné; dans la dernière édition de son ouvrage, publiée en 1810, le Chinchilla est placé dans le Genre Hamster, et porte en synonymie le nom de *Mus Laniger*. C'est à MM. Bennett et Becchy que la science doit une connaissance plus exacte des mœurs de ce Rongeur; ils purent s'en procurer quelques-uns dans un voyage qu'ils firent en 1831 sur la côte nord-ouest de l'Amérique, et par leurs soins ces animaux purent être étudiés à la Société Zoologique de Londres.

La longueur du corps d'un de ces individus est de près de neuf pouces, et celle de la queue de près de cinq. Ses proportions sont étroites, et ses membres comparativement courts; car la partie postérieure est beaucoup moins longue que l'antérieure. La fourrure est longue, épaisse, serrée, laineuse, quelquefois crispée et mêlée; grise ou couleur cendrée par-dessus et plus pâle dessous. La forme de la tête ressemble à celle du Lapin : les yeux sont gros, larges et noirs; les oreilles larges aussi, nues, arrondies au bout, et presque aussi longues que la tête; les moustaches sont très-fournies, et très-longues, une d'entre elles ayant trois fois la longueur de la tête; plusieurs sont noires et les autres blanches. Il y a quatre petits doigts de pied, avec un rudiment distinct de pouce qui termine le pied antérieur. Le postérieur a le même nombre de doigts, trois d'entre eux forts longs; celui du milieu est plus étendu que les deux autres latéraux, et le quatrième et dernier, très-court, est placé en arrière; tous les doigts, les griffes ou ongles sont courts, et presque cachés par des touffes de poils rudes. La queue est d'environ moitié de la longueur du corps, d'une épaisseur égale partout, et couverte de longs poils touffus. Le poil est ordinairement hérissé vers le dos, et non couché, comme dans les Écureuils.

L'animal se tient généralement assis, et peut aussi se soutenir sur les pieds de derrière. Il mange assis, saisit ses aliments et les porte à la bouche avec les pattes de devant. Sa nourriture consiste principalement en herbes sèches, telles que trèfle et luzerne, dont il paraît très-friand. Molina a écrit que les Chinchillas vivaient en société; et cette opinion est au moins ébranlée par les observations qu'on a faites à Breetonsheel, où un combat féroce fut livré entre deux Chinchillas qui avaient été réunis dans la même cage, et que l'on s'empressa de tenir éloignés pour s'assurer de leur conservation.

Une famille de Chinchillas est ordinairement composée de huit à dix individus; souvent on en trouve réunis en plus grand nombre. Essentiellement sédentaires, ils ne quittent les terriers où ils sont nés que lorsque quelque accident irréparable ou l'excès de population les y contraignent. Il est rare de les rencontrer à plus de vingt pas de leurs habitations, et encore n'est-ce qu'après le coucher du soleil, et après s'être assuré que tout est tranquille autour d'eux. Cette prudence et ce soin d'éviter le danger n'excluent pourtant pas un certain courage. Les Indiens ont assuré à certains voyageurs que les Chinchillas se défendent avec assez d'énergie contre les sarigues, les moufettes et les autres petits carnassiers qui sont leurs ennemis naturels. Leurs cris sont variés, aigus dans l'expression de la crainte; ils ressemblent dans d'autres moments à un roulement sourd. Le Chinchilla se nourrit de plantes bulbeuses, qui croissent abondamment dans ces parties, et il produit, trois fois par an, cinq ou six petits. Il a l'humeur si docile et si douce, qu'on le prend dans les mains sans qu'il cherche à se sauver. Il semble prendre grand plaisir à être caressé. Le place-t-on sur soi, il y reste aussi tranquille que s'il était dans sa propre demeure. Cette douceur extraordinaire est due probablement à sa pusillanimité, qui le rend fort timide. Comme il est excessivement propre, on ne peut craindre qu'il salisse les habits de ceux qui le tiennent, ou qu'il leur communique une mauvaise odeur ; car il en est entièrement exempt. Par cette raison il peut habiter les maisons sans aucun désagrément, et presque sans dépense; celle qu'il causerait serait amplement compensée par le produit de sa fourrure. Les anciens Péruviens, qui étaient plus industrieux que les modernes, ont fait de cette laine des couvertures de lit et des étoffes de beaucoup de prix.

Leur robe est formée d'un poil plus fin que la plus douce soie, très-serré, et pourtant si léger, qu'il s'écarte facilement, et suit toutes les directions d'un faible souffle. La racine en est noire, la pointe blanche, et l'extrémité noire ou blanche, le tout par plaques, de sorte que l'ensemble de cette fourrure est d'un gris pommelé le plus agréable que l'on puisse avoir. Pour être estimé, le Chinchilla doit être le plus foncé possible; les teintes pâles sont moins recherchées, et passent trop facilement au roux. La valeur de cette pelleterie n'est pas très-élevée dans ce moment dans le commerce; chaque peau peut valoir de quatre à cinq francs, et il en faut de cinquante à soixante pour une parure complète.

TRIBU DES LIÈVRES.

Les Rongeurs dont se compose la *Tribu* des Lièvres diffèrent des autres animaux du même ordre par la disposition de leurs dents incisives, qui sont doubles, chacune d'elles en ayant par derrière une autre plus petite. Ils ont cinq doigts devant et quatre derrière, et le dessous des pieds ainsi que l'extérieur de la bouche garnis de poils, comme le reste du corps.

GENRE LIÈVRE.

Les *Lièvres proprement dits* se reconnaissent à leurs longues oreilles, à leur queue courte et à la longueur de leurs pieds de derrière. Ce sont tous des animaux presque nocturnes, et chez lesquels l'ouïe paraît être le sens le plus développé; ils sont extrêmement craintifs, et fuient au moindre danger. Leur marche consiste en une suite de sauts, et leur course n'en diffère que par plus de rapidité. Ils habitent les bois, les taillis, les rochers, viennent quelquefois dans la plaine, et se nourrissent de substances végétales, qui modifient le goût de leur chair, selon qu'elles sont plus ou moins aromatiques : l'on sait, en effet, que telle est la cause de la différence que l'on remarque entre la saveur d'un lapin élevé en domesticité et celle d'un lapin qui dans les bois s'est nourri de thym, de serpolet, etc. Les uns pourvoient à leur sûreté personnelle et à celle de leurs petits en se creusant de profondes retraites, ou en habitant les fentes et les creux des rochers; tandis que d'autres se contentent d'un sillon, d'une souche, d'un taillis ou d'un tronc d'arbre excavé.

Les Lièvres se trouvent dans l'ancien et dans le nouveau Monde, dans les contrées chaudes comme dans les contrées froides, et les diverses espèces de cette famille ont entre elles une telle ressemblance, qu'il est difficile de les distinguer par des caractères particuliers.

Les Lièvres diffèrent des Lapins, non-seulement par les caractères physiques, mais par leurs mœurs. Ils ne se creusent pas des terriers comme ces derniers, et se contentent d'un gîte qu'ils changent de position suivant la saison. La femelle du Lapin met au jour quatre à huit petits à la fois, celle du Lièvre, la *hase*, cinq ou six. Les petits du Lapin ne sont en état de chercher leur nourriture qu'au bout de deux ou trois mois, et habitent auprès de leur première famille. Les levrauts cherchent un gîte à eux, dès qu'ils ne tettent plus, le choisissent loin de leurs parents, et vivent solitaires, excepté en février et en mars. Le Lièvre dort le soir, et ne prend sa nourriture que la nuit. Il s'avance beaucoup plus au Nord que le Lapin, mais, comme lui, il habite toutes les contrées tempérées de l'Europe.

La chair du Lièvre et du Lapin fournit une masse de nourriture assez considérable aux Européens; de leur poil et de celui du Lièvre on fait le feutre dont se composent beaucoup de chapeaux, et leur peau se transforme en gants et en chaussure d'une grande souplesse. Les peaux de Lièvre, garnies de leur poil, sont employées avantageusement comme fourrures.

La médecine faisait, il n'y a pas fort longtemps encore, usage des diverses parties du Lièvre : suivant les préjugés des auteurs, les cendres d'un lièvre brûlé en entier guérissaient de la pierre et des engelures ; la tête de cet animal blanchissait les dents; son sang dissipait les rousseurs et les boutons au visage ; sa cervelle, frottée contre les gencives des enfants, facilitait leur dentition; ses poils arrêtaient les hémorragies, etc.

Parmi les préjugés qui se rattachent à l'histoire du Lièvre, l'un des plus fâcheux est celui qui a fait ranger sa chair parmi les aliments malsains. Les musulmans et les juifs ne sont pas les seuls peuples auxquels elle a été défendue. Si l'on en croit Jules César, les anciens Bretons s'en privaient aussi; et cependant nous ne sachons pas, qu'à moins d'en abuser, la chair du Lièvre soit nuisible.

Les espèces de ce GENRE sont au nombre de plus de dix : 1° le *Lapin ;* 2° le *Lièvre commun de France ;* 3° le *Lièvre variable* des pays situés au Nord, et même, dit-on, dans nos Alpes; 4° le *Moussel de l'Inde;* 5° le *Lièvre d'Égypte;* 6° le *Lièvre du Cap ;* 7° le *Lièvre des rochers*, également du Cap ; 8° le *Topets du Paraguay ;* 9° le *Lièvre de l'Amérique septentrionale*, qu'on voit, dit-on, quelquefois dans le nord de l'Europe; 10° le *Tolaï* des contrées au Nord, etc.

Le *Lièvre commun* se reconnaît à son pelage, d'un gris jaunâtre, à ses oreilles, plus longues que la tête d'un dixième et noires à la pointe, et à sa queue, de la longueur de la cuisse, blanche, avec une ligne noire en dessus. Il vit isolé, et n'a pu encore être réduit en domesticité.

Le *Lapin* est de moindre taille que le Lièvre, et a les oreilles plus courtes que la tête, sans noir au bout ; sa queue est aussi plus courte que la cuisse, et brune en dessus. Il paraît être originaire d'Espagne, mais il est répandu en grand nombre dans toute l'Europe. Il vit en troupe dans des terriers peu profonds, qu'il creuse dans des terrains secs. Il s'habitue très-bien à l'état de domesticité, et à la longue prend alors des couleurs très-variées.

Le *Lapin* des *basses cours* diffère beaucoup de celui des bois. Son poil est en général d'un gris mélangé de fauve, blanc sous le ventre et sous la queue ; mais on en trouve qui sont noirs, tachetés de noir et de blanc, et même d'entièrement blancs : ces derniers ont les yeux rouges. Le *Lapin sauvage,* au contraire, est toujours gris et d'une nuance uniforme.

Cet animal, dont la démarche, le coup d'œil, et jusqu'aux moindres mouvements, décèlent des habitudes pénibles, a dix-huit à vingt pouces de longueur, et n'a guère que six à huit pouces de hauteur. Les pattes de devant sont courtes, grêles et terminées par cinq doigts, entièrement détachés les uns des autres, et armés d'ongles très forts; les pattes de derrière, beaucoup plus longues que celles de devant, n'ont que quatre doigts. Quand il veut courir, il les tend tout à coup avec tant de force et de promptitude qu'elles agissent comme des ressorts élastiques, et lui font faire des bonds prodigieux. Il saute pardessus des haies, franchit des fossés, et s'élance avec la rapidité d'une flèche. Ses oreilles, allongées en cornet et très-mobiles, sont très-favorables pour recueillir le son : aussi entend-il de fort loin; ce qui lui est d'un grand secours pour éviter les dangers qui le menacent. Tous ces brillants avantages se perdent dans le *Lapin domestique.* Il ne sait pas courir; c'est tout au plus s'il marche timidement, et si on l'effraye il se blottit au lieu de fuir. On ne le voit plus dresser les oreilles au moindre bruit, il les laisse retomber paresseuses et inactives. Ses ongles, si forts, grattent faiblement la paille et le gazon, et on le voit, gros et gras, prendre sa captivité en patience et presqu'en affection, car si on le chasse de la basse cour, on l'y voit revenir aussitôt.

Le Lapin sauvage montre plus d'intelligence et de vivacité; il s'enfonce dans le plus épais des bois, choisit un terrain sec, et creuse de profonds terriers, qui sont de petits chefs-d'œuvre de sagacité. Ils ont plusieurs issues en sens opposés, de sorte que l'animal peut toujours compter que, quelle que soit sa direction, le vent apportera à l'une de ces issues le bruit le plus lointain. A peine le Lapin a-t-il creusé son habitation, qu'il s'y retire avec sa femelle. Cette dernière y fait, au bout de six semaines, sept ou huit petits, qui dès l'âge de trois mois sortent du terrier pour en creuser un autre à leur propre usage, non loin de celui qui les a vus naître. Et comme les femelles peuvent faire des petits cinq ou six fois par an, et que les petits produisent eux-mêmes une nouvelle famille au bout de quatre mois, il s'ensuit qu'une seule paire de Lapins peut au bout de l'année en avoir produit un millier. Ceci explique les précautions qu'on est forcé de prendre pour s'opposer à leur trop grande multiplication; car des parties entières de forêt peuvent être fouillées en peu de temps sur tous les sens, et ce nombre infini d'excavations diverses doit nuire aux racines des arbres.

La nature, toutefois, leur a suscité de nombreux ennemis. Les loups, les renards leur font la chasse, et en détruisent sans doute un grand nombre. Les Lapins n'ont d'autre défense contre ces animaux puissants que la rapidité de leur course, qui est pour eux une ressource fort douteuse, et la protection de leur retraite, qui est une protection plus réelle. Mais le terrier qui les garantit des attaques du loup et du renard est ouvert aux fouines, aux furets et aux putois, et ces animaux leur font une guerre continuelle. Ils profitent du moment où le mâle et la femelle sont absents, et quelques minutes leur suffisent pour mettre à mort tous les petits.

GENRE LAGOMYS.

Les *Lagomys* diffèrent des Lièvres par la petitesse de leurs oreilles, par l'égalité de leurs pattes et par le manque absolu de queue; leur taille est aussi généralement plus petite, et ne dépasse pas ordinairement celle du Cochon d'Inde, et quelquefois égale à peine celle du Rat commun. Les Lagomys ont les dents généralement conformées comme celles des Lièvres, une tête moyenne, un museau proéminent, les oreilles petites, arrondies, la queue nulle, et les jambes de devant égales à celles de derrière. La Sibérie est la seule contrée où on les ait encore trouvés. Leurs mœurs ont quelque analogie avec celles des Lapins; comme eux, ils recherchent les forêts les plus sombres et les plus désertes du Nord, et la plupart se creusent des terriers ou cherchent au milieu des rochers les fentes les plus profondes, pour s'y mettre à l'abri des atteintes de leurs ennemis et des vicissitudes de l'atmosphère. Comme ils habitent le climat glacé de la Sibérie, où la neige cache toute la verdure pendant l'hiver, ils sont obligés, pour ne pas mourir de faim durant cette saison, de faire leurs provisions pendant le peu de beaux jours que l'été leur amène. Ces provisions consistent dans de grands tas de foin, qu'ils ont soin de bien faire sécher avant de les former; ils placent ces especes de meules, qui ont ordinairement sept ou huit pieds de large et quatre ou cinq de haut, à une certaine distance de leur demeure, afin qu'elles ne trahissent pas leur retraite. Mais, comme la neige, en devenant épaisse, pourrait intercepter la communication entre leur terrier et leur magasin, ils pratiquent une galerie souterraine qui du premier conduit au centre du second. Par cette prévoyance industrieuse, ils passent toute la mauvaise saison dans l'abondance, pourvu que les chasseurs de zibelines ne découvrent pas leurs provisions; car dans ce cas ils les donnent à manger à leurs chevaux, pour lesquels elles deviennent une ressource inappréciable. Alors les Lagomys, privés des vivres qu'ils s'étaient procurés avec tant de peine, périssent dans leur trou, au milieu des angoisses de la faim. On distingue quatre espèces de ce *Genre,* toutes particulières à la Sibérie : ce sont le *Pika,* l'*Ogoton,* le *Sulgan* et le *Lagomys nain.*

Le *Sulgan* est long de six pouces neuf lignes; son pelage est mélangé de gris et de brun sur son corps; ses flancs et ses pieds sont jaunâtres, le ventre blanchâtre, et la gorge, les lèvres et le nez tout à fait blancs; ses oreilles sont triangulaires, avec une bordure blanche. On le trouve dans les parties méridionales de la Sibérie, où il vit retiré dans des terriers. Il est doux, s'apprivoise aisément, a un cri qui lui est propre et qu'il fait entendre au lever et au coucher du soleil, ce qui sert à déceler sa présence. Il fait sa nourriture des fleurs, des feuilles et de l'écorce du cityse, de l'acacia, du cerisier nain et du pommier sauvage.

Le *Pika,* plus grand que le précédent de trois pouces, habite au pied des Alpes sibériennes, et est généralement d'un roux jaunâtre, avec quelques poils longs, noirs, d'un fauve pâle en dessus; ses pieds sont bruns en dessous, et ses oreilles rondes et noires. Le Pika vit tantôt seul, tantôt en petite société, dans des terriers, qui bien souvent ne sont que de longues fentes de rocher ou des troncs d'arbre. C'est ordinairement vers le milieu d'août que ces petits quadrupèdes se constituent en société pour faire leurs provisions d'hiver. En septembre ou à peu près ils entassent à l'entrée de leur terrier l'herbe sèche qu'ils ont coupée et qui doit servir à les nourrir tant que durent les neiges. Les habitants vont à la recherche de ces amas de fourrage, qui ne sont pas difficiles à découvrir à cause de leur étendue et de leur élévation : on en a vu qui avaient jusqu'à cinq pieds de haut sur huit de diamètre.

L'*Ogoton* ressemble beaucoup au Sulgan, à la couleur et aux mœurs près. Son pelage est d'un gris pâle sur presque tout le corps; ses pieds sont jaunâtres, et son ventre blanc; à la base de ses oreilles se remarquent quelques poils blancs. Cette espèce se plaît dans les terrains pierreux et sablonneux; elle fait aussi ses provisions, mais en moins grande quantité que la précédente. On la trouve au delà du lac Baïkal, dans la Mongolie et dans les montagnes pierreuses de la Sélenga. Elle devient la proie du putois, de l'hermine, et principalement du chat manul.

En Corse et à Nice on a trouvé des ossements fossiles qu'on a soupçonnés devoir appartenir au *Pika*, quoique ces os annonçassent une espèce plus grande et peut-être différente. Dans les brèches osseuses de la Sardaigne on a également découvert des dents et des portions de mâchoire qui semblent provenir d'une espèce un peu plus grande que l'Ogoton, et différente du Lagomys fossile de Corse.

TRIBU DES CABIAIS.

Les *Cabiais*, que l'on pourrait regarder comme intermédiaires entre les Cochons et les Rongeurs, ont pour caractère quatre doigts devant et trois derrière, tous à moitié palmés et armés d'ongles larges, surtout aux pieds de derrière. Ils ont quatre mâchelières partout; les postérieures sont plus longues; les trois antérieures offrent des lames fourchues. Tous ont douze mamelles et produisent de quatre à six petits à chaque portée.

GENRE CABIAI.

Les *Rongeurs* du GENRE CABIAIS n'ont, comme les Lièvres et les Castors, que des clavicules rudimentaires ou imparfaites; ils ont quatre doigts en avant et trois en arrière.

Le *Cochon d'Inde* appartient à ce GENRE; c'est un petit animal qui est originaire de l'Amérique du Sud, où on le trouve encore à l'état sauvage, mais qui aujourd'hui est très-multiplié en Europe, où on l'élève dans les maisons, parce qu'on croit que son odeur chasse les Rats.

Il paraît que le *Cochon d'Inde* est l'*Apéréa* changé par l'influence de la domesticité. Tout le monde connaît la facilité avec laquelle se multiplie ce petit animal, pour peu qu'on prenne de précautions pour le préserver des intempéries de l'air: chaque femelle produit tous les deux mois de cinq à huit petits, qui à leur tour sont en état d'engendrer à l'âge de deux ou trois mois. Une autre particularité fort remarquable dans ce Rongeur, c'est son insensibilité profonde pour sa progéniture et même pour sa propre vie; il se laisse égorger sans tenter le moindre effort pour se soustraire à sa destinée; ce qui explique la triste préférence que lui ont donnée les physiologistes pour les vivisections qui servent de base à la partie expérimentale de leur science.

Le *Cabiai* est à peine égal à un cochon de dix-huit

mois; il a des membranes entre les doigts, point de queue ni de défenses, les yeux grands, les oreilles courtes. Il habite souvent dans l'eau, où il nage comme une loutre, y cherche de même sa proie, et vient manger au bord le poisson qu'il prend et qu'il saisit avec la gueule et les ongles; il mange aussi des grains, des fruits et des cannes de sucre.

Comme ses pieds sont longs et plats, il se tient souvent assis sur ceux de derrière. Son cri est plutôt un braiement comme celui de l'âne, qu'un grognement comme celui du cochon. Il ne marche ordinairement que la nuit, et presque toujours de compagnie, sans s'éloigner du bord des eaux; car, comme il court mal, à cause de ses longs pieds et de ses jambes courtes, il ne pourrait trouver son salut dans la fuite; et pour échapper à ceux qui le chassent, il se jette à l'eau, y plonge, et va sortir au loin, ou bien il y demeure si longtemps qu'on perd l'espérance de le revoir. Sa chair est grasse et tendre; mais elle a plutôt, comme celle de la loutre, le goût d'un mauvais poisson que celui d'une bonne viande: cependant on a remarqué que la hure n'en était pas mauvaise. Le *Cabiai* est d'un naturel tranquille et doux; il ne fait ni mal ni querelle aux autres animaux: on l'apprivoise sans peine; il vient à la voix, et suit assez volontiers ceux qu'il connaît et qui l'ont bien traité. Il est fort commun à la Guiane, et encore plus dans les terres qui avoisinent le fleuve de l'Amazone, où le poisson est très-abondant. Ces animaux vont toujours par couple, le mâle et la femelle; les plus grands pèsent environ cent livres. On en prend souvent de jeunes, qu'on élève dans les maisons.

TRIBU DES PACAS.

Les Pacas tiennent des cobayes par le manque de queue; mais ils s'en distinguent d'abord par une taille plus considérable, ensuite par le nombre de *leurs doigts, qui est de cinq à tous les pieds*, et par *une cavité profonde qu'ils ont sur la joue* et qui s'enfonce sous l'os de la pommette.

Ce sont des animaux fouisseurs comme nos Lapins, auxquels on les a souvent comparés, quoiqu'ils ne leur ressemblent que fort peu, du moins extérieurement. Les *Pacas*, en effet, ont le port lourd, le corps gros et ramassé, la chair grasse et lardée, le poil rude et court. Ils aiment à fouiller la terre avec leur museau.

GENRE PACA.

Le *Paca* habite seul dans son terrier, et il n'en sort ordinairement que la nuit pour se procurer sa nourriture. Il ne sort pendant le jour que pour faire ses besoins, car on ne trouve jamais aucune ordure dans son terrier; et toutes les fois qu'il rentre il a soin d'en boucher les issues avec des feuilles et des petites branches. Ces animaux ne produisent ordinairement qu'un petit, qui ne quitte la mère que quand il est adulte. Au reste, on en connaît de deux ou trois espèces à Cayenne, et l'on prétend qu'ils ne se mêlent point ensemble. Les uns pèsent depuis quatorze jusqu'à vingt livres, et les autres de vingt-cinq à trente livres.

Le Paca se creuse un terrier comme le Lapin; il est beaucoup plus grand que le Lapin, et même que le Lièvre; il a le corps plus gros et plus ramassé, la tête ronde et le museau court; il est gras et replet, et il ressemble plutôt, par la forme du corps, à un jeune cochon, dont il a le grognement, l'allure et la manière de manger; car il ne se sert pas, comme le Lapin, de ses pattes de devant pour porter à sa gueule, et il fouille la terre, comme le cochon, pour trouver sa subsistance. Sa chair est très-bonne à manger, et si grasse qu'on ne la larde jamais; on mange même la peau, comme celle du cochon de lait: aussi lui fait-on continuellement la guerre. Les chasseurs ont de la peine à le prendre vivant; et quand on le surprend dans son terrier, qu'on découvre en devant et en arrière, il se défend et cherche même à se venger en mordant avec autant d'acharnement que de vivacité. Sa peau, quoique couverte d'un poil court et rude, fait une assez belle fourrure, parce qu'elle est régulièrement tachetée sur les côtés.

GENRE AGOUTI.

Les *Agoutis* se distinguent des Cochons d'Inde par leurs jambes, beaucoup plus longues, et par leurs molaires, au nombre de seize, aplaties, creusées de sillons irréguliers, à contour arrondi, échancré au bord interne dans les supérieures, à l'externe dans les inférieures. Les incisives sont plus courbées que dans tous les autres Rongeurs. Ils se séparent d'eux mieux encore par l'absence totale des clavicules, ce qui ne leur est commun qu'avec un petit nombre de genres. Ils ont les jambes de derrière plus longues d'un tiers que celles de devant.

Ces animaux sont très-propres; leur poil, qu'ils peignent et nettoient souvent, à la manière des chats, est toujours lisse et brillant; court et ras sur les membres, il est beaucoup plus long à la partie dorsale et surtout à la croupe. Le pelage est généralement d'un fauve orangé foncé de noir, avec quelques nuances verdâtres. Leur nourriture se compose de fruits, de feuilles, de racines, de noyaux de toutes sortes d'arbres, et même de viande quand ils peuvent s'en procurer. Ils savent se servir de leurs pattes comme nos écureuils pour soutenir leurs aliments et les porter à leur bouche; mais ils le font avec moins d'habileté, à cause de l'absence des clavicules. Ils se logent dans les trous des vieux arbres, qu'ils agrandissent et disposent pour s'en faire une demeure commode.

Ils sont surtout communs à Cayenne, où on les rencontre souvent par troupes de vingt ou trente, et où on les chasse par tous les moyens possibles; ils courent bien, et il est difficile de les forcer en plaine ou lorsqu'ils montent les collines. Leur chair est délicate, quoiqu'elle ait un léger goût de sauvage, et très-recherchée dans un pays où il n'existe presque pas d'autre gibier. On les réduit facilement en domesticité; mais ils sont d'un naturel colère, et si on les irrite on voit leur poil tomber en grande quantité, comme dans certains cerfs ou comme les épines des hérissons.

On connaît quatre ou cinq espèces de ce genre : l'*Agouti ordinaire*, l'*Agouti à crête*, l'*Acouchy*, le *Lièvre Pampas*.

L'*Agouti Patagonien*, dit aussi *Lièvre Pampas* ou *Lièvre des Patagons*, se distingue par ses oreilles, longues de trois pouces, son pelage, beaucoup plus gris et entièrement blanc sous le ventre et sous la gorge. Il est aussi beaucoup plus grand; sa peau, comme celle de tous les Agoutis, s'emploie à différents usages; certains peuples, entre autres les Charruas, s'en composent des vêtements.

L'*Agouti Acuti* est à peu près de la grandeur du Lièvre; sa tête tient davantage du Cochon d'Inde, par la grosseur du museau; la queue ne forme qu'un tubercule conique; les jambes sont fines et sèches : celles de devant ont quatre doigts apparents et un cinquième rudimentaire, et celles de derrière n'en ont que trois, mais plus gros et armés d'ongles triangulaires.

Les pattes postérieures de l'Agouti sont d'un tiers plus longues que celles de devant, ce qui le rend sujet à culbuter, comme le Lièvre, lorsqu'il descend avec rapidité sur un plan incliné. L'animal tient ordinairement ses pattes de l'arrière-train à demi fléchies; dans le repos il s'assied sur ses talons comme l'Écureuil, et dans cette position il s'amuse à se frotter le museau et les oreilles avec ses pattes de devant.

Le poil de l'Agouti est de longueur médiocre, roide, lisse et très-couché; à la croupe il est plus long et un peu relevé; dans cette partie il est d'un jaune cuivré : au reste du corps le pelage est d'un brun fauve et noirâtre; sur la ligne dorsale il est presque noir, ainsi que sur les membres.

La couche externe de l'émail des incisives est d'un jaune très-foncé.

L'Agouti habite les deux Guyanes et le Brésil; il est plus rare dans le Paraguay et dans quelques Antilles, et particulièrement à Sainte-Lucie. On le vend sur les marchés comme gibier estimé. On ne le trouve pas dans les vastes plaines de Rio de la Plata.

On poursuit l'Agouti avec les chiens, ou bien l'on cherche à le piper en contrefaisant sa voix. Les sauvages et les Nègres, qui sont d'une adresse merveilleuse dans ce dernier exercice, en prennent une quantité incroyable. Malgré cela, les Agoutis sont toujours très-nombreux, parce qu'ils se multiplient avec beaucoup de rapidité.

TRIBU DES PORCS-ÉPICS.

Cette dénomination a été donnée à des animaux rongeurs, à cause de leur grognement, qui est à peu près semblable à celui du cochon, et parce qu'ils sont couverts sur toute la surface du corps de piquants roides et aigus. Ils ont la tête forte, le museau gros et renflé, la langue hérissée d'écailles épineuses, les incisives très-fortes, et leurs mollaires, au nombre de quatre partout, cylindriques et à couronne plate, marquées de plusieurs enfoncements, sont composées, comme celles des Castors, de lames d'émail réunies par de la matière corticale. Leurs pieds sont courts et armés d'ongles robustes; les antérieurs ont quatre doigts, et les postérieurs ordinairement cinq; enfin leur clavicule est trop courte pour s'appuyer sur l'omoplate, et se trouve suspendue dans les chairs. Ces animaux vivent dans des terriers, et ont beaucoup des habitudes des Lapins. On en trouve dans presque toutes les parties du monde.

GENRE PORC-ÉPIC.

Les Rongeurs du GENRE PORC-ÉPIC ont, comme les *Hérissons*, le corps couvert de piquants roides et aigus, qui, étant susceptibles d'être redressés, leur servent d'armes défensives contre les attaques de leurs ennemis. Mais ces piquants diffèrent beaucoup par leur nombre et par leur structure. Chez les *Hérissons* ils sont courts, serrés et sans vide intérieur; chez les *Porcs-Epics* ils sont longs, clair-semés et creux, comme les tuyaux d'une plume. Chez les premiers ils adhèrent fortement à la peau, et ne peuvent être arrachés qu'avec effort, tandis que chez les derniers ils ne tiennent presque pas, et tombent souvent dans les fortes secousses que l'animal imprime à son corps, pour se débarrasser des insectes qui l'incommodent ou des ordures qui le salissent.

Le *Porc-Épic* est pourvu, comme le Castor, de très-longues et très-fortes dents incisives, à l'aide desquelles il peut couper les bois les plus durs. Sur le cou, les épaules, la poitrine et le ventre, les épines sont très-courtes, très-grêles et colorées uniformément de brun-noirâtre, tandis que sur la partie supérieure elles sont mélangées de noir et de blanc. Sur la nuque se trouvent des soies et des piquants tous très-longs, formant une espèce de huppe qui quelquefois a plus d'un pied de long. Leur queue est très-difficile à apercevoir parce qu'elle est entourée de longs tuyaux creux de couleur blanche.

Cet animal fuit les lieux habités, et se choisit pour retraite les coteaux pierreux et arides exposés au sud-est et au midi, sur le penchant desquels il se creuse des terriers profonds et à plusieurs issues, où il vit dans une profonde solitude et une grande sécurité. Il passe le jour caché au fond de son gîte, et ne s'occupe de pourvoir à ses besoins que pendant la nuit. Sa nourriture principale consiste en baies, fruits, bourgeons, racines, etc.

On a cru longtemps que les Porcs-Épics avaient la faculté de lancer leurs épines ; mais on a reconnu qu'elles ne se détachent quelquefois de leur peau qu'accidentellement.

Cette espèce se rencontre principalement dans le royaume de Naples et dans les parties méridionales des États romains ; elle existe aussi en Espagne et en Grèce, mais elle y est moins commune. Sa nourriture habituelle consiste en racines, en bourgeons et en fruits sauvages. À l'aide de ses longues griffes, il se creuse des terriers auxquels il donne plusieurs issues. Lorsqu'il est irrité ou effrayé il redresse tous ses piquants; s'il est menacé de trop près, il se précipite sur son adversaire à reculons, cherchant ainsi à préserver sa tête, qui n'est pas pourvue de défenses, et il fait souvent des blessures très-graves parce que l'extrémité des épines pénètre dans la chair. On raconte qu'un gardien de la ménagerie du Muséum d'Histoire Naturelle de Paris, voulant faire passer un *Porc-Épic* dans une cage qui était voisine de la sienne, s'arma d'une planche pour se préserver de ses piquants; mais l'animal se précipita de côté sur le gardien, qui fut heureusement défendu par la précaution qu'il avait prise : les épines de l'animal étaient entrées à plus d'un pouce dans la planche, et y étaient restées fixées.

Lorsque l'hiver arrive ces animaux s'endorment comme les marmottes; toutefois ils se réveillent plus facilement que celles-ci, et dès les premiers beaux jours du printemps ils sortent de leur terrier.

GENRE ATHÉRURE.

Les Athérures sont des Porcs-Épics dont le museau n'est pas renflé et dont la queue est longue; la tête est allongée, et le museau, revêtu d'une peau noire, porte des moustaches de cinq à six pouces de longueur. L'œil est petit et noir; les oreilles sont lisses, nues et arrondies. Il y a quatre doigts réunis par une membrane aux pieds de devant, et il n'y a qu'un tubercule en place du cinquième; les pieds de derrière en ont cinq, réunis par une membrane plus petite que celle des pieds de devant. Les jambes sont couvertes de poils noirâtres; tout le dessous du corps est blanc. Les flancs et le dessus du corps sont hérissés de piquants moins longs que ceux du Porc-Épic d'Italie, mais d'une forme toute particulière; ils sont un peu aplatis et sillonnés sur leur longueur d'une raie en gouttière. Ces piquants sont blancs à la pointe, noirs dans leur milieu, et plusieurs sont noirs en dessus et blancs en dessous. De ce mélange résulte un reflet ou un jeu de traits blancs et noirâtres sur tout le corps de ce Porc-Épic.

Cet animal, comme ceux de son genre, que la nature semble n'avoir armés que pour la défensive, n'a comme eux qu'un instinct repoussant et farouche. Lorsqu'on l'approche, il trépigne des pieds, et vient en s'enflant présenter ses piquants, qu'il hérisse et secoue. Il dort beaucoup le jour, et n'est bien éveillé que sur le soir. Il mange assis en tenant entre ses pattes les pommes et autres fruits à pepin, qu'il pèle avec les dents; mais les fruits à noyau, et surtout l'abricot, lui plaisent davantage : il mange aussi du melon, et il ne boit jamais.

GENRE URSON.

Les Ursons diffèrent de tous les précédents par leurs piquants courts et à demi cachés dans le poil.

L'*Urson*, dit Buffon, aurait pu s'appeler le *Castor épineux :* il est du même pays, de la même grandeur et à peu près de la même forme de corps; il a comme lui, à l'extrémité de chaque mâchoire, deux dents incisives, longues, fortes et tranchantes. Indépendamment de ses piquants, qui sont assez courts et presque cachés dans le poil, l'Urson a, comme le Castor, une double fourrure, la première de poils longs et doux, et la seconde d'un duvet ou feutre encore plus doux et plus mollet. Dans les jeunes les piquants sont à proportion plus grands, plus apparents, et les poils plus courts et plus rares, que dans les adultes ou les vieux.

Cet animal fuit l'eau et craint de se mouiller; il se retire et fait sa bauge sous les racines des arbres creux. Il dort beaucoup, et se nourrit principalement d'écorce de genièvre. En hiver la neige lui sert de boisson, en été il boit de l'eau et lape comme un chien. Les Sauvages mangent sa chair, et se servent de sa fourrure, après en avoir arraché les piquants, qu'ils emploient au lieu d'épingles et d'aiguilles.

GENRE COENDOU.

Les Coendous se distinguent par leur longue queue, qui est nue au bout et préhensile comme celle des sapajous; ils grimpent sur les arbres. Ils habitent en Amérique, le Brésil, la Guiane et la Trinité.

Le *Coendou* est carnassier plutôt que frugivore, et cherche à surprendre les oiseaux, les petits animaux, les volailles. Il dort pendant le jour et court pendant la nuit; il monte sur les arbres, et se retient aux branches avec sa queue. Sa chair, disent tous les voyageurs, est très-bonne à manger; on peut l'apprivoiser. Il demeure ordinairement dans les lieux élevés, et on le trouve dans toute l'étendue de l'Amérique, depuis le Brésil jusqu'à la Louisiane et aux parties méridionales du Canada.

La Guiane fournit deux espèces de Coendous. Les plus grands pèsent douze à quinze livres. Ils se tiennent sur le haut des arbres et sur les lianes qui s'élèvent jusqu'aux plus hautes branches. Ils ne mangent pas le jour. Leur odeur est très-forte, et on les sent de fort loin. Ils font leurs petits dans des trous d'arbres, au nombre de deux. Ils se nourrissent des feuilles de ces arbres, et ne sont pas absolument bien communs. Leur viande est fort bonne ; les Nègres l'aiment autant que celle du Paca. Les femelles ne quittent jamais l'arbre où elles font leurs petits. Ces animaux mordent quand on s'y expose, sans cependant serrer beaucoup.

M. Pictet, professeur à l'Académie de Genève, a décrit une nouvelle espèce de Coendou qu'il a reçue de Bahia. La tête de ce Rongeur est médiocre; il a le front plat, le nez relevé, les yeux petits et les oreilles externes presque nulles. Sa queue est probablement prenante, mais non dénudée en dessous. Ses pattes, médiocres, sont terminées par quatre doigts presque égaux, munis d'ongles forts et arqués; le côté interne du carpe et surtout du tarse forme un élargissement arrondi qui correspond à celui qu'on remarque dans les Sphiggures, et qui représente une sorte de rudiment du pouce.

Tout le corps est couvert de piquants qui ne sont point mélangés de poils. Ces piquants, longs de treize millimètres sur le front, sont dans cette partie assez forts et solides; ils s'amincissent et s'allongent à mesure qu'ils se rapprochent du dos, où ils ont jusqu'à quarante millimètres (sur moins d'un millimètre de diamètre), et où ils sont faibles et régulièrement sinueux. Des piquants analogues recouvrent la queue en dessus, à sa base, et atteignent jusqu'à quatre-vingt-dix millimètres en devenant encore plus flexibles. Au côté inférieur de cet organe ils sont courts et ras. Le côté interne des pattes et le dessous du ventre sont couverts de piquants beaucoup plus faibles, qu'on pourrait presque nommer des poils roides. Les pieds ont des poils rares en dessus; ils sont écailleux en dessous. La queue, sauf dans sa partie basilaire, est couverte de poils soyeux, espacés, qui laissent apercevoir des écailles disposées en verticilles comme dans les Rats; ces poils sont un peu plus courts à l'extrémité, mais aussi abondants en dessous qu'en dessus.

Cette description des parties externes montre de grandes analogies avec les Synéthères et les Sphiggures, qui ont la même forme générale et la même disposition de piquants, quoique ces organes soient bien plus faibles dans l'espèce dont il s'agit ici; mais ces analogies n'existent point pour d'autres organes plus importants.

Dans un savant mémoire sur les *Rongeurs exotiques* ou *mal connus*, M. Brandt a proposé la révision du GENRE HYSTRIX, qu'il considère comme une *Famille naturelle*. Il divise cette famille en deux sous-familles, qu'il distingue par les épithètes de *Philogeæ* et *Philodendræ*. A la première de ces sous-familles appartiennent toutes les espèces fouisseuses, avec molaires à racine unique simple ou seulement divisée au sommet, et qui forment le GENRE HYSTRIX de l'auteur, genre auquel il rapporte : 1° *H. cristata*, L., ou *Porc-Épic* commun ; 2° *H. hirsutirostris*, espèce nouvelle, caractérisée par l'abondance des poils courts qui recouvrent le museau et le sommet des narines. Dans la deuxième sous-famille, ou celle des *Philodendres*, qui sont tous grimpeurs et chez lesquels toutes les molaires ont deux, trois et jusqu'à quatre racines, il comprend d'abord le GENRE ÉRÉTHIZON, qui a la queue courte, non prenante, les pieds de derrière pentadactyles, et tous les doigts munis d'ongles recourbés en faucille : tel est le *Porc-Épic velu* (*Urson* de Buffon) ; puis ensuite un deuxième genre, auquel il propose de donner le nom de *Cercolabes*, à queue longue et prenante, dépourvue d'épines dans sa moitié supérieure, à pieds de derrière ne présentant que quatre doigts développés, munis d'ongles semblables au genre précédent, et où le pouce porte une petite verrue lamellée.

ORDRE VI. — ÉDENTÉS.

On a réuni sous ce nom plusieurs animaux que caractérisent une certaine lenteur et un défaut d'agilité occasionnés par la disposition de leurs membres. Ils ont, en général, les extrémités des doigts enveloppés par de gros ongles sur lesquels ils se traînent péniblement. Leur caractère commun est, non pas de manquer de dents, mais d'avoir ces organes anomaux. Ils n'ont jamais de dents sur le devant des mâchoires, c'est-à-dire de dents incisives; quelquefois ils manquent aussi de canines et de molaires, de sorte que l'animal est alors tout édenté.

Ces animaux ont des formes qui paraissent hétéroclites et bizarres, quand on les compare à celles des autres vertébrés de la même classe. Leurs membres sont toujours mal proportionnés, et les doigts, courts et presque entièrement enveloppés dans des ongles énormes, comme dans des espèces de sabots, ne jouissent d'aucune mobilité. La progression de ces animaux est difficile et embarrassée, et ils sont d'autant plus impropres à la préhension, que leur avant-bras est complétement privé de toute espèce de mouvement de rotation.

Ces particularités organiques empêchent les *Édentés* d'être agiles à la course; leur lenteur est même telle, dans quelques espèces, qu'elles seraient depuis longtemps entièrement anéanties sans leurs ongles robustes, qui leur servent en même temps et d'instrument pour se creuser des terriers où elles se mettent à l'abri des atteintes de leurs ennemis, et d'organes de défense qui repoussent leurs attaques avec vigueur, et leur font souvent des blessures dangereuses.

Les habitudes de ces Mammifères sont extrêmement paisibles, et tiennent beaucoup de celles des rongeurs. Timides par caractère, et privés de dents propres à dévorer une proie vivante, ils ne cherchent jamais à faire du mal aux autres animaux, à moins qu'ils n'en aient été provoqués. Tous leurs efforts tendent à mettre leur vie en sûreté; ils restent tout le jour cachés, soit dans leur souterrain, soit dans quelque fente de rocher; et ce n'est que la nuit qu'ils se hasardent à aller chercher leur subsistance. Des herbes tendres, des feuilles vertes, des cadavres ramollis par la putréfaction, des insectes et surtout des fourmis et des termites, tels sont à peu près les aliments dont la faiblesse de leurs organes masticateurs leur permette l'usage.

Ils forment un groupe tout à fait disparate, dont on trouve des espèces en Afrique, en Amérique et à la Nouvelle-Hollande. C'est dans ce groupe que se rangent ceux de tous les Mammifères qui ont le système tégumentaire le plus profondément modifié, et disposé, soit sous forme de carapace, comme chez les *Tatous* et les *Encouberts*, soit sous forme d'écailles, comme chez les *Pangolins*.

Cet ordre a été partagé par Cuvier en trois Familles.

M. de Blainville a apporté quelques changements à cette classification, en retirant de *l'Ordre* des *Édentés* les Tardigrades et les Monothrèmes, et en y inscrivant les *Cétacés Souffleurs*, qui n'ont d'autres titres à un semblable rapprochement que l'anomalie de leur appareil dentaire.

Voici la classification de Cuvier, dont les caractères sont énumérés dans le Tableau suivant.

ÉDENTÉS.

Point de dents incisives ni à l'une ni à l'autre mâchoire; tantôt des canines et des molaires, tantôt des molaires seulement; souvent point de dents du tout. Ongles enveloppant le bout des doigts, et se rapprochant de la nature des sabots; clavicules au moins rudimentaires.

Trois Familles.

1re *Famille.* TARDIGRADES.

Cette famille ne comprend qu'un seul genre actuellement vivant; c'est celui des *Bradypes* ou *Paresseux;* mais il a existé, aux époques antédiluviennes, d'autres animaux qui s'y rapportaient en partie; ce sont le *Megatherium* et le *Megalonyx.*

Un seul Genre.

Genre unique. *Aï.*

Molaires cylindriques; canines aiguës, plus longues que les molaires; bras et avant-bras très grêles et beaucoup plus longs que les cuisses et les jambes, qui sont comme crochues et tournées l'une vers l'autre; tête petite et arrondie; doigts au nombre de deux, réunis et terminés par deux fortes griffes en forme de crochet.

2e *Famille.* ÉDENTÉS ORDINAIRES.

Museau pointu; ni dents incisives ni dents canines; plusieurs manquent aussi de molaires. Mâchoires très-longues: il leur est impossible de mâcher les substances un peu dures. Malgré la longueur des mâchoires, ces animaux ont l'ouverture de la bouche si étroite, qu'elle ne peut servir à saisir les aliments. Mais cette imperfection est réparée par la structure de la langue, qui devient un organe de préhension.

Quatre Genres.

1er Genre. *Tatous.*

Corps couvert d'un test dur, composé de compartiments semblables à de petits pavés, qui recouvrent la tête, le corps et souvent la queue; carapace formée de trois parties: un bouclier sur le front, un second très-grand sur les épaules, un troisième semblable sur la croupe. Cinq doigts partout, ou seulement quatre en avant.

2e Genre. *Fourmiliers.*

Animaux velus, à museau pointu, privés tout à fait de dents, mais pourvus d'une langue linéaire très-longue, qu'ils insinuent dans les fourmilières, et qu'ils retirent ensuite pour avaler les fourmis que leur salive visqueuse y fait adhérer. Ongles, surtout ceux de devant, fort tranchants.

3e Genre. *Pangolins.*

Pas de dents; langue très-extensible; corps et queue entièrement recouverts de grosses écailles tranchantes.

4e Genre. *Oryctéropes.*

Les molaires sont composées d'une multitude de petits cylindres creux, de substance émailleuse; peau épaisse; corps couvert de poils ras; quatre doigts devant, cinq derrière, munis d'ongles plats, propres à fouir, et non tranchants; langue extensible; queue et oreilles longues.

3e *Famille.* MONOTRÈMES.

Animaux d'une structure bizarre; organisation intermédiaire à celle des trois premières classes de vertébrés, comme le montrent les caractères suivants: des mamelles; des poils; un seul orifice pour les voies fécales, génitales et urinaires. Une double clavicule; un ergot aux pieds de derrière des mâles, pas de conque auditive, ni de dents enchâssées, ni de lèvres charnues: yeux très-petits.

Deux Genres.

1er Genre. *Échidnés.*

Museau très-mince, très allongé, terminé par une fort petite bouche, langue très extensible; corps ramassé, couvert de piquants très-forts, quelquefois entremêlés de poils; pieds courts; ongles robustes, fouisseurs; queue très-courte.

2e Genre. *Ornithorynques.*

Museau allongé, corné, élargi, très-déprimé en forme de bec de canard, garni de petites dentelures. Bouche armée seulement en haut et en bas de deux dents sans racines, à couronne plate. Pieds de devant palmés au delà des ongles, ceux de derrière seulement jusqu'aux ongles.

FAMILLE DES TARDIGRADES.

Leur organisation présente des rapports avec celle des Quadrumanes : ils ont la face courte, des molaires cylindriques, des canines aiguës, plus longues que les molaires, deux mamelles pectorales, des doigts réunis ensemble par la peau, terminés par d'énormes ongles comprimés et crochus. Les clavicules sont incomplètes et réunies au sternum par un ligament; les bras et les avant-bras sont beaucoup plus longs que les cuisses et les jambes; ils marchent avec une difficulté extrême, grimpent assez bien et passent une partie de leur vie suspendus aux branches des arbres, dont ils dévorent les feuilles. On les rencontre dans l'intérieur de l'Amérique méridionale.

GENRE AÏ.

L'espèce la plus remarquable est l'*Aï* ou *Paresseux à trois doigts :* l'organisation de cet animal est très-éloignée de celle des autres Mammifères, et elle se trouve en harmonie parfaite avec sa destination. Ses dents, étant un cylindre d'os enveloppé d'émail et creux aux deux bouts, seraient impuissantes pour broyer des tiges ou des racines : elles suffisent pour écraser des feuilles. Aussi l'existence de l'animal est-elle en quelque sorte liée à celle du seul arbre qu'il préfère : la *cécropie peltée*, que les colons des Antilles connaissent sous le nom de bois trompette. La structure de l'*Aï* est aussi favorable au grimpement qu'incommode pour la marche. La direction de ses ongles, qui, longuement recourbés sous le pied et la main, dans l'état de repos, seraient un inconvénient à terre, est précisément la disposition la plus commode pour les *Paresseux*. Ces mêmes phalanges sont chez les Paresseux maintenues dans un état de courbure, sans aucun effort, et par la seule élasticité de ligaments jaunes, analogues à ceux qui chez les chats tiennent leurs phalanges unguéales redressées. Aussi n'est-il pas étonnant de les voir s'accrocher aux arbres, par les quatre pattes rapprochées, pour reposer et dormir.

La réputation de lenteur extrême que Buffon a faite à ces animaux n'est pas sans doute tout à fait dépourvue de fondement, mais elle est très-exagérée. Les *Bradypes*, fort lents à terre, sont, au contraire, assez agiles dans les arbres ; et on s'expliquera facilement ce contraste si l'on remarque que ces animaux, de même que les Orang-Outangs, les Gibbons, les Loris, sont organisés pour vivre dans les arbres. Si quelques savants les ont trouvés maladroits, défectueux, ridicules, c'est qu'ils observaient les Bradypes dans des circonstances tout à fait défavorables à leur organisme, et parfois aussi dans des climats différents du leur par la température.

Les voyageurs, trompés par des observations superficielles, n'ont pas été peu étonnés lorsqu'ils ont pu voir quel était le naturel des Bradypes observés dans l'Amérique du Sud, au milieu des forêts vierges qui leur servent de demeure. Transportés à bord des bâtiments, ces Mammifères n'étaient pas plus paresseux que dans leurs habitations naturelles, parce qu'ils pouvaient de même s'exercer à grimper.

Les deux espèces de Paresseux, l'*Aï* et l'*Unau* offrent, soit à l'extérieur, soit à l'intérieur, de grandes différences. Le nombre des côtes, celui des vertèbres du col, du dos, de la queue, le nombre des doigts, et enfin toutes les parties du squelette varient dans l'espèce Aï, qui a deux vertèbres cervicales de plus que tous les animaux de la classe des Mammifères.

Chez l'Aï les bras sont deux fois longs comme les jambes, ce qui facilite le grimpement. Le poil de la tête, du dos et des membres, long, gros et sans ressort, donne à cet animal l'air d'être enveloppé de foin. Sa couleur est grise, souvent tachetée sur le dos de brun et de blanc.

L'espèce d'*Aï* dite *à collier* est d'une taille plus grande que toutes les autres. Elle n'a de nu à la face que le bout du nez, qui est noirâtre. La face est à peu près perpendiculaire, et le crâne élevé en avant.

L'Unau a une queue fort courte, cachée dans le poil; ses bras sont à proportion moins longs que ceux des Aïs. Le pelage est plus court et plus gros que dans les autres espèces; il est uniformément d'un brun roussâtre terne.

Ces deux espèces de Paresseux ont quatre estomacs, et néanmoins ne sont pas ruminants. MM. Quoy et Gaimard ont eu vivants quelques jours, sur *l'Uranie*, et ensuite ont disséqué deux Paresseux Aïs. L'estomac était rempli de tiges de céleri : c'était la seule nourriture acceptée par l'Aï depuis l'épuisement de la provision de feuilles de cécropie.

Ils virent aussi qu'il fallait beaucoup rabattre de la lenteur attribuée à l'Aï. Tout l'équipage de *l'Uranie* le vit monter, en vingt-cinq minutes, du gaillard d'arrière au haut du grand mât; il parvint successivement, en moins de deux heures, au sommet de tous les mâts, en allant de l'un à l'autre, par les étais. Une autre fois, étant descendu par l'échelle du gaillard d'arrière, et touchant l'eau par une de ses pattes, il s'y laissa volontairement tomber, et nagea aisément en tenant sa tête élevée.

Ces animaux sont plus actifs la nuit que le jour, et

marchent à terre comme les chauves-souris. Quand on les approche, ce qui est rare, ils s'asseoient les jambes allongées sur une même ligne et levant l'un après l'autre les bras, qu'ils étendent et ramènent sur la poitrine pour accrocher ce qu'on leur présente. S'ils le saisissent, on ne peut leur faire lâcher prise qu'après la mort. On ne les décroche des arbres qu'après plusieurs coups de fusil. De Lalande, aidé de son domestique, a vainement essayé pendant une demi-heure d'étrangler un Aï avec une corde de la grosseur du doigt. L'animal ne cessait d'étendre et de ramener ses bras en crochets vers la poitrine, ce qu'il fit encore pendant plusieurs heures au fond d'un tonneau d'alcool où on le tint submergé. Pison avait disséqué vivante une femelle d'Unau qui était pleine ; elle se remuait encore en totalité, et contractait ses pieds longtemps après l'arrachement du cœur et des viscères.

Les Paresseux craignent beaucoup le froid et la pluie. Leur voix se fait rarement entendre ; l'Aï articule son nom ; le Paresseux à collier pousse de temps en temps un petit cri aigu et court, peu différent de celui de l'Aï. Ils ne viennent à terre, où l'on dit qu'ils se laissent choir du haut des arbres, que lorsqu'ils ont épuisé le feuillage. La position la plus fatigante pour eux, c'est d'être à terre : leur repos, c'est de se tenir accrochés : l'extrême prédominance des muscles fléchisseurs et le mécanisme de leur squelette l'expliquent assez. A chaque portée la femelle met bas un seul petit. Buffon a vu, en France, un Unau qui montait et descendait, plusieurs fois par jour, l'arbre le plus élevé. Son sommeil était plus long par un temps froid. Il dormait quelquefois dix-huit heures de suite.

FAMILLE DES ÉDENTÉS ORDINAIRES.

Ceux-ci se reconnaissent à leur museau pointu. On doit remarquer dans cette FAMILLE plusieurs GENRES.

GENRE TATOU.

Les *Tatous*, animaux très-singuliers, dont la tête, le corps et souvent la queue sont recouverts par un test écailleux et dur, composé de compartiments semblables à de petits pavés. Cette substance forme un bouclier sur le front, un second très-grand et très-convexe sur les épaules, et, entre ces deux boucliers, plusieurs plans parallèles et mobiles, qui donnent au corps la faculté de se ployer. La queue est tantôt garnie d'anneaux successifs, tantôt seulement, comme les jambes, de divers tubercules; il y a quelques poils épars, rares, longs et durs comme des soies de porc.

Ces animaux ont de grandes oreilles, de grands ongles, tantôt quatre, tantôt cinq devant et toujours cinq derrière. Les Tatous varient en grandeur, depuis la taille du blaireau jusqu'à celle du hérisson; ils sont épais de corps et bas sur jambes. Tous sont originaires de l'Amérique; ils se creusent des terriers, et vivent en partie de végétaux, en partie d'insectes et de cadavres. Ce sont des êtres assez lents, et dont la nourriture consiste principalement en fruits et en insectes. Les Tatous ont aussi des dents, assez semblables pour la forme et la disposition à celles de certains dauphins, et quoiqu'ils appartiennent à l'ordre des édentés, il y en a qui possèdent, comme beaucoup de cétacés, un nombre considérable de ces organes. On connaît aussi une espèce de Tatou qui présente des incisives, plusieurs dents étant insérées dans l'os incisif ou intermaxillaire.

Les espèces connues de ce genre sont au nombre de dix environ. Les Tatous qui ont des dents dans l'os incisif ou intermaxillaire sont les *Encouberts*; d'autres qui en manquent, et qui ont trente-quatre dents seulement, sont les *Tatous Apar, Cachicame, Mulet, Pichiy*, etc., dont on doit rapprocher le *Chlamyphore*, petite espèce propre au Chili.

Le *Chlamyphore* n'a été découvert que plus récemment. Cette espèce nouvelle de quadrupède est parfaitement figurée dans le tome Ier des *Annals of the New-York Lyceum of Nat. History*. Le corps est recouvert en dessus d'un test coriace, verticalement tronqué à la partie postérieure, et formé d'écailles rhomboïdales, disposées par rangées transversales et lisses. Le dessous est garni de poils blancs, soyeux, doux comme ceux de la taupe; le test du dos s'avance sur la tête, qui est aussi recouverte d'écailles; les plantes des pieds sont nues; les ongles de devant sont très-forts et très-comprimés; la queue est ferme et collée sur l'abdomen. Cet animal n'a que cinq pouces deux lignes de longueur totale. Il a été découvert aux alentours de *Mendoce*, dans les Cordilières du Chili; les naturels le nomment *Pichiciago*.

Il vit sous terre comme la Taupe, dont il a les habitudes, et porte ses petits sous son manteau écailleux; sa queue n'a point ou a peu de mouvement.

Les *Kabassous*, qui sont aussi du même Genre, sont remarquables par leur taille, plus grande que celle des autres espèces, et par le nombre de leurs dents, qui ne s'élève pas à moins de quatre-vingt-dix-huit.

On doit rattacher à ce Genre le *Mégathérium*, animal

fossile du Paraguay. Les débris qu'on possède au cabinet de Madrid de ce gigantesque animal antédiluvien permettent de supposer qu'il avait douze pieds de longueur sur cinq de hauteur. La couronne de ses molaires était marquée de sillons transversaux. On en a trouvé un squelette presque entier dans le lit de la rivière de Luzan, affluent de la Plata, au sein des couches alluvioniques de l'Amérique du Sud, à trois lieues de Buénos-Ayres; depuis, on l'a rencontré dans un autre lieu du Paraguay et au Pérou.

Le Mégathérium réunit une partie des caractères génériques des Tatous, avec une partie de ceux des Paresseux, et pour la taille il égale les plus grands rhinocéros. Ses ongles devaient être d'une longueur et d'une force monstrueuses; toute sa charpente est d'une solidité extrême.

Le squelette du Mégathérium ne se trouve que dans l'Amérique méridionale; cet animal était remarquable par la force de ses membres, par ses énormes pieds antérieurs, armés d'ongles propres à creuser la terre, et surtout par la cuirasse osseuse qui recouvrait sa peau, et qui avait une épaisseur de trois quarts de pouce à un pouce et demi.

Chacun des os de cet énorme quadrupède présente des particularités qui au premier coup d'œil paraissent s'accorder difficilement, mais qui deviennent intelligibles quand on les considère dans leurs relations mutuelles, et par rapport aux fonctions de l'animal. La grandeur du Mégathérium excède plus celle des autres édentés vivants dont il est voisin, que la taille d'aucun autre fossile ne dépasse celle de ses congénères vivants. Avec la tête et les épaules du Paresseux, il présente, combinés dans ses jambes et dans ses pieds, les caractères du Fourmilier, du Tatou et du Chlamyphore. Il est même encore plus semblable au Tatou et au Chlamyphore, en raison de son armure osseuse. Ses hanches sont larges de plus de cinq pieds, et son corps est long de douze pieds et haut de huit; ses pieds ont 914 millimètres de longueur, et sont terminés par les ongles les plus gigantesques; sa queue était probablement revêtue par une armure beaucoup plus large que la queue d'aucun autre Mammifère vivant ou fossile. Ainsi grossièrement taillé, et pesamment armé, il ne pouvait ni courir, ni sauter, ni grimper, ni s'enterrer sous le sol; et dans tous ses mouvements il devait nécessairement être fort lent. Mais à quoi eût servi une rapide locomotion à un animal que ses occupations, consistant à déterrer des racines pour s'en nourrir, rendaient surtout stationnaire? L'agilité pour fuir ses ennemis n'était pas nécessaire à un animal dont la carcasse gigantesque était enclose dans une cuirasse impénétrable, et qui d'un seul coup de son pied ou de sa queue pouvait en un instant écraser le couguar ou le crocodile.

Le *Mégalonyx* lui ressemblait beaucoup pour les caractères, mais il était un peu moins fort; ses ongles étaient plus longs et plus tranchants. On en a trouvé en 1796 quelques os et des doigts entiers dans certaines cavernes calcaires de la Virginie et dans une île de la côte de Géorgie; c'est cet animal fossile que décrivit en 1797, à Philadelphie, le vénérable président des États-Unis Jefferson.

GENRE FOURMILIER.

Les *Fourmiliers* sont des animaux velus, à museau pointu; privé tout à fait de dents, ce museau a des proportions qui rappellent le bec de certains oiseaux, tels que les bécasses et les courlis. Ils sont pourvus d'une langue filiforme très-longue, qu'ils insinuent dans les fourmilières et qu'ils retirent après pour avaler les fourmis que leur salive visqueuse y a fait adhérer. Leurs ongles, surtout ceux de devant, sont forts et tranchants; ils varient en nombre suivant les espèces. Ces ongles leur servent à déchirer les nids des insectes appelés termites ou fourmis blanches, et leur fournissent une assez bonne défense. Le grand Fourmilier a quelquefois huit ou neuf pieds de longueur, depuis le museau jusqu'à l'extrémité de la queue. Il est couvert de poils courts et épineux; ses mouvements sont lents, mais il est bon nageur.

Ces animaux sont tous d'Amérique. Jusqu'à présent ils sont trop peu connus pour que les naturalistes soient d'accord sur le nombre d'espèces qu'on doit admettre; ceux que l'on a eu l'occasion de bien observer et de bien décrire diffèrent assez entre eux par leur organisation, et par leur genre de vie, pour qu'on soit autorisé à en former deux groupes distincts. En effet les uns ont une queue prenante, qu'ils emploient comme un cinquième organe du mouvement; tandis que les autres, au contraire, ont une queue lâche, qui ne peut leur être d'aucune utilité pour se mouvoir, et ils diffèrent tous les uns des autres par le nombre des doigts.

Le plus grand et le plus remarquable des Fourmiliers est le *Tamanoir*. C'est un animal grand comme un fort chien, et dont la tête fait le quart de la longueur du corps. Son museau est presque cylindrique, et sa bouche d'un coin à l'autre n'a que quatorze lignes. Sa langue est douce, pointue, flexible, plus large qu'épaisse; et l'animal peut la faire sortir de près d'un pied et demi. Ses oreilles sont petites et arrondies, et son œil est petit et sans cils aux paupières. Il a quatre doigts aux pieds de devant; l'interne est petit, et n'a qu'un ongle assez faible, mais les trois autres sont très-forts et armés d'ongles plus forts encore à proportion. Les doigts de derrière sont au nombre de cinq; ce sont les trois du milieu qui sont les plus grands.

La queue est ordinairement épaisse à sa base, aplatie sur les côtés; elle est garnie de très-longs poils; l'animal la porte horizontalement.

Les Fourmiliers sont des animaux dont les formes sont épaisses, les allures très-lentes et les facultés de l'intelligence très-bornées.

Le *Fourmillier à longues oreilles*, qui a reçu le nom de *Tamandua*, a pour principale nourriture les fourmis; mais tous les insectes lui conviennent, et l'on assure qu'on peut le nourrir en esclavage avec de la mie de pain, de petits morceaux de viande ou de la farine délayée dans l'eau, et que c'est ainsi qu'on est parvenu à en amener en Europe.

Cet animal est toujours seul. Tous ses moyens de défense paraissent être dans la force de ses ongles et dans les muscles vigoureux de ses jambes de devant.

Lorsqu'il est attaqué il s'assied sur son train de derrière, et embrasse son ennemi, qu'il serre jusqu'à ce que l'un ou l'autre périsse. Lorsqu'un homme le rencontre, il peut le chasser devant lui comme une bête de somme, sans que cet animal montre de colère; mais dès qu'on le presse son humeur se manifeste par de violents mouvements de la queue. Enfin, on peut l'assommer à coups de bâton en toute sûreté, et sans qu'il puisse se soustraire à la mort. Il paraît que la femelle ne fait habituellement qu'un seul petit, qui s'attache à sa mère, et se fait ainsi porter partout avec elle. Le Fourmillier vit à la Guyane, au Brésil et au Paraguay.

GENRE PANGOLIN.

Les *Pangolins* manquent de dents, ont la langue très-extensible, et vivent de fourmis et de termites, comme les précédents; mais leur corps, leurs membres et leur queue sont revêtus de grosses écailles tranchantes, disposées en tuiles; quelques soies longues naissent de la base de ces écailles. Ils sont tous de l'ancien continent, d'Asie ou d'Afrique; on les trouve depuis la Chine jusqu'en Bengale, et aussi dans les Iles de la Sonde.

Le nom de *Pangolin* signifie, dans la langue de Java, un animal qui se met en boule. En effet, cet animal se replie sur lui-même quand il est attaqué par un ennemi, et forme une sorte d'anneau armé d'écailles. Ces écailles ne sont pas collées en entier sur sa peau; elles y sont seulement attachées par leur base, et se relèvent ou s'abaissent au gré de l'animal, comme les dards du porc-épic. Elles sont si dures, si grosses, si piquantes, qu'elles rebutent tous les animaux de proie; c'est une cuirasse offensive qui blesse autant qu'elle résiste. Les plus cruels et les plus affamés, comme le tigre et la panthère, essayeraient en vain de dévorer ces animaux : ils les foulent, ils les roulent; mais en même temps ils se font des blessures douloureuses dès qu'ils veulent les saisir : aussi ne peuvent-ils ni les déchirer, ni les écraser, ni les étouffer, en les foulant sous leurs pieds.

Quand le Pangolin se replie sur lui-même, sa longue queue sert de cercle ou de lien à son corps. Cette partie extérieure, par laquelle il pourrait être saisi, se défend d'elle-même ; elle est garnie dessus et dessous d'écailles aussi tranchantes que celles dont le corps est revêtu ; comme elle est convexe en dessus et plate en dessous, elle a à peu près la forme d'une demi-pyramide dont les côtés anguleux sont revêtus d'écailles en équerre, pliés à angle droit, lesquelles sont aussi grosses et aussi tranchantes que les autres. La queue paraît plus solidement armée que le corps, dont les parties inférieures sont dépouillées d'écailles.

Il y a une variété d'espèce de Pangolin qu'on nomme *Phatagin,* qu'on trouve en Guinée et au Sénégal.

Une autre espèce a été récemment découverte par le docteur Horstok, dans l'intérieur de l'Afrique, au delà de Latakon.

Le Pangolin est plus gros que le Phatagin ; et cependant il a la queue beaucoup moins longue ; ses pieds de devant sont garnis d'écailles jusqu'à leur extrémité : au lieu que le Phatagin a les pieds et même une partie des jambes de devant dégarnis d'écailles et couverts de poils. Le Pangolin a aussi les écailles plus grandes, plus épaisses, plus convexes, et moins cannelées que celles du Phatagin, qui sont armées de pointes très-piquantes.

Le Pangolin a jusqu'à six, sept et huit pieds de grandeur, y compris la longueur de la queue.

Le Pangolin et le Phatagin vivent de fourmis, comme l'animal connu spécialement sous le nom de *Fourmilier*. Les Nègres les appellent *Quoguelo* ; ils en mangent la chair, qu'ils trouvent délicate et saine, et se servent des écailles pour plusieurs usages.

Les Indiens supposent de grandes vertus médicinales à plusieurs des parties du Pangolin. La chair est tendre et blanche ; mais elle conserve ordinairement une odeur musquée qui la rend répugnante aux Européens.

Ces animaux sont d'un naturel timide, courent très-lentement, et ne peuvent échapper à l'homme qu'en se cachant dans des rochers ou dans les terriers qu'ils se creusent et où ils font leurs petits.

Le Pangolin indien a été connu de quelques naturalistes grecs, et Élien en parle sous le nom de *Phattagen*. Buffon a adopté ce nom en le changeant en celui de *Phatagin* ; c'est mal à propos qu'il l'a appliqué à l'espèce Africaine.

Le Pangolin de Java a la queue moins grosse que le Pangolin de l'Inde, moins longue que celui d'Afrique. Dans les trois espèces les écailles sont très-résistantes ; elles repoussent la balle, et on assure même qu'elles font feu sous le briquet. C'est sans doute à cause de leur extrême dureté que le Pangolin a reçu, dans la langue Sanscrite, le nom de *Vajracite*, qui signifie reptile pierreux, ou plus littéralement reptile pierre-de-foudre.

GENRE ORYCTÉROPE.

Les *Oryctéropes*, qu'on trouve au cap de Bonne-Espérance, ressemblent aux Fourmiliers par leur conformation générale, par la longueur de leur museau, par l'extensibilité de leur langue et par l'habitude qu'ils ont de se nourrir de fourmis ; mais ils s'en distinguent par leur queue, plus courte, par leurs ongles, plats et fouisseurs, par des poils beaucoup plus rares, et surtout parce qu'ils ont des dents molaires.

Ces animaux, qui sont de grande taille, ont été nommés *Cochons de terre* par les Hollandais de la colonie du Cap, à cause de la lourdeur de leurs formes et du penchant qu'ils ont à creuser la terre. Du reste, ils ont peu de rapports avec le cochon ordinaire : leur museau est plus long et plus pointu, leurs pattes sont plus courtes; leurs doigts sont garnis d'ongles et non pas de sabots; leur corps est couvert de poils plus flexibles et plus rares; enfin leurs mâchoires manquent de dents incisives et canines.

Quant à leurs habitudes, elles tiennent de celles des Fourmiliers et surtout des Pangolins. Les Oryctéropes creusent la terre avec beaucoup de rapidité, et s'y forment une retraite profonde pour se reposer et pour se cacher aux yeux de leurs ennemis. Lorsqu'ils ont faim, ils cherchent une fourmilière; et dès qu'ils l'ont trouvée, ils se couchent auprès, et projettent leur langue visqueuse au milieu des insectes qui l'habitent. Ceux-ci se jettent dessus en foule, et dès qu'elle est bien couverte l'animal la ramène subitement dans sa gueule. En répétant plusieurs fois ce manége il a bientôt apaisé sa faim.

M. Lartet a trouvé dans le Gers des débris fossiles fort voisins des animaux de ce Genre, et qui se rapportent à un animal d'une taille beaucoup plus grande que l'Orycterope. Ce savant naturaliste a appelé ce Fourmilier antédiluvien *Macrothérium*.

FAMILLE DES MONOTHRÈMES.

Elle comprend des animaux d'une construction bizarre, qui aux caractères des Mammifères unissent ceux des ovipares, et dont la place dans la classification des Mammifères est de nos jours encore un sujet de controverse parmi quelques naturalistes. Les *Monothrèmes* n'ont, comme les oiseaux, qu'une ouverture pour les voies fécales, génitales et urinaires; mais on leur trouve sous le ventre des amas glanduleux que la plupart des naturalistes regardent comme des mamelles. Outre les cinq ongles à tous les pieds, les mâles portent à ceux de derrière un ergot particulier, dont l'usage n'est pas encore bien connu, et que les femelles, d'après MM. Quoy et Gaymard, possèdent aussi à l'état rudimentaire. Les rapports des voyageurs et des naturels du pays qu'ils habitent semblaient établir que les Monothrèmes pondaient des œufs comme les oiseaux ; mais ce fait a toujours été regardé comme douteux.

Ils sont particuliers à la Nouvelle-Hollande et à la terre de Van-Diémen.

Les Monothrèmes sont assez intimement liés aux Marsupiaux. La modification qui a servi à les caractériser les rapproche des animaux des classes inférieures, des oiseaux et des reptiles principalement, et se trouve en rapport avec d'autres modifications importantes de leurs organes internes de la génération. Chez les Monothrèmes le canal urétro-sexuel a acquis une grande étendue, ainsi que cela se voit déjà chez les Marsupiaux ; mais au lieu d'être, comme chez ceux-ci et tous les autres Mammifères, séparé du rectum, il aboutit, au contraire, à cet intestin, et contribue à former avec lui une cavité unique, réceptacle commun des produits de l'un et de l'autre, et qui porte le nom de vestibule ou cloaque. Si l'on poursuit l'investigation, on remarque d'autres particularités non moins intéressantes, et qui établissent de nouveaux rapports entre ces animaux et les vertébrés ovipares, auxquels les Monothrèmes conduisent évidemment, et qui ont décidé M. de Blainville à leur donner le nom d'*Ornitodelphes*.

Cette Famille singulière contient deux Genres.

GENRE ÉCHIDNÉ.

Les *Echidnés* sont semblables aux Hérissons, parce que leur corps est couvert, en dessus, de piquants nombreux auxquels se mêlent des poils, tandis qu'en dessous il n'y a que des poils. Le corps est gros et court, le cou à peine sensible; la queue n'est qu'une sorte de tubercule revêtu de piquants; leur museau allongé, terminé par une petite bouche, contient une langue très-longue, et qu'ils étendent au dehors pour s'emparer des insectes dont ils font leur nourriture; ils n'ont point de dents, mais leur palais est garni de plusieurs rangées de petites épines dirigées en arrière; enfin, leurs pieds sont courts et leurs ongles fouisseurs. Ces animaux creusent la terre avec facilité, et se pratiquent près des arbres une demeure souterraine. Ils se roulent en boule comme le Hérisson.

On les trouve dans l'Australie, à la Nouvelle-Hollande et à Van-Diemen. MM. Quoy et Gaymard ont décrit quelques particularités anatomiques sur l'ergot de l'Échidné, sorte d'ongle cylindrique recourbé, pointu, translucide, ayant dans son intérieur un canal qui s'ouvre près de la convexité de la pointe. Il est enveloppé dans les deux tiers de sa base par un cône également corné, brun, qu'on peut enlever sur l'animal vivant par une traction un peu forte. Cette arme est libre dans les chairs; son conduit interne paraît être un vrai canal, et non point, comme dans la dent venimeuse des serpents, un simple repli de paroi. Si cet appareil n'acquiert pas plus de développement à certaines époques de l'année, au temps des amours, par exemple, il faut, disent ces savants voyageurs le considérer comme rudimentaire et incapable de léser en aucune manière. En effet, dans trois voyages que nous avons faits à la Nouvelle-Hollande, nous n'avons pas entendu parler d'accident occasionné par cette piqûre, et nous-même avons touché, irrité cet Echidné sans qu'il ait jamais cherché a se servir de son arme, pas même lorsque nous exercions sur elle une assez forte pression.

GENRE ORNITHORHYNQUE.

Les *Ornithorhynques* ont le corps petit, de forme allongée, la tête petite, la queue très-forte, courte, aplatie, aussi large que le corps à son origine, semblable à celle du Castor, couverte de poils, les membres fort courts, et les antérieurs fort écartés des postérieurs. Le museau est terminé par un bec corné semblable à celui d'un canard, et dont les bords sont garnis, de même, de petites lames transverses. Il n'y a de dents que dans le fond de la bouche, au nombre de deux de chaque côté, en haut et en bas, sans racines, à couronne plate et cornée; la langue est grande et molle, les narines rondes, situées vers l'extrémité supérieure du bec corné; le cou court; la forme générale du corps à peu près cylindrique. Les pieds de devant ont une membrane qui non-se lement réunit les doigts, mais dépasse beaucoup les ongles; à ceux de derrière la membrane se termine à la racine des ongles, circonstances qui font des Ornithorhynques des animaux nageurs. Ils vivent comme les canards en tamisant, pour ainsi dire, la vase des petites rivières qu'ils habitent; pour en séparer les *insectes* et les *larves*. Suivant quelques auteurs, et d'après le rapport des docteurs Jamieson et Patrick-Hill de Sydney, l'ergot placé au pied de derrière serait perforé pour laisser écouler un fluide vénéneux. Le docteur Palmeter, de Windsor à la Nouvelle-Galles du

(1823), M. Meckel (1826), M. Owen (1832); *indirectement*, par MM. Desmarest, Illiger, Lesson, G. Cuvier, en 1817 et 1829, puisque ces différents zoologistes laissent ces animaux dans la classe des Mammifères.

Sans prétendre décider une question qui tenait en suspens des naturalistes de premier ordre, j'ai, dès 1836, dans les *Suites à Buffon* que j'ai publiées pour l'édition du Buffon-Adam, émis l'opinion que l'Ornithorhynque était *vivipare*, et qu'il allaitait ses petits. La plupart des hommes qui font autorité dans la science pensent que la lactation et la génération *vivipare* est essentiellement coexistante. Ainsi Cuvier remarque que la question relative au mode de génération des Monothrèmes sera résolue lorsqu'on aura bien déterminé la nature de leurs glandes abdominales, et qu'on se sera assuré que ce sont des glandes mammaires. Les arguments en faveur de la génération ovipare de l'Ornithorhynque se sont toujours appuyés sur l'opinion que ces glandes ne sont point des mamelles, qu'elles ne recèlent point du lait, mais un liquide odorant, du mucus ou toute autre substance.

Si la génération ovipare, rigoureusement définie, dit Owen, consiste dans ce fait que le fœtus n'est pas attaché par un placenta aux parois de l'utérus, mais reste séparé de ce dernier par sa membrane la plus extérieure, alors non-seulement les Monothrèmes, mais tous les autres Marsupiaux diffèrent du reste des autres Mammifères par le caractère d'une génération ovipare manifestée dans la modification ovo-vivipare; car tous ces animaux ont des glandes mammaires, et forment ainsi la *sous-classe* des *Mammifères ovo-vivipares*.

La nature de la nourriture d'un animal nouveau-né est en rapport nécessaire avec l'organisation et avec les facultés dont il jouit. Dans le jeune Ornithorhynque l'appareil mandibulaire se trouve modifié dans sa structure et ses proportions de manière à être propre à exercer la succion. La langue, au lieu d'être logée très-en arrière dans la bouche, atteint à l'extrémité des mâchoires. Ces mâchoires sont elles-mêmes molles et flexibles ; et l'ouverture de la bouche est précisément de la même étendue que l'espace vers lequel convergent tous les conduits lactifères chez la mère. Y a-t-il donc lieu d'être surpris de trouver du lait coagulé dans l'estomac des petits ?

M. Verreau, jeune et savant naturaliste, a publié sur l'histoire naturelle de ce curieux animal des détails que nous sommes heureux de reproduire, comme ce qui a été dit à ce sujet de plus précis et de plus nouveau, malgré le grand nombre de recherches et de mémoires que l'Ornithorhynque a inspirés.

« Cet animal, dit M. Verreau, quoique assez abondant dans diverses localités de la Tasmanie, aussi bien vers le nord que vers le sud, ne m'a paru nulle part aussi commun que sur les bords de la rivière de New-Norfolk ; là où les anses bordées de roseaux lui offrent un abri sûr et une nourriture abondante. Il m'est arrivé d'en tirer quelques individus sur les montagnes élevées, et surtout sur le mont Wellington, qui a plus de quatre mille toises de hauteur. J'ai remarqué, par le petit nombre de traces que j'y ai observées, que pendant la saison des amours l'Ornithorhynque s'aventurait seulement à franchir ces hauteurs couvertes de neige près de la moitié de l'année, et où l'air est toujours trop raréfié pour lui permettre un long séjour. L'Ornithorhynque habite toujours de préférence les lieux marécageux, et n'est pas cependant aussi aquatique qu'on pourrait le supposer, d'après sa structure. Il se creuse des terriers profonds, c'est-à-dire d'une grande étendue, à quinze ou dix-huit pouces au dessous du sol au plus. Ces terriers comptent deux ou trois issues, et se divisent d'ordinaire en douze ou quinze branches. Le plus souvent une de ces issues communique en dessous ou sur le bord de l'eau, afin de faciliter une retraite en cas de danger. Les terriers creusés dans des terres argileuses, quoique ayant un grand nombre de conduits, ne renferment ordinairement qu'un seul nid, placé tout à fait à l'extrémité la plus éloignée de l'eau et dans un espace plus grand. Cet espace semble pouvoir contenir trois ou quatre de ces animaux. Le nid est composé de débris de roseaux et d'autres plantes aquatiques, et forme un lit assez épais pour mettre les Ornithorhynques à l'abri de l'humidité. Cet animal, qui semble au premier aspect destiné à une vie entièrement aquatique, est cependant un excellent fouisseur. J'en ai vu qui, dans un terrain très-graveleux et très-dur, parvenaient en moins de dix minutes à creuser un trou de deux pieds. Pour cette opération, leurs membranes antérieures, si développées lors de la natation, subissent une curieuse transformation, disparaissent, et ne laissent à découvert que des ongles puissants, qui peuvent également servir à grimper lorsqu'il s'agit de franchir un obstacle. Dans l'attitude qu'il prend pour faire son nid, il serait plutôt possible de prendre cet animal pour une taupe que pour un nageur. J'ai été témoin de leur vivacité à creuser le sol dans les terrains vaseux, qu'ils choisissent de préférence. Le bec sert d'abord à fouir la terre ; puis les ongles manœuvrent ensemble. Une remarque digne d'intérêt, et qui rapprocherait l'Ornithorhynque du Castor, c'est qu'à mesure qu'il creuse il se sert de sa queue pour bâtir et consolider la terre dans tous les sens. Pendant ce travail l'animal, tordu en forme de tarière, tourne sur lui-même. La queue, mue par des muscles puissants, suit le mouvement. J'ai observé le fait sur plusieurs individus vivants, que j'avais placés dans une caisse remplie de terre humide et que je pouvais étudier à toute heure.

Ces animaux nagent et plongent avec une extrême facilité. Leur nourriture se compose d'insectes aquatiques, de larves et de petites coquilles fluviatiles, qu'ils cherchent parmi les herbes qui croissent en abondance sur les rives et parmi les roseaux. Néanmoins, pendant mes veilles réitérées sur les bords ombragés de New-Norfolk, j'ai pu m'assurer qu'ils cherchaient le plus souvent au fond de la vase les larves que je rencontrais toujours en grand nombre dans l'estomac de chaque individu que je disséquais.

Aussi me fut-il facile d'expliquer la présence de cette vase qui s'y trouvait mélangée, l'Ornithorhynque ayant l'habitude de chercher dans cette dernière sa nourriture de prédilection.

Ayant eu à ma disposition plusieurs femelles vivantes, que je tenais dans ma chambre, et en ayant préparé d'autres dans l'intervalle, je ne tardai pas à reconnaître que les glandes mammaires étaient de plus en plus développées avec l'âge, et que les jeunes que j'avais observés devaient encore se nourrir du lait qui se trouvait en abondance dans ces glandes. La disparition subite des jeunes et leur vitesse à reparaître sur l'eau me fit imaginer que le mode de nourriture des Cétacés pouvaient bien avoir une grande analogie avec ce phénomène.

En effet, ayant placé une de mes femelles dans l'eau, et lui ayant imprimé une forte pression sur les mamelles,

destination, d'après moi, que de maintenir la femelle dans l'acte de copulation. Des expériences souvent réitérées, à diverses époques, m'ont attesté que ces crochets n'avaient rien de nuisible ; j'ai même observé qu'en tracassant l'animal jamais il ne cherchait à s'en servir comme moyen de défense.

L'Ornithorhynque, qui par sa structure informe paraîtrait ne posséder aucune intelligence, est cependant susceptible de recevoir de l'éducation. Plusieurs individus que j'avais acquis étaient devenus tellement familiers, que la nuit l'un d'eux cherchait parfois un asile jusque dans mon lit, lorsqu'il pouvait y grimper en s'adossant au mur. Comme j'avais pensé envoyer ma grande collection d'animaux vivants au Muséum de Paris, je m'étais attaché à obtenir le plus grand nombre possible d'Ornithorhynques, et j'étais arrivé au but proposé pour les expédier, en changeant le mode de nourriture de chacun d'eux. Ils mangeaient très-volontiers du riz crevé, mélangé de jaune d'œufs, et au bout d'un certain laps de temps paraissaient même préférer cette nourriture aux insectes et aux larves que je plaçais dans leurs cages. »

L'Ornithorhynque, autrefois très-commun dans la rivière Nepean, aux pieds des montagnes Bleues, y est actuellement rare ; on le trouve plus habituellement à New-Castle, à Fish-River près de Bathurst et dans le Macquarie et le Campbelle ; il ne sort des terriers qu'il se creuse que lors des inondations ou des grandes pluies qui font gonfler les petites rivières qu'il habite.

ORDRE VII. — PACHYDERMES.

Les animaux compris dans cet ordre sont remarquables par le cuir dur et épais dont sont revêtus la plupart d'entre eux : ce sont des *Mammifères ongulés* (c'est-à-dire dont l'extrémité du pied est enveloppée dans un ongle très-grand et constituant un sabot); ils ont l'estomac en général simple et ne ruminent pas. Leurs mamelles sont abdominables et en nombre variable; quelques espèces en ont deux seulement, et alors tout à fait inguinales. Les *Pachydermes* n'ont jamais, comme les *Ruminants*, le front armé de bois ou de cornes. Leur peau n'est que rarement garnie de poils; on y trouve une couche adipeuse plus ou moins épaisse.

Ils présentent, relativement aux dents, de grandes variétés de forme et de structure : chez les uns les incisives sont tranchantes, chez d'autres elles manquent, chez d'autres enfin elles sont remplacées par des défenses. Il en est de même des canines : tantôt elles ressemblent aux canines ordinaires, tantôt elles deviennent des défenses puissantes et dangereuses, tantôt elles manquent complétement. Les molaires sont à surfaces larges, irrégulières et propres à broyer.

Les Pachydermes manquent de clavicules, et n'ont pas la faculté de ployer leurs doigts, qui sont au nombre de cinq, ou de trois, ou d'un seul, rarement de deux. Jamais leurs membres ne sont susceptibles d'autres fonctions que de celle de la progression. Cet *Ordre* renferme les plus gros Mammifères terrestres connus. Sauf le cheval, tous sont lourds, d'une démarche pesante et indolente, très-sales, et aimant surtout à se vautrer dans la fange; aussi demeurent-ils continuellement attroupés dans les lieux couverts et chauds, dans les endroits marécageux, où ils trouvent des tiges aquatiques et des racines convenables à leurs besoins. Quelquefois leur cou est très-court; mais alors, comme dans l'Éléphant, ils sont pourvus d'une trompe susceptible de ramasser à terre tous les objets qu'ils veulent porter dans leur bouche; ou bien, restant presque continuellement dans l'eau, ils peuvent sans se baisser attraper les feuilles et les tiges qui surnagent. Ils n'ont point de mufle, c'est-à-dire d'espace crypteux autour des narines.

Ces animaux, qui se rapprochent par les traits généraux de leur organisation, se distinguent par des points assez importants pour qu'on ait dû les distribuer en divers groupes. Avant d'exposer la classification de Cuvier, nous allons faire connaître la méthode proposée par M. de Blainville. Ce savant naturaliste partage les *Pachydermes* en trois familles :

1° Les *Brutes*, qui ont les doigts en nombre impair et plus d'un seul doigt apparent. Ce sont les *Genres* Tapir, Daman et Rhinocéros;

2° Les *Solipèdes*, ou ceux chez lesquels un seul doigt est apparent. Le *Genre* Cheval est le seul qui s'y rapporte;

3° *Pachydermes*, Hippopotames et Cochons, ainsi que plusieurs *Genres fossiles*.

Cuvier, d'après d'autres principes indiqués dans le Tableau suivant, a partagé les *Pachydermes* en trois familles : les *Proboscidiens*, les *Pachydermes ordinaires* et les *Solipèdes*.

PACHYDERMES.

Pieds à cinq, à quatre, à trois, à un doigt onguié, c'est-à-dire dont une ou plusieurs phalanges sont entièrement enveloppées dans un grand ongle, nommé sabot, qui rend la préhension impossible. Souvent trois sortes de dents, quelquefois deux seulement. Clavicules nulles. Estomac simple ou divisé en plusieurs poches, mais impropre à la rumination. Peau le plus souvent épaisse, nue ou presque nue.

Trois Familles.

1re *Famille.*

PROBOSCIDIENS.

Cinq doigts à tous les pieds encroûtés dans la peau calleuse qui entoure le pied. Incisives saillantes, formant des défenses ; quatre à huit molaires ; trompe très-longue.

Deux Genres, dont un fossile.

Genre *Éléphant.*

Molaires à couronne plate, composées d'un certain nombre de lames verticales formées chacune de substance osseuse enveloppée d'émail et liées ensemble par de la substance corticale. Taille gigantesque. Peau très-épaisse et rugueuse ; oreilles très-vastes et planes ; nez prolongé en une longue trompe mobile.

Genre *Mastodonte.*

Fossile. Molaires à couronne hérissée de pointes coniques, ayant des racines distinctes, une trompe dont l'existence est indiquée par la forme et le volume des os propres du nez. Le cou très-court ; une queue médiocrement longue ; dix-sept paires de côtes ; pieds pentadactyles.

2e *Famille.*

PACHYDERMES ORDINAIRES.

Trois sortes de dents dans le plus grand nombre ; deux au moins dans les autres. Pieds terminés par quatre doigts au plus et par deux au moins.

Trois Genres.

1er Genre. *Hippopotame.*

Pieds terminés par de petits sabots. Très-fortes canines, dont les inférieures sont courbes : quatre incisives à chaque mâchoire. Corps très-massif, dénué de poils ; jambes très-courtes. Ventre traînant presque à terre ; queue courte ; yeux et oreilles petits. Régime herbivore.

2e Genre. *Cochon.*

Les deux doigts du milieu grands et ayant de forts sabots, les deux extérieurs beaucoup plus courts et ne touchant pas la terre. Incisives en nombre variable, canines recourbées dans le haut et latéralement. Molaires à couronne tuberculeuse. Museau tronqué et terminé par un boutoir. Corps couvert de soies.

3e Genre. *Rhinocéros.*

Trois doigts à chaque pied ; peau très-épaisse et rugueuse ; une ou deux cornes de nature fibreuse placées sur la ligne médiane du nez, dont les os sont fort résistants et réunis en voûte pour les soutenir.

3e *Famille.*

SOLIPÈDES.

Un seul doigt apparent et un seul sabot.

Un seul Genre.

Genre *Cheval.*

Six incisives à chaque mâchoire, qui dans la jeunesse ont la couronne creusée d'une fossette. Partout six molaires à couronne carrée, marquées de quatre croissants ; deux petites canines dans les mâles à la mâchoire supérieure, quelquefois à toutes les deux, qui manquent presque toujours dans les femelles. Estomac simple et médiocre ; intestins très-longs.

L'Éléphant, qui est le colosse des quadrupèdes, a dans tout son ensemble un caractère particulier, qui en fait une classe à part. Il est seul de son genre. Il n'y a entre lui et les autres animaux ni analogie, ni ressemblance, ni rapport quelconque : il en diffère par sa taille, par sa conformation et par ses habitudes. Il ne dispute pas la proie des animaux carnassiers; il n'inquiète pas ceux qui vivent dans les pâturages; il vit à l'ombre des forêts; il ne lui faut que des feuilles, des plantes, des branches tendres et de l'eau. C'est de tous les autres animaux celui qui s'approche le plus de l'homme, par une intelligence tout à la fois si fine et si étendue, qu'elle ressemble presque à de la raison. Calme et réfléchi, il est susceptible d'affection; il garde un profond souvenir des injures, et sa vengeance, lentement raisonnée, se manifeste sans fureur; il sait attendre et guetter l'occasion de la satisfaire. Dans le fond des bois où l'homme n'a jamais pénétré, l'Éléphant vit en société, et dans cette société on voit se développer le dédain, l'amour, la bonté, la mémoire, la rancune, la prudence et le dévouement de l'amitié.

Sa force est égale à sa grandeur. On en a vu porter jusqu'à quatre milliers pesant. Armés de deux défenses redoutables, ils renversent ou déracinent les arbres avec une extrême facilité, et leur marche est si lourde qu'on les entend venir d'une grande distance. S'ils mettent le pied sur un arbrisseau, il se brise et s'aplatit comme quand nous marchons sur des fleurs des champs. Pour être lourde, cette marche pourtant n'est pas lente. Ses jambes sont si hautes et ses pas si allongés, que lorsqu'il paraît à peine se mouvoir il va aussi vite qu'un cheval au trot; et s'il court, ce qui n'arrive guère que lorsqu'il est fort animé, on dit qu'il dépasserait facilement un cheval lancé au grand galop. M. Tatem a écrit, il y a quelques années, au *Zoological Magazine* une note sur le mode de progression de l'Éléphant; il a observé que cet animal avance les deux pieds du même côté, comme la Girafe. Cette particularité n'a été mentionnée que par Bishopheber, qui dit : « A Barrakpoor je montai pour la première fois sur un éléphant, dont je ne trouvai pas le mouvement désagréable, quoique bien différent de celui du cheval, puisqu'il avance en même temps les deux pieds du même côté : la sensation est la même que d'être porté sur une chaise à bras. » Le capitaine Williamson le compare au pas d'amble que l'on apprend à certains chevaux.

Maître d'une force prodigieuse, l'Éléphant n'est cependant ni sanguinaire ni féroce. Naturellement doux et social, on ne le voit avoir recours à ses armes que pour se défendre lui-même ou pour protéger ses semblables. Il marche sans cesse de compagnie; et comme il vit près de deux cents ans, il est permis de penser que toute la troupe ne forme qu'une seule et même famille. Le plus âgé paraît en tête, le second d'âge marche le dernier pour veiller à ce que personne ne s'écarte; les plus robustes se tiennent sur les ailes; les femelles et les petits sont au milieu de cette garde de colosses indomptables, qui ressemblent à des forteresses mouvantes.

Ce n'est toutefois que lorsqu'ils craignent quelque danger qu'ils déploient cet ordre et cette tactique, ou lorsqu'ils devinent la présence de l'homme, dont ils ont appris à se méfier. Mais quand ils se promènent dans la vaste solitude des épaisses forêts de l'Asie, ils marchent pêle-mêle et sans précaution. Si un animal ou même un homme viennent à paraître, ils le regardent tranquillement, et le laissent passer sans se déranger; mais si on leur fait la moindre injure, ils courent droit au téméraire, le percent de leurs défenses, l'enlèvent avec leur trompe, le lancent à plusieurs toises, et s'il n'est pas mort de sa chute, ils l'écrasent sous leurs pieds.

Quand une troupe d'éléphants paraît sur une terre cultivée, ils la dévastent en moins d'une matinée. Chacun d'eux engloutit cent cinquante livres de fourrage par jour, et leurs pieds énormes gâtent ou détruisent plus encore que leur appétit ne consomme. Si de l'intérieur d'une habitation on tire sur eux quelques coups de feu, ils s'élancent contre elle avec une force irrésistible, et il est rare qu'ils ne la renversent pas du premier choc. Murailles, toiture, cloisons et solives éclatent, crient et s'abaissent sous cette masse puissante.

On a prétendu que les Éléphants étaient très-sensibles à la musique, et on a fait à ce sujet une expérience qui semblait d'abord très-concluante. Lorsqu'après la conquête de la Hollande on amena à Paris deux Éléphants, mâle et femelle, qui avaient fait partie de la ménagerie du *stathouder*, on eut l'idée de leur donner un concert peu de jours après leur arrivée. Ils parurent en effet fort agités, et on crut même que suivant que l'on variait les airs, le ton ou la mesure, les sentiments qu'ils éprouvaient étaient très-différents. Tous les détails de l'expérience furent consignés par M. Roseau, alors bibliothécaire au Muséum, dans un des numéros de la *Décade philosophique*. Cependant, après l'impression de la note, l'expérience fut répétée à diverses reprises, et elle eut de tout autres résultats; ces deux bêtes ne parurent prêter aucune attention à tous les airs qu'on leur joua, et on finit par bien constater que ce qu'on avait pris d'abord pour un effet de la musique n'était que le résultat du plaisir qu'ils éprouvaient en se voyant pour la première fois réunis ; depuis leur départ, en effet, ils étaient restés séparés, et ce ne fut que lorsque le concert commença qu'on ouvrit les barrières qui divisaient leurs deux loges.

Un voyageur anglais, qui a récemment visité l'Afrique méridionale, a donné quelques détails curieux sur la chasse aux Éléphants, un des amusements particuliers du pays. Ayant réuni quelques amis, il se dirigea vers les collines au milieu desquelles coule la grande rivière aux Poissons (*Fish-River*), et erra près d'un jour entier dans les montagnes, traversant les sites les plus agrestes. Leur guide était un homme de moyenne taille, maigre, actif, avec le teint brûlé du soleil et le coup d'œil rapide et sûr d'un braconnier. Il montait un petit cheval, et était suivi par neuf chiens, qui venaient d'être fort maltraités pour la plupart par un sanglier dont la dépouille pendait à l'arçon du chasseur. Cet homme avait mené une vie aventureuse : d'abord colon anglais au Cap, il avait fait la contrebande en Cafrerie ; puis, riche négociant, il avait perdu dans le commerce tout ce qu'il avait pris par la fraude ; et pour dernière ressource il faisait la chasse aux Éléphants, passant sa vie au milieu des montagnes comme le chasseur de Cooper dans les forêts du Nouveau-Monde.

Nos aventuriers s'enfoncèrent de plus en plus dans ces solitudes désertes, où l'on ne trouve pas de routes frayées ; de temps en temps leur guide s'arrêtait, aspirait l'air du côté où venait le vent, et semblait pressentir l'approche de sa proie. Ses observations sur les traces que laissaient les animaux étaient singulièrement précises : il distinguait celles qui dataient de trois jours de celles qui étaient de la veille ou de la nuit. Enfin il montra du

couleurs variées qu'on lui communique, et qui y adhèrent fortement.

Il se fait à Marseille et à Dieppe un commerce très-étendu de l'ivoire, par la vente des défenses en nature. Dieppe fournit à toute la France de très-beaux ouvrages en ivoire, et avec les débris de cette substance on obtient, par la carbonisation en vaisseaux clos, un charbon animal connu sous le nom de *noir d'ivoire*, qui est employé pour les beaux noirs dans la peinture à l'huile.

M. Darcet est parvenu, en tannant la gélatine extraite de l'ivoire comme on tanne la peau, à la convertir en une écaille factice très-dure, tout à fait semblable à l'écaille rouge ou rousse, aujourd'hui si chère, et avec laquelle on fait les plus beaux ouvrages de tabletterie. La gélatine d'ivoire tannée peut être soudée, comme la corne et l'écaille, et peut très-bien remplacer l'écaille fondue.

Les mâchelières de l'Éléphant sont aussi utiles que les défenses; mais les tables que l'on peut en faire étant moins grandes que celles fournies par les défenses, et leur substance n'étant pas homogène, elles sont beaucoup moins estimées. Les plus beaux ivoires que l'on possède sont fournis par la côte de Mozambique, d'autres viennent aussi du Malabar. Les anciens, qui ont possédé l'ivoire, n'ont pas toujours su quel animal le fournissait. Plus tard, lorsqu'on eut constaté qu'ils étaient un produit de l'Éléphant, on n'en a pas exactement déterminé la nature, et on les a considérés jusqu'au dernier siècle comme étant des cornes, que l'on pensait même être caduques comme les bois des Cerfs. Ces défenses sont de véritables incisives, puisqu'elles sont implantées dans l'os de ce nom; elles tombent dans le jeune âge, comme toutes les dents de lait, mais elles ne repoussent qu'une seule fois.

On connaît deux espèces d'Éléphants : 1° l'*Éléphant des Indes,* qui a la tête oblongue, le front concave, les oreilles d'une médiocre grandeur, et quatre ongles aux pieds de derrière. Il habite l'Asie orientale et une grande partie de l'Asie méridionale, la côte du Malabar, les royaumes de Bengale, d'Aracan, du Pégu, de Siam, et quelques provinces éloignées dans l'empire Chinois; on le trouve aussi dans les grandes îles avoisinantes, Ceylan, l'archipel de la Sonde et les Célèbes. Suivant ces diverses contrées il montre des variétés plus ou moins remarquables, parmi lesquelles on doit signaler celles qui sont blanches, en tout ou en partie, et sont le sujet d'une vénération toute particulière de la part des Indiens.

Les naturels de ces contrées chassent l'Éléphant des Indes, le prennent, le domptent, et l'emploient comme bête de trait et de somme. Ses défenses restent souvent très-courtes.

2° L'*Éléphant d'Afrique* a la tête ronde, le front convexe; ses oreilles sont grandes, et il n'a que trois doigts aux pieds de derrière. Il habite l'Afrique, depuis le Sénégal jusqu'au Cap. Il est plus farouche que celui des Indes, et ses défenses sont beaucoup plus longues; la femelle les a aussi longues que le mâle. L'Éléphant d'Afrique n'est plus aujourd'hui domestique, mais on pourrait facilement le soumettre; les individus que les Carthaginois menaient au combat avec eux étaient de son espèce, l'observation des médailles antiques ne laisse aucun doute à cet égard, puisque beaucoup d'entre elles représentent des Éléphants, dont l'origine est très-facile à déterminer par la grandeur de leurs oreilles.

GENRE MASTODONTE.

Ce nom a été donné par Cuvier à des animaux fossiles voisins de l'Éléphant, à cause des grosses pointes coniques dont la couronne de leurs dents molaires est hérissée.

Dans tout le nord de l'Asie et de l'Europe, ainsi que dans l'Amérique septentrionale, les débris de cette espèce aujourd'hui perdue se trouvent en très-grande abondance; on en rencontre aussi dans des contrées tempérées et même dans le midi, jusqu'en Italie, en Espagne, etc.

Les Géologues ont été longtemps divisés sur la question de savoir si ces animaux ont vécu sous l'équateur, comme leurs congénères d'aujourd'hui, ou bien s'ils trouvaient leur nourriture dans les régions où se voient leurs ossements. Mais il paraît bien constaté, comme Cuvier l'a fait remarquer, que les Éléphants de cette espèce pouvaient vivre sous les zones tempérées et même froides, puisque leurs téguments étaient modifiés pour une pareille température. En effet, on a rencontré plusieurs fois dans les glaces du pôle des individus parfaitement conservés, avec leur chair et leur peau, et on a reconnu qu'ils étaient munis sur tout le corps de longs poils capables de les garantir contre l'intempérie des saisons.

Nous devons aussi parler d'une variété d'*Éléphant fossile* qui a été nommée *Mammouth*, du mot tartare *Mamma* qui signifie terre.

La présence d'un de ces habitants de l'ancien monde fut reconnue, vers 1799, sur les bords de la mer Glaciale; mais alors il n'était pas encore complétement dégagé; ce ne fut que deux ans après, la fonte de la glace ayant continué, que le flanc tout entier de l'animal et une de ses défenses furent mis à découvert; enfin au bout de cinq ans cette masse énorme fut tout à fait débarrassée, et elle vint échouer sur la côte. Un pêcheur Tungouse enleva les défenses, et les vendit cinquante roubles. Deux ans après, M. Adam, aujourd'hui professeur à Moscou, se rendit sur les lieux; mais les Iakoutes du voisinage avaient dépecé les chairs de l'animal pour en nourrir leurs chiens; les bêtes féroces en avaient aussi mangé. Le squelette cependant était presque entier; le cou était garni d'une longue crinière; la peau était couverte de crins noirs et d'une laine rougeâtre : ce qui en restait était si lourd que dix personnes eurent de la peine à le transporter. On retira plus de trente livres pesant de poils et de crins, que les ours blancs avaient enfouis dans le sol humide, en dévorant les chairs. L'animal était mâle : ses défenses étaient longues de plus de neuf pieds en suivant les courbures, et sa tête sans les défenses pesait plus de quatre cents livres. M. Adam mit le plus grand soin à recueillir ce qui restait de cet échantillon unique d'une ancienne création, et il racheta les défenses. On voit maintenant à l'Académie de Saint-Pétersbourg ce curieux monument, qui a été acquis par l'empereur, pour la somme de huit mille roubles.

L'existence de ces cadavres sur les bords de la mer Glaciale n'est pas le seul témoignage de l'antique habitation de cette espèce sur les plages de la Sibérie : quelques îles de cette mer, voisines du rivage où les débris ont été rencontrés, en possèdent elles-mêmes une si énorme quantité, que le rédacteur du *Voyage de Bellings*, en parlant de l'une d'elles, dit que le sol semble être un mélange de sable, de glace et d'ossements de Mammouths.

ou onze pieds de long, sur quatre ou cinq de haut. Ils cherchent leur pâture dans l'eau ainsi que sur terre. On en voit quelquefois trois ou quatre au milieu des rivières ou près de quelque cataracte, formant une espèce de ligne et s'élançant sur les poissons que la rapidité des courants leur amène. Ils nagent avec une grande vigueur, et demeurent longtemps sous l'eau sans avoir besoin de respirer l'air. Ils se dirigent avec tant de précaution et s'élèvent si peu à la surface de l'eau, qu'on peut à peine les voir. Pendant la nuit ils quittent les rivières pour se jeter sur les plantations de sucre, de millet, de riz, qu'ils dévorent avec avidité : ils marchent avec une telle impétuosité, qu'ils écrasent tout ce qui se trouve sur leur passage. Leur caractère féroce les a rendus très-redoutables.

Comme la balle s'aplatit sur la peau de l'Hippopotame et ne sert qu'à le rendre furieux, sans le blesser dangereusement, c'est par des piéges qu'on cherche à s'en emparer. Ce sont des fosses larges et profondes qu'on creuse sur son chemin et qu'on masque avec des branches, des feuilles et de la terre. Une fois que l'animal y est tombé, il n'en peut plus sortir, et on peut facilement le tuer sans s'exposer au moindre danger. Sa chair est assez bonne au goût; sa peau est très-solide et s'emploie à différents usages; enfin, ses dents servent à faire de très-bonnes dents artificielles. L'ivoire en est plus beau que celui de l'Éléphant, mais il a l'inconvénient de jaunir facilement. On n'en connaît qu'une espèce vivante bien authentique. Les terrains meubles de l'Europe renferment les débris *fossiles* de trois ou quatre espèces, dont une n'était pas plus grande qu'un sanglier.

L'*Hippopotame* occupe le troisième rang parmi les

quadrupèdes, quant au volume du corps. Son espèce est confinée dans les régions les plus chaudes de l'ancien continent; et comme on ne le trouve que dans les rivières et les lacs d'une assez grande profondeur pour qu'il puisse s'y plonger et s'ébattre suivant ses habitudes, il est assez rare partout.

Il est maintenant presque inconnu en Égypte, où il fut autrefois assez multiplié : ce n'est plus que dans la Nubie et vers le Darfour, dans la partie supérieure du cours du Nil, que ces animaux se sont maintenus en assez grand nombre pour exercer leurs ravages dans les cultures riveraines, et imposer aux cultivateurs l'obligation d'écarter de leurs champs ces incommodes voisins. Toutefois, on n'en prend guère plus de deux par an dans le Dongolo, contrée de la Nubie qui s'étend à plus de soixante lieues le long du Nil. La chasse fut plus heureuse de 1821 à 1823, car elle procura neuf Hippopotames. Pendant le séjour du voyageur Ruppell en Nubie, en 1824 et 1825, l'expédition dont il faisait partie en tua quatre, dont l'un était d'une grandeur peu commune : la longueur était de treize pieds six pouces (mesure de France), et ses défenses n'avaient pas moins de vingt-six pouces de long. Les chasseurs sont exposés à des périls aussi grands que s'ils avaient à faire à un tigre ou à un lion; l'animal se jette dans la rivière dès qu'il se sent blessé; il est indispensable de suivre ses mouvements dans l'eau. L'arme avec laquelle les chasseurs commencent l'attaque est une lance de fer, bien aiguisée sur les trois quarts de sa longueur, terminée en pointe aiguë, et qui, lancée par un bras vigoureux, entre dans les chairs, après avoir traversé la peau très-dure et très-épaisse de l'Hippopotame. A l'autre extrémité de ce harpon on attache une longue corde, que l'on termine par un flotteur en bois léger.

Pendant le jour, l'Hippopotame dort volontiers au soleil, s'il trouve une petite île où il se croie en sûreté. Quand ses retraites sont connues on peut le surprendre à l'entrée de la nuit, au moment où il se dispose à chercher sa nourriture dans les champs cultivés. Les chasseurs préfèrent les attaques de jour; et ils ont de bonnes raisons pour ne tenter celles de nuit qu'avec les plus grandes précautions. Dès que l'animal est découvert, le harponneur s'approche et lance le trait fatal; le blessé plonge aussitôt, entraînant avec lui le fer, la corde et le flotteur. Si le chasseur n'a pas frappé assez juste ou assez fort, sa vie est en grand danger.

Quoique la première attaque soit ordinairement décisive, il est rare qu'il ne faille pas porter de nouveaux coups à un adversaire aussi robuste et qui se défend en désespéré. Comme il faut qu'il revienne de temps en temps à la surface pour respirer, on saisit ce moment pour lancer de nouveaux harpons, et l'affaiblir par la perte de son sang. Il succombe à la fin, et les chasseurs n'ont plus qu'à faire la curée. Quelquefois l'animal qu'ils ont pris est d'un poids si considérable, qu'ils sont dans la nécessité de le dépecer dans l'eau même, pour réunir ensuite dans leur bateau ces masses de chair qu'ils n'auraient pu soulever sans les diviser. Un Hippopotame est communément du poids de quatre à cinq bœufs.

M. Duvernoy s'est livré, en 1846, à l'examen zoologique de la tête d'un Hippopotame de Choa, et il a établi des différences profondes entre cette espèce et celles soit du Sénégal, soit de l'Abyssinie.

GENRE COCHON.

Les *Cochons* ont aussi quatre doigts à tous les pieds, mais deux sont très-grands, dirigés en avant, et deux très-petits, extérieurs, ne touchent presque pas la terre. Leurs incisives sont en nombre variable, et les canines sortent de la bouche, et se recourbent toutes vers le haut comme de véritables défenses; leur museau est terminé par un boutoir tronqué, propre à fouiller la terre. Ils ont l'odorat très-fin, la langue très-douce. Ils vivent en troupes dans les forêts, où ils se nourrissent de racines et de fruits, quoiqu'ils n'éprouvent pas de répugnance pour la nourriture animale.

Le *Sanglier*, la souche de nos Cochons domestiques, appartient à ce GENRE : son corps est trapu, ses oreilles droites, ses défenses coniques recourbées en dehors, son poil hérissé, noirâtre. Il est plus petit que le porc, et ne varie pas dans sa couleur; il est toujours d'un gris de fer sombre, avec les oreilles, les pieds et la queue noirs. Son museau est plus long que celui du Porc, et ses défenses, qui sortent des deux mâchoires, sont beaucoup plus grandes; elles croissent quelquefois jusqu'à un pied de long; celles de dessous sont les plus redoutables, et font de graves blessures.

Il se retire dans les parties les plus fourrées des forêts, où il se choisit une retraite, appelée bauge, en terme de chasse, d'où il ne sort qu'à la dernière extrémité, lorsqu'il est attaqué. Le mâle et la femelle se réunissent en décembre ou en janvier, et la *Laie* met bas, après cent vingt et quelques jours de portée, six ou huit petits, qui ont une livrée formée de bandes longitudinales, mais irrégulières, d'un brun plus ou moins foncé, sur un fond

La *Race* noire à jambes courtes. Cette *Race* est particulièrement propre au midi de l'Europe; c'est avec sa chair que se font les saucissons de Bologne, et la *Race* de Bayonne paraît se confondre avec elle.

Les *Races* de France consistent principalement dans celle de la vallée d'Auge en Normandie, dont la tête est petite et pointue, les oreilles étroites, le corps long et épais, le poil blanc et rare, les pattes minces et les os petits. Elle atteint le poids de six cents livres. Celle du Poitou, à la tête forte, le frond saillant et le chanfrein droit, l'oreille large et pendante, le corps allongé, le poil rude, les pattes larges et fortes, les os gros; son poids n'est que de cinq cents livres environ. Celle de Périgord a le poil noir et rude, le cou gros et court, le corps ramassé et trapu; cette *Race*, mélangée avec la précédente, a donné naissance à une *Race* pie, intermédiaire, dont les produits sont recherchés.

Le *Cochon* du Hampshire atteint, à un an, un poids de cent cinquante et deux cents kilog. Plus âgé, il irait jusqu'à trois cent et trois cent cinquante. Tous les connaisseurs les mettent aussi au-dessus des porcs français pour la qualité de la chair et la finesse du lard. Doué d'un estomac plus robuste, il est moins difficile sur le choix des aliments. Ces divers avantages tiennent à son excellente conformation et surtout à l'ampleur de ses poumons, capables de décomposer plus d'air et, par suite, de vivifier plus de sang que ceux du Porc ordinaire.

Le *Porc* mâle s'appelle *Verrat*, sa femelle *Truie*, leurs petits *Porcs*, et lorsqu'ils sont privés des facultés génératrices *Cochons*. Jeunes et vieux, les *Pourceaux* aiment les glands, les faînes et tous les fruits sauvages; c'est pour cela qu'on les conduit de préférence dans les bois. Aux champs, ils ramassent la graine tombée des épis dans le temps de la moisson; ils fouillent la terre avec leur boutoir pour y chercher les larves d'insectes et les racines, principalement celles de la gesse et de la carotte, les pommes de terre, et la grosse souche des fougères, dont ils sont très-avides.

Les *Cochons*, omnivores comme l'homme, veulent une nourriture variée, mêlée d'herbes et de farineux ou de substances animales. C'est le besoin de matières essentiellement nutritives qui les pousse à chercher des racines et des vers. C'est à cette cause qu'ils font rapporter la voracité des truies qui mangent leurs petits.

Pour satisfaire à ce besoin la viande leur convient pardessus tout. Une faible ration, de temps en temps, fortifie l'estomac et stimule l'appétit. Quand les Cochons en ont souvent, ils la mangent moins avidement et boivent beaucoup. Prodiguée, cette même nourriture les dégoûte; donnée seule, elle produirait sans aucun doute des maladies fâcheuses. Ainsi, l'usage des débris animaux, qui peut être très-utile dans une porcherie, exige du discernement et de la prudence. Il faut en donner fort peu aux Truies nourrices et aux Porcs d'engrais. Quant aux truies menées en pâture, les aliments herbacés, l'exercice et le bain corrigent le mal qui résulterait pour elles d'un excès de nourriture animale.

Le *Babiroussa* a des formes un peu moins lourdes que celles des autres espèces de ce GENRE; mais c'est une exagération que de le comparer au Cerf pour la légèreté. Il rappelle tout à fait les autres espèces de Cochons; seulement ses pattes sont un peu élevées, et par conséquent son cou un peu plus long; sa tête est plus étroite; les longues défenses du mâle lui donnent une physionomie toute particulière.

La couleur générale de cet animal est un cendré roussâtre. Ses poils sont laineux et courts ; on voit quelques longs poils soyeux s'échapper d'entre les autres. Il a les oreilles externes peu étendues ; son train de derrière est plus élevé que celui de devant ; sa peau est mince et n'est point revêtue en dessous d'une couche de lard. Comme les Cochons, il a l'odorat très-fin, et sa chair a un goût fort agréable. Sa voix ressemble au grognement du Cochon ; il se nourrit d'herbes et de feuilles.

Lorsqu'on chasse les Babiroussas ils se jettent à la mer ; nageant avec facilité, ils passent ainsi, dans l'archipel de l'Inde, d'une île à l'autre. On les apprivoise très-aisément, et il est à remarquer que l'étendue du cerveau d'un Babiroussa est presque du double plus grande que celle du cerveau d'un Sanglier.

3° Les *Pécaris* sont propres à l'Amérique méridionale, où ils représentent les sangliers de l'ancien continent, qui n'y existent pas, du moins à l'état sauvage. Ces animaux ressemblent à notre Cochon domestique, et surtout à la variété que nous appelons *Cochon de Siam*. Ils en diffèrent cependant par plusieurs caractères bien faciles à saisir : ils ont moins de corpulence, sont plus bas sur jambes, manquent de queue, ont les canines à peine saillantes ; et portent sur la croupe, près de la queue, une fente profonde, de laquelle suinte une humeur d'odeur désagréable. La femelle et le mâle se ressemblent entièrement ; ils se réunissent, et vivent ainsi appareillés au milieu des forêts. La femelle met au monde, une seule fois par an, deux petits, qui ont d'abord une teinte roussâtre uniforme. Ce sont des animaux très-faciles à apprivoiser, et qu'on rendrait domestiques comme le Cochon lui-même. Ceux qu'a possédés la Ménagerie vivaient dans la meilleure intelligence avec les chiens et tous les autres animaux de basse-cour ; ils rentraient eux-mêmes à leur écurie, accouraient à la voix, et semblaient goûter les caresses ; mais ils aimaient à être libres ; ils cherchaient à échapper lorsqu'on voulait les faire rentrer de force, et tentaient alors quelquefois de mordre. Ils blessèrent un jeune Sanglier qu'on avait placé avec eux. Ces animaux recherchaient la chaleur ; le froid les faisait beaucoup souffrir et maigrir. Ils étaient nourris de pain et de fruits ; mais en général ils mangeaient de tout, comme le Cochon domestique. Lorsqu'on les effrayait, ils poussaient un cri aigu, et ils témoignaient leur contentement par un grognement léger. Habituellement ils étaient silencieux.

Les Rhinocéros sont de grands animaux trapus et lourds, remarquables par l'épaisseur extrême de leur peau et par la corne solide qu'ils portent sur le nez, dont les os sont très-épais et réunis en une sorte de voûte pour la soutenir. Cette corne, de nature fibreuse et cornée, adhère à la peau et semble être composée de poils agglutinés ; dans son intérieur il n'y a pas d'axe osseux, comme dans les cornes des ruminants.

Ces animaux habitent les parties les plus chaudes de l'ancien continent, et se trouvent généralement dans les lieux où vivent aussi les Éléphants. Ils recherchent des endroits humides et ombragés, et se vautrent, à la manière des Hippopotames et des Cochons, pour assouplir leur cuir. Leur intelligence paraît fort bornée, et leur naturel est farouche et indomptable.

On en connaît plusieurs espèces, dont les unes sont propres aux Indes, les autres à l'Afrique.

Le Rhinocéros, parvenu à toute sa croissance, a douze à treize pieds de long, six à sept pieds de haut ; la circonférence de son corps est presque égale à sa longueur. Il est très-bas sur pattes; et son ventre n'est guère qu'à dix-huit pouces ou deux pieds de terre tout au plus; il se distingue par un organe qui lui est particulier : sa lèvre supérieure, qui s'allonge en pointe et se remue à volonté, lui sert à tordre des poignées d'herbages ou à arracher des racines; cette lèvre est au Rhinocéros ce que la trompe est à l'Éléphant : sans elle il serait privé du sens du toucher.

Sa peau, dépourvue de poils, est si dure et si épaisse, qu'il ne peut la froncer, et qu'il aurait peine à se mouvoir si la nature n'avait ménagé de gros plis à divers endroits, disposition que l'homme a copiée dans les armures de fer des anciens chevaliers. La corne du Rhinocéros, un peu courbée en arrière, a de trois à quatre pieds de long; cette corne lui sert à se défendre, à labourer la terre pour mettre à jour les racines ou à déraciner les arbres.

Avec tant de force et d'avantages, cet animal serait un des plus redoutables s'il n'était en même temps un des plus pacifiques. Comme tous les herbivores, il ne devient furieux que lorsque la faim le presse ou qu'on l'attaque. Alors on le voit bondir avec fureur, s'élancer en sauts impétueux et se précipiter droit devant lui avec une si grande vitesse, qu'il renverse tout ce qui s'oppose à son passage. S'il atteint son ennemi, il le foule aux pieds avec rage; s'il le manque du premier coup, il ne peut revenir sur ses pas, emporté qu'il est par l'impétuosité de sa course. Il est d'une intelligence bornée; tantôt il a la douceur, l'indifférence de l'idiotisme; tantôt il se livre à des accès de fureur que rien n'aurait pu faire prévoir et que rien ne peut calmer. Il jette alors des cris aigus, qui peuvent s'entendre à une grande distance; mais quand il est calme, il fait résonner un grognement sourd et discordant, à la façon des Sangliers.

Le Rhinocéros vit solitaire et sauvage : on le voit rarement en compagnie ; il suit de préférence le bord des fleuves, et se roule avec délice dans la vase des marais, comme pour amollir le cuir qui le couvre.

La patrie des Rhinocéros est circonscrite aux climats chauds de l'ancien continent; on les trouve surtout dans les vastes déserts de l'Afrique méridionale et des Indes orientales. On connaît de ce genre quatre ou cinq espèces vivantes et autant de fossiles. Parmi les premieres nous citerons le *R. des Indes*, qui n'a qu'une corne et les plis des épaules et des cuisses très-profonds; le *R. de Sumatra*, qui a une seconde corne derrière la première, et dont la peau, plus velue que celle des autres, n'offre presque pas de plis; le *R. d'Afrique*, qui a deux cornes comme le précédent, mais dont la peau a moins de poils.

On sait qu'à Rome le peuple assistait dans le cirque au combat que se livraient des Rhinocéros et des Éléphants; Pline a décrit le premier cet étrange spectacle. Mais une lutte semblable entre des animaux affaiblis et énervés par la captivité n'approche pas de la guerre qu'ils se font dans leurs contrées sauvages, et qu'un voyageur à Ceylan a racontée dans une *Revue anglaise*. « Un jour, dit le narrateur, placé sur une petite colline d'où je dominais une vaste plaine de l'île, je regardais ondoyer à mes pieds de vastes champs de maïs, lorsqu'une troupe de sept à huit Éléphants sortit d'une forêt voisine, et se prit à ravager ces champs, enlevant, à l'aide de leur trompe, des gerbes énormes qu'ils chargaient sur leur cou et qu'ils emportaient dans la forêt pour revenir bientôt s'emparer d'un nouveau butin.

« Cela durait depuis une heure environ, et la chaleur du soleil s'était tellement accrue, que je pris le parti de me coucher à l'ombre, et d'attendre que le soleil perdît de sa violente chaleur ou du moins qu'un peu de vent rafraîchît l'atmosphère. Les Éléphants se couchèrent à l'ombre de quelques arbres, et s'allongèrent dans les champs de maïs.

« N'entendant aucun bruit, un énorme Rhinocéros entra dans le même champ. Soudain les Éléphants se levèrent, et coururent à l'ennemi, la trompe haute et les défenses en avant. Le Rhinocéros ne s'était point encore préparé à la résistance, que déjà les trompes des Éléphants tombaient sur lui et qu'une défense pénétrait sous son ventre et lui faisait une large blessure.

« Il jeta un mugissement affreux, recula, et se rejeta aussitôt sur l'Éléphant qui l'avait blessé. L'Éléphant tomba brisé par ce terrible choc, la corne du Rhinocéros et presque sa tête tout entière avaient pénétré dans le ventre du pauvre animal. A cette vue, les Éléphants revinrent avec une nouvelle ardeur sur le Rhinocéros. Alors un nuage de sable et de débris de maïs s'éleva de toutes parts : on n'entendit plus que des cris effroyables, et il me fut impossible de suivre le combat autrement que par la nature de ces cris. Tout à coup le bruit redoubla, un tourbillon de poussière plus épais encore enveloppa les combattants; puis les cris cessèrent, la poussière s'abaissa, et tout redevint calme. Le Rhinocéros était mort; mais près de lui gisaient les cadavres de trois Éléphants, et deux de ces animaux s'éloignaient au milieu de leurs compagnons, lentement et avec de graves blessures dont le sang laissait derrière eux de longues traces. »

Les *Tapirs* sont des animaux qui ressemblent beaucoup au cochon, mais dont le nez se prolonge en une espèce de petite trompe courte et non préhensile. Cet animal atteint une longueur de six pieds et une hauteur d'environ trois pieds et demi. Cette masse de chair du poids de cinq ou six cents livres est si grossièrement et si vaguement dessinée, que le Tapir a été tout à la fois surnommé *Cheval-marin*, *Ane-vache*, *Vache sauvage*, *Buffle*, *Élan*, *Mule sauvage*. Il offre, en effet, quelques traits de ressemblance avec ces animaux. L'ensemble de son corps épais, étroit à la poitrine, arqué postérieurement, terminé par une petite queue à moitié pelée, que recouvre un poil brun, court, serré et lisse, et que supportent de grosses jambes, est d'un aspect disgracieux. Attachée au corps par un cou médiocre, garni (chez le mâle) d'une courte crinière, la tête est volumineuse; comprimée sur les côtés saillants, en crête sur le front; surmontée de longues oreilles pointues et percées de petits yeux. Le *chanfrein*, allongé et très-busqué, se termine en trompe. Cette trompe, au bout de laquelle s'ouvrent les narines, est grosse, ridée, transversalement recourbée en dessous, et dépasse d'environ trois pouces, dans son état naturel, la lèvre inférieure; l'animal peut, à sa volonté, par un effort musculaire, la contracter ou l'étendre d'un demi-pied et même la mouvoir dans toutes les directions.

Ainsi que l'annonce sa physionomie triste et maussade, le Tapir a l'intelligence bornée, l'humeur morose, les appétits modérés. Dépourvu de tout instinct social, étranger à toute affection de famille, ne se souciant même point de la compagnie de sa femelle, il s'enfonce seul dans les profondeurs des forêts touffues; lorsqu'il a rencontré un canton marécageux, il fixe son domicile sur quelque hauteur voisine, et y passe les journées à dormir. A la nuit, il descend dans les marais, où il fourrage et se vautre avec délice, à la manière du Cochon : le bain nocturne qu'il prend d'abord dans la fange, puis dans les eaux vives pour se laver est le seul plaisir dont le Tapir se montre avide; aussi la natation est-elle l'exercice dans lequel il excelle et se complaît. Ses habitudes tranquilles indiquent un naturel doux et pacifique. L'instinct même de la conservation n'éveille dans le Tapir le courage et l'idée de la défense qu'à la dernière extrémité; son premier mouvement est de fuir, et dès qu'il est menacé dans son gîte il se met à galoper vers le fleuve ou le lac le plus voisin, tant bien que mal, et d'autant plus gauchement qu'il baisse la tête entre ses jambes. Arrivé dans son élément, il parvient assez souvent, par la facilité avec laquelle il plonge au fond des eaux et par la vitesse avec laquelle il nage à leur surface, à échapper aux poursuites; mais lorsqu'il se trouve enfin serré de près, malgré ses évolutions, il entre alors dans un désespoir furieux, et se lance contre les canots d'où partent les coups dont il se sent frappé.

Réduit en domesticité, le Tapir perd complétement ses penchants, et s'apprivoise au point de devenir incommode par sa familiarité. Il pénètre dans les appartements, visite les tables et les buffets, sollicite des caresses avec sa trompe, se frotte contre les meubles, et se retire rarement sans laisser des traces de sa visite.

Quoique la femelle du Tapir ne produise qu'un petit à la fois et qu'elle ne fasse qu'une portée par an, l'espèce que les Indiens et les animaux carnassiers poursuivent d'une guerre continuelle est néanmoins assez abondamment répandue dans toute l'Amérique méridionale, et particulièrement dans les forêts des Guyanes, du Brésil, du Paraguay.

La prise des Tapirs n'offre pas grand profit : ils n'ont de précieux que leur peau, qui fournit un assez bon cuir. Sa chair est fade et dure ; sa peau, d'un tissu épais et serré, est employée quelquefois dans la sellerie et pour les chaussures. Les Indiens en la tenant fortement tendue et en l'exposant à l'action du soleil la rendent si ferme, qu'elle devient à l'épreuve des flèches et même de la balle. Ils s'en servent alors pour couvrir leurs boucliers et leurs casques. Quelques écrivains ont pensé que le Tapir pourrait être dressé comme bête de somme ou de trait. On les chasse par les temps pluvieux, parce qu'alors ils s'écartent davantage des rivières; par les temps secs, au contraire, ils s'en tiennent toujours à portée, et courent s'y jeter dès qu'ils voient approcher le chasseur.

On ne connaît que deux espèces vivantes de ce GENRE : ce sont le *T. d'Amérique*, qui est de la taille d'un petit âne, à peau brune et presque nue, et le *T. des Indes*, qui est plus grand et dont le pelage est partie brun, partie noir. Parmi les espèces *fossiles* anéanties, il en était une d'une taille gigantesque et peu inférieure à celle de l'Éléphant.

Le GENRE *Tapir* comprend encore le *Daman*, aussi nommé *Hyrax*. Malgré leur petite taille et leur forme en apparence assez différente, ces animaux ne doivent point être séparés des Rhinocéros ; ils ont en effet, ainsi que l'a démontré le premier G. Cuvier, tous les traits principaux qui caractérisent ces derniers. Leur grosseur est celle d'un chien basset ou d'un lapin, et ils vivent sur les rochers, dans toute la côte occidentale d'Afrique, ainsi qu'au Cap et en Syrie.

M. Hennah a observé les mœurs de l'*Hyrax* pendant un séjour qu'il a fait au cap de Bonne-Espérance. Cet animal habite dans les fentes des rochers et sur le rivage, un peu au-dessus du point qu'atteignent les plus grandes eaux. Il est fort timide, et paraît vivre en famille. Durant l'hiver il aime à sortir de ces trous, et en été il s'expose à l'air sur les endroits les plus élevés. Dans ces deux cas l'individu le plus âgé de la société fait la garde, et il signale le danger par un cri aigu et prolongé. Il se nourrit de jeunes branches, de fleurs et de plantes aromatiques; sa chair est excellente et semblable à celle du lapin. Un ami de M. Hennah a conservé longtemps deux de ces animaux qui étaient devenus très-familiers, mais qui se montraient beaucoup plus timides en liberté que lorsqu'ils étaient enfermés. Ils étaient très-propres, et poussaient des gémissements pendant leur sommeil. Ils aimaient le sel. La femelle ne porte pas au delà de deux petits.

M. Klipstein a trouvé près d'Eppelsheim un des animaux les plus intéressants du monde antédiluvien, le *Dinotherium giganteum*. Les premiers indices remontent à 1827, époque à laquelle ces débris furent déposés à Darmstad, où se trouve une des plus riches collections de *fossiles* qu'il y ait en Europe. Cuvier, se fondant sur l'analogie que les dents du *Dinotherium* présentaient avec les dents des Tapirs, se crut autorisé à considérer les animaux auxquels elles avaient appartenu comme des animaux de la classe des Tapirs, et les désigna sous le nom de *Tapirs gigantesques*; il évaluait leur taille à dix-huit pieds de longueur. De nouveaux débris, trouvés en 1829, avaient à peu près détruit l'opinion de Cuvier, sans donner toutefois une base suffisante pour des conjectures plus certaines. Cependant M. Kaup, directeur du Musée de Darmstadt, énonça dès lors l'opinion que le Dinotherium n'était point un tapir, mais une espèce particulière et gigantesque de la classe des Paresseux. On en était là lorsque, tout récemment, la découverte d'un crâne entier de Dinotherium dans ces mêmes terrains est venue jeter de nouvelles lueurs sur cette question.

M. de Blainville, dans une savante analyse, lue à l'Académie des Sciences, considère le Dinotherium comme un animal aquatique analogue aux Lamantins. Sa grande taille n'aurait plus dès lors rien d'étonnant, puisqu'elle est assez commune chez les animaux de ce genre. La petitesse de son cerveau deviendrait tout aussi naturelle; ses grandes dents, bien que toujours étranges par leur insertion dans la mâchoire inférieure, n'auraient plus rien d'inouï non plus, puisque les Morses en ont d'à peu près semblables qui partent de la mâchoire supérieure. Ces dents sont d'un grand secours à ces animaux, qui, vivant habituellement dans la mer, ont besoin de se prendre par là aux rochers, soit pour y monter, soit pour s'y tenir cramponnés et comme à l'ancre, tandis qu'ils broutent les herbes marines qui y croissent; elles auraient rendu au Dinotherium un service semblable. Enfin la cavité de la partie antérieure du museau aurait donné appui à une lèvre assez vaste pour recouvrir le long prolongement de la mâchoire inférieure, de l'extrémité duquel sortent les deux défenses. On conçoit aisément comment ces animaux, remontant le Rhin dans un temps où son embouchure était beaucoup plus au sud qu'elle ne l'est aujourd'hui, ou habitant dans de grands lacs, ont pu laisser leurs dépouilles aux lieux où on les a trouvés.

Cette opinion est moins éloignée de celle de Cuvier que de celle du docteur Kaup, qui en fait une espèce d'édentés, voisine des Paresseux. Aussi M. de Blainville est d'avis que la phalange rapportée à cet animal par M. Kaup ne lui appartient nullement, mais provient bien plutôt d'un grand Pangolin, car M. Lartet a trouvé avec une phalange semblable une dent de ce dernier animal.

A côté des Tapirs nous devons mentionner les *Palæotherium*, animaux qui leur ressemblaient par la présence d'un petite trompe mobile. On en a trouvé une douzaine d'espèces dans les carrières à plâtre des environs de Paris. L'une d'elles était de la taille du Rhinocéros, l'autre avait celle du cheval, une troisième celle de l'âne, une quatrième celle du mouton. Il paraît, d'après les couches où on a rencontré leurs ossements, qu'ils devaient habiter les bords des lacs et des marais, car ces couches renferment en même temps beaucoup de coquillages d'eau douce.

FAMILLE DES SOLIPÈDES.

La Famille des Solipèdes comprend tous les *Quadrupèdes* qui n'ont qu'un seul doigt apparent et par conséquent un seul sabot. Cette Famille ne renferme qu'un Genre.

GENRE CHEVAL.

Le Genre Cheval comprend le *Cheval proprement* dit, l'*Ane*, le *Zèbre* et plusieurs autres espèces. Ces animaux ont à chaque mâchoire six incisives tranchantes, qui dans la jeunesse de l'animal ont leur couronne creusée d'une fossette, et de chaque côté six mollaires. Les mâles ont, de plus, à la mâchoire supérieure, et quelquefois à toutes les deux, deux petites canines qui manquent presque toujours aux femelles. Entre ces canines et la première molaire est l'espace vide nommé *barre*, où l'on place le mors, au moyen duquel l'homme dompte et dirige ces animaux. Ils ont l'œil saillant, la prunelle en forme de carré long, l'oreille longue et mobile, les narines sans mufle, la langue très-douce, l'ouïe très-fine. Leur lèvre supérieure, très-mobile, est pour eux un instrument de préhension ; tout leur corps est fourni d'un poil bien épais, avec une crinière sur le cou ; aux jambes de devant, et quelquefois à celles de derrière, on trouve souvent une partie nue, cornée, qu'on appelle châtaigne ou noix ; leur queue est médiocre, mais souvent garnie de longs crins. Les *Chevaux* sont essentiellement herbivores ; leur estomac cependant est simple et médiocre. Le Cheval se contente des herbes les plus communes, lorsqu'il y est habitué de bonne heure. Il aime les pâturages secs ; on le nourrit à l'écurie avec du foin, de la luzerne, du trèfle, de la vesce, de l'avoine ; la paille de froment, d'orge et d'avoine lui convient aussi, lorsqu'il reçoit en même temps une portion de bon foin et des grains.

Sur les six espèces du Genre Cheval, trois ont des rayures transversales, alternativement claires et foncées ; ou, comme on le dit en un seul mot tiré du nom de l'espèce la plus remarquable d'entre elles, elles sont zébrées. Toutes trois sont africaines. Tels sont le *Zèbre*, le *Daw*, chez lesquels ce système de coloration existe sur tout le corps aussi bien que sur la tête, et le *Couagga*, qui déjà cesse de le présenter dans la région lombaire et sur la croupe. Trois autres espèces, au contraire, sont de couleur généralement uniforme ; leur analogie avec les premières se retrouve dans quelques dispositions de coloration, telles qu'une bande dorsale foncée ou plusieurs petites rayures tranversales tantôt nettement marquées, tantôt seulement indiquées sur les talons et sur quelques autres parties des membres. Ces trois espèces, le *Cheval*, l'*Hémione*, l'*Ane* sont originaires, non plus de l'Afrique, mais de l'Asie, principalement de l'Inde et de la Tartarie.

Ainsi des différences de patrie correspondent aux différences très-remarquables du pelage. La division du GENRE en groupes secondaires ou sections peut être exactement la même, soit qu'on la fonde sur l'appréciation des caractères zoologiques des espèces, soit qu'on la déduise immédiatement de leur distribution géographique, telle du moins qu'elle était avant d'avoir été modifiée par l'industrie humaine.

Les Solipèdes ont fourni à la domesticité plusieurs espèces très-utiles, que l'on voit aujourd'hui sur tous les points du globe où l'homme est établi. Ce sont l'Ane et le Cheval, qui paraissent originaires du grand plateau Asiatique. L'Hémione vit aussi dans les mêmes contrées ; ce qui porte à trois le nombre des Solipèdes propres à l'Asie. L'Afrique possède aussi des animaux de la même famille, et jusqu'à présent on y distingue trois sortes de Chevaux à rayures transversales, toutes trois originaires du midi de cette contrée, et qui s'étendent depuis le cap de Bonne-Espérance jusqu'aux environs de l'Équateur. Ils peuplent les uns des plaines sèches et brûlantes, les autres de vastes plateaux, presque également arides, mais élevés, et froids.

Depuis que cette distinction a été établie, les naturalistes français ont conservé le nom de *Zèbre* à l'espèce qui est zébrée par excellence ; c'est celle dont la robe est rayée depuis la pointe des oreilles jusqu'au bout des pieds. Ils ont donné le nom de *Daw* à une espèce plus petite de taille, mais plus élégante de formes, et dont le pelage sur la tête, le cou et le tronc, offre des raies de couleur foncée, alternativement larges et étroites. Le fond du pelage sur toutes ces parties est de couleur isabelle; il est blanc et sans tache sur les jambes de derrière et la queue.

Le *Couagga* forme la troisième espèce, et la moins élégante. Les rayures, qui ne s'étendent que sur la tête, le cou et les épaules, ne se détachent pas avec autant d'avantage sur le fond obscur de sa robe que sur celle du *Zèbre* ou du *Daw*. La couleur de la croupe est d'un gris roussâtre, celle des jambes et de la queue d'un blanc sale.

Le *Couagga* se rapproche plus que les deux autres espèces du Cheval domestique par ses formes générales, par l'abondance des crins qui garnissent sa queue jusqu'à la racine, par la forme du pied et, enfin, par sa docilité. Des colons hollandais du cap de Bonne-Espérance l'ont employé autrefois comme bête de trait.

Le nom du *Couagga,* comme celui de tant d'autres animaux, exprime son cri, qui diffère du hennissement du Cheval, du braiement de l'Ane. C'est une sorte d'aboiement précipité, confus, dans lequel on distingue fréquemment la répétition de la syllabe couah, couah.

Les Couaggas étaient autrefois très-communs dans les environs du Cap; mais ils ont maintenant presque complétement disparu de ces parages. Ils vont ordinairement par troupes, qui, dans les lieux où l'animal n'est pas trop poursuivi, se composent quelquefois d'une centaine d'individus. Quand on poursuit ces troupes à cheval, il arrive que des Couaggas récemment nés ne peuvent suivre les autres dans leur fuite. Alors, au lieu d'éviter les Chevaux des chasseurs, ils se mettent ordinairement à les suivre, comme un moment auparavant ils suivaient leur mère.

La même chose, au reste, a été observée pour le Zèbre et pour le Daw.

Le *Dzigguetaï* a la taille d'un Ane de moyenne force; mais il est assez élevé sur ses jambes, remarquables par une très-grande finesse. Le sabot est resserré, conique; sa corne paraît résistante; car ce n'est que dans nos pays humides que la corne du sabot du Cheval se ramollit et veut être défendue par une semelle de fer. La tête du Dzigguetaï est épaisse et manque de finesse; large entre les oreilles, elle est un peu busquée au chanfrein; le bout du museau est arrondi; la lèvre supérieure, très-mobile, est épaisse ainsi que l'inférieure; l'omoplate est saillante; le dos peu en selle, la croupe arrondie, la queue degarnie de poil à son origine et terminée en maigre balai; tout cela rappelle l'âne.

Le Dzigguetaï n'était connu que par la description du célèbre naturaliste et voyageur *Pallas*. Cet animal sauvage habite en troupes les steppes des contrées centrales de l'Asie, vers le désert de Cobi. Ces hordes de Dzigguetaï ont tous les avantages de la vie sauvage; ils ont le sens exquis, et voient, entendent, odorent même de si loin leurs ennemis, qu'ils ne peuvent être surpris; leur vélocité à la course les rend inattaquables par la poursuite; ce n'est qu'au piége ou par embuscade que les Mongols peuvent s'en emparer.

L'*Hémione* s'en distingue par un cornet acoustique plus resserré, coupé avec plus de grâce, qui se dirige en avant; par un pelage couleur isabelle, fauve au dos, tendre aux flancs, au ventre, à l'intérieur des membres. Une raie dorsale couleur de café brûlé se continue du garot, où se termine la crinière fine, laineuse, ni tombante, ni dressée, jusqu'à l'origine de la queue, qui s'élargit à la croupe de la largeur de quelques doigts. L'Hémione ne porte pas la croix noire que l'Ane présente aux épaules.

Le *Zèbre*, presque semblable à l'Ane par sa forme et ses proportions, est un des animaux les plus élégants et les plus indomptables. Sa peau a le moelleux du satin; elle est ornée de bandes élégantes en forme de rubans. Dans la femelle ces bandes sont alternativement noires et blanches, dans le mâle elles sont brunes et jaunes. Le corps est rond, replet; les jambes sont de la plus grande délicatesse; son cri ressemble au son du cor de chasse.

En comparant les trois espèces du *Zèbre*, du *Daw* et du *Couagga*, on voit le nombre des rayures diminuer successivement. La progression décroissante ne s'arrête pas là, et on peut la suivre dans toutes les espèces du Cheval; ainsi on trouve :

1° Le *Zèbre*, rayé sur la tête, le corps, les jambes de devant et celles de derrière;

2° Le *Daw*, rayé sur la tête, sur le corps et les jambes de devant;

3° Le *Couagga*, sur la tête, le cou et les épaules;

4° L'*Ane*, avec une raie en long sur le dos et une en travers sur les épaules;

5° Le *Dziguetaï*, avec une raie sur l'épine, mais sans trait sur l'épaule;

6° Le *Cheval proprement dit*, qui n'a aucune rayure constante, dont la robe a généralement une couleur uniforme, et dont la queue est garnie de poils dès sa base.

Le Cheval, compagnon de l'homme à la guerre et dans les travaux de l'agriculture, des arts et du commerce, est le plus important et le mieux soigné des animaux que nous avons soumis à notre puissance. Il est originaire des grandes plaines de l'Asie, mais aujourd'hui il est répandu en nombre immense dans presque toutes les parties du monde, et il n'existe plus à l'état sauvage que dans les lieux où l'on a laissé en liberté des Chevaux auparavant en domesticité, comme en Tartarie et en Amérique.

Le Cheval peut vivre environ trente ans; mais dans sa vieillesse il perd presque toutes ses qualités précieuses; avant l'âge de quatre ou cinq ans il ne peut être monté ni employé au trait; on voit donc qu'il importe beaucoup de pouvoir distinguer son âge avec certitude.

De tous les moyens de connaître l'âge des Chevaux, le seul auquel on puisse sûrement s'en rapporter est l'examen des dents. Le Cheval a ordinairement quarante dents, savoir : douze incisives, quatre canines ou crochets, et vingt-quatre molaires. Quelquefois, surtout sur les juments, les crochets manquent et le nombre des dents est alors réduit à trente-six. Les juments même n'en ont que par une rare exception; dans ce cas on les appelle *Bréhaignes*. Quelquefois aussi, mais rarement, ce nombre s'élève à quarante-quatre par l'existence de molaires supplémentaires, qui sont situées de chaque côté de chaque mâchoire, en avant de la première molaire caduque. Les incisives se divisent en *pinces*, *mitoyennes* et *coins*. Ces deux, d'abord caduques, sont avec l'âge remplacées par d'autres dites de remplacement. Les crochets ne font leur sortie que quelques années après la naissance; ils sont persistants, c'est-à-dire qu'ils n'éprouvent ni chute ni nouvelle éruption après la naissance. Les molaires se divisent en avant-molaires et en arrière-molaires. Les premières, au nombre de trois de chaque côté à chaque mâchoire, sont, comme les incisives, soumises à la caducité et au remplacement; les arrière-molaires sont persistantes. Nous avons vu qu'il existait quelquefois des molaires supplémentaires; leur nombre est de quatre pour toute l'embouchure, une de chaque côté et à chaque mâchoire.

Les incisives sont les seules dents qui donnent des notions exactes sur l'âge du Cheval pendant presque toute la durée de sa vie.

La dent incisive paraît d'abord par le bord extérieur; l'intérieur paraît ensuite, en laissant au milieu de la dent un grand vide appelé *cornet dentaire*. La dent est alors aplatie d'avant en arrière; à mesure qu'elle s'use, le cornet diminue et finit par disparaître, en laissant un point, puis une trace blanchâtre, appelée *septum externe*, qui bientôt s'efface aussi; alors paraît le *septum interne*, cicatrice du cornet intérieur qui nourrit la dent.

C'est l'observation des époques où ces changements s'effectuent qui constitue la connaissance de l'âge des Chevaux.

Les dents de la mâchoire supérieure rasent moins régulièrement que celles de l'inférieure; on ne doit y avoir recours qu'avec défiance.

On appelle *Bégu* le Cheval dont les *coins* sont assez durs pour ne pas s'user et pour conserver la marque noire : on les connaît au creux qui s'est rempli ou effacé. Le Cheval peut devenir *Bégu* d'une ou plusieurs paires de dents. L'animal est dit faux Bégu lorsque le nivellement de la dent est retardé, et que l'émail central se fait encore remarquer à l'époque où il devrait avoir disparu.

En résumé, à cinq ans le Cheval a perdu ses dents de

lait, qui étaient petites et blanches; elles sont remplacées, et les crochets paraissent.

A six ans la cavité des deux dents, sur le devant de la mâchoire inférieure, dites les *pinces*, est remplie.

A sept ans celles des deux suivantes, appelées *mitoyennes,* est effacée.

A huit ans les dents du *coin*, qui à la mâchoire inférieure complètent les six incisives, sont également rasées.

La même progression pour la mâchoire supérieure indique ainsi l'âge jusqu'à douze ans.

A mesure que le Cheval avance en âge ses crochets s'émoussent et s'arrondissent; les dents se couvrent de tartre, s'allongent, se déchaussent, se dirigent en avant ou se serrent, se raccourcissent et s'usent jusqu'au bord de la gencive; l'encolure se dessèche, les os de la ganache sont tranchants, les salières se creusent; la tête devient décharnée, des poils blancs, des rides la déparent. Ces derniers indices, qui se trouvent assez ordinairement dans les vieux Chevaux, ne sont pourtant pas toujours des signes de vieillesse; mais ils indiquent de la fatigue et du dépérissement.

Les marchands cherchent quelquefois à tromper les acheteurs de Chevaux, soit pour avancer l'âge des poulains, soit pour diminuer l'âge des Chevaux faits.

Les personnes qui veulent acheter des chevaux auront à regarder avec attention si on ne leur a point arraché les dents de lait, afin que les dents de Cheval qui les remplacent sortent plus tôt, pour leur donner la marque d'un ou de deux ans de plus qu'ils n'ont réellement. Souvent on croit qu'au moyen du crochet qui paraît prêt à sortir on acquerra la preuve de l'exactitude de l'âge annoncé par les dents; mais on peut encore y être trompé, car les maquignons ont des recettes pour faire naître une dureté à la gencive, justement à l'endroit où doit percer le crochet.

Pour faire paraître un Cheval plus jeune qu'il ne l'est, on cherche à creuser la dent avec un burin, et on noircit le creux à l'aide d'un grain de blé qu'on y brûle avec un fer chaud; mais quelque soin que prenne le maquignon, ce creux n'est jamais parfaitement imité, la marque noire est toujours plus foncée que la véritable, et les environs des trous paraissent plus bruns, si surtout on a le soin de nettoyer avec attention l'écume qui a été excitée par l'individu qui veut tromper.

D'autres fois on raccourcit les dents en les limant; dans ce cas, en fermant la bouche du Cheval il sera facile de découvrir la fraude : car les dents ne pourront se joindre, les mâchelières, qu'on n'aura pu limer, les en empêchant. L'acheteur devra toujours bien observer le palais du Cheval, parce que s'il a passé huit ans il sera retiré, et manquera presque toujours du velouté qui ne se trouve que dans la bouche des animaux plus jeunes.

Les Chevaux varient beaucoup entre eux par leur taille, la beauté de leurs formes et leur célérité à la course, et on distingue parmi ces animaux une foule de *Races* différentes. La première remarque à faire parmi les Chevaux, sous le rapport des *Races,* se tire de l'état dans lequel ils vivent habituellement; ainsi, il y a des *Chevaux sauvages,* des *Chevaux demi-sauvages,* et des *Chevaux domestiques.*

On distingue deux sortes de Chevaux sauvages : les uns le sont d'origine, les autres le sont devenus. Les premiers se montrent en troupes considérables sur les plateaux de l'Asie, en Chine, en Turquie, et dans les déserts de l'Afrique ; les autres se trouvent en Amérique. Après la découverte de cette partie du monde, les Chevaux que les Européens y amenèrent, et que plus tard ils y abandonnèrent, s'y multiplièrent avec une rapidité surprenante. Tous les voyageurs qui ont traversé les plaines qui s'étendent de la Plata au pays des Patagons, parlent des troupeaux de Chevaux sauvages que l'on y rencontre, et assurent en avoir vu qui se composaient de plusieurs milliers d'individus.

Les Chevaux sauvages, quelle que soit au surplus leur origine, qu'ils le soient de toute éternité ou bien qu'ils le soient devenus, ne présentent plus maintenant la moindre différence ni dans leurs formes ni dans leurs mœurs. Ils vivent en troupeaux plus ou moins nombreux. Chaque troupeau reconnaît un chef qui marche toujours à sa tête et le conduit. Ce chef est l'étalon le plus fort et le plus courageux de la bande.

Les voyageurs qui se sont trouvés dans la position d'étudier les mœurs des Chevaux sauvages prétendent encore que lorsque ces animaux sont attaqués, ils se forment en cercle, la tête au centre, et lancent des ruades continuelles. S'ils parviennent à entourer leur ennemi, ils se forment également en cercle, mais la tête sur la circonférence. Ils ne souffrent pas d'étrangers parmi eux ; et si par hasard un Cheval domestique échappé vient se mêler à leur troupeau, ils se jettent sur lui, et le tuent en peu d'instants.

Des Chevaux demi-sauvages se trouvent dans la petite Tartarie, dans l'Ukraine, sur les bords du Don, dans la Transylvanie, dans la Bessarabie, dans la Finlande et dans l'Irlande ; on en trouve aussi dans les Marais-

Pontins, dans l'île de Corse et dans l'île de la Camargue. On les prend jeunes avec des lacets, et on les soumet ensuite à toutes espèces de travaux. Dans la Finlande, en Irlande et en Corse les habitants les prennent au commencement de la saison des travaux et les relâchent à l'entrée de l'hiver. On raconte que lorsque les Chevaux demi-sauvages aperçoivent un de leurs anciens camarades montés, ils s'en approchent, et l'appellent par leurs hennissements. Celui-ci, que réveille l'amour de la liberté, témoigne aussitôt le désir le plus vif de se réunir à eux, et si le cavalier qui le monte ne se tient pas bien sur ses gardes, il s'en débarrasse promptement, et s'enfuit pour toujours.

On nomme *Chevaux domestiques* ceux qui sont entièrement soumis à l'homme, qui préside à leur reproduction, à leur éducation et à leur nourriture. On les distingue en *Chevaux étrangers* et *Chevaux français*.

Parmi les *Races* étrangères, il n'y a qu'un avis sur la supériorité du Cheval Arabe. Qualités physiques et qualités morales, force, aménité, douceur, patience et sobriété, le Cheval Arabe possède tout, et le possède au plus haut degré.

La *Race Arabe* se compose de trois variétés bien distinctes : celle des *Kochlani*, celle des *Kadiski*, et celle des *Sheki*. Les Kochlani sont les plus distingués, et ne sont consacrés qu'au service de la selle. Les traditions arabes les font descendre des cinq juments favorites du prophète, qui elles-mêmes descendaient des haras de Salomon. Le Cheval Arabe ne mange que deux fois par jour, le matin et le soir, et sa pitance se réduit à cinq ou six litres d'orge et un peu de paille. Celui de l'Arabe du désert reste pendant tout le jour à l'entrée de sa tente, prêt à être monté; ce n'est que le soir, après avoir été dé-sellé, qu'il entre et se couche au milieu de la famille.

Les formes du Cheval Arabe ne sont pas adoptées généralement comme type de la beauté. Il est de moyenne taille, suffisamment étoffé; sa tête est bien, quoique un peu camuse; il a le front large, le bout du nez fin et délicat, les yeux grands, vifs et pleins d'expression, les oreilles élégantes, la ganache un peu forte et carrée, l'encolure bien sortie, mais droite et quelquefois renversée, la poitrine étroite, à la vérité, mais très-élevée, le garot magnifique, l'épaule admirable, les jambes fines, mais fortes et bien musclées, les veines bien dessinées, les os très-durs et les tendons parfaitement détachés.

Les *Chevaux Barbes*, de la côte d'Afrique, des royaumes de Fez, de Maroc, de Tunis et d'Alger, ont généralement la tête longue et légèrement busquée, les oreilles petites et bien plantées, l'encolure grêle, mais bien sortie, la poitrine bombée, les épaules plates, les reins courts, la croupe longue, et les jambes fort belles. Comme le Cheval Arabe, le *Barbe* est de taille moyenne, et ne connaît que le pas et le galop. Il est froid dans ses allures, et a besoin d'être recherché; mais alors on lui trouve du nerf, de la vigueur, de la vitesse, beaucoup de grâce, d'adresse et de légèreté, qualités qu'il conserve jusqu'à l'âge le plus avancé.

Les *Chevaux Persans* et *Turcs* sont, après les *Arabes*, dont ils descendent, les meilleurs de tout l'Orient; supérieurs en taille, ils ont en même temps la tête plus fine et la croupe mieux faite. Ils ont à la vérité peu de canon, mais la force du tendon y supplée. On en transporte beaucoup en Turquie, où ils donnent des productions fort belles et d'une taille un peu plus élevée que la leur.

Les *Chevaux Chinois* sont petits, faibles, sans courage et mal conformés. Le plus grand nombre des Chevaux de cette partie de l'Asie n'est remarquable que par sa robe, qui porte des taches aussi régulières que celles du léopard.

L'Allemagne est sans contredit la contrée de l'Europe où l'on s'occupe le plus de l'élève des Chevaux qui conviennent à tous les services : c'est de là que maintenant sont tirés la plus grande partie de nos Chevaux de remonte.

Les *Races* les plus estimées en Allemagne sont celles de Mecklembourg, du Holstein, de la Prusse et du Hanovre.

Le Mecklembourg est la partie de l'Allemagne qui paraît le mieux convenir à l'élève des chevaux ; c'est aussi celle où, toute proportion gardée, on trouve le plus de races nobles. Les Mecklembourgeois tiennent à la fois du Cheval Anglais et du Cheval Normand.

La Prusse est maintenant en possession de la race la plus élégante de l'Allemagne ; grâce aux soins et à la protection que depuis le règne de Frédéric-Guillaume le gouvernement accorde à l'élève de l'espèce chevaline.

Le Hanovre possède aussi une très-belle et très-bonne race de Chevaux. Ceux-ci se rapprochent chaque jour davantage des Chevaux Anglais, parce que, d'après l'organisation des haras Hanovriens, il ne peut y entrer que des étalons de premier sang Anglais.

La *Race de Wurtemberg* commence à être citée très-avantageusement. C'est une race tout à fait à part en Allemagne, et par conséquent très-reconnaissable. Ceci tient au goût dominant du souverain pour les Chevaux Persans. La plus grande partie des étalons que l'on voit dans les haras du Wurtemberg sont en effet d'origine Persane et du plus beau sang.

Le *Cheval Espagnol* est un de ceux qui ressemblent le plus à celui des côtes d'Afrique, dont il est nécessairement une descendance; car pendant près de huit siècles, que les Maures maintinrent leur domination en Espagne, les princes Sarrasins durent attirer dans ce pays un grand nombre de Chevaux Africains, et des plus beaux. Ce Cheval a la peau d'une finesse extrême, les extrémités sèches et sans poils, une grande souplesse dans tous les mouvements, beaucoup de grâce et de noblesse, de courage et d'action, quoique d'une douceur, d'une docilité parfaite. Les plus beaux et les plus renommés se trouvent dans l'Andalousie, dont la position élevée est particulièrement favorable à l'élève ainsi qu'à l'amélioration de l'espèce. On en trouve aussi dans les royaumes de Grenade et de Murcie, très-propres à remonter la cavalerie légère.

Les *Chevaux Anglais*, dits *pur sang*, les plus beaux peut-être qui soient au monde, sont un produit de l'intelligence et de la persévérance Britanniques. La généalogie de ces Chevaux a été soigneusement étudiée; mais elle n'est établie avec une parfaite régularité qu'à partir 1° du célèbre Cheval Turc Kemsly, appartenant au duc de Buckingham; 2° du Maroco Barbe du général Fairfax; 3° du Layton Barbe; 4° du White Turc d'Olivier Cromwell.

Le roi Charles II chargea une personne de confiance de se rendre en Orient, et de lui ramener de ce pays un certain nombre de Juments poulinières. Celles-ci, transportées en Angleterre, y devinrent des Chevaux de course, et donnèrent naissance à une nouvelle race de Chevaux Anglais *pur sang*, qui furent désignés depuis sous le nom de *Juments royales*.

Telle est l'origine parfaitement établie des Chevaux

Anglais, dits *pur sang*. Tous proviennent de père et de mère Orientaux, c'est-à-dire Asiatiques ou Africains, appartenant à la race Arabe.

L'influence d'un autre climat, d'autres soins, une autre nourriture ont seuls agi sur cette race Arabe, devenue Anglaise, qui ne s'est mêlée avec aucune autre, et qui par conséquent, restée ce qu'elle était quant à son origine, n'a été modifiée que par le régime.

La taille s'est accrue: ainsi celle d'un Cheval Arabe dépasse rarement quatre pieds cinq pouces, tandis qu'on voit communément de belles juments de sang Anglais-Arabe arriver à cinq pieds.

Bien que les Chevaux de pur sang Anglais n'aient pas tout à fait le brillant et le fin, ils ont cependant des beautés de formes qui supportent parfaitement l'analyse d'un vrai connaisseur. La tête et l'encolure sont aussi belles, les membres aussi bien faits, les tendons aussi détachés, la queue aussi bien portée, la peau aussi fine, les reins aussi courts. Ils ont, comme les Arabes, avant même d'être soumis à l'*entraînement*, la docilité et la douceur. Peut-être ne s'acclimatent-ils pas aussi bien dans les divers pays. D'un autre côté, leurs muscles sont plus forts; leur poitrine est plus profonde et plus ouverte, le garrot plus sorti, les jarrets mieux placés. Ils ne sont pas, comme tous les Chevaux Arabes, clos du derrière; leurs pieds sont mieux tournés, et, selon l'expression consacrée, plus *court-jointés*. Ils ont plus de force, de légèreté, de vitesse et de fond.

Parmi les *Chevaux Français*, nous devons citer d'abord les *Chevaux Limousins :* ce sont ceux qui ont le plus de race; aussi croit-on généralement qu'ils sont d'origine Africaine et Arabe. Il est présumable, en effet, qu'ils descendent, d'une part, des Chevaux que les Sarrasins introduisirent en France, lorsqu'ils en envahirent le midi au huitième siècle, et qu'ils y abandonnèrent, après leur défaite de Poitiers; et de l'autre, des Chevaux Arabes que les chevaliers Français ramenaient de la Palestine au temps des croisades, et dont la majeure partie restait dans les provinces méridionales.

Le Cheval Limousin a la peau très-fine, la tête carrée, l'encolure droite, souvent grêle et parfois renversée avec le coup de hache; les membres très-secs, ceux de devant un peu minces, et le tendon failli, les jarrets trop rapprochés et les hanches saillantes. Plein de vigueur et de franchise, de finesse et de légèreté, il est essentiellement Cheval de selle, bon par conséquent pour la ville et pour la guerre.

L'Auvergne produit une espèce de petits Chevaux montagnards qui ont beaucoup de ressemblance avec les Limousins, dont ils descendent probablement, et qui serviraient avec avantage dans la cavalerie légère. Généralement plus étoffés que les Limousins, ils ont peut-être aussi plus de fond.

L'île de Corse fournit des Chevaux petits, mais parfaitement bien tournés, pleins de feu, de vivacité et durs à la fatigue; malheureusement la petitesse de leur taille ne les rend propres qu'à un très-petit nombre d'usages.

Les Chevaux qui ont le plus de race après les Limousins sont sans contredit les *Navarrins*; ils en diffèrent cependant, en ce qu'ils ont la tête plus large, l'encolure moins grêle et plus gracieuse, le corps plus étoffé et la coupe plus arrondie. Les *Navarrins* ont beaucoup de ressemblance avec les *Espagnols*, sous le rapport des formes et des mouvements.

La Normandie est la province de la France qui présente le plus de ressources sous le rapport des Chevaux, non-seulement parce qu'elle en fournit beaucoup, mais aussi parce qu'elle en élève pour tous les services. Le Cheval normand a un air de famille qui le fait facilement reconnaître; c'est un des plus beaux pour la tournure et des plus remarquables par la franchise de ses allures. Il a une encolure bien développée, un poitrail large, une croupe ronde, terminée par une queue bien attachée, et des membres superbes, quoique un peu empâtés. Les *Chevaux Normands* les plus distingués son tirés du Mellerant et du Cotentin, les premiers pour la selle et la cavalerie légère, et les autres pour les attelages de carrosse et la grosse cavalerie.

Il existe dans le pays de Caux une espèce excellente pour le trait, et dont les Juments sont très-recherchées comme poulinières.

Les *Chevaux Boulonnais* sont regardés avec raison comme les plus beaux et les meilleurs Chevaux de trait que possède la France. Ces Chevaux se reconnaissent à leur taille, qui n'est pas moins de cinq pieds, au développement considérable de leurs muscles, ainsi qu'à la longueur de leur crinière, qui tombe également des deux côtés.

Les *Chevaux Poitevins* sont, après les Boulonnais, les Chevaux Français les plus propres au trait. Ils ont avec eux beaucoup de ressemblance; cette espèce, très-nombreuse autrefois, devient tous les jours plus rare, parce que la plus grande partie des Juments sont employées à la mulasse.

La Franche-Comté produit des Chevaux de grande taille, qui ont quelque ressemblance avec les Boulonnais.

En général, les trois espèces Boulonnaise, Poitevine

et Franche-Comtoise conviennent essentiellement au roulage comme à tous les services qui demandent un grand développement de forces musculaires, mais peu de vitesse; ce sont celles par conséquent qu'il importe le plus de voir prospérer et se répandre.

Les *Chevaux Bretons* sont excellents, et particulièrement propres aux services des postes et messageries; il en est qui pourraient fort bien aussi convenir à la cavalerie légère.

Le Cheval Breton a la tête grosse et carrée, mais sèche, le front et le chanfrein droits ou camus, l'encolure courte et massive, des membres forts et larges, le jarret droit, et le paturon très-court. Il est généralement de taille moyenne, et plus propre au service du trait accéléré que les trois espèces que nous venons de décrire.

Il existe dans le Morvan et dans le Nivernais une espèce de petits Chevaux qui ont beaucoup de ressemblance avec les Bretons, mais qui sont mieux tournés et plus propres qu'eux au service de la selle. On en tire quelques-uns pour la cavalerie légère et d'autres pour les attelages d'artillerie de campagne.

Les *Chevaux Ardennais* ont toujours eu beaucoup de réputation. Petits, mais bien tournés, pleins de nerfs et durs à la fatigue, ces Chevaux conviennent particulièrement au service de la cavalerie légère, ainsi qu'à celui de l'artillerie de campagne.

Les *Chevaux Flamands* ont en général une mauvaise conformation pour la selle. Ils sont de grande taille, ont une poitrine étroite, un corps long, des membres grêles et une mauvaise corne.

Les diverses races de Chevaux que nous venons d'examiner diffèrent plus ou moins entre elles, non-seulement par leurs formes, mais encore par leurs qualités. Ces formes et ces qualités sont, à ce qu'il paraît, absolument inhérentes à la nature du sol et du climat. L'on remarque, en effet, que les Chevaux du midi sont généralement moins grands, plus vifs, et plus impressionnables que ceux du nord ; que ceux des montagnes sont petits, sobres et courageux, pleins d'âme et de franchise, tandis que ceux qui habitent des terrains bas et marécageux sont d'une taille élevée, chargés de chair, forts à la vérité, mais lourds et paresseux. Il n'est peut-être même pas d'animal qui, en changeant de climat ou de localité, éprouve une mutation plus prompte et plus profonde que le Cheval : il lui suffit de descendre de la montagne dans la plaine, ou de monter d'une localité basse dans un lieu plus élevé, pour qu'une révolution presque subite, favorable ou non, se manifeste dans l'exercice de ses fonctions.

Depuis deux cents ans environ on s'occupe en France et en Angleterre de l'amélioration des Chevaux ; deux marches différentes ont été suivies dans les deux pays : nous avons choisi nos étalons parmi les sujets les plus beaux, les mieux conformés, sans nous enquérir de leur origine ; nos voisins, au contraire, se sont particulièrement attachés aux races ; ils n'ont admis à se reproduire que l'animal ayant fait ses preuves de noblesse.

Les résultats auxquels sont arrivés les deux nations ne nous disent que trop quelle était celle des deux qui avait pris la bonne voie. Évidemment, il peut arriver qu'un bel et bon Cheval sorte d'une mauvaise race ; mais, comme il n'est qu'une exception, un accident, on doit présumer que ses produits reprendront les caractères défectueux de la race originelle : il doit donc être éloigné de la reproduction.

Il ne faut pas, au contraire, en écarter l'animal imparfait, défectueux ou médiocre dont la bonne et belle origine est connue; car, s'il n'est pas doué lui-même de toutes les qualités de sa famille, ce peut être par l'effet de circonstances accidentelles et exceptionnelles, qu'il ne saurait transmettre à ses produits; et il est présumable que ceux-ci reprendront le type primitif, c'est-à-dire les qualités qui distinguent la race dont ils sont originaires.

L'industrie peut tout ennoblir et donner du prix aux choses qui semblaient le moins susceptibles d'en acquérir.

Voici, d'après M. Parent-Duchâtelet, le détail de la valeur d'un Cheval abattu, dans un atelier d'équarrissage des environs de Paris.

Les crins, tant courts que longs, pèsent 100 grammes sur un Cheval moyen, et 220 sur un Cheval en bon état. Le prix de ce crin est de 10 à 30 centimes.

La peau pèse de 24 à 34 kilogrammes, et vaut de 13 à 18 francs.

Le sang pèse de 18 à 21 kilogrammes, et peut être estimé, quant il est cuit et en poudre, à la somme de 2 francs 70 centimes à 3 francs 30 centimes.

La viande pèse de 166 à 203 kilogrammes, et peut être estimée, quand elle est appropriée aux engrais ou à la nourriture des animaux, à la somme de 35 à 45 francs.

Les viscères, boyaux, etc., peuvent valoir de 1 fr. 60 à 1 franc 80 centimes.

Les tendons destinés à la confection de la colle-forte, pèsent ordinairement 2 kilogrammes, et se vendent, après leur dessiccation, 1 franc 20 centimes.

La quantité de la graisse n'est pas la même chez tous les Chevaux; cette quantité varie de 4 à 30 kilogrammes, qui, à 1 franc 20 centimes le kilogramme, représente une somme de 4 francs 80 centimes à 26 francs.

Les fers et les clous ont une valeur de 22 à 50 centimes.

Les cornes et sabots, réduits en poudre par la râpe et vendus dans le commerce donnent, par chaque Cheval, une valeur de 1 franc 50 centimes à 2 francs.

Enfin, les os décharnés, pesant de 46 à 48 kilogrammes, peuvent être vendus, pour la confection du noir animal, de 2 francs 30 cent. à 2 francs 40 centimes.

Ainsi un Cheval qu'une maladie, un accident viennent de faire périr, ou que son possesseur, pour une cause quelconque, se voit réduit à faire abattre, peut encore, en additionnant tous les chiffres que nous venons d'écrire, rapporter à celui qui s'occupe avec intelligence de cette industrie, de 62 à 110 francs. Or, à l'époque actuelle, les Chevaux morts dans un bon état ne se vendent guère que 25 francs, et ceux qui sont en mauvais état ne sont pas payés plus de 10 francs. Lorsque l'on songe au nombre considérable de Chevaux actuellement répandus sur notre territoire, et dont les dépouilles, dans la plupart de nos provinces, demeurent inutiles faute d'emploi, on reconnaît que ce défaut de soins occasionne une perte énorme.

Nous devons maintenant parler de l'*Ane*, qui se reconnaît en général par sa taille plus petite que celle du Cheval, par ses longues oreilles, par la croix noire qu'il a sur les épaules, par la touffe de poils qui termine sa queue. Quoique moins fort que le Cheval, l'Ane n'est pas moins précieux que lui pour les habitants de la campagne, parce qu'il est plus patient et plus sobre. Il est comparativement plus fort et plus hardi que son heureux rival. Sujet à beaucoup moins d'infirmités, il soutient sa vie à très-peu de frais : il n'est difficile que pour sa boisson ; il lui faut une eau claire et limpide. Il est trois ou quatre ans avant de prendre toute sa croissance, et pousse sa carrière jusqu'à vingt et vingt-cinq ans ; il dort moins que le Cheval. Dans ses premières années il est vif, animé ; mais les mauvais traitements lui font bientôt perdre sa vivacité : il devient lent, stupide, têtu.

L'Ane a le pelage gris de souris, souvent gris argenté, luisant ou mêlé de taches obscures ; il a toujours la ligne dorsale et une bande transversale noire sur les épaules ; les oreilles très-longues, la queue floconneuse au bout. L'Ane à l'état sauvage habite les pays des Kalmouks, où il vit en troupes innombrables. Il a le pied sûr, est entêté, aime se vautrer dans la poussière ; recherche les plantes sèches ; son cri est appelé *braire*. L'Ane domestique a de nombreuses variétés ; de son accouplement avec le Cheval résultent les *Mulets* proprements dits, ou provenant de l'Ane et de la Jument ; et les *bardeaux* ou *petits mulets*, résultant du Cheval et de l'Anesse.

Le lait d'Anesse, qui a une grande analogie avec celui de la femme, est considéré comme un aliment ou comme un remède salutaire dans quelques maladies, telles que la phthisie. On le coupe avec de l'eau, ce qui constitue l'hydrogala, ou bien avec de la bière, comme il est d'habitude en Angleterre, où l'on fait un grand usage de ce mélange ; avec de l'eau de Seltz, les liqueurs ferrugineuses, etc., etc.

ORDRE VIII. — RUMINANTS.

Les animaux réunis dans cet Ordre ont l'air d'avoir tous été construits sur le même modèle.

Tous n'ont d'incisives qu'à la mâchoire inférieure, et presque toujours au nombre de huit.

Ils ont à chaque pied deux doigts enveloppés dans deux sabots, qui s'appliquent l'un contre l'autre par le côté interne, de manière à faire paraître leurs pieds comme fendus.

Les deux os du métacarpe et du métatarse sont réunis en un seul, auquel on a donné le nom de *canon*.

Tous sont essentiellement herbivores et ont quatre estomacs. Le premier et le plus grand se nomme la *panse ;* il reçoit en abondance les herbes grossièrement concassées par une première mastication ; celles-ci se rendent de là dans le second, appelé *bonnet*, dont les parois ont des cellules semblables à des rayons d'abeilles. Cet estomac, fort petit et globuleux, saisit l'herbe et la comprime en petites pelotes, qui remontent ensuite successivement à la bouche pour y être remâchées. L'animal se tient en repos pour cette opération, qui dure jusqu'à ce que toute l'herbe introduite dans la *panse* ait été reportée dans la bouche. Les aliments, ainsi remâchés, descendent directement dans le troisième estomac, nommé *feuillet* parce que ses parois ont des lames longitudinales semblables aux feuillets d'un livre, et de là dans le quatrième ou *caillette*, dont les parois n'ont que des rides, et qui est le véritable organe de la digestion, analogue à l'estomac simple des autres animaux. Pendant que les *Ruminants* tettent et ne vivent que de lait la *caillette* est le plus grand de leurs estomacs; la *panse* ne se développe et ne prend son expansion qu'à mesure qu'elle reçoit de l'herbe.

C'est quelque chose de si singulier de voir des aliments pénétrer tantôt dans la panse et le bonnet, tantôt dans le feuillet, suivant que la déglutition se fait pour la première fois, ou que ces substances ont été déjà ruminées, que l'on est tenté d'attribuer ce phénomène à une espèce de tact dont seraient douées les ouvertures de ces diverses poches digestives. Il n'en est pourtant rien; ce résultat est une conséquence nécessaire de la disposition anatomique des parties. L'œsophage, en effet, se termine inférieurement par une espèce de gouttière fendue longitudinalement, qui occupe la partie supérieure du bonnet et de la panse, et se continue jusque dans le feuillet. Les bords de la fente dont nous venons de parler sont d'ordinaire rapprochés, et la gouttière constitue alors un véritable tube, qui mène de l'œsophage dans le feuillet. Mais si le bol alimentaire avalé par l'animal est solide et un peu gros, il distend ce tube et écarte les bords de l'ouverture qui fait communiquer l'œsophage avec les deux premiers estomacs : les aliments tombent alors dans ces poches ; tandis que si le bol alimentaire est mou et pulpeux, comme cela a lieu lorsque la mastication est complète, les matières avalées coulent dans ce même tube, sans écarter les bords de la fente, et arrivent dans le feuillet.

C'est de cette façon que les aliments non broyés que l'animal avale pour la première fois s'arrêtent dans la panse et le bonnet; tandis qu'après avoir été mâchés une seconde fois et bien digérés, ils pénètrent directement dans le feuillet.

Le mécanisme par lequel les aliments accumulés dans le premier estomac remontent dans la bouche est également très-simple. Lorsque la régurgitation commence, le bonnet se contracte et presse la masse alimentaire contre l'ouverture, en forme de fente, qui termine l'œsophage; celle-ci s'élargit alors de manière à saisir une pincée de la masse alimentaire, la comprime et en forme une petite pelote, qui s'engage dans l'œsophage, dont les fibres se contractent successivement de bas en haut, pour pousser ce nouveau bol alimentaire jusque dans la bouche.

Les *Ruminants* sont de grands animaux, peu intelligents, mais qui rendent à l'homme d'immenses services : ils lui fournissent presque toute la chair dont il se nourrit; leur lait lui donne aussi d'excellents aliments. Leur graisse, qui est plus dure que celle des autres quadrupèdes, et qui porte le nom de *suif*, a de nombreux usages dans l'industrie et dans l'économie domestique; leur peau, préparée par le tannage, constitue presque tout le cuir dont nous nous servons; enfin leurs cornes, leurs os, leur sang et jusqu'à leurs intestins, dont on fait des cordes, nous sont utiles. Pendant leur vie, plusieurs de ces animaux, employés comme bêtes de somme, sont également précieux pour le commerce et pour l'agriculture.

Cet Ordre se divise en deux *Sections :* la première comprend les *Ruminants sans cornes*, la seconde les *Ruminants pourvus de cornes*, soit chez les deux sexes, soit chez le mâle seulement.

Chacune de ces *Sections* se subdivise en GENRES, d'après les caractères développés dans le tableau suivant :

RUMINANTS.

Incisives généralement au nombre de huit à la mâchoire inférieure ; remplacées à la supérieure par un bourrelet calleux. Entre les incisives et les molaires, espace vide où se trouvent, dans quelques genres, une ou deux canines ; molaires en général au nombre de six. Quatre pieds terminés par deux doigts et deux sabots, d'où leur vient le nom de *Pieds fourchus*. Quelquefois derrière le sabot deux petits ergots. Métacarpe et métatarse réunis en un seul os, nommé CANON.

Deux Sections.

- 1re *Section.* Sans cornes. *Deux Tribus.*
  - 1re TRIBU. *Six incisives* à la mâchoire inférieure. Dix-huit ou vingt molaires. Lèvre supérieure renflée. Cou long. Sabot petit, adhérent seulement à la dernière phalange et de forme symétrique. *Un Genre.* — **Chameaux.**
  - 2e TRIBU. *Huit incisives* à la mâchoire inférieure. De chaque côté de la mâchoire supérieure, longue canine, dans les mâles. Sabots enveloppant le pied. Une espèce a chez le mâle une poche sous le ventre contenant une humeur (le musc). *Un Genre.* — **Chevrotains.**
- 2e *Section.* Avant des cornes
  - caduques, appelées bois, pleines et osseuses. Corps svelte. Larmier sous les yeux. Jambes minces. *Un Genre.* — **Cerfs.**
  - persistantes, couvertes
    - d'une peau velue comme le reste de la tête. Pas de larmier. Pas de mufle. Oreilles longues, pointues. *Un Genre.* — **Girafes.**
    - d'un étui corné formé d'une substance élastique et analogue à celle des ongles ; l'axe osseux de ces cornes
      - compacte, n'ayant ni cellules ni pores ; les cornes contournées de diverses manières ; des larmiers. *Un Genre.* — **Antilopes.**
      - creusé en cellules qui communiquent avec les sinus frontaux. Cornes dirigées
        - en haut et en arrière ; chanfrein concave. Menton généralement garni d'une longue barbe. *Un Genre.* — **Chèvres.**
        - en arrière et revenant ensuite en avant en spirale. Chanfrein convexe. Pas de barbe. *Un Genre.* — **Moutons.**
        - de côté, revenant vers le haut, ou en avant, en forme de croissant. Museau terminé par un mufle. Taille trapue, élevée. Fanon. Onglons derrière les sabots. *Un Genre.* — **Bœufs.**

Première Section : Ruminants sans cornes.

Les animaux de cette section ne présentent sur le front aucune protubérance ; ce sont les GENRES *Chameau* et *Chevrotain*.

GENRE CHAMEAU.

Les *Chameaux* sont de grands animaux, à tête très-allongée, à hautes jambes, à long cou, à queue médiocre, à lèvre supérieure renflée et fendue, qui se distinguent de tous les autres Ruminants en ce qu'ils ont deux incisives crochues et deux canines en haut, six incisives tranchantes et deux canines en bas. Au lieu de ce grand sabot aplati au côté interne qui enveloppe toute la partie inférieure de chaque doigt, et détermine la figure du pied fourchu ordinaire, ils n'en ont qu'un petit, en forme d'ongle symétrique comme celui des pachydermes, et leurs deux doigts sont réunis en dessous jusque près de la pointe par une semelle épaisse, mais flexible. Leur dos est chargé d'une ou deux énormes loupes, formées par une masse de graisse. Ils peuvent passer plusieurs jours sans boire, ce qui tient à ce qu'ils ont une cinquième poche stomacale, qui a la propriété de sécréter une liqueur transparente assez analogue à l'eau. (Cette faculté dépend d'une certaine quantité de cellules qui garnissent les côtés de la panse, et dans lesquelles la liqueur se produit continuellement, ou est retenue après que l'animal l'y a fait entrer comme boisson.) Au temps du rut il suinte de leur tête une humeur fétide.

Dans l'Arabie et dans d'autres contrées, où on fait servir les Chameaux à différents usages, il est regardé comme le plus précieux des animaux. Son lait forme une partie considérable de la nourriture de ses maîtres ; ils s'habillent de son poil, qui tombe régulièrement tous les ans ; et, à l'approche de l'ennemi, ils peuvent, en montant sur son dos, fuir à une distance de cent mille en peu de jours.

Les deux espèces principales du GENRE CHAMEAU sont : le *Chameau* de la *Bactriane*, ou à deux bosses, et le *Chameau d'Arabie*, ou à une bosse, que l'on nomme le *Dromadaire*.

Le *Chameau de la Bactriane* a environ sept pieds de hauteur jusqu'aux épaules : il est bien plus puissant que le Dromadaire.

Le Chameau existe naturellement dans une grande partie de l'Asie, où il est employé, depuis la plus haute antiquité, au service domestique et militaire. On a essayé de le transporter en Amérique ; mais il n'y a point réussi, faute des soins nécessaires, non plus que dans le midi de l'Europe : mais il s'est parfaitement acclimaté en Afrique, où il existe depuis un temps que certains auteurs font remonter à l'époque des conquêtes des Arabes. Il est généralement plus recherché que le Dromadaire, quoique celui-ci supporte plus facilement la fatigue et la faim. Avec une organisation si bien appropriée à son genre de vie, le Chameau est, peut-être avec le Renne, le plus utile des animaux domestiques ; il réunit en lui la force du Bœuf, la douceur et la docilité du Cheval, la sobriété de l'Ane et la toison de la Brebis ; aussi l'Arabe trouve-t-il en lui sa nourriture, son vêtement, sa chaussure et sa monture pour voyager.

Le *Dromadaire* diffère du Chameau en ce qu'il n'a qu'une bosse au milieu du dos : sa taille paraît être en général moins forte et son poil plus gris, mais il varie en grandeur et couleur. Il s'est répandu d'Arabie dans tout le nord de l'Afrique et dans une grande partie de la Syrie et de la Perse : il est indispensable pour traverser le désert.

La chair des jeunes Chameaux est aussi bonne que celle du Veau ; le lait que les femelles produisent en abondance est également fort estimé ; on en fait du beurre et des fromages. La chair des individus adultes se mange aussi ; quoique plus dure que celle des jeunes, elle n'est cependant pas désagréable. Le poil de ces animaux est très-employé ; on le coupe à certaines époques de l'année, et on en fait des tissus assez variés.

Les *Lamas* diffèrent des Chameaux en ce que leurs doigts sont séparés et qu'ils n'ont pas de bosse.

Les espèces que ce GENRE renferme appartiennent à l'Amérique méridionale. Elles sont remarquables par le duvet précieux qu'elles fournissent, et dont on fait des vêtements de haut prix.

Le Lama sert au Pérou de bête de somme. Il a environ quatre pieds de haut et près de six de long, à le prendre depuis le cou jusqu'à la queue. Dans son état de nature, il a le poil rude ; ce poil s'adoucit quand l'animal est réduit à l'état de domesticité.

Ce SOUS-GENRE comprend trois espèces : le *Paco* ou *Alpaca,* la *Vigogne* et le *Lama* proprement dit, qui est le plus élégant et le plus majestueux de tous. Sa démarche ressemble à celle du cerf ; mais il tient son cou avec autant de grâce que le cygne : sa petite tête et son air de douceur ajoutent beaucoup à sa beauté. Comme la laine qui couvre son corps est grossière et abondante, on n'est pas obligé de le bâter.

Le Lama semble être une espèce entièrement domestique, et M. de Humboldt pense que ceux que l'on rencontre à l'état sauvage proviennent d'individus échappés à la domesticité, et rentrés dans l'état de nature. Parmi les races diverses que forme cet animal, il est difficile de reconnaître la race primitive, celle dont toutes les autres sont originaires. A en juger par les individus qui ont été décrits en Amérique, et par ceux qu'on a amenés en Europe, ce sont les teintes brunes qui se rencontrent le plus fréquemment sur le pelage des Lamas; mais il y en a, dit-on, de tout noirs, et même de blancs. Buffon en mentionne un dont la couleur était d'un brun vineux, avec une ligne plus foncée le long du dos; d'autres étaient bruns, avec des parties blanches, de formes irrégulières, sur la tête et les jambes. Les poils sont beaucoup plus fournis, plus longs, plus fins chez les uns que chez les autres; mais chez tous ils sont plus longs et plus frisés sur le corps que sur la tête, le cou et les jambes. Ces animaux ont un caractère qui leur est commun, ce sont des callosités au sternum et aux genoux.

Le Pérou est la vraie patrie des Lamas. On les conduit, à la vérité, dans d'autres provinces, comme à la Nouvelle-Espagne, mais c'est plutôt pour la curiosité que pour l'utilité; au lieu que dans toute l'étendue du Pérou, depuis Petosi jusqu'à Caracas, ces animaux sont en très-grand nombre. Ils sont aussi de la plus grande nécessité; car ils font toute la richesse des Indiens, et contribuent beaucoup à celle des Espagnols. Leur chair est bonne à manger, leur poil est une laine fine d'un excellent usage, et pendant toute leur vie ils servent constamment à transporter toutes les denrées du pays. Leur charge ordinaire est de cent cinquante livres, et les plus forts en portent jusqu'à deux cent cinquante; ils font des voyages assez longs dans des pays impraticables pour tous les autres animaux : ils marchent assez lentement, et ne font que quatre ou cinq lieues par jour; leur démarche est grave et ferme, leurs pas assurés; ils descendent des ravines précipitées, et gravissent des rochers escarpés où les hommes ne peuvent les accompagner. Ordinairement ils marchent quatre ou cinq jours de suite; après ce temps ils veulent du repos, et font, d'eux-mêmes, un séjour de vingt-quatre ou trente heures avant de se remettre en marche. On les occupe beaucoup au transport des riches matières que l'on tire des mines du Potosi : d'après Bolivar, de son temps, on employait à ce travail trois cent mille de ces animaux.

GENRE CHEVROTAIN.

Les *Chevrotains*, animaux charmants par leur élégance et leur légèreté, sont tous de l'Asie centrale ou méridionale; ils n'ont ni incisives supérieures, ni canines en bas, mais chez toutes les espèces les mâles portent à la mâchoire supérieure deux canines très-longues, qui dépassent les lèvres et se laissent voir au dehors de la bouche. Ces canines n'ont pas moins de trois pouces de longueur; elles sont aiguës, tranchantes par leur bord postérieur, recourbées en faux, et forment ainsi des armes redoutables. Ils s'en servent pour combattre; car souvent chez les vieux individus on les trouve brisées. Ces dents, du reste, ne constituent pas pour la famille un caractère distinctif; car on le retrouve dans un petit cerf qui, comme les Chevrotains, appartient à l'Archipel de l'Inde, l'espèce du Muntjac. Le naturel de ces animaux est d'une timidité excessive; le moindre bruit les épouvante, et la vue d'un Mammifère carnassier ou d'un oiseau de proie les glace de terreur, et les empêche de fuir. Pour éviter les regards de ces ennemis, ils ont soin, quand ils broutent l'herbe ou les feuilles des arbustes qui croissent sur les montagnes, de se cacher de leur mieux dans les fentes des rochers ou au milieu de quelques touffes de plantes.

A ce Genre appartient l'espèce qu'on désigne sous le nom de *Musc*, et qu'on trouve au Thibet. Le Musc habite des contrées que les voyageurs Européens ont rarement occasion de visiter, et il se tient de préférence dans les lieux les plus inaccessibles. Tout ce que nous savons de ses habitudes, dans la nature, nous le montre comme un animal dont les mœurs ont quelques rapports avec celles des chamois et des bouquetins qui habitent nos Alpes. Il a le même amour pour les rochers escarpés, la même vigueur de jarret, la même facilité à conserver son équilibre au milieu des mouvements les plus violents; il paraît d'ailleurs être encore plus sauvage, et préférer la nuit au jour pour ses excursions.

Le Musc adulte a la taille du chevreuil, et il en a à peu près l'encolure; il a cependant le train de derrière proportionnellement plus élevé, ce qui indique une plus grande facilité à bondir. Le poil du Musc est gros, rude et cassant. Ce qui le fait surtout remarquer, c'est une poche située en avant du prépuce du mâle, et qui se remplit de cette substance odorante si recherchée en médecine et en parfumerie, sous le nom de *musc*. Le meilleur est celui que l'animal laisse sur les pierres, contre lesquelles il se frotte pour s'en débarrasser, quand il est trop abondant dans le réservoir. Tout le *musc* du commerce nous vient de la Chine, qui avant de nous l'envoyer le frélate, en le mélangeant avec du sang ou même avec du plomb pulvérisé. Comme ce parfum se vend toujours à un prix très-élevé, les chasseurs, afin de n'en rien perdre, le vendent dans la bourse même où il est naturellement contenu; mais souvent, avant de fermer cette bourse, ils y introduisent de la terre ou de la graisse, afin d'en augmenter le poids. Outre cette espèce, nous mentionnerons le *Chevrotain-Kanchil,* qui n'a que quinze pouces de long et neuf ou dix de haut. Il habite Java; il est très-rusé; son pelage est d'un brun-rouge foncé, avec trois raies sur la poitrine. Le Chevrotain pygmée est le plus petit des mammifères ongulés; ses jambes n'ont guère que trois pouces de long, et ne sont pas plus grosses que le tuyau d'une plume à écrire.

Deuxième Section : Ruminants à cornes.

Tous les animaux compris dans cette *Section* ont, au moins dans le sexe mâle, deux cornes dont le centre est formé par des proéminences plus ou moins longues des os frontaux. On distingue chez les Ruminants trois sortes de cornes.

Tantôt (comme chez la *Girafe*) elles sont enveloppées d'une peau velue, qui se continue avec celle de la tête, et qui ne se détruit pas et ne tombe pas.

Tantôt, comme cela se voit dans le GENRE des *Cerfs*, les proéminences, couvertes pendant un temps d'une peau velue comme celle du reste de la tête, ont à leur base un anneau de tubercules osseux, qui en grossissant compriment et oblitèrent les vaisseaux nourriciers de cette peau; elle se dessèche, et est enlevée. La proéminence osseuse, ainsi mise à nu, se sépare, au bout de quelque temps, du crâne; elle tombe, et l'animal demeure sans armes; mais il lui en repousse de nouvelles, qui se développent plus encore que celles qu'elles ont remplacées, et qui tomberont à leur tour, sous l'influence des mêmes causes.

Enfin, d'autres fois, la partie osseuse des cornes est revêtue d'un étui de substance élastique qui croît par couches, pendant toute la vie et ne tombe jamais; telles sont les cornes des Antilopes, des Chèvres, des Moutons et des Bœufs.

GENRE CERF.

Les animaux du GENRE CERF ont la tête surmontée de protubérances cornues, appelées *bois*. Ils constituent un genre assez considérable en espèces, parmi lesquelles cinq, le *Cerf ordinaire*, le *Daim*, le *Chevreuil*, le *Renne* et l'*Élan*, appartiennent à l'Europe. L'Asie possède aussi, outre plusieurs de ces animaux, différentes espèces qui lui sont spéciales; on en connaît également dans les grandes îles qui l'avoisinent au sud. La Barbarie est la seule partie de l'Afrique où l'on ait encore trouvé des animaux de ce GENRE. Quant à ceux de l'Amérique, ils sont nombreux dans la partie septentrionale de ce continent et dans la partie méridionale.

Le *Cerf* proprement dit se trouve naturellement dans les forêts de l'ancien continent. Sa femelle se nomme *Biche*. Le mâle seul porte des bois ou cornes. Vers six mois on n'aperçoit encore sur la tête que deux bosses ou tubercules; on le nomme alors un *Faon*. A un an ces tubercules se sont allongés; quoique simples, ils ont deux à trois décimètres de long; l'animal perd à cette époque la peau qui les recouvrait; le bois reste quelque temps à nu avant de tomber, et il prend alors le nom de *daguet*, qu'il quitte six mois après, pour prendre celui de *hère*. L'année suivante les bois produisent deux branches, ou *andouillers*, qui font appeler le Cerf *deuxième tête.* Il lui vient ensuite chaque année un nouvel andouiller, qui lui fait successivement donner le nom de *troisième* et *quatrième tête.* Enfin, après cinq années révolues, sa ramure se trouvant chargée de cinq andouillers de chaque côté, on l'appelle Cerf de *dix cors jeunement;* à cinq ans et demi, Cerf *dix cors;* puis jusqu'à l'âge de vingt à trente ans, qui est la durée ordinaire de la vie de ces animaux, ils portent le nom de vieux Cerf.

Ce mode de formation des cornes, qu'on a comparé à celui des bourgeons des plantes, leur renouvellement annuel, si analogue à celui des feuilles, la structure compacte et la forme branchue de ces organes, leur ont fait donner le nom spécial de *bois.*

La chute périodique du bois ne s'opère pas sans causer aux Cerfs un malaise assez prononcé. Tant qu'ils en restent privés, on les voit, tristes et abattus, se cacher dans les fourrés les plus épais de la forêt qu'ils habitent, pour éviter des ennemis contre lesquels ils se trouveraient sans défense. Cette crise a lieu pendant la belle saison, époque à laquelle le Cerf trouve partout une nourriture abondante, sans avoir besoin de se déplacer beaucoup. Aussi voit-on ces animaux florissants de force et de santé, lorsque, vers l'automne, ils sortent de leur retraite avec leur nouveau *bois*, qu'ils semblent étaler avec orgueil. C'est alors le temps de leurs amours, temps durant lequel ces animaux, d'ordinaire si doux, deviennent pour ainsi dire furieux.

Le *Cerf commun* est fort célèbre par les chasses qu'on lui fait dans toute l'Europe, et par les ruses variées qu'il emploie pour se soustraire aux poursuites des chasseurs et des chiens. Il se tient dans les bois et se réunit en grandes troupes pour passer l'hiver. Ce que les anciens ont dit de la longue durée de la vie de cet animal est tout à fait faux ; il vit environ trente ans. Le *Wapiti*, ou *Cerf du Canada*, est plus grand que le nôtre ; de plus, il a la queue plus courte et le bois plus branchu. L'*Axis* ou *Cerf tacheté* de l'Inde, quoique originaire du Bengale, se propage très-bien en Europe ; on le distingue à son pelage fauve, marqué de taches d'un blanc pur, et à son bois, qui n'a que deux branches, l'une à la base et l'autre à l'extrémité de la tige.

Les Cerfs présentent, dans une fosse située sous l'orbite, de chaque côté, un sac membraneux garni de follicules sécrétant une humeur épaisse, onctueuse et noirâtre, et s'ouvrant en dehors par une fente de la peau. Ces sacs sont appelés *larmiers ;* ils contiennent des sécrétions particulières et souvent odoriférantes, comme le constatent les observations de plusieurs naturalistes. Ainsi, Buffon décrit celles du Cerf comme ressemblant à du cérumen. Daubenton a trouvé dans un vieux Cerf la sécrétion si durcie, qu'elle formait une masse solide, ou *bézoard*, comme il l'appelle, de onze lignes de long, sept de large et six d'épais. Camper a trouvé des particules dures et jaunâtres dans une bête fauve. Le docteur Herna-Frium a trouvé dans une espèce d'Antilope une humeur grasse, visqueuse, jaunâtre, participant de l'odeur du musc et du camphre.

Quelques auteurs croient que quand le Cerf boit l'air est poussé dans ces cavités avec assez de force pour se faire sentir à la main. Le professeur Jacob combat cette opinion ; selon lui, ces cavités sont imperméables à l'air vers le nez ; mais l'air s'échappe au travers des passages lacrymaux, qui sont de la grosseur d'une plume de corbeau, et servent d'entrée à un canal tortueux qui conduit les larmes à l'extrémité du nez.

Depuis que M. Jacob a écrit les observations précédentes, il a eu l'occasion d'examiner les sinus dans le Wapiti, et il a trouvé dans une de ces cavités une grosse masse solide d'une sécrétion durcie comme celle trouvée dans les sinus du Cerf par Daubenton, et qu'il a appelée *bézoard du Cerf*. L'analyse de cette sécrétion a confirmé l'idée que cette sécrétion provient de la cavité elle-même et non de la surface de l'œil.

Le Cerf est très-délicat dans le choix de ses aliments, qui consistent ordinairement en herbes et en jeunes bourgeons, et en racines de différents arbres. Quand sa faim est satisfaite, il se retire à l'abri de quelque feuillage épais, et rumine, mais avec plus de difficulté que la vache ou la brebis : il fait entendre pendant tout le temps une sorte de hoquet. Cet animal a l'ouïe et l'odorat très-fins.

Le *Daim* est moins grand que le Cerf; il a la queue plus longue, noire en dessus et blanche en dessous. Ses cornes, au lieu d'être branchues et rondes, sont larges et palmées. Ces deux espèces, d'ailleurs, ont de l'antipathie l'une pour l'autre, et ne résident ni ne paissent dans les mêmes endroits. Les Daims vivent ordinairement jusqu'à vingt ans, et arrivent à toute leur croissance au bout de trois. On les trouve rarement dans leur état sauvage; ils sont répandus dans presque toute l'Europe, surtout en Angleterre, où on les élève dans des parcs pour l'amusement et le luxe.

Ils broutent d'une manière plus rase que le Cerf, et se nourrissent de plusieurs végétaux que les Cerfs dédaignent; ils sont très-préjudiciables aux jeunes arbres, qu'ils dépouillent de leur écorce.

Le *Chevreuil* est gris fauve, plus ou moins foncé, à fesses blanches, presque sans queue. Il vit dans les forêts élevées de l'Europe tempérée. Ses cornes ont de six à huit pouces de long ; elles sont fortes, droites et divisées à leur extrémité, en trois pointes ou branches.

La longueur du *Chevreuil* dépasse rarement trois pieds, et sa hauteur deux et demi. Il est très-vif et a le nez très-fin.

Les *Chevreuils* diffèrent de toutes les autres bêtes fauves par leurs mœurs. Ils ne vivent point par troupes, mais par familles. La femelle porte au plus haut point l'affection et la sollicitude maternelles ; elle met bas deux *faons*, ordinairement un mâle et une femelle.

Le Chevreuil est deux ou trois ans à croître, mais il peut engendrer dès l'âge d'un an ; sa femelle ne porte que cinq mois ; on estime plus sa chair que celle du Cerf. Il est répandu par toute l'Europe tempérée ; on le trouve aussi dans une partie de l'Asie.

Quoique les chevreuils soient toujours ensemble, ils ne ressentent les ardeurs du rut qu'une seule fois par an, et ce temps ne dure que quinze jours ; c'est à la fin d'octobre qu'il commence. Ils n'ont point alors, comme le Cerf, d'odeur forte, point de fureur, rien en un mot qui les altère et qui change leur état ; seulement ils ne souffrent pas que leurs faons restent avec eux pendant ce temps ; le père les chasse, comme pour les obliger à céder leur place à d'autres qui vont venir et à former eux-mêmes une nouvelle famille. Cependant, après que le rut est fini, les faons reviennent auprès de leur mère, et ils y demeurent encore quelque temps, après quoi ils la quittent pour toujours, et vont eux deux s'établir à quelque distance.

Le *Renne* est de la grandeur du Cerf, mais il a les jambes plus basses. La femelle, comme le mâle, porte des cornes terminées, à un certain âge, en forme de palmes élargies et dentelées. Les peuples du Nord s'en servent pour tirer des traîneaux, porter des fardeaux, et ils se nourrissent de leur chair et de leur lait. Leur agilité est telle, que deux Rennes attelés à un traîneau parcourent quarante à cinquante lieues dans l'espace d'un jour.

Cet animal, qui vit dans les contrées glaciales des deux continents, rend aux habitants de ces pays les mêmes services que le chameau aux Arabes; il remplace pour eux le cheval, le bœuf et la brebis; il leur sert de bête de somme et de trait, et leur fournit sa chair, son lait, sa peau et sa toison : aussi les Lapons mesurent-ils leur richesse au nombre de leurs Rennes.

L'*Élan*, qui habite, en petites troupes, les forêts marécageuses du Nord, est grand comme un cheval, avec les jambes élevées, le museau renflé; une espèce de goître diversement configuré sous la gorge, le poil très-roide et d'un cendré plus ou moins foncé. Le bois du mâle, d'abord en *dagues*, ensuite divisé en lanières, prend à cinq ans la forme d'une lance triangulaire dentelée au bord externe et portée sur un pédicule; il croît avec l'âge jusqu'à peser cinquante ou soixante livres, et à porter quatorze andouillers ou dentelures à chaque corne. La peau de cet animal est précieuse pour les ouvrages de chamoiserie.

Chaque troupe d'Élans est composée de plusieurs familles, formées chacune d'une vieille femelle, de deux femelles adultes, de deux jeunes femelles et de deux jeunes mâles. La saison du rut, pour ces mammifères, commence à la fin du mois d'août, et dure tout le mois de septembre, époque à laquelle les vieux mâles écartent les jeunes, et rassemblent les femelles. Celles-ci mettent bas de la mi-mai à la mi-juin, et font à chaque fois un, deux et rarement trois petits.

Les vieux Élans déposent leur bois en janvier et en février; les jeunes, en avril et en mai. Ces animaux ne vivent guère d'ailleurs que dix-huit à vingt ans; mais dans cet espace de temps ils peuvent acquérir des dimensions considérables. Un Élan, tué en Suède sous Charles XI, pesait en effet douze cent vingt-neuf livres; un autre, pris dans les monts Altai, avait huit pieds dix pouces du nez à la queue, et cinq pieds six pouces de hauteur au garrot, quoiqu'il ne fût pas, dit-on, des plus grands.

On va à la chasse des Élans dans les contrées civilisées à peu près comme à celle du cerf dans nos provinces, c'est-à-dire qu'on les attaque, en général, à force d'hommes et de chiens; mais en Amérique les sauvages les suivent à la piste durant l'hiver, et quelquefois pendant plusieurs jours de suite, en attachant à leurs pieds des sortes de raquettes qui les empêchent d'enfoncer dans la neige, et ils les percent avec un os pointu fixé au bout d'un long bâton.

GENRE GIRAFE.

Le Genre Girafe est distingué de tous les animaux par ses cornes coniques, et toujours recouvertes par une peau velue, qui ne tombe jamais, et qui existe dans les deux sexes. On n'en connait qu'une espèce, la *Girafe*, dont la hauteur dans sa pleine croissance, depuis l'extrémité de la tête jusqu'aux pieds de devant, est d'environ dix-sept pieds; sa peau est élégamment mouchetée de brun sur un fond blanc. Sa démarche n'est ni lourde ni désagréable, mais son trot a quelque chose de ridicule; quand elle broute sur terre, la longueur de ses jambes la force à les écarter pour atteindre sa pâture.

Ainsi que cela se voit chez un petit nombre d'animaux, et principalement les hyènes, le train antérieur de la Girafe est plus élevé que le postérieur. Les quatre extrémités sont terminées par des sabots fourchus; mais on ne voit point à leur face postérieure les sabots rudimentaires que présentent la plupart des autres espèces à pieds fourchus. La queue est de longueur moyenne et terminée par un pinceau de crins assez nombreux. Le cou présente à sa face postérieure une petite crinière qui est droite comme celle des Daw et qui règne dans toute sa longueur.

Les Girafes sont des animaux qu'on ne trouve qu'en Afrique, où elles ne sont même pas très-nombreuses; elles vivent par familles sur la lisière des plus vastes déserts, et se rencontrent depuis le cap de Bonne-Espérance jusqu'en Nubie, et dans quelques autres contrées de l'Afrique orientale et septentrionale. Ce sont des animaux paisibles; ils recherchent pour se nourrir diverses sortes de graines, ainsi que les feuilles des arbres, mais principalement des *mimosa*. Les Girafes ont à redouter plusieurs ennemis terribles, et particulièrement le lion, qui leur donne souvent la chasse; mais comme elles courent avec une grande rapidité, elles parviennent fréquemment à l'éviter. Leur allure habituelle est l'amble, c'est-à-dire qu'elles déplacent à la fois les deux membres d'un même côté; mais lorsqu'elles courent elles remuent en même temps les deux membres d'un même train; tenant les membres antérieurs écartés, elles amènent brusquement entre eux, ou même en avant, leurs jambes postérieures; puis, après que celles-ci ont pris leur point d'appui, elles portent les premières en avant. Elles remuent en même temps leur corps d'une manière singulière, et leur long cou, qu'elles ne fléchissent jamais, représente véritablement un long fléau, qui se balance de l'avant à l'arrière comme une longue pièce appuyée entre les deux épaules.

MM. *Joly* et *Lavocat*, dans des observations anatomiques qu'ils ont faites en disséquant une Girafe morte à Toulouse, ont constaté que la longueur du canal digestif, non compris l'œsophage et l'estomac, était de 62 m.; la longueur de cette partie dans le Chameau à deux bosses a 42 m.; dans le Bœuf, 48 m.; dans le Cheval, 25 m.

Ces savants naturalistes se sont assurés de l'absence du ligament coxofémoral, et, suivant eux, la profondeur de la cavité cotyloïde présentait une ouverture latérale vers sa partie postérieure. Ils ont aussi remarqué l'énorme développement des sinus frontaux, et en général la disposition des frontaux. « Il nous a paru, disent les auteurs, que la troisième corne attribuée à la Girafe n'est rien autre chose qu'une saillie moyenne du frontal, saillie d'autant plus prononcée que l'individu lui-même est plus âgé. L'examen de la tête osseuse de l'animal leur a fait reconnaître que les cornes latérales ne sont point un simple prolongement des frontaux, mais constituent, comme l'avait annoncé Cuvier, des os distincts, qui peuvent être séparés du reste du crâne. La base de ces os est concave et tapissée par le périoste crânien, qui semble se dédoubler pour en tapisser la face interne.

Les divers peuples de l'Afrique poursuivent les Girafes de plusieurs manières, et savent aussi tirer différents partis de leur peau, mais rarement ils réussissent à se les procurer vivantes.

Le savant historien Mongez a publié sur l'histoire de

la *Girafe* des recherches curieuses et étendues, qui établissent qu'avant l'année 1827 il n'avait pas paru de Girafe en France; que cet animal n'a pas été amené en Europe (Constantinople excepté) depuis 1486; que Jules César le premier en montra une aux Romains; que les anciens Égyptiens l'ont sculptée sur leurs monuments, et que les sultans d'Égypte en conservaient dans leur palais au Caire; que l'Éthiopie (nom sous lequel les anciens comprenaient souvent les pays situés au midi des cataractes du Nil) a toujours fourni à l'Égypte, à Alexandre surtout, les Girafes décrites par les auteurs; enfin que, malgré quelques erreurs, faciles à corriger par le rapprochement des textes contraires, on avait pu obtenir jusqu'à ce jour des descriptions assez exactes de cet animal, sauf le mutisme, phénomène très-extraordinaire dans un aussi grand Quadrupède, mais dont aucun écrivain n'a cependant parlé.

On a trouvé il y a quelques années, le long de la branche Sivalik des monts sub-Himalaya, une tête fossile d'un animal qui a plusieurs rapports avec la Girafe. Cette tête, parfaitement bien conservée, était enveloppée au sein d'une masse de grès servant de digue à un cours d'eau, où sans doute elle serait restée cachée longtemps encore, si les dents, qui faisaient saillie au dehors, n'eussent fait soupçonner autre chose à l'intérieur. Lorsque après beaucoup de travail elle eut été dégagée de son enveloppe de stalactite, elle laissa voir entre les orbites deux cornes qui sont cassées seulement à l'extrémité. Toutes les molaires des deux côtés sont parfaitement conservées et à leur place. La seule mutilation est au vertex, à l'endroit où le plan de l'occipital se rencontre avec le front, et au museau, qui est tronqué un peu au-devant de la première molaire. Les parties qui sont encore cachées sont une partie de l'occipital, les fosses zygomatiques des deux côtés et la base du crâne sur le sphénoïde.

Le nom de *Sivatherium* a été donné à l'animal auquel a appartenu la tête en question, parce que ce fossile, ainsi que nous l'avons déjà dit, fut trouvé dans la branche des monts sub-Himalaya dite Sivalik, du mot Siva-Ala (les Hindous considèrent cette chaîne comme le faîte du toit de la demeure du dieu Siva).

Le *Sivathérium giganteum* offre un grand intérêt, en ce sens surtout qu'il paraît devoir servir à rattacher certains genres de Ruminants au reste de la famille. En effet, la plupart des fossiles découverts et nommés par Cuvier appartenaient à la famille des Pachydermes, et les espèces provenant des autres familles ont toutes leurs représentants encore vivants sur la terre. Ainsi, parmi les Ruminants fossiles, on n'avait jamais observé de déviations remarquables par rapport aux types existants. Cependant la position isolée des *Chameaux* et de la *Girafe* autorisait à admettre qu'il y avait eu certains genres, aujourd'hui éteints, qui formaient un passage entre ceux-ci et les autres genres de la famille, et surtout entre les Ruminants et les Pachydermes. Or, le Sivathérium, qui n'a point d'analogue dans la nature vivante, peut remplir en partie cette dernière lacune. Les dents et les cornes le rangent dans la première famille; la structure des os de la lèvre supérieure, l'ostéologie de la face, la grandeur et la position des orbites le rapprochent des Pachydermes. La comparaison des os du nez avec ceux des Pachydermes à trompe, particulièrement du tapir, ne permet guère de douter que le Sivathérium, comme ce dernier Pachyderme, ne fût pourvu d'une trompe.

GENRE ANTILOPE.

Les *Antilopes* sont des animaux dont la taille est généralement élancée et légère, et dont les cornes, plus ou moins développées, suivant l'âge et le sexe des individus, affectent toutes les formes imaginables : lisses, cannelées, striées, partagées en anneaux, rondes, triangulaires ou enroulées d'une arête saillante, droites ou contournées en spirale, courbées et inclinées dans tous les sens, simples ou rameuses. Dans un grand nombre d'espèces elles sont le privilége exclusif des mâles.

Les Antilopes ressemblent aussi, pour la plupart, aux cerfs, par la vitesse de leurs mouvements et par l'existence des fossettes creusées au-dessous de l'angle interne de l'œil, et nommées *larmiers*. Ces animaux ont le nez tantôt terminé par un mufle, tantôt entièrement couvert de poils; point de barbe; des oreilles assez grandes, pointues; souvent des brosses de poils sur les poignets, et des pores inguinaux ou petites poches formées par des replis de la peau des aines; ils ont des mamelles au nombre de deux ou de quatre.

Les Antilopes se trouvent tantôt sur les montagnes les plus escarpées, comme les chevrotains, et sautent de rocher en rocher avec une agilité effrayante; leurs formes sont élancées, et leurs jambes effilées, comme celles de tous les animaux légers à la course. Tantôt ils ont le corps plus massif et les membres plus robustes; ils fréquentent les plaines sablonneuses ou les terrains marécageux. Comme ils n'ont pas alors de légèreté pour échapper à leurs ennemis, la nature a donné à la plupart des cornes puissantes et un caractère déterminé.

Presque toutes les espèces de ce genre appartiennent

aux climats chauds de l'Asie et de l'Afrique méridionale. Deux seulement se rencontrent dans les pays tempérés de l'Europe. Toutes vivent en troupes nombreuses, et composées quelquefois de plusieurs milliers d'individus. On leur fait la chasse à cause de la bonté de leur chair ou de l'utilité de leur peau; les Africains et les chasseurs de l'Asie les chassent de préférence avec le faucon ou le guépard. Quand ils veulent les prendre vivants, ils lancent, au milieu d'une bande de ces animaux sauvages, des individus apprivoisés; à leurs cornes sont attachés des nœuds coulants, auxquels les sauvages se prennent par les jambes ou les cornes, et qui les retiennent jusqu'à ce que les chasseurs viennent s'en emparer.

On a partagé les Antilopes en plusieurs *sous-genres*, qui ont pour types : 1° l'*Antilope ordinaire* ou *Antilope des Indes*, dont les mâles seuls ont des cornes, qui sont noires et à triple courbure; 2° la *Gazelle*, de la taille du chevreuil, avec des cornes à double courbure dans les deux sexes, commune en Barbarie et en Arabie; 3° le *Nagor* et le *Nanguer*, qui ont les cornes simples, peu ou point annelées, et vivent au Sénégal; 4° l'*Antilope bubale*, appelé vulgairement *Vache de Barbarie*; 5° l'*Antilope-Coudous*: c'est le *Condoma* de Buffon, qui vit isolé dans les montagnes du Cap; 6° le *Canna*, décrit par Buffon sous le nom de *Coudou* : il vit en troupes nombreuses au cap de Bonne-Espérance; 7° le *Nyl-gaut*, que ses formes extérieures ont fait nommer *Bœuf gris* du Mogol, *Taureau-Cerf*, et qui habite la Tartarie; 8° l'*Oryx* ou le *Pazan* de Buffon : il a les cornes noires, presque droites, longues de deux ou trois pieds, et habite l'intérieur de l'Afrique; 9° le *Chamois* ou l'*Ysard*, dont les cornes sont droites, longues de six à sept pouces, recourbées vers le haut, et qui habite les hautes Alpes, les Pyrénées, etc.

Nous devons également citer l'*Antilope quadricorne* décrit par M. de Blainville, et qui porte, ainsi que son nom l'indique, quatre cornes disposées deux par deux. Il est de l'Inde, et constitue le seul Mammifère chez lequel cette particularité ait été observée.

Quelques auteurs ont pensé que c'était au Genre des *Antilopes* que la Licorne, sorte de quadrupède pourvu, dit-on, d'une seule corne, devait être rapportée; mais bien des motifs font supposer que la Licorne est un être fabuleux, qui n'a jamais existé, ou bien que la particularité qu'on lui assigne de n'avoir qu'une seule corne est le fait de quelque erreur ou d'un accident.

Les *Gazelles* ont en général, les yeux noirs, grands, très-vifs, et en même temps si tendres, que les Orientaux en ont fait un proverbe, en comparant les beaux yeux d'une femme à ceux de la Gazelle. Elles ont, pour la plupart, les jambes plus fines et plus déliées que le chevreuil; le poil aussi court, plus doux et plus lustré; leurs jambes de devant sont moins longues que celles de derrière; ce qui leur donne, comme au lièvre, plus de facilité pour courir en montant qu'en descendant. Leur légèreté est au moins égale à celle du Chevreuil; mais elles courent uniformément plutôt qu'elles ne bondissent. La plupart sont fauves sur le dos, blanches sous le ventre, avec une bande brune qui sépare ces deux couleurs au bas des flancs. Leur queue est toujours garnie de poils longs et noirâtres; leurs oreilles droites, longues, se terminent en pointe. Toutes ont le pied fourchu; les mâles et les femelles ont des cornes permanentes, comme les chèvres; les cornes des femelles sont plus minces et plus courtes que celles des mâles.

La patrie des Gazelles comprend l'Afrique presque tout entière et la moitié méridionale et occidentale de l'Asie. On les rencontre en Arabie, au Sénégal et dans la Barbarie, par troupes innombrables, quoiqu'elles soient poursuivies par les lions et les panthères du désert, et par l'homme, qui les chasse avec le chien, l'once ou le faucon.

La chair de la Gazelle est de fort bon goût, et tient beaucoup de celle du chevreuil. On la mange très-habituellement en Afrique et en Asie. Au rapport d'Alexandre Russel, dans le pays d'Alep, les Gazelles, quoique maigres en hiver, ont une chair encore fort estimée dans cette saison, mais moins qu'en été, où elles sont chargées d'une venaison semblable à celle du Daim. Prosper Alpin fait également un grand éloge de celle des Gazelles d'Égypte.

Plusieurs Antilopes encore servent de même à la nourriture de l'homme. Les Hottentots, ainsi que les colons du Cap, ont l'art d'en faire sécher les cuisses pour les manger ensuite en tranches minces avec du pain beurré. Parmi ces espèces, dont nous ne ferons que citer les noms, nous signalerons le Riet-Reebock, qui vit au milieu des joncs dans les marais de la Cafrerie; le Nagor, et le Klipspringer, qui va dans les rochers du Cap avec autant de vitesse et d'adresse que les Chamois d'Europe dans nos montagnes, et dont la chair passe pour le meilleur gibier du pays; la Corinne, le Kevel, et le Tscheiran des Persans, que Cuvier nous paraît, à juste titre, regarder comme de simples variétés de la Gazelle commune. Le Kevel et la Corinne sont du Sénégal et de la Barbarie; le Tscheiran habite depuis la Bucharie jusqu'à Constantinople.

Le *Chamois* a la taille d'une grande Chèvre, les jambes plus courtes et le corps plus gros que les Antilopes ordinaires ; le pelage brun foncé, avec une bande noire descendant de l'œil vers le museau. Ces animaux ne se plaisent que dans les rochers, dans les précipices, où ils peuvent être à l'abri des rayons du soleil. Leur agilité est surprenante ; ils se risquent sur des rochers presque perpendiculaires de vingt à trente pieds de hauteur, sans avoir aucun appui pour assurer leurs pieds : ils fuient plutôt qu'ils ne courent. On chasse les Chamois pour leur chair, et principalement pour leur peau, qui est employée avec ses poils, comme fourrure, ou sans poils : dans ce dernier cas, elle est travaillée par les mégissiers et les chamoiseurs, qui lui font subir plusieurs préparations successives, afin de l'assouplir, de lui donner du corps, et même de la colorer. Le commerce de ces peaux était autrefois assez considérable en France, mais il a beaucoup diminué depuis quelques années ; cependant on les recherche encore pour faire des gants, des ceintures, des culottes, et même des vestes et des bas.

La poursuite du Chamois est une des chasses les plus périlleuses. Au milieu des neiges, des rochers, bravant tous les périls, les chasseurs suivent le Chamois à la piste ; comme eux, ils franchissent les précipices, glissent avec rapidité sur la glace et sur les rochers, n'ayant pour toute nourriture que du pain et de l'eau, et pour oreiller, pendant la nuit, qu'un fragment de pierre.

Le petit nombre de ceux qui vieillissent dans ce métier portent sur leur visage l'empreinte de leur genre de vie : ils ont un air sauvage, hagard et farouche. C'est sans doute cette mauvaise physionomie qui a fait croire à des paysans superstitieux qu'ils sont sorciers, et que le diable finit par les jeter dans des précipices. « Quel est donc l'attrait de ce genre de vie? s'écrie de Saussure. Si c'est la cupidité, elle n'est pas raisonnée, car le plus beau chamois ne se vend pas au delà de 12 francs; probablement ce sont les dangers, l'alternative de l'espérance et de la crainte, l'agitation continuelle que ces mouvements entretiennent dans l'âme, qui animent les chasseurs ainsi que les guerriers, le navigateur et le joueur, et même jusqu'à un certain point le naturaliste des Alpes, dont la vie a quelque ressemblance avec le chasseur de Chamois. »

Le *Nyl-gau* conduit au genre Bœuf, comme le Chamois à celui des Chèvres ; son nom hindou (*Nyl-ghau*), presque littéralement conservé en français, signifie *Taureau bleu*. C'est, en effet, un Taureau par la grosseur de son cou, par la conformation de ses cornes et par la longueur de sa queue, que termine un bouquet de poils ; mais sa tête petite, son corps élancé et ses jambes fines, quoiqu'un peu courtes, le rapprochent davantage des Antilopes ou des Cerfs. Ce ruminant, facile à apprivoiser, pourrait devenir utile à l'agriculture, si on voulait se donner la peine de le dresser convenablement. Quoique originaire de l'Inde, il se multiplie très-bien dans nos pays.

En France, comme en Angleterre, on a pensé qu'il pourrait devenir un de nos animaux les plus utiles. Buffon a cru qu'étant assez doux pour se laisser régir, quoique vif et vagabond comme les chèvres, cet animal donnerait comme elles une chair bonne à manger, du suif excellent, des peaux plus épaisses et plus fermes, et que s'il s'apprivoisait assez pour s'accoutumer au travail, sa force et sa vitesse pourraient être employées avantageusement.

Sa manière de se battre est fort singulière ; un Anglais, qui l'avait observée sur deux mâles enfermés dans une petite enceinte, en a fait la description suivante : « Étant encore à une grande distance l'un de l'autre, ils se préparèrent au combat en se jetant sur leurs genoux de devant, et s'avancèrent assez rapidement en tortillant toujours et agenouillés de cette sorte ; et quand ils furent arrivés à quelques pas de distance, ils firent un saut et s'élancèrent l'un contre l'autre. »

Le *Coudous* est un animal d'une belle prestance ; il porte fièrement sa tête, et n'est pas moins remarquable par l'élégance de ses cornes, par la finesse de ses jambes et l'agilité de sa course, que les plus beaux Cerfs de nos pays ; on assure qu'il franchit des barrières de dix et douze pieds de hauteur ; on le trouve dans l'intérieur de l'Afrique, au nord du cap de Bonne-Espérance ; quoiqu'il vive solitaire, il n'est point farouche, et s'apprivoise avec la plus grande facilité.

Le *Bubale* est de la taille d'un grand Cerf ; sa tête est très-allongée et étroite ; ses cornes sont grosses, fortement annelées et garnies de petites cannelures longitudinales, arquées d'abord en arrière, puis en avant et enfin en arrière ; le pelage est uniformément roussâtre ; un flocon de longs poils noirs termine la queue.

Le Bubale vit en petites troupes, dans les déserts de l'Afrique ; il n'est pas rare en Barbarie et en Égypte. C'est un animal naturellement farouche, et méchant comme presque tous les ruminants bien armés ; ses cornes puissantes et aiguës, l'habileté avec laquelle il sait s'en servir, le rendent dangereux. Cependant on assure qu'il s'apprivoise assez aisément, et d'anciens bas-reliefs hiéroglyphiques donnent à penser qu'à une époque il fut employé comme nos bœufs dans l'agriculture.

GENRE CHÈVRE.

Les animaux du GENRE CHÈVRE ont les cornes dirigées en haut et en arrière, le menton ordinairement garni d'une longue barbe; le chanfrein de leur face est concave. Toutes les espèces de ce Genre sont d'Europe ou d'Asie, et vivent par petites familles, sur les montagnes escarpées, où elles déploient une agilité étonnante.

Les cornes des Chèvres sont longues, anguleuses, ridées transversalement et marquées de nœuds; elles sont dirigées en haut et en arrière par une simple courbure, à l'exception cependant de celles de quelques espèces, notamment de la Chèvre dite d'*Angora*, qui a les cornes contournées en spirale. C'est cette espèce dont la peau, convertie en maroquin du Levant, est renommée sur tous les marchés du globe.

Les oreilles de ces animaux sont de médiocre dimension et pointues; leur poil est ordinairement long et sec, jamais frisé.

Il existe un certain nombre de Chèvres de diverses espèces à l'état de nature. Ces individus n'habitent que des lieux presque inaccessibles, et néanmoins on en a vu souvent descendre de ces hauteurs pour venir se mêler et s'unir aux chèvres domestiques.

La *Chèvre domestique*, qui paraît issue de l'Ægagre, est très-répandue dans toute l'Europe. Cet animal, qui donne de grands profits et n'est que d'un entretien peu coûteux, est devenu la propriété de l'indigent. La Chèvre semble se plaire mieux dans les montagnes et sur les rochers escarpés que dans les champs cultivés. Sa nourriture favorite consiste en bourgeons de jeunes arbres. Elle est capable de supporter les plus fortes chaleurs; l'orage ne l'effraye nullement, et les pluies ne l'incommodent point.

Le lait des Chèvres est gras, nourrissant et médicinal; il se coagule moins sur l'estomac que celui de la vache, et par conséquent est d'une plus facile digestion. Il possède presque toujours une odeur et une saveur hircine qui répugnent. Sa crême est d'un blanc mat, épaisse et d'une saveur douce; on en extrait facilement du beurre ferme et blanc, qui peut se conserver longtemps, en raison de ce qu'il ne retient pas de caséum. Suivant M. Payen, sur 144 parties, il est composé de beurre 41, caséum 45, sucre de lait et sels 58.

La Chèvre fournit deux fois plus de lait que la Brebis : il n'est point rare dans les pays chauds, et quand elle est bien nourrie, de la voir en donner jusqu'à trois et quatre litres par jour, quantité que beaucoup de Vaches procurent à peine. Son lait, converti en fromage, assure la richesse des communes de presque tout le département du Cantal. Les fromages de Chèvre étaient fort estimés chez les Grecs et les Romains; ceux des environs d'Agrigente jouissaient surtout d'une haute réputation. Les Chèvres sont peu difficiles pour la nourriture; elles mangent, sans en être incommodées, presque toutes les plantes vénéneuses que rejettent les autres animaux domestiques; elles sont en outre peu sujettes aux maladies, vivent dans les pays chauds presque aussi bien en plein air que dans l'écurie; cependant le climat exerce sur elles une assez grande influence sous le rapport de leur pelage. Leur fumier est plus chaud que celui des Brebis, et leur chair, quoique inférieure à celle de ces dernières, est cependant un fort bon aliment. La chair des petits Chevreaux a souvent été prise pour de la chair d'Agneaux.

Pour être bonne laitière, la Chèvre doit avoir le corps grand, la croupe large, les cuisses fournies, la démarche légère, les mamelles développées, le pis long, le poil épais et doux; il faut aussi qu'elle soit âgée de deux ans, sa progéniture en aura plus de vigueur.

La *Chèvre proprement dite* est loin d'être l'espèce la plus forte de ce Genre. Les *Bouquetins* de la Sibérie notamment sont beaucoup plus forts, et si l'on en croyait certains auteurs, il existerait des Bouquetins aussi grands qu'un Cerf, mais un peu moins longs.

Il faut placer parmi les *Chèvres proprement dites* l'*Ægagre* ou *Chèvre sauvage*, qu'on trouve sur le Caucase et le Taurus, qui traversent le nord de la Perse et de l'Inde jusqu'à la Chine, et qu'on rencontre aussi dans les deux presqu'îles de l'Inde et jusque vers le cap Comorin. Elles sont à l'état sauvage beaucoup plus grandes qu'à l'état domestique.

C'est dans leur estomac qu'on trouve ces fameuses concrétions connues sous le nom de *bézoards*, auxquelles on a longtemps attribué une foule de propriétés merveilleuses; on a dit à tort que ces bézoards provenaient d'une espèce d'Antilope de l'Afrique méridionale.

Le *Bouquetin* est une autre espèce de Chèvre sauvage. Le mot *Bouquetin*, qui dérive de l'allemand *Bock stein*, signifie *Bouc de rocher*. Cette espèce du genre des Chèvres vit au sein des neiges éternelles et au milieu des précipices, sur les hautes chaînes des montagnes : en Europe, dans les Apennins, le Jura, le Tyrol, les Alpes et les Pyrénées; en Asie, sur la chaîne du Liban, le Caucase, le Taurus et les montagnes de la Sibérie et du Kamtschatka. Le sang de cet animal a joui autrefois d'une réputation que celle du bézoard oriental pouvait seule balancer, et qui surpassait de beaucoup celle du sang de notre Bouc domestique et du Chamois. Le mâle a de grandes cornes carrées en avant, et marquées de nœuds saillants et transverses ; elles sont courtes ou nulles dans la femelle ; sa couleur est fauve en dessus, blanchâtre en dessous ; il a une bande noire sur l'échine : il habite le sommet des hautes montagnes de l'ancien monde.

M. Duvernoy a communiqué à l'Académie des Sciences une note de M. Schimper sur une espèce nouvelle de Bouquetin d'Europe. Cette espèce, que M. Schimper nomme *Capra Hispanica*, a, d'après ce naturaliste, la taille et les proportions du corps de la *Capra Sinaica* (Beden). Son pelage est formé de poils courts et sans duvet, d'une couleur brun fauve sur le dos et sur les flancs, blanc sale sous le ventre et à la face interne des extrémités ; la couleur de la tête est plus claire que le dessus du corps ; une tache blanche se fait remarquer derrière chaque oreille. La couleur est celle du Bouquetin des Pyrénées, mais la pesanteur en est moindre. La femelle est plus petite que le mâle, sans le moindre vestige de barbe, à cornes petites et légèrement comprimées. Cette espèce vit sur les montagnes de l'Andalousie, où elle est connue sous le nom de *Capra montès* ou de *Montesa*.

M. Pomel a lu, en 1844, à l'Académie des Sciences une note sur un *Bouc fossile*, découvert dans les terrains meubles des environs d'Issoire (Puy-de-Dôme).

C'est dans le *Genre Chèvre* que se rencontrent certaines Races domestiques étrangères recherchées pour la qualité précieuse de leurs fourrures. Les Chèvres du Tibet, dites de Cachemire, sont les plus remarquables sous ce rapport. C'est avec leur laine que se fabriquent les beaux châles si recherchés des Orientaux et des Occidentaux, et qui portent eux-mêmes le nom de cachemires. Leur toison se compose de poils longs et durs qui couvrent en partie les jambes, et d'un duvet excessivement doux qui croît auprès de la peau et s'en détache par flocons sous la dent du peigne ou même à la main.

On sait que l'Europe a été longtemps tributaire de l'Asie pour les riches tissus obtenus avec le duvet de la *Chèvre* du *Tibet*. Après quelques essais faits, en 1780, par de Latour d'Aigues, en Provence; en 1782, à Lyon, par Bourgelat, fondateur des Écoles vétérinaires; un des plus grands industriels dont s'honore la France, Ternaux, fit d'abord venir par la voie de Russie des ballots de ce duvet, avec lesquels il fabriqua les châles auxquels il a attaché son nom. Bientôt après il conçut l'idée d'introduire en France la matière première de ses châles sur le dos d'une colonie de *Chèvres* du *Tibet*. M. Amédée Jaubert reçut cette importante mission en 1818. Les difficultés d'un voyage long et périlleux ne purent arrêter l'intrépide savant; il visita Odessa, Tangarok, Astracan, le Caucase, et apprit que dans la Boukarie, sur les bords de l'Oural, la horde nomade des Kirghis avait des chèvres d'une blancheur éclatante, couvertes, au mois de juin, d'une magnifique toison. M. Jaubert se rendit auprès des Kirghis, et trouva sur sa route des flocons de duvet qui lui apprenaient qu'il touchait au but de ses recherches. En effet, il acheta treize cents bêtes; mais quatre cent seulement arrivèrent en France: la fatigue de la route et le voyage par mer fit périr le reste.

Les Chèvres d'Angora ont aussi une toison extrêmement fine; et l'on ne saurait trop répéter et continuer les essais que l'on fait en France pour y acclimater ces animaux

GENRE MOUTON.

Le Genre Mouton se compose d'animaux qui ont les cornes dirigées en arrière et revenant plus ou moins en avant, en spirale; ils manquent de barbe et ont le chanfrein convexe; ils n'ont point de mufle; il existe un sinus à la base interne des doigts dans les quatre pieds; ils ont deux onglons derrière les grands sabots; deux mamelles inguinales; leur queue, plus ou moins longue, est toujours courte dans les races sauvages.

Parmi les diverses espèces du Genre Mouton nous devons signaler : L'*Argali* de Sibérie, dont le mâle a de très-grosses cornes triangulaires à leur base, arrondies aux angles, aplaties en avant, striées en travers; la femelle a des cornes comprimées et en forme de faux; le poil d'été est ras, gris fauve; celui d'hiver épais, dur, gris roussâtre, avec du blanc ou du blanchâtre au museau, à la gorge et sous le ventre; la queue est fort courte.

Cet animal se trouve en grand nombre dans le Kamtschatka, dans toutes les régions montagneuses de l'Asie centrale et sur toutes les montagnes de la Barbarie, de la Corse et de la Grèce. Il devient grand comme un Daim; c'est un animal agile, actif, et d'un odorat très-fin; il ne peut être pris sans une extrême difficulté; sa chair est très-estimée des naturels du Kamtschatka.

Le *Mouflon*, que l'on trouve en Europe, en Afrique et en Amérique, diffère de l'Argali, en ce que sa taille ne devient jamais aussi grande; sa femelle n'a que rarement des cornes; et lorsqu'elles existent, elles sont très-petites. Le Mouflon est aussi connu sous les noms de *Mufione* de Sardaigne et de *Mufole* de Corse, parce qu'il était répandu principalement dans les montagnes de cette île. Il y a dans les Mouflons des variétés qui sont noires en tout ou en partie, et d'autres plus ou moins blanches. Buffon et d'autres naturalistes ont considéré le Mouflon comme la souche des diverses variétés de nos moutons domestiques. Sa taille, qui ne passe guère deux pieds trois pouces, l'espèce de laine dont il est revêtu, bien qu'elle soit recouverte de poils soyeux, son nez arqué, ses cornes terminées en spirale, son bêlement, le goût de sa chair, le rapprochent en effet beaucoup du Mouton; et ce qui paraît plus concluant c'est que non-seulement le Mouflon produit avec la Brebis, mais que le métis qui résulte de leur union accouplé lui-même à une Brebis engendre un autre métis.

Quoique le Mouflon s'apprivoise facilement dans sa jeunesse, il paraît qu'en avançant en âge il devient méchant et ne montre aucune disposition à vivre dans la domesticité. On a fait en Corse des observations desquelles il résulte que le Mouflon fréquente les plus hautes montagnes, celles dont l'accès est le plus difficile. Il occupe les seules parties que la neige couvre, et s'y élève ou en descend, selon que la neige forme une zone plus ou moins étendue. Il choisit ses pâturages en été presque toujours du côté du midi et près des eaux; mais la nuit il retourne aux endroits où il y a de la neige, sur laquelle il aime à se reposer.

Il s'aventure quelquefois quand la neige est continuelle et abondante, parce qu'il est alors privé de pâturages On en a vu arriver en 1812 à Vivario, à Ghisoni, au Niolo et à Guagno, et s'introduire par douzaines dans les étables des Brebis et des Chèvres, où ils furent pris par les habitants

Le *Mouflon* va par troupes de quatre, six, douze et quelquefois vingt-cinq; l'un d'entre eux se place en sentinelle sur les hauteurs... On a observé que cette sentinelle ne quitte jamais son poste qu'elle n'ait été relevée par une autre. Si le Mouflon qui est de garde découvre l'ennemi, il en donne avis à la troupe par un coup de sifflet qui approche beaucoup de celui des hommes, et que l'on entend d'environ un kilomètre. Cet animal est de la plus grande agilité. Il franchit un espace de six mètres environ. Boswel a publié que le Mouflon, lorsqu'il est poussé jusqu'au bord d'un roc escarpé, d'où il ne peut s'élancer sur quelque autre, se précipite avec une adresse surprenante sur ses cornes, sans se faire aucun mal.

Les femelles mettent bas dans le mois de mai..... C'est sur la neige qu'elles font leurs petits. Il est facile de se saisir des jeunes Mouflons quand ils n'ont pas plus de deux ou trois jours, alors qu'ils ne sont pas bien affermis sur leurs jambes, encore débiles : on leur lance les chiens, qui mettent les mères en fuite; les petits les perdent bientôt de vue, et ils tardent peu à suivre celui qui s'est présenté à eux.... La Chèvre à qui on donne un jeune Mouflon montre pour lui plus d'attachement qu'elle n'en avait fait voir pour son Chevreau.

On raconte qu'un Mouflon élevé dans la commune de Cristinaci s'enfuit un jour dans les forêts voisines, ayant un grelot au cou : l'hiver suivant il revint au village, suivi de plusieurs autres Mouflons, qu'il conduisit à la même cave où précédemment il avait bravé les frimas et la faim..... Tout le monde sait que Venaco a vu arriver aussi dans ses étables un Mouflon porteur d'une petite sonnette, et suivi de plusieurs autres Mouflons.

Le *Mouton domestique*, qui dans sa jeunesse porte

le nom d'Agneau, et dont la femelle est appelée Brebis, est un animal trop connu pour qu'il soit nécessaire d'entrer dans de longs détails sur ses mœurs et sur ses caractères zoologiques.

L'appareil dentaire du Mouton est semblable à celui des autres ruminants ; seulement les dents incisives sont dépourvues de collet, et ont les petites cavités de la surface de frottement plus creuses.

L'Agneau naît quelquefois avec toutes ses dents incisives ; parfois les coins manquent, et ne font leur éruption que douze ou quinze jours après la naissance. Le rasement des dents caduques s'opère pendant la première année.

A un an, éruption des pinces de remplacement.

A deux ans, éruption des premières mitoyennes. L'Agneau prend alors le nom d'*Antenois*.

A trois ans, éruption des deuxièmes mitoyennes.

A quatre ans, sortie des coins. On dit alors que l'animal est *au rond*. Vers l'âge de quatre ans il se forme entre les deux pinces une échancrure, que l'on nomme *queue d'aronde* ou d'*hirondelle*.

A cinq ans, rasement des pinces et des premières mitoyennes.

A six ans, rasement des deuxièmes mitoyennes.

A sept ans, rasement des coins. Passé cet âge, il n'est pas rare de voir les dents incisives tomber.

L'*âge de la Chèvre* se reconnaît de la même manière.

On élève les Moutons en troupeaux nombreux pour en obtenir la toison, qu'on tond tous les ans et dont les poils frisés se nomment laine. On en fait des étoffes, des draps, des matelas. La chair du Mouton est très-estimée ; celle de l'Agneau, surtout, est excellente; celle de Brebis, moins bonne, se vend encore assez bien; mais celle du Bélier, il est vrai, se mange rarement, parce qu'elle a une odeur forte et une saveur désagréable. Du reste, le Mouton presque entier sert à la cuisine; son fiel même est employé en médecine. Le lait de Brebis est aussi d'un grand usage dans la maison rurale; mêlé à celui de vache, il donne de très-bons fromages; la crème, qui est blanche-jaunâtre, abondante, donne beaucoup d'un beurre pâle et de peu de consistance. Sur mille parties, il renferme, suivant Luiscius et Bondt : crème 115, beurre 58, caséum 153, sucre 42. C'est avec ce lait que l'on fabrique le fromage de Roquefort. L'abondance du lait est, comme chacun sait, plus ou moins grande selon que les Brebis trouvent plus ou moins à manger : cependant on les trait ordinairement deux fois par jour, aussitôt que les Agneaux sont sevrés, et on continue ainsi jusqu'à ce que les premiers froids de l'automne fassent tarir le lait. On retire aussi de grands avantages de la graisse du Mouton. Elle donne le meilleur suif qui puisse être employé pour la fabrication de la chandelle. La peau du Mouton sert également à beaucoup d'usages, de même que celle de la Brebis et de l'Agneau. C'est avec leurs intestins roulés et desséchés que sont fabriquées les cordes à boyaux.

Il est encore un autre produit du Mouton dont nous devons parler, c'est le fumier que cet animal procure, et qui est un des meilleurs engrais pour amender les terres. Le bon cultivateur engraisse ses champs en parquant les bêtes à laine, c'est-à-dire en leur faisant passer la nuit au milieu des champs dans un parc fait de claies, que l'on transporte où l'on veut.

Un parc de cent Moutons suffit pour amender tous les ans huit arpents de terre. Les bons fermiers achètent des troupeaux exprès pour cette opération, qui ne doit se renouveler que tous les six ans. Les moindres parcs contiennent cinquante Moutons.

Les Brebis mérinos sont remarquables par la finesse de leur laine. Autrefois leur exportation était défendue en Espagne; mais aujourd'hui on en élève en France et dans presque toutes les parties de l'Europe. Les premiers Mérinos furent importés en France en 1776, d'après les ordres de Trudaine, intendant des finances; aujourd'hui nous en possédons environ cinq cent mille, sans compter le métis.

La tonte des Moutons se fait tous les ans, vers le mois de mai, lorsqu'en écartant les mèches de la laine on aperçoit la pointe d'une laine nouvelle. Quelques fois on lave la laine sur le dos de l'animal, avant de la couper; d'autres fois on la coupe telle qu'elle est, empreinte d'une sueur grasse, nommé *suint*, qui la préserve des teignes et autres insectes. Les draps français sont renommés depuis longtemps et dans tous les pays; mais depuis trente ans nous avons tant amélioré nos laines, en croisant nos moutons avec ceux d'Espagne et de Saxe, que nous sommes parvenus à produire des draps, sinon meilleurs, du moins beaucoup plus variés et plus fins que nous ne pouvions le faire avec nos anciennes laines françaises.

La France, qui est loin de fournir aux besoins de sa consommation en laine, manque surtout de laines longues, propres au peigne et à plusieurs sortes de fabrications importantes; laines que notre commerce tire principalement de la Hollande. L'acquisition des races de Moutons qui donnent cette sorte de laine est donc d'une incontestable utilité; et depuis plusieurs années on a fait dans cette vue des essais de naturalisation déjà couronnés de succès.

Cette acquisition est d'autant plus importante que les Moutons à longue laine sont, quant au régime et à l'éducation, dans des conditions tout à fait différentes des Mérinos; les contrées où ces derniers ne prospéreraient pas, à cause du climat et de la nature des pâturages, seraient, au contraire, dans les meilleures conditions pour les Moutons à longue laine.

Il est reconnu que dans les climats couverts et humides, comme le nord de la France, la Belgique, la Hollande, l'Angleterre, etc., les Moutons ont une laine plus blanche, plus molle, et surtout plus longue que dans les contrées sèches, telles que celles du midi, et de l'Espagne en particulier, où prospèrent les races à laine fine, courte et frisée.

Il y a un siècle environ l'Angleterre n'avait point d'agriculture, et pour ainsi dire point de bestiaux. Un simple fermier de la paroisse de Dishley, Bakwell, entreprit de créer dans son pays des races d'animaux domestiques qui n'eussent pas d'égales au monde. Insouciant de la beauté qui tient à la grâce et à la proportion des formes, il eut uniquement en vue cette beauté, purement relative, qui n'est dans un animal que la conformation la plus parfaite pour l'usage auquel on le destine. Ainsi, dans les bœufs réservés pour la boucherie il voulut que les parties charnues qui constituent les morceaux de choix se développassent avec un volume énorme, au préjudice des parties basses, ou dites de rebut.

Après quinze années d'essais il put montrer une race nombreuse de bœufs dont la tête et les os étaient réduits aux plus petites dimensions, les jambes courtes, la panse étroite, la peau fine et souple, tandis que la poitrine était vaste, l'intervalle qui sépare les hanches largement développé, et les masses musculaires si considérables, qu'elles formaient à elles seules plus des deux tiers du poids total de l'animal. Bakwell jugea que les cornes des bœufs étaient inutiles et souvent dangereuses ; il créa des espèces complétement dépourvues de cornes. C'est encore à lui que l'Angleterre doit cette belle race de gros chevaux qui font le service du roulage de Londres.

La réforme des bêtes à laine fut sans contredit la plus difficile de ses entreprises et le plus beau de ses triomphes. Lui seul est parvenu à obtenir chez ses Moutons de Dishley la réunion de deux qualités que certains agronomes regardent encore comme presque incompatibles, la finesse de la laine et le développement des parties charnues. La graisse, concentrée dans ces parties, s'y ramasse sous forme de pelote serrée, et communique à la viande une saveur très-remarquable. Du reste, le procédé suivi par Bakwell dans ses expériences consistait dans l'emploi simultané de deux moyens : l'accouplement des animaux de choix dans la génération, et plus tard un régime convenable. Son art, purement empirique, était devenu un système entre ses mains, et il l'avait réduit en principes.

« Vantez-nous maintenant, s'écrie un écrivain anglais, les Michel-Ange et tous ces statuaires qui façonnent la pierre et le bronze ! N'est-ce pas aussi un grand statuaire, un merveilleux artiste, ce Bakwell qui sculpte la vie, qui manie, non pas comme eux, la matière morte, inerte, sans réaction ni résistance, mais des marbres animés, qu'il faut tailler dans le vif, qu'il faut modeler jusque dans le sang, dans les nerfs, dans le mouvement et la volonté? »

Depuis plus de cinquante ans les idées de Bakwell ont

été appliquées dans toute l'Europe. L'art du régime a été poussé à une étonnante perfection. On connait maintenant, à des signes certains, quels sont les animaux propres ou impropres à l'engraissement; quelles conditions sont nécessaires pour les amener à un degré d'embonpoint déterminé; sur quels organes il faut directement agir pour favoriser ou accélérer la nutrition; quels aliments produisent la graisse ou les muscles, le lait chez les vaches, la laine chez les Moutons. On mesure exactement pour chaque animal la nourriture, l'air, la lumière, le mouvement dont il a besoin, pour être amené à tel ou tel état, pour être employé à tel ou tel usage. On sait à quel moment et dans quels cas la graisse s'accumule particulièrement sous la peau, ou bien dans l'intérieur des cavités splanchniques, ou bien dans le tissu même des organes. On calcule avec précision combien de livres par jour viennent augmenter le poids du corps pendant la durée du traitement. On soumet enfin au régime de l'engraissement toutes sortes d'animaux vivants : ainsi, des poissons, auxquels on a fait subir l'opération de la castration, sont placés dans de la mousse imbibée d'eau; là, ils restent absolument immobiles, vivant uniquement pour manger et digérer, et arrivent ainsi à un volume extraordinaire.

Les agriculteurs anglais sont donc parvenus à obtenir des races qui l'emportent de beaucoup sur nos races indigènes, lesquelles forment les sept huitièmes de nos troupeaux. Par d'habiles croisements, Bakwell était parvenu à former une race de béliers qu'il louait aux cultivateurs moyennant 4,000 fr. par saison. On cite même un de ces animaux qui lui rapporta ainsi jusqu'à près de 30,000 fr. dans une année, exemple frappant des résultats auxquels l'homme peut parvenir avec de la persévérance et une grande force de volonté.

La race de Dishley, importée tout nouvellement en France, se recommande non-seulement par sa laine longue, mais aussi par son aptitude à résister à l'humidité des pâturages, sa croissance rapide, ses formes amples, sa viande abondante et de bonne qualité, ses os petits, son engraissement dans le jeune âge et à toutes les périodes de la vie, à l'exclusion de la vieillesse.

Ses caractères sont : Tête petite, sans laine, museau effilé, absence de cornes dans les deux sexes, yeux gros et vifs, oreilles minces et longues, épaules et poitrine d'une largeur remarquable, corps cylindrique et en baril, reins droits et larges, membres courts et grêles, ensemble des formes ample et taille élevée surtout chez les béliers. A mesure que les os se rapetissent, les parties molles se développent, et la laine, participant à cette mutation remarquable, s'allonge et s'affine ; c'est ainsi que graduellement est diminué de moitié le volume des os, et que sous un volume donné le poids de la viande est doublé, en même temps que la laine a acquis un certain degré de finesse et une longueur de vingt à trente centimètres.

La graisse de ces Moutons, comme dans les bœufs de la race de Durham, s'accumule dans le tissu cellulaire sous-cutané et inter-musculaire, contrairement à nos races indigènes, où elle se forme principalement autour des viscères intérieurs; ajoutons que la graisse se forme dans ces animaux à un âge beaucoup moins avancé ; à quinze mois ils peuvent avoir acquis tout leur embonpoint, et donner quarante kilogrammes de viande nette.

Nous possédons à présent chez nous ces différentes races, ainsi que celle de Shetland, précieuse en ce qu'elle vit d'herbes marines vertes ou sèches, et remarquable par la blancheur éblouissante de sa toison; mais sa taille est petite par rapport aux autres races à longue laine. Les observations de M. Auguste Yvart sur le troupeau de race de Dishley destiné à être croisé à Alfort avec des brebis indigènes donnent l'espoir de pouvoir, à force de soins, et surtout par des croisements judicieux, récolter de longues laines, analogues aux laines anglaises, dans quelques parties du centre de la France, et il semble certain que dans la Flandre cela sera facile : « Trois années d'abri, « a dit M. Yvart, n'ont pas changé la nature de la laine « et son brillant, et je ne crois pas qu'on puisse avancer « que les échantillons que j'ai recueillis présentent une « laine moins convenable au peigne que celle que j'ai prise « comme point de comparaison au moment de l'importa- « tion. »

Un des tableaux du volume d'*Archives de Statistique*, publié dans le cours de 1847, porte le nombre des bêtes à laine entretenues en 1830, sur la totalité du territoire français, à 29,130,231, évaluation qui présente une différence de 6 millions avec les calculs de Chaptal et de 1,200,000 avec ceux que Sauvegrain avait adoptés dès 1805. Cette diminution sert à expliquer celle qui a eu lieu dans la consommation de Paris, descendue de 403,588 têtes en 1836, à 338,456 en 1840, et à 331,651 en 1843, pour se relever seulement à 377,165 en 1846, tandis que l'accroissement de la population réclamait un approvisionnement supérieur à celui de 1836.

Il y a lieu de croire que les pertes éprouvées par un grand nombre de propriétaires, principalement en 1829, n'ont pas été entièrement réparées : cet état de choses explique aussi comment les importations se sont élevées à

95,730 têtes en 1842, à 155,586 en 1845, et à 170,053 en 1846, ressource qui a été, cependant, insuffisante pour ramener la consommation à ses précédentes proportions.

Dans le même temps les importations de laines destinées à l'approvisionnement de nos fabriques ont atteint une valeur de 34,218,973 fr. en 1845, et de 31,890,637 en 1846, ce qui établit un excédant de 25 à 30 millions sur les importations de 1842. Hâtons-nous de reconnaître, pourtant, qu'une partie de cet accroissement résulte d'une cause dont nous devons nous féliciter, les progrès de la fabrication.

GENRE BŒUF.

Le Genre Bœuf comprend des animaux dont les cornes sont dirigées de côté et reviennent vers le haut ou en avant en forme de croissant; ce sont de grands animaux, à mufle large, à taille trapue, à jambes robustes, dont on trouve des espèces dans les deux continents. Ces animaux se distinguent aussi par le repli de la peau qui pend sous le cou, et qu'on nomme fanon. Ils préfèrent les lieux humides et marécageux. Ils sont plus lents et moins sveltes que les autres ruminants.

Parmi douze ou quatorze espèces de *Bœufs* qu'on connaît, nous citerons les cinq espèces suivantes : le *Bœuf* ordinaire, l'*Aurochs*, le *Bison*, le *Buffle* et l'*Yack*. Le *Bœuf domestique* paraît descendre d'une espèce éteinte depuis peu, et que les anciens nommaient *Urus*. Dans un savant travail, *Sur l'identité de l'Urus et du Bison*, M. Pusch, de Varsovie, a cherché à réfuter l'opinion établie par Cuvier que jusqu'au milieu du dix-septième siècle avaient vécu dans les forêts de la Lithuanie et de la

Pologne deux espèces différentes de taureaux sauvages : l'une qui existe encore, sous le nom de *Zubr*, l'autre qui aurait eu le nom de *Tur*, dont à présent il ne se trouverait que les restes fossiles dans les alluvions. Ce savant a ajouté aux raisons qui lui font regarder le Tur et le Zubr comme une seule espèce de nouveaux renseignements historiques et grammaticaux, qui établissent que les noms anciens Urus et Bison, ou Tur et Zubr, ne désignent qu'une même espèce, le *Bos Urus* de Linné : 1° parce qu'aucun naturaliste du moyen âge n'a réussi à prouver une différence spécifique entre les bêtes désignées par ces noms synonymes; 2° parce que l'historien polonais Dlugasz, de ce temps, emploie les deux noms de Turus et Zubr comme synonymes ; 3° parce que dans les lois de vénerie de la Lithuanie et de la Pologne il ne se trouve nommé qu'une seule espèce de taureau sauvage, etc., etc.

On reconnaît le *Bœuf* à son front plat et plus long que large. Tout le monde connaît les services que cet animal rend à l'agriculture, au commerce et à l'économie domestique. On l'emploie également à labourer la terre, à traîner la charrette ou la herse, et même à porter des fardeaux. Sa chair nous fournit la plus grande partie de la viande de boucherie ; on tire de son lait le beurre et le fromage ; sa graisse, qui se durcit par le refroidissement, constitue le suif, dont les usages sont si variés ; sa peau sert à faire presque toutes nos chaussures ; ses cornes et ses sabots servent à fabriquer des manches de couteaux, de canif et autres objets de tabletterie, etc. ; ses os calcinés, ou bouillis dans l'eau, donnent du *noir animal* ou de la *gélatine ;* ses intestins se transforment, entre les mains des boyaudiers, en cordes d'instruments. On brûle sa graisse ;

on fait d'excellent engrais avec son sang, dont on retire une couleur bleue très-précieuse, connue sous le nom de bleue de Prusse; ce sang sert encore dans plusieurs arts chimiques, entre autres dans les raffineries de sucre, d'huile de poisson. La membrane qui recouvre les intestins est employée, séchée, pour recouvrir les aérostats, battre l'or en feuilles très-minces, et c'est ce que l'on nomme baudruche.

La mâchoire supérieure du Bœuf est dépourvue de dents incisives; ces dents y sont remplacées par un bourrelet cartilagineux, contre lequel s'appuient les dents incisives de la mâchoire inférieure. Celles-ci sont au nombre de huit, et se distinguent en pinces (celles du milieu) premières mitoyennes, deuxièmes mitoyennes et coins.

Les dents incisives du Bœuf n'ont pas la forme de celles du Cheval; elles représentent une espèce de palette élargie à la partie libre et cylindrique à la partie enchâssée. Ces deux portions de la dent sont séparées l'une de l'autre par un collet très-prononcé. Toutes ces parties seront recouvertes par l'émail.

On dit qu'une dent de Bœuf a rasé lorsque l'usure a effacé le bord antérieur, les sillons et l'éminence de la table dentaire.

Le Veau naît souvent avec les pinces et les premières mitoyennes. Les autres dents se montrent peu de jours après la naissance; elles ont toutes fait leur éruption après trente ou trente-deux jours.

De *dix à dix-huit mois* les dents caduques rases deviennent étroites et chancelantes.

De *dix-huit à vingt-deux mois*, les pinces de remplacement font leur éruption.

De *deux à trois ans*, éruption des premières mitoyennes.

De *trois à quatre ans*, éruption des deuxièmes mitoyennes.

De *quatre à cinq ans*, éruption des coins. A cette époque l'arcade dentaire décrit un demi-cercle parfait, les pinces n'ont pas encore rasé.

A six ans, il y a abaissement du bord antérieur des pinces, et commencement d'usure des sillons de la table des mêmes dents.

A sept ans, rasement complet des pinces; les premières mitoyennes ont la table dentaire presque nivelée.

A huit ans, rasement des secondes mitoyennes.

A neuf ans, les deuxièmes mitoyennes sont rasées.

Enfin *à dix ans*, rasement complet de toutes les incisives. Les dents ne forment plus alors que des chicots, dont la partie libre est presque entièrement usée. — Les cornes servent aussi à reconnaître l'âge du bœuf. Le *cornillon* met trois années à se développer. A partir de l'âge de trois ans, l'accroissement de la corne se fait chaque année par un anneau qui est séparé du cornillon, ou des anneaux voisins, par une dépression plus ou moins sensible. Ainsi, le premier anneau compte pour trois ans, tandis que les autres ne comptent que pour un an.

Les cornes de presque tous les animaux qui sont armés de ce genre de défenses, notamment des Bœufs, des Vaches, des Buffles, des Chèvres et des Moutons sont susceptibles de prendre, au moyen de la pression aidée de la chaleur, des formes qui peuvent varier à l'infini. Nous empruntons les détails de toutes les opérations que nous allons décrire à un travail intéressant de M. Hénon fils aîné, fabricant distingué de peignes. Les cornes étrangères sont livrées au cornetier dépouillées de leur noyau intérieur; celles de France le conservent quelquefois;

on les en débarrasse en les faisant macérer plus ou moins longtemps, suivant la saison, dans l'eau froide; puis, les tenant par le petit bout, on les frappe sur un morceau de bois, et le noyau en sort de lui-même.

Au moyen d'une scie on coupe la pointe de chaque corne; on abat également la gorge. La pointe est revendue en nature aux tabletiers, fabricants de pommes de canne, de crosses de parapluie, etc.

On met ensuite les cornes tremper dans l'eau froide pendant un, deux ou trois jours, suivant la saison ou suivant la nature de la corne elle-même; on se sert le plus longtemps possible de la même eau, qui est d'autant meilleure qu'elle est plus vieille.

Lorsque les cornes se sont suffisamment ramollies dans cette eau de macération, on les jette dans une chaudière remplie d'eau bouillante; on les y laisse séjourner quelques heures.

On les retire deux par deux de la chaudière, et on les enfile sur les deux branches d'une longue pince au moyen de laquelle on les tient au-dessus d'une flamme claire, en les faisant tourner rapidement pour les chauffer bien également. Pendant qu'elles sont chaudes, un ouvrier, à cheval sur un banc terminé devant lui par une forte cheville, les appuie contre cette cheville, en les tenant de la main gauche enveloppée d'un cuir, puis, au moyen d'une serpette, il les fend d'une extrémité à l'autre dans le sens qu'il juge le plus convenable pour obtenir une belle feuille.

La corne une fois fendue, on introduit dans la fente une paire de pinces plates, qui saisissent l'un des bords en dedans et en dehors, puis d'autres pinces qui saisissent de même le bord opposé; l'ouvrier écarte de plus en plus les bords opposés de la corne, et détermine ainsi un premier aplatissement. Les opérations qui précèdent constituent ce qu'on appelle l'aplatissage à blanc. En cet état la corne conserve toutes les apparences extérieures qu'elle possédait dans son état naturel, et elle peut servir à la fabrication des objets dont la transparence n'est pas une condition essentielle. C'est, en général, la seule opération qu'on fasse subir à la corne de buffle.

Les opérations que nous allons décrire, et qui ont pour objet d'augmenter la transparence de la corne, prennent le nom d'*aplatissage à vert;* mais elles ne peuvent s'exécuter que sur des cornes naturellement blanches : c'est vainement qu'on tenterait de les appliquer à la corne noire en tout ou en partie; la corne noire restera toujours opaque.

Le dolage consiste à faire chauffer la corne préparée à blanc au-dessus d'un feu de charbon de bois, puis, au moyen d'outils de forme convenable, à gratter et à couper la superficie noircie par la fumée du bois, à enlever les parties trop épaisses, en ayant soin de ne pas trop amincir. Le dolage terminé, on met tremper les cornes pendant un jour ou deux dans l'eau froide, puis pendant quelques heures dans l'eau chaude, à une température inférieure à celle de l'ébullition, en ayant soin de les maintenir aplaties, pour les empêcher de reprendre leur forme primitive.

Retirées de l'eau chaude, on les met en presse entre des plaques de fer graissées inégalement chauffées, c'est-à-dire que la plaque la plus chaude est en contact de chaque côté avec la partie intérieure de deux cornes, et la plaque la moins chaude avec la partie extérieure. Chaque corne a été préalablement imbibée de suif fondu ou de graisse chaude, dont on jette aussi une certaine quantité entre les plaques de fer, à mesure qu'on les serre.

En cet état la corne, dont l'extérieur est d'un brun sale plus ou moins foncé, a acquis de la transparence, qui se manifeste lorsqu'on regarde le jour au travers, et qui devient complétement visible lorsqu'elle a été grattée et polie. Si la chaleur n'a pas été suffisante quelques parties restent d'un blanc opaque, mais rarement dans toute l'épaisseur de la corne; si ces parties opaques ne sont pas trop profondes, on les enlève au grattoir; dans le cas contraire, on emploie ces cornes à des ouvrages où la transparence complète n'est pas de rigueur.

La corne ainsi préparée est susceptible de prendre toutes les formes que l'industrie lui donne; mais les opérations qu'elle peut subir alors pour être convertie en peignes, en boîtes de tous genres, etc., lui sont communes avec celles au moyen desquelles on travaille l'écaille.

Tous les services que le Bœuf rend au laboureur ont été résumés en quelques lignes par la plume éloquente de Buffon. « Sans le Bœuf, dit-il, les pauvres et les riches auraient beaucoup de peine à vivre, la terre demeurerait inculte, les champs et même les jardins seraient secs et stériles; c'est sur lui que roulent tous les travaux de la campagne; il est le domestique le plus utile de la ferme, le soutien du ménage champêtre; il fait toute la force de l'agriculture. Autrefois il faisait toute la richesse des hommes; il est encore aujourd'hui la base de l'opulence des États, qui ne peuvent se soutenir et fleurir que par la culture des terres et par l'abondance du bétail, puisque ce sont les seuls biens réels, tous les autres, même l'or et l'argent, n'étant que des biens arbitraires, des représentations, des monnaies de crédit, qui n'ont de valeur qu'autant que le produit des terres leur en donne. »

Nous avons déjà parlé des procédés de Bakwell pour l'amélioration de la Race Ovine; c'est encore à lui que l'on doit d'avoir pu façonner les Bœufs pour différents usages : les uns pour la boucherie, les autres pour la charrue; telles vaches pour la fourniture du lait, telles autres pour une abondante reproduction de veaux et de génisses.

Il y a des Bœufs dans toutes les contrées du monde; mais ces animaux sont originaires de l'Europe et de l'Asie.

Les variétés du Genre Bœuf sont nombreuses, et dans chacune l'expérience et l'observation ont fait découvrir des qualités particulières qui la rendent propre à tel ou tel usage de préférence à tel autre.

Il serait trop long d'entrer dans une minutieuse description de toutes les races que l'agriculture anglaise distingue avec précision. Nous nous bornerons à dire qu'elle les classe en quatre grandes espèces, d'après la nature des cornes.

L'espèce qui convient surtout à la boucherie est celle qui est privée de cornes, et dont la variété le plus répandue et le plus estimée porte le nom de *race de Galloway*. Sa patrie de prédilection est l'Écosse, d'où souvent les Bœufs sont envoyés directement à Smithfield, le marché de Londres, sur lequel ils sont très-recherchés, malgré la distance de quatre cents milles qu'ils ont parcourue avant d'y arriver. On reconnaît le Bœuf de Galloway à son dos large et droit, presque nivelé de la tête à la queue, à l'ampleur mollement arrondie de son corps, à ses jambes courtes, à sa tête, où brillent deux yeux bien remplis quoique peu saillants, enfin à ses oreilles, larges et rudes.

Parmi les races munies de cornes, celle du *Lançashire* se distingue par la longueur des siennes, par la contexture solide et l'épaisseur de la peau, par l'abondance du poil, par la grandeur des sabots et par un cou épais et raccourci. Quoique sa couleur varie plus que celle des autres races, on remarque presque toujours une raie blanche sur son dos.

L'espèce aux petites cornes, qu'on appelle aussi la *race hollandaise* ou de *Holstein*, se rencontre sur les bords de la Tees, dans le comté d'York, où l'on admire ses formes, bien proportionnées. Ce qui fait rechercher les Vaches de cette espèce, c'est l'abondance de leur lait.

Quant aux Bœufs qui fournissent l'approvisionnement des vaisseaux de la Compagnie des Indes, cette viande est recherchée de préférence pour cet usage, parce qu'étant plus épaisse, elle conserve mieux son jus et sa saveur pendant la durée d'un voyage de long cours.

Culley observe que la race aux longues cornes est préférable, en ce que sa chair est de meilleure qualité, en ce que son lait est plus riche en substance, en ce que sous un même volume elle donne un poids plus considérable; mais il préfère la race hollandaise sous le rapport de l'abondance des produits. Le bétail du Lancashire est plus long à élever, et atteint difficilement la grosseur de son rival : celui-ci donne une plus grande quantité de lait, de chair et de graisse.

La dernière catégorie est celle des cornes de moyenne taille, qui comprend les *races* du *Devonshire*, du *Sussex* et du *Herefordshire*. Cette race est celle que l'on préfère pour le trait; elle est la plus active et la plus robuste. Elle a pour caractères sa couleur rouge, une queue étroite et bien plantée, un poil clairsemé, une tête étroite et des cornes médiocres, recourbées en avant. La variété du Devonshire est fort recherchée des bouchers sur le marché de Smithfield.

On s'est beaucoup occupé de trouver un moyen de connaître le rapport exact entre le poids de chair nette d'un Bœuf abattu et son poids vivant.

Il existe, en effet, des relations assez exactes entre le poids d'un animal vivant et celui de la chair nette qu'il fournira. On sait que pour chaque 100 kilogrammes du poids vivant on obtient :

	Chair nette.	Suif.
D'une bête en chair.	52 à 55 k.	4 à 5 k.
D'une bête demi-grasse. . .	55 à 60	5 à 8
D'une bête grasse.	60 à 65	8 à 12

De telle façon qu'un bœuf pesant en vie 800 kilogrammes produira :

	Chair nette.	Suif.
S'il est en chair.	425 k.	28 k.
S'il est demi-gras.	462	50
S'il est gras.	500	75

Il existe une autre méthode d'estimer le poids de chair nette d'un animal, mais qui ne s'applique qu'aux animaux qui, quoique bien en chair, ne sont pas encore gras. La voici :

Connaissant le poids de l'animal vivant, prenez :

1° Les deux septièmes de son poids;

2° Le quart du poids.

Ces deux quantités réunies donnent le poids de chair nette. Ainsi, dans un Bœuf de 800 kilogrammes, les deux septièmes sont. . . . . 228 k. 60

Le quart. . . . . 200 »

Total. . . 428 k. 60

La *Vache*, femelle du Taureau, fut un des premiers animaux soumis à la volonté de l'homme. Le produit de la Vache est un bien qui croît et qui se renouvelle à chaque instant : la chair du veau est une nourriture aussi abondante que saine et délicate; le lait est l'aliment des enfants, le beurre l'assaisonnement de la plupart de nos mets, le fromage la nourriture la plus ordinaire des habitants de la campagne.

« De tous les produits d'une ferme, dit Chaptal dans son *Traité de Chimie appliquée à l'agriculture*, le *lait* est un de ceux qui concourent le plus puissamment à la prospérité de l'établissement. Non-seulement il forme par lui-même, et par les principes qu'on en retire, un des principaux aliments de la famille, mais la vente d'une partie des produits fournit encore une recette journalière qui permet de pourvoir à presque tous les besoins de l'intérieur du ménage. »

« Que de pauvres familles, dit Buffon, sont aujour-
« d'hui réduites à vivre de leurs vaches ! Ces mêmes
« hommes qui tous les jours, et du matin au soir, gémis-
« sent dans le travail et sont courbés sur la charrue, ne
« tirent de la terre que du pain noir, et sont obligés de
« céder à d'autres la fleur, la substance de leur grain ;
« c'est par eux et ce n'est pas pour eux que les moissons
« sont abondantes. Ces mêmes hommes qui élèvent, qui
« multiplient le bétail, qui le soignent et s'en occupent
« perpétuellement, n'osent jouir du fruit de leurs tra-
« vaux; la chair de ce bétail est une nourriture dont ils
« sont forcés de s'interdire l'usage, réduits par la néces-
« sité de leur condition, c'est-à-dire par la dureté des
« autres hommes, à vivre, comme les chevaux, d'orge
« et d'avoine, ou de légumes grossiers et de lait aigre. »

La nourriture et le soin sont à peu près les mêmes pour la Vache que pour le Bœuf; cependant la Vache à lait exige des attentions particulières, tant pour la bien choisir que pour la bien conduire. On dit que les Vaches noires sont celles qui donnent le meilleur lait, et que les blanches sont celles qui en donnent le plus; mais de quelque poil que soit la Vache à lait, il faut qu'elle soit en bonne chair, qu'elle ait l'œil vif, la démarche légère, qu'elle soit jeune, et que son lait soit, s'il se peut, abondant et de bonne qualité : on la traira deux fois par jour en été, et une fois seulement en hiver; et si l'on veut augmenter la quantité du lait, il n'y aura qu'à la nourrir avec des aliments plus succulents que l'herbe.

La traction du pis de la Vache ne suffit pas toujours pour en obtenir du lait, et l'on ne parvient que par la douceur et de bons traitements à décider ces animaux à se laisser traire et à donner leur lait en abondance. On les y accoutume en imitant la succion du Veau.

Toutes les vachères n'obtiennent pas d'une Vache la même quantité et la même qualité de lait, parce que toutes n'emploient pas la même précaution. C'est, en effet, une erreur que de croire que tout le lait est formé dans les tétines de la Vache, lorsque l'on s'en approche pour la traire. Une partie est déposée dans les vaisseaux lactifères; mais la plus forte quantité de la sécrétion laiteuse est sollicitée par la traction exercée sur les trayons et se forme pendant la traite.

On doit traire la Vache à fond, c'est-à-dire ne cesser les tractions que lorsqu'il ne sort plus de lait du pis. Ce dernier lait est toujours le plus riche en matière crémeuse.

Il faut traire trois fois par jour, à des heures régulières et à des intervalles égaux.

La quantité de lait varie suivant l'âge, la race, la taille et la nourriture de l'animal. L'époque plus ou moins rapprochée du part, la saison, d'autres motifs encore peuvent modifier non-seulement la qualité, mais encore la quantité du lait.

Le tableau suivant pourra guider dans la direction d'une laiterie ; car il est très-important de choisir des Vaches qui fournissent la plus grande quantité de lait, en raison de la dépense qu'elles coûtent en alimentation.

Production du lait, dans ses rapports avec la nourriture des Vaches.

PAYS.	Quantité de lait fournie en une période de 280 jours.	Litres de lait correspondant à la consommation de 100 kilog. de foin sec.
HOLLANDE.	Litres.	
Vaches de grande taille ; gras pâturages en été ; bon système d'alimentation à l'étable pendant l'hiver, équivalant à 12 kilogram. de foin sec, par jour.	1,932	
SUISSE.		
Vaches de la plus haute taille ; nourriture à l'étable à discrétion, représentant 17 kilogr. de foin sec.	2,662	41
PRUSSE.		
Vaches bien conformées ; nourriture à l'étable, verte en été, et évaluée à 10 kilogr. de foin sec. Nourriture sèche en hiver, représentant 9 kilogr. de foin.	1,503	41
SAXE.		
Vaches de forte taille ; nourriture à l'étable, représentant 14 kilogr. de foin.	1,950	57
FRANCE.		
Vaches de petite taille ; nourriture à l'étable, à raison de 6 kilogr. de foin.	915	59
BELGIQUE.		
Belles et grandes Vaches très-bien nourries à l'étable avec des soupes, équivalant à 15 kilogr. de foin.	2,337	52

Il résulte des rapprochements qui précèdent qu'une ration de neuf à dix kilogrammes de bon foin sec suffit, par jour, à une Vache de taille moyenne; on peut donner l'équivalent en fourrage vert, graines, tourteaux, tubercules, résidus de distilleries, de sucreries, de brasseries. Quant à la proportion entre le lait et la nourriture, la moyenne est de quarante litres pour cent kilogrammes de foin ou leur équivalent.

On sait qu'il faut près de quatorze litres de lait pour un demi-kilogramme de beurre; mais cette proportion n'a rien d'absolu, elle varie suivant les éléments butyreux que renferme le lait, la manière dont on recueille et traite la crême, enfin le mode de battage.

M. Robert Thompson s'est livré, par ordre du gouvernement Anglais, à des recherches expérimentales sur l'alimentation des bestiaux, et spécialement des Vaches laitières. Les beaux travaux de MM. Dumas, Boussingault et Payen avaient établi, dès 1842, les rapports existants entre les quantités de matières grasses fournies par certains aliments et la mesure de l'engraissement ou de la production du lait. Ces expériences, qu'on peut réduire aux propositions suivantes, constataient que le foin renferme plus de matière grasse que le lait qu'il sert à former; qu'il en est de même des autres régimes auxquels on soumet les Vaches et les Anesses; que le maïs en particulier jouit d'un pouvoir engraissant déterminé par l'huile abondante qu'il renferme; que les pommes de terre, la betterave, la carotte n'engraissent qu'autant qu'on leur associe des produits renfermant des corps gras, comme la paille, la graine de céréale, le son et les tourteaux de graines oléagineuses; qu'il existe la plus parfaite analogie entre la production du lait et l'engraissement des animaux, et que la graisse des animaux leur vient en nature, en matières grasses laiteuses dans leurs aliments.

En dehors de ces recherches spéciales sur l'alimentation des bestiaux, M. Thompson a voulu déterminer les caractères extérieurs, physiques, auxquels on reconnaît une bonne Vache laitière : il a constaté que le lait d'une Vache blanche produit généralement plus de beurre que le lait d'une Vache brune. La plupart de ses expériences ont été faites avec le *ray-grass* ou *lodium perenne*. On sait que les herbes recherchées par les bestiaux contiennent toutes des quantités notables de sucre; mais ce sucre diminue à mesure que les herbes vieillissent, et il finit par se transformer, au moins en partie, en matière ligneuse. Pour avoir du foin très-nutritif, il faut donc couper l'herbe au moment où elle renferme le plus de sucre, c'est-à-dire à l'époque de la floraison. De tous les aliments expérimentés par l'auteur, les fèves fournissent, terme moyen, la plus forte proportion de beurre. Une Vache irritée par la piqûre des insectes donne sensiblement moins de lait qu'une Vache non tourmentée, etc., etc. Voilà des faits que tous les agriculteurs comprendront, et dont ils peuvent faire leur profit.

M. Guenon, de Bordeaux, a indiqué, pour signes de l'aptitude qu'a la Vache à donner beaucoup de bon lait, l'existence d'écussons formés par une disposition, une direction particulière des poils qui recouvrent la peau des parties postérieures, entre la pointe des fesses, la vulve et le pis. Ce sont ces lignes de contre-poils, tantôt verticales, tantôt transversales, et qui s'étendent sur les mamelles, dont la variété, la disposition, indiquent, suivant lui, la classe et l'ordre auxquels appartient l'individu. Les Vaches dont l'écusson a le plus d'étendue, et qui est formé du poil le plus fin, sont les meilleures, surtout si la peau du dedans des cuisses est de couleur jaunâtre, et s'il s'en détache des pellicules de la même couleur, qu'il appelle *son;* si enfin le pis est couvert d'un poil court et fourré qui se retrouve dans les épis du contre-poil de l'écusson : le lait donné par des Vaches ainsi marquées sera gras et bon. Ce nourrisseur divise les Vaches, sous ce rapport, en *huit classes*, et chaque classe en *ordres*, indiquant la valeur et la faculté lactifère de chacune.

La castration des Vaches, inusitée en France avant 1830, nous est venue de l'Amérique septentrionale : elle a été essayée chez nous, depuis cette époque, avec quelques succès. Cette opération consiste dans l'enlèvement des ovaires, quelque temps après la mise bas, lorsque la sécrétion du lait est dans sa plus grande activité. Elle conserve aux Vaches, pendant deux et même trois années, la faculté de sécréter la même quantité de lait qu'elles ont l'habitude de donner à cette époque. La castration prédispose en outre la Vache à un engraissement plus facile, et sa viande en acquiert une qualité supérieure.

Les renseignements statistiques relatifs à la Race Bovine publiés en 1847 prouvent que la consommation des Bœufs n'a pas été proportionnelle au mouvement ascendant de la population.

Les importations et les exportations se sont réparties ainsi en 1846 :

	Importations.		Exportations.	
Bœufs	5,966	32,842	10,401	19,753
Taureaux	2,881		145	
Bouvillons	882		228	
Vaches	11,621		8,856	
Génisses	1,200		110	
Veaux	10,292		13	

Nous avons fourni à l'Espagne 5,133 Bœufs et 7,946 Vaches, à l'Angleterre 4,339 Bœufs.

Les importations n'ont dépassé les exportations que d'une valeur de 542,965 francs.

Dès 1832 l'importation avait une valeur de 2,096,475 francs. Il y a donc eu en 1846 diminution dans les importations.

La consommation de Paris s'élevant au quart de celle des villes de France, où les calculs sont possibles, par suite de l'établissement des octrois, on a constaté que l'abatage annuel des bêtes à cornes y est, à peu de chose près, resté stationnaire pendant deux siècles, mais qu'il a rapidement décliné dans ces derniers temps.

En prenant pour point de départ des calculs faits en 1637, sous le ministère du cardinal de Richelieu, qui en avait chargé trois commissaires du Châtelet, il se consommait à Paris, pour une population évaluée à 412,000 âmes, le carême étant rigoureusement observé,

Bœufs et Vaches,	40,000
Veaux,	67,000

Par le doublement des chiffres, la consommation proportionnelle devrait être portée, pour une population de 824,000 âmes : Bœufs et Vaches, 80,000 ; Veaux, 134,000.

Le rapprochement des états de bestiaux entrés dans Paris pendant l'intervalle qui s'est écoulé entre les années 1697 et 1790 inclusivement fait connaître que la consommation moyenne annuelle s'était répartie ainsi :

1re *Période* (de 1697 à 1749), qui comprend les années désastreuses de 1709 à 1713, pendant lesquelles la consommation des bœufs descendit à 46,614.

Naissances annuelles, 18,000 enfants des deux sexes.

Population moyenne, 450,000 âmes.

Consommation : Bœufs, 57,540; Vaches, 14,000; Veaux, 119,000.

2e *Période* (de 1750 à 1790) : Naissances, 20,000; Population, 550,000 âmes.

Consommation : Bœufs, 67,558; Vaches, 19,300; Veaux, 106,630.

D'après les calculs faits par M. Tessier en 1788, les 570,000 habitants de Paris consommaient alors :

76,689 Bœufs, du poids de 600 livres;
13,823 Vaches, du poids de 250 livres;
100,000 Veaux, du poids de 75 livres.

Pendant les trois années 1833 à 1835, consommation moyenne :

71,300 Bœufs; 15,400 Vaches; 70,000 Veaux.

Il n'y a eu qu'une faible augmentation en 1836, année où un nouveau recensement de la population a appris qu'elle dépassait 900,000 habitants.

Disons maintenant quelques mots des variétés d'espèces du GENRE BŒUF.

L'*Aurochs*, le plus grand des Quadrupèdes propres à l'Europe, se distingue de notre Bœuf domestique par son front bombé, plus large que haut, par l'attache de ses cornes au-dessous de la crête occipitale, par une sorte de laine crépue qui couvre la tête et le cou du mâle, et qui forme une barbe courte sous la gorge; enfin par une paire de côtes de plus. On voit donc que c'est à tort qu'on a représenté l'*Aurochs* comme étant la souche de nos bêtes à cornes. Cet animal habitait autrefois toute l'Europe tempérée; aujourd'hui il s'est réfugié dans les grandes forêts marécageuses de la Lithuanie, des Krapacks et du Caucase.

Le *Bison* d'Amérique pourrait bien n'être qu'une variété de l'Aurochs, quoiqu'il ait les jambes et la queue plus courtes, le poil plus long, et quelques autres différences plus légères. La partie antérieure de son corps est très-épaisse et forte, la partie postérieure est comparativement plus faible. Le corps est en partie couvert d'un long poil velu; les cornes sont rondes et pointues à l'extérieur; une excroissance charnue s'élève sur le garrot, entre les deux épaules; cette loupe, caractère distinctif du Bison, est regardée par les Indiens comme une chair exquise.

Ces animaux sont si féroces, qu'on ne les poursuit pas impunément, si ce n'est dans les forêts où les arbres élevés offrent un abri aux chasseurs.

Le Bison vit en société avec ses congénères; différent, à cet égard, de l'Aurochs, qui se plait dans l'isolement. Il n'est pas rare de rencontrer dans les prairies du Missouri des milliers de Bisons voyageant de concert avec un ordre parfait. Ils émigrent ainsi pour aller chercher une température plus douce, ou pour trouver de nouveaux pâturages; le sol tremble sous leurs pas, et souvent le défilé de ces innombrables bandes dure plusieurs jours. Quelques Bisons d'une taille gigantesque marchent en tête, comme éclaireurs; puis viennent de longues files pressées en colonnes compactes, et parmi lesquelles le chiffre des femelles l'emporte de beaucoup sur celui des mâles.

Le *Buffle*, originaire de l'Inde et naturalisé en Italie et en Grèce, a le front bombé, plus long que large, et les cornes marquées en avant par une arête longitudinale. Il a moins de docilité que le Bœuf, mais il est plus robuste et plus facile à nourrir. Sa peau est convertie en un cuir fort et durable; ses cornes sont d'un grain très-fin, susceptibles d'un grand poli. Le Buffle aime à se vautrer dans la fange; il est excellent nageur : il plonge parfois jusqu'à dix ou douze pieds de profondeur, pour arracher avec ses cornes quelques plantes aquatiques, qu'il mange en nageant.

Il paraît que le Buffle a été introduit en Italie et en Grèce dans le courant du septième siècle, par Agilulf, roi des Lombards. Presque partout on l'a réduit en domesticité; mais il y en a encore un grand nombre à l'état de nature, et il paraît que dans les environs de Naples quelques individus échappés se sont multipliés et existent à l'état sauvage.

La force, la docilité et la sobriété des Buffles les rendent de très-utiles auxiliaires pour les travaux agricoles. L'aspect de ces animaux a quelque chose de hideux, et un Taureau qui les rencontre pour la première fois s'apprête aussitôt à les combattre. Aux mugissements de son adversaire, en le voyant creuser la terre du pied, la déchirer avec ses cornes, à toutes ces démonstrations bruyantes, le Buffle reste impassible; et quand le Taureau fond sur lui, il se contente de lui opposer son énorme tête, dont la résistance ressemble à celle d'un roc.

Quand les Bisons et les Buffles sont attaqués par de puissants animaux carnassiers, ils leur résistent en se formant en cercle et en présentant à la circonférence un rempart de cornes menaçantes; au centre se réfugient les jeunes animaux.

Le *Bœuf Arni*, que plusieurs naturalistes regardent comme une simple variété du Buffle, en diffère cependant par ses cornes, qui ont quelquefois deux mètres de longueur, ridées sur leur concavité et un peu plus aplaties en avant. L'Arni est noir; il n'a ni bosse ni crinière; il paraît habiter spécialement les hautes montagnes de l'Indoustan et les îles de l'archipel Indien.

Le *Bœuf Gour* est assez semblable à l'Arni ; il a le pelage ras et d'un noir foncé; ses cornes sont courtes, épaisses et un peu rugueuses.

Le *Yack*, aussi nommé *Buffle à queue de cheval* et *Vache grognante* de la Tartarie, est une espèce de petite taille. Il se distingue de tous les autres Bœufs par sa queue, dont les crins réunissent souvent la longueur et l'élasticité de ceux du cheval à la finesse et au lustre de la soie. Il a sur les épaules une proéminence recouverte d'une touffe de poils beaucoup plus longs et plus épais que ceux de l'épine; cette touffe s'allonge sur le cou en forme de crinière, et s'étend jusqu'à la nuque ; les épaules, les reins et la croupe sont couverts d'une sorte de laine épaisse et douce; des flancs, du dessous du corps et du gros des membres pendent jusqu'à mi-jambe, et quelquefois jusqu'à terre, des poils très-droits et touffus, qui font paraître les jambes de l'animal très-courtes, et lui donnent un aspect tout particulier. Sur le bas des jambes le poil est lisse et roide; les sabots, surtout ceux de devant, sont très-grands et semblables à ceux du Buffle. La forme des cornes et des oreilles varie suivant les races d'Yacks.

Les Yacks se rencontrent surtout dans la chaîne qui sépare le Thibet du Boutan. Les Tartares nomades se nourrissent de leur lait, dont ils font aussi un excellent beurre, qui s'envoie, dans des sacs de peau, par toute la Tartarie. On emploie l'Yack, suivant les lieux, à porter des fardeaux et à tirer ou les chariots ou la charrue. La queue de ces animaux est dans tout l'Orient un objet de luxe et de parure. Les Chinois avec ses crins teints en rouge font les houppes de leurs bonnets d'été ; et elle est employée comme signe de dignité militaire chez les Turcs.

L'Yack habite l'Asie centrale ; il vit encore à l'état sauvage dans les chaînes du Thibet, dont il recherche les sommités à cause de leur froide température. Réduit à l'état domestique il rend aux habitants de l'Asie des services non moins grands que le Bœuf commun aux Européens.

Le *Zébu*, regardé par la plupart des auteurs comme une variété du Bœuf ordinaire, en diffère cependant par la taille, qui est moindre, et par une ou deux bosses graisseuses placées sur le garrot. On distingue plusieurs variétés parmi les Zébus ; la plus remarquable est le Zébu de Madagascar, qui approche de la taille de notre Bœuf et lui ressemble encore par ses cornes. La saveur musquée de sa chair et la loupe graisseuse de son dos sont les seules différences qui l'en font distinguer. Les Zébus n'ont souvent pas de cornes ; leur pelage est généralement gris en dessus et blanc en dessous ; leur queue est terminée par une touffe de poils noirs. Ils habitent les parties chaudes de l'Asie et de l'Afrique ; c'est surtout dans l'Inde qu'ils sont le plus communs. A Surate ils ont une double bosse ; on les emploie à traîner et à porter ; leur course est aussi rapide que soutenue. On les ferre, comme nos chevaux. Pour les diriger, on leur passe une petite corde dans la cloison des narines.

Le *Bœuf musqué* n'était connu que très-imparfaitement avant les dernières explorations des mers polaires ; il fréquente les limites de la terre habitable, au milieu des glaces, où il trouve une sécurité que les déserts peuvent seuls garantir. Ses jambes sont très-courtes, et couvertes presque jusqu'aux pieds par une longue fourrure, qui entoure tout le corps, à l'exception du museau. Ses cornes sont aplaties et recourbées ; sa queue est aussi courte, à proportion, que ses jambes, et disparaît dans l'épaisseur de la toison. C'est principalement sous la gorge que le poil est épais et long.

Les Bœufs musqués passent l'été des régions polaires dans la Géorgie du Nord, et dans l'île Melville, vers le soixante-quinzième degré de latitude; ils ont l'habitude de se réunir en troupes nombreuses, et paraissent se plaire autant dans leurs affreux déserts que le bétail de nos climats dans les pâturages où il trouve une nourriture abondante et parfumée. Ils arrivent dans l'île Melville vers le milieu du mois de mai, et ils en reviennent en septembre. Leurs migrations s'étendent fort loin ; car on présume qu'ils vont hiverner sur le continent Américain, en des lieux où les arbres peuvent leur fournir quelques aliments, lorsque tout le sol est couvert de neige.

Cet animal est connu des Esquimaux ; on le trouve dans tous les pays où ils ont fixé leur résidence, ou dans ceux qu'ont explorés leurs courses les plus lointaines, à l'exception du sud du Groënland, où on ne l'a jamais vu. Sa chair a une odeur de musc d'autant plus forte que l'animal est plus maigre. Les taureaux qui furent tués par les équipages aux ordres du capitaine Parry pesaient environ 700 livres, et on en tirait quatre quintaux de viande.

Le Bœuf musqué vivant dans les mêmes contrées que le renne doit se contenter des mêmes aliments. Suivant le capitaine Franklin, les traces de ces deux espèces d'animaux, imprimées sur la neige, diffèrent si peu l'une de l'autre, qu'il faut une très-grande habitude pour parvenir à les distinguer.

ORDRE IX. — CÉTACÉS.

Ces animaux, qui ont tant de formes diverses, et dont la taille varie au point que chez les uns elle est dix fois plus volumineuse que chez les autres, ont été pendant longtemps considérés comme des poissons. Ce sont cependant de véritables Mammifères, c'est-à-dire des êtres qui mettent au jour des petits vivants et qui les nourrissent du lait de leurs mamelles.

Les *Cétacés* présentent un aspect tout différent de celui des autres Mammifères; ils manquent entièrement de pieds de derrière; leur tronc se continue avec une queue épaisse, que termine une nageoire cartilagineuse, horizontale, mobile de haut en bas, et susceptible seulement d'une légère rotation, qui lui permet de se porter un peu obliquement à droite et à gauche, sans pourtant pouvoir effectuer un quart de conversion sur elle-même. Leur tête se joint au tronc par un cou si court et si gros, qu'on n'aperçoit en ce point aucun rétrécissement. Leurs membres antérieurs ont la forme de nageoires; ils se composent des mêmes parties que chez les Mammifères ordinaires; seulement les os du bras et de l'avant-bras sont raccourcis, et ceux de la main aplatis et enveloppés dans une membrane tendineuse. Ils n'ont point d'oreilles extérieures; leur peau est dépourvue de poils, et il existe au-dessous d'elle une couche épaisse de graisse d'où l'on retire des quantités considérables d'huile. Leur sang est chaud, et circule comme chez l'homme; ils ont des mamelles, au moyen desquelles ils allaitent leurs petits. Les Cétacés ont presque en tout la forme extérieure des poissons, avec cette différence que ceux-ci ont la nageoire de la queue verticale; aussi les Cétacés se tiennent-ils constamment dans les eaux; mais, comme ils respirent par des poumons, ils sont obligés de revenir souvent à la surface pour y prendre de l'air.

Ces animaux ne quittent presque jamais les fleuves ou les mers qui leur servent d'asile. Ils peuvent, par la disposition de leurs narines et du soufflet qui s'ouvre au sommet de leur tête, respirer sans sortir de l'eau. Ce n'est que pour dormir qu'ils sont forcés de quitter l'élément liquide; pendant le sommeil, l'eau, qui entrerait en trop grande abondance dans les voies de la respiration, apporterait du trouble dans ces organes et des dangers pour la vie de l'animal; aussi voit-on le plus grand nombre d'entre eux quitter l'Océan à l'heure du repos.

Ils ont l'ouïe si fine qu'au moindre bruit, même dans leur sommeil, ils se précipitent en mer. Leur respiration peut se suspendre ou se prolonger pendant un temps plus long que chez les autres Mammifères; l'on voit en effet les Cétacés rester des demi-heures entières plongés sous l'eau, sans que leurs fonctions paraissent le moindrement affectées. Ce phénomène a dû exciter la curiosité des physiologistes, et l'on a plusieurs fois tenté de l'expliquer. L'on crut d'abord que l'amplitude du poumon des Cétacés pouvait rendre une raison suffisante de cette particularité; mais on renonça bientôt à cette théorie, et l'on supposa, très-gratuitement, que le trou de Botal persistait chez ces animaux pendant toute la durée de la vie. M. Breschet, ayant remarqué sur les côtés de la colonne vertébrale des Cétacés un lacis vasculaire veineux très-développé, et sans analogue chez les autres Mammifères, a été porté à présumer que chez ces animaux le sang trouvait dans ce réseau veineux un réservoir où il était retenu lorsque l'animal plongeait quelque temps sous l'eau, et où il restait en stagnation jusqu'à ce qu'un acte respiratoire pût rendre à ce sang désoxygéné la liberté de circuler à travers les cavités du cœur et le tissu du poumon.

Les *Cétacés*, étant presque tous de très-grande taille, ne produisent jamais plus d'un petit à la fois et le portent longtemps avant de le mettre au jour. Ils sont néanmoins assez communs, et se rencontrent presque toujours réunis en troupes considérables, ce qu'on s'explique aisément, malgré la guerre acharnée qu'on leur fait, quand on songe à la durée de leur vie, qui dans certaines espèces s'étend à plusieurs siècles. Tous les individus qui composent ces troupes font partie de la même famille ; ils ont les uns pour les autres un attachement si vif, qu'ils ne manquent jamais de se secourir mutuellement, lorsqu'ils se trouvent en danger. Les mâles et les femelles surtout se témoignent réciproquement et montrent pour leurs petits une affection qui les porte à leur sacrifier leur propre vie. Aussi un moyen presque infaillible de prendre les parents consiste-t-il à s'emparer de leur progéniture ; il est rare qu'ils ne la suivent pas d'assez près pour tomber sous les coups du pêcheur. Le plus souvent c'est une mort certaine qui les attend dans la lutte ; ils se défendent jusque là, et ne cherchent point à fuir tant qu'ils sentent leurs petits en danger.

Cet ordre, qui comprend environ quatre-vingts espèces, dont une quarantaine seulement sont assez bien connues, se divise en deux familles : les *Cétacés herbivores* et les *Cétacés souffleurs*.

Ces FAMILLES se subdivisent, à leur tour, en divers GENRES, dont les caractères sont exposés dans le Tableau ci-après :

CÉTACÉS.

Corps pisciforme, terminé par une nageoire horizontale remplaçant les membres postérieurs; les antérieurs également disposés en nageoires; doigts enveloppés dans un fourreau et privés d'ongles; vestige de bassin, sans articulation à la colonne vertébrale. Portion cervicale de l'épine dorsale très-raccourcie. Peau lisse, plus ou moins épaisse. Point d'oreilles extérieures, de paupières mobiles, ni d'appareil lacrymal. Yeux gros; cristallin très-convexe. Habitation dans la mer.

Deux Familles.

1re *Famille.*

CÉTACÉS HERBIVORES.

Point d'évents; mamelles pectorales; moustaches garnies de poils, nageoires antérieures servant à la préhension; molaires à couronne plate, quelquefois des défenses.

Trois Genres.

1er Genre. LAMANTINS.

Corps oblong. Dents molaires marquées de deux collines transversales, à leur couronne. Point de canines dans l'âge adulte. Des vestiges d'ongles sur le bord des nageoires pectorales. Peau très-épaisse et nue; moustaches très-fortes et très-serrées.

Genre DUGONG.

Corps allongé; nageoires de la queue en forme de croissant; molaires composées chacune de deux cônes réunis par le côté; de petites défenses pointues, insérées dans les os incisifs; peau fort épaisse, sans poils.

Genre STELLÈRE.

Forme générale du corps analogue à celle des Lamantins; une seule dent mâchelière composée de chaque côté des deux mâchoires, à couronne plate et hérissée de lames d'émail; nageoires sans ongles ni vestiges d'ongles; peau extraordinairement épaisse et dure, à peine flexible.

2e *Famille.*

CÉTACÉS SOUFFLEURS.

Dents coniques ou nulles; mamelles situées près de l'anus. Aucun vestige de poils; narines s'ouvrant au dehors, à la face supérieure de la tête, très-loin du bout du museau. Fosses nasales disposées de façon à leur permettre de rejeter par ces ouvertures l'eau qu'ils engloutissent avec leur proie dans leur énorme gueule. Dont la tête

Deux Tribus.

DELPHINIENS.

est en proportion avec le reste du corps. Ayant la bouche

Deux Genres.

1er Genre. DAUPHINS.

armée de dents aux deux mâchoires, toutes simples et presque toujours coniques. Ce sont les plus carnassiers et les plus cruels de l'ordre.

2e Genre. NARVALS.

dépourvue de dents proprement dites; ils ont de longues défenses droites et pointues, implantées dans l'os maxillaire, et dirigées en avant. Un seul évent.

BALEINIENS.

est si grande qu'elle fait le tiers ou la moitié de la longueur totale du corps.

Deux Genres.

1er Genre. CACHALOTS.

Tête énorme. Mâchoire inférieure dentée; dents nulles en haut; évent simple. Point de fanon.

2e Genre. BALEINES.

Os maxillaires sans dents; *fanons* ou lames de corne à la mâchoire supérieure. Évent double.

FAMILLE DES CÉTACÉS HERBIVORES.

Leurs dents sont à couronne plate, ce qui détermine leur genre de vie, qui les engage souvent à sortir de l'eau pour venir ramper et paître sur la rive. Ils ont deux mamelles sur la poitrine, et des moustaches; lorsqu'ils font sortir verticalement leur partie antérieure hors de l'eau, ces circonstances ont pu leur faire trouver, de loin, quelque ressemblance avec des hommes ou des femmes, et ont probablement donné lieu aux récits de quelques voyageurs qui prétendent avoir vu des tritons et des sirènes. Ils sont tous étrangers à nos mers.

Il n'y en a que trois GENRES, les *Lamantins*, les *Dugongs* et les *Stellères*.

GENRE LAMANTIN.

Les *Lamantins* ont le corps oblong et terminé par une nageoire ovale allongée. Leurs pattes présentent des vestiges d'ongles, et ont avec des mains une ressemblance grossière qui a valu à ces animaux le nom de *Manates*, dont on a fait, par corruption, *Lamantin*. Leur tête est terminée par un museau charnu et garni de poils. Dans le jeune âge on leur trouve deux petites dents implantées dans les os intermaxillaires; mais à l'âge adulte ils n'ont ni incisives ni canines, et leurs molaires, à couronne carrée, sont au nombre de huit partout.

Les Lamantins habitent les parties les plus chaudes des deux versants de l'océan Atlantique, dans le voisinage des côtes; on les voit principalement près de l'embouchure des rivières, qu'ils remontent quelquefois assez loin: ils vivent en troupes, viennent souvent à terre, se laissent facilement approcher, et montrent le plus grand attachement pour leurs compagnons. Leur chair se mange; elle est rouge pâle et plus délicate que celle du veau.

Adanson est de tous les naturalistes voyageurs celui qui a donné le plus de détails sur le Lamantin des côtes d'Afrique; les plus grands individus qu'il a observés n'avaient que huit pieds de longueur, et pesaient 800 livres; leur couleur est un gris cendré. Au Sénégal on les appelle *Lereou;* ils vivent d'herbes, et se trouvent à l'embouchure du fleuve. Leur graisse est blanche et épaisse de deux ou trois pouces sur tout le corps.

Les Lamantins fossiles ont été pour la première fois indiqués par Meyer. On les a trouvés en Allemagne et dans plusieurs points de la France, à Dax, à Bordeaux, à Angers, et même dans les environs de Paris, à Longjumeau; ils vivaient dans la mer qui a couvert l'Europe de ses eaux, à une époque postérieure à celle de la formation de la craie, mais antérieure à celle du gypse.

M. J. de Christol s'est livré à de très-intéressantes recherches sur divers *ossements fossiles* que Cuvier avait attribués à l'Hippopotame, et dont il a fait un nouveau *Genre* de *Cétacés*, sous le nom de *Metaxytherium*. Cet animal ressemble au Lamantin par les caractères de ses molaires et au Dugong par tout son squelette. Le *Metaxytherium* a : 1° le crâne rapporté par Cuvier au Lamantin; 2° les molaires supérieures rapportées par Cuvier à l'*Hypp. dubius;* 3° les molaires inférieures rapportées par Cuvier à l'*Hipp. medius;* 4° l'humérus rapporté par Cuvier à deux Phoques; 5° l'avant-bras rapporté au Lamantin; 6° et peut-être, enfin, une côte et une vertèbre rapportées par Cuvier, d'abord au Lamantin, puis au Morse. A ces pièces il faut joindre la mâchoire inférieure, le crâne, les molaires, plusieurs humérus, plusieurs côtes et plusieurs vertèbres qui ont été découverts à Montpellier, en sorte que le squelette presque entier du *Metaxytherium* se trouve connu, et atteste l'existence d'un animal aussi voisin du Dugong qu'un genre puisse l'être d'un autre. Le *Metaxytherium* comprend deux espèces, différant principalement par la taille. La plus grande provient du terrain tertiaire inférieur des départements de la Charente et de Maine-et-Loire; l'autre, du terrain marin tertiaire supérieur de Montpellier.

Depuis les travaux de M. Christol, M. Marcel de Serres a découvert, dans une caverne à ossements près de Cannes (Aude), un squelette entier de *Metaxytherium*. Il était enfoui dans une roche tertiaire, au milieu du massif de calcaire moellon exploité à Beaucaire pour les constructions.

GENRE DUGONG.

Les *Dugongs* diffèrent des *Lamantins* par le nombre et la forme de leurs molaires, ainsi que par la présence à la mâchoire supérieure de deux fortes incisives, dont ils se servent pour arracher les fucus qui font leur nourriture. Ces animaux manquent de membres postérieurs, ainsi que les Lamantins; on n'en distingue bien qu'une seule espèce, propre à la mer des Indes et à la mer Rouge. Dans cette dernière localité ils ont été connus de tout temps. Les Arabes recherchent les Dugongs à cause de leur peau et de leurs dents. Les Malais se livrent aussi à la pêche de cet animal, dont ils mangent la chair, qui, dit-on, est préférable au bœuf. Le lait du Dugong est agréable au goût. Mais ce qu'on prise surtout dans cet animal, ce sont les défenses dont sa mâchoire supérieure est armée. On en fait le même usage que de l'ivoire, et les Malais l'emploient même de préférence pour les manches de ces poignards à lame ondulée connus sous le nom de *criss*. Les Dugongs se trouvent dans plusieurs archipels de la mer des Indes. On en rencontre aussi dans la mer Rouge; mais il paraît que ceux-ci constituent une espèce distincte. On pense qu'ils étaient connus des anciens Hébreux, qui le désignaient sous le nom de Thachasch, et que c'était de leur cuir qu'était formée la couverture extérieure du tabernacle.

GENRE STELLÈRE.

Les *Stellères*, d'après la connaissance très-imparfaite qu'on en a, paraissent n'avoir de chaque côté des deux mâchoires qu'une seule molaire composée, à couronne plate et hérissée de lames d'émail; leurs nageoires sont dépourvues d'ongles. On n'en connaît qu'une espèce, qui se tient dans le nord de la mer Pacifique.

Le naturaliste Steller est le premier qui ait donné sur cet animal des détails précis et circonstanciés. M. Frédéric Cuvier a consacré à l'histoire de ce Cétacé un long article dans le traité qu'il a publié, sur cet *ordre* du Règne animal, dans les *Suites à Buffon*; le *Stellère boréal*, qui se trouve en grande abondance sur toutes les côtes du Kamtschatka, et fournit à la subsistance de la plus grande partie des misérables populations de ce pays glacé, atteint jusqu'à vingt-cinq pieds de longueur, et pèse quelquefois 7,000 livres. Les Tartares Tschatchis construisent avec la peau des *Stellères* de grands canots d'une seule pièce.

FAMILLE DES CÉTACÉS SOUFFLEURS.

Les *Cétacés* de cette *Famille* ne sortent jamais de l'eau. Ils se distinguent des précédents par l'appareil singulier qui leur a valu le nom de *Souffleurs*. La masse d'eau qu'ils engloutissent continuellement avec leur proie entre par le gosier dans les narines, les traverse, et s'amasse dans un sac placé à l'orifice extérieur de la cavité du nez, d'où elle est chassée avec violence, au moyen de muscles puissants, par une ou deux ouvertures étroites, placées au-dessus de la tête : c'est ainsi qu'ils produisent ces jets d'eau qui les signalent de loin aux navigateurs. Leurs sens sont généralement obtus : ils ont, proportionnellement à leur taille, des yeux très-petits. Leur odorat est faible ou nul; le nerf olfactif manque dans beaucoup. L'ouïe doit être faible, à en juger d'après la structure imparfaite des organes. La langue n'est pas mobile; tout leur corps est couvert d'une peau lisse, sous laquelle est un lard épais et abondant en huile. Leur estomac a cinq et jusqu'à sept poches distinctes; ils vivent de poissons ou autres animaux marins; ils avalent leur nourriture rapidement et sans la mâcher. Leurs mamelles sont près de l'anus.

On les partage en deux Tribus :

TRIBU DES DELPHINIENS.

Ces Cétacés à petite tête ont tantôt les deux mâchoires garnies de dents simples et presque toujours coniques, tantôt dépourvues de dents ordinaires, et armées seulement de longues défenses droites, implantées dans l'os intermaxillaire, et dirigées en avant dans le sens de l'axe du corps. Les premiers ont reçu la dénomination générale de *Dauphins ;* les seconds sont appelés *Narvals*.

GENRE DAUPHIN.

Les *Dauphins* se distinguent des autres *Cétacés* par leur museau, qui se termine en un bec allongé, à peu près comme celui des canards. Cet animal est carnassier, et à cet effet la nature l'a doué de deux rangées de dents coniques et aiguës, dont le nombre est quelquefois de vingt-quatre, quelquefois de quatre-vingt-quinze. Ils se nourrissent exclusivement de poissons; en se mettant en troupe nombreuse, ils attaquent jusqu'à la Baleine, et parviennent souvent à la faire périr à force de tourments et de morsures. Les anciens disaient que par tendresse pour l'homme les Dauphins suivaient les vaisseaux; on les voit en effet, quelquefois en grand nombre, accompagner un bâtiment. Leur voracité est la seule cause de cette poursuite; ils espèrent obtenir quelques débris de l'équipage, et, encouragés probablement par leur premier succès, qui vient de la générosité de quelques matelots, ils voyagent avec eux le plus loin qu'ils peuvent. L'instinct de ces animaux ne les porte nullement à l'attachement.

Le grand Dauphin souffleur est d'un tiers plus grand que l'espèce ordinaire ; il habite l'Océan et la Méditerranée. La taille des Dauphins ordinaires est de huit à dix pieds ; on en voit de grandes troupes dans toutes les mers.

Lorsque ces animaux rencontrent un vaisseau voguant à pleines voiles, on dirait qu'ils cherchent à lutter de vitesse avec lui et se jouent de leurs efforts, tant leurs mouvements sont variés et légers ; bonds rapides, culbutes multipliées, soubresauts brusques, leur activité met tout en œuvre.

Les Dauphins qui se trouvent le plus souvent sur nos côtes sont le Dauphin ordinaire, *Delphinus Delphis*, et le *Marsouin, Delphinus Phocœna*. Ces animaux fréquentent de préférence les embouchures des fleuves, et souvent ils en remontent le cours jusqu'à une certaine hauteur, sans que le changement d'eau douce et d'eau salée ait sur eux aucune influence fâcheuse. C'est à la mer, comme tous les autres Dauphins, qu'ils passent la plus grande partie de leur vie et qu'ils se tiennent de préférence. On doit faire remarquer cependant qu'il existe dans une des contrées de l'Amérique du Sud, la Bolivie, une espèce de la famille des Dauphins qui est tout à fait fluviatile. Les habitants de plusieurs provinces la connaissent sous le nom d'*Inia*.

Une espèce voisine du *Dauphin* est le *Marsouin*; cet animal ressemble en effet au premier, mais il n'en a pas le bec; son museau est court et uniformément bombé.

Le *Marsouin commun*, vivant en grandes troupes dans nos mers, est le plus petit des Cétacés; de quatre à cinq pieds de longueur seulement, noirâtre en dessus, blanc en dessous, à dents comprimées, tranchantes, au nombre de vingt-deux à vingt-cinq de chaque côté des deux mâchoires.

« La chair de cet animal, dit un voyageur, est un manger sinon agréable, du moins utile en mer. La vue de cette chair noire répugne sans doute; quelques personnes du bord la trouvèrent fort bonne; pour moi, je la regarde comme désagréable, quoiqu'elle ne conserve pas le goût de l'huile. Elle est indigeste, comme j'en ai eu la preuve sur quelques-uns de nos matelots ; mais tous en firent de friands repas. »

Les Marsouins vivent en troupes assez nombreuses; on les rencontre à la surface des flots, où ils aiment à se jouer, même dans les plus grandes tempêtes. Leur nourriture consiste en poissons et en mollusques, dont ils font une grande consommation. Ils sont si carnassiers et si agiles, qu'ils ne craignent pas d'attaquer les plus grands Cétacés, malgré la petitesse de leur taille, et souvent leur adresse et leur opiniâtreté triomphent de la puissance de ces énormes colosses. Ils deviendraient de véritables tyrans des mers, s'ils n'avaient dans le Requin et dans une espèce de Cachalot deux ennemis redoutables.

Une autre espèce de Marsouins, nommé *Épaulard*, atteint de vingt à vingt-cinq pieds de long. C'est l'ennemi le plus acharné de la Baleine ; lorsque l'Épaulard veut attaquer cet énorme Cétacé, il appelle à son secours une troupe nombreuse d'Épaulards. Lorsqu'ils se trouvent en nombre, ils harcèlent de toutes parts la malheureuse Baleine, qui, haletante, ouvre la gueule pour respirer; alors un Épaulard se précipite dans sa gueule ouverte pour lui dévorer la langue, et l'animal succombe à cette dernière souffrance.

On a aussi séparé des *Dauphins* les *Hypéroodons*, qui sont semblables aux Dauphins; pourtant ils n'ont qu'un très-petit nombre de dents à la mâchoire inférieure. On n'en connaît qu'une espèce, qui atteint de vingt à vingt-cinq pieds de longueur. Elle est pêchée dans la Manche et dans la mer du Nord, et a souvent été nommée *Baleine à bec*.

Les *Delphinoptères*, qui sont également compris dans le Genre Dauphin, sont caractérisés par l'absence totale de la nageoire du dos ; leur museau est obtus, et leurs dents sont en nombre variable.

GENRE NARWAL.

Les *Narwals* s'éloignent des Dauphins par leur système dentaire. Par la forme générale de leur corps ils diffèrent peu des Marsouins ; mais on les distingue au premier coup d'œil de tous les autres Cétacés par leur longue défense, qui est implantée dans la mâchoire supérieure, et qui ressemble à une grande corne plutôt qu'à une dent. Il existe deux de ces dents incisives ; mais presque toujours celle du côté droit avorte en quelque sorte, et reste cachée dans l'alvéole, tandis que celle du côté gauche s'avance en ligne droite, et constitue un énorme stylet arrondi, pointu et en général sillonné en spirale, qui paraît impair et qui égale le tiers ou la moitié de la longueur du corps. On en voit qui ont dix pieds de long, et ces dents ont été pendant longtemps prises pour des cornes d'un quadrupède fabuleux, la Licorne.

On ne connaît qu'une espèce de Narwal, qui habite les mers du Nord, principalement entre le Groënland et l'Islande. Sa peau est marbrée de brun et de blanchâtre, et sa longueur de quinze à seize pieds. Son évent est sur le haut de la tête, et il n'a pas de nageoire dorsale. Il nage avec une grande vitesse, et c'est pour la Baleine un ennemi redoutable, car, réunis en troupes nombreuses, ils attaquent souvent cet immense Cétacé, et lui font avec leur défense des blessures profondes. Les pêcheurs le prennent assez facilement, et le recherchent pour l'excellente huile fournie par sa graisse. Un seul Narwal en donne deux ou trois tonnes. La défense de cet animal est également employée comme de l'ivoire. Sa chair est tout au plus bonne. Les Groënlandais en font quelquefois leur nourriture : ils la mangent crue; mais le plus communément ils cherchent à la conserver dans un état moyen de sécheresse et de mortification, et la font cuire lorsqu'elle approche de la putréfaction. Ce qui pourrait les faire rechercher, ce sont leurs dents; car, outre qu'elles imitent le très-bel ivoire, elles ont encore l'avantage de ne pas jaunir. On prétend que les rois de Danemark possèdent un trône fait avec de pareilles dents.

La demeure des Narwals est vers le quatre-vingtième degré de latitude boréale, et principalement sur les côtes d'Islande, vers le détroit de Davis et les rivages de l'Amérique septentrionale et du Groënland. Si l'on en croit les pêcheurs Groënlandais, ils sont les avant-coureurs des Baleines : aussi, dès qu'ils aperçoivent les uns, ils préparent tous leurs instruments pour harponner les autres; mais il paraît plus vraisemblable que ces deux espèces d'animaux, vivant des mêmes nourritures, suivent les mêmes bancs de poissons et se rencontrent dans les mêmes parages. Il est probable que les Narwals, privés de dents molaires, se nourrissent de poissons, de mollusques, et de coquillages tendres et friables.

TRIBU DES BALEINIENS.

Les Cétacés de cette tribu doivent l'énorme développement de leur tête non pas au cerveau et au crâne, qui conservent leurs proportions ordinaires, mais aux os de la face seulement, qui acquièrent des dimensions gigantesques. Ce sont les plus grands des mammifères, et leur pêche est pour les nations maritimes une branche importante d'industrie. On les divise en *Cachalots* et *Baleines*.

GENRE CACHALOT.

Les *Cachalots* sont des Cétacés dont la tête est excessivement volumineuse et enflée, surtout en avant, et dont la mâchoire inférieure est armée d'une rangée de dents cylindriques, qui lorsque la bouche se ferme entrent dans les cavités correspondantes de la mâchoire supérieure, laquelle ne porte ni dents ni fanons. La partie supérieure de l'énorme tête de ces animaux ne consiste presque qu'en grandes cavités recouvertes et séparées par des cartilages, et remplies d'une huile qui se fixe par le refroidissement, et qui est connue sous le nom de *blanc de baleine.*

M. le docteur Knox a établi dans un mémoire, accompagné de planches nombreuses, communiquées à la Société royale d'Édimbourg, plusieurs dessins pour prouver que les dents de Cachalot sont dépourvues d'émail. La coupe longitudinale de ces dents montre deux substances, l'une centrale et l'autre corticale, différentes par leur aspect et par leur structure. La première est tout à fait semblable à l'ivoire des dents; mais la corticale ne montre pas d'analogie avec l'émail : elle est plus molle que l'interne, et continue probablement à croître ou à se déposer durant la plus grande partie de la vie de l'animal, jusqu'à ce qu'elle enferme complétement la partie centrale, qui n'est autre chose qu'une pulpe ossifiée : elle l'entoure, comme l'ivoire de la dent humaine entoure la pulpe molle dentaire.

La respiration des Cachalots se fait d'une manière très-régulière lorsque ces animaux ne sont pas troublés : on voit le bout du nez s'avancer à la surface de l'eau à des intervalles déterminés; l'expulsion de l'eau qui accompagne l'expiration se fait par les narines sous un angle de cent trente-cinq degrés ; elle est plus forte lorsque l'animal n'est pas parfaitement tranquille ; l'aspiration dure à peine une seconde, et n'est accompagnée d'aucun bruit. Un gros mâle a besoin de dix secondes pour respirer et aspirer l'air ; pendant six secondes le nez est sous l'eau. Il y a des intervalles de dix à onze minutes pendant lesquels ils restent à la surface de l'eau, et accomplissent soixante à soixante-dix respirations : les marins les appellent les rejets ; puis ils plongent, et restent pendant une heure vingt minutes dans la profondeur. Les troupes de femelles arrivent ordinairement à la surface de l'eau ; elles ne restent à peu près que vingt minutes dans l'eau et quatre minutes à sa surface, où elles accomplissent de trente-cinq à quarante respirations : cette même accélération dans la respiration se remarque aussi chez les jeunes mâles.

Les troupes de Cachalots se composent de femelles ou de jeunes. Il y a jusqu'à six cents individus par troupe ; mais dans les troupes de femelles se trouve toujours quelque vieux mâle, veillant avec jalousie à ce qu'aucun autre ne puisse approcher. Les vieux vont presque toujours seuls à la recherche de leur nourriture ; ils sont fort imprévoyants et faciles à attaquer. Cependant ils sont très-courageux, et causent de grands désastres avec leur queue et leurs nageoires. Les femelles mettent bas un petit par saison ; elles sont beaucoup plus petites que les mâles. Elles ont beaucoup de tendresse pour leurs petits, et ont aussi un grand attachement l'une pour l'autre ; en sorte que lorsque l'on en tue une, les autres restent dans le voisinage, et lorsque la mère est prise, le jeune reste une heure entière autour du vaisseau ; tandis que les troupes de jeunes mâles s'éloignent aussitôt quand l'un d'eux a été blessé. Pour satisfaire leur faim ces animaux se placent dans la profondeur de l'eau, s'y tiennent tranquilles, et ouvrent la gueule au point que la mâchoire inférieure fait presqu'un angle droit avec la mâchoire supérieure.

La taille du Cachalot varie de vingt-cinq à soixante-dix-huit pieds : les femelles sont constamment moins longues.

La cruauté du Cachalot, en répandant partout sur son passage le carnage et l'effroi, le rend la terreur de tous les poissons. Il poursuit ses victimes à travers tous les obstacles, tous les dangers; rien ne l'intimide; il attaque d'ailleurs sans provocation et assouvit sa rage sans besoin, pour le seul plaisir d'exercer sa férocité. Ses mouvements sont prompts, sa vitesse est extrême; il se montre, disparaît, et se montre de nouveau avec la plus grande vivacité. Cette agilité le rend on ne peut plus redoutable; il plonge profondément, et reparaît inopinément avec une vivacité qui tient du prodige. Au milieu du combat, ses effroyables mugissements, ses sifflements aigus, en rassemblant autour de lui les individus de son espèce, lui donnent un avantage décidé sur la Baleine.

Les Cachalots voyagent en troupes innombrables et par bandes qui couvrent quelquefois une étendue de quinze à vingt lieues. M. de Humboldt affirme que ces Cétacés, qu'un chef semble diriger dans leur marche, affectionnent de préférence la partie équatoriale du grand Océan; qu'on les trouve là plus communément que dans l'Océan Atlantique; que c'est vers le golfe de Bagouna jusqu'au cap San-Lucar, et surtout aux îles Gallapagos, que se font les pêches les plus productives. Ils se montrent de préférence dans les mers qui ont une grande profondeur, telles que celles des côtes occidentales de l'Afrique.

On pêche le Cachalot pour en obtenir l'ambre gris, qu'on trouve chez quelques-uns dans le canal alimentaire, sous forme de concrétions, renfermant dans sa masse des débris de poissons. MM. Pelletier et Caventou ont analysé cette substance, et la considèrent comme une sorte de bezoard ou de calcul biliaire. L'observation avait déjà appris que les Cachalots dont les viscères contiennent de l'ambre gris sont, en général, maladifs et dans un état d'émaciation. Sa pêche procure encore une multitude d'autres avantages : indépendamment de son lard, de sa chair et de ses intestins, ses tendons, ses dents et ses os servent à faire des instruments de pêche et de chasse. Sa langue cuite est regardée comme un mets délicat; son lard fondu donne une huile employée dans les arts, et les fibres de ses muscles fournissent une colle excellente. Mais la plus précieuse, comme la plus abondante de toutes les substances qu'il fournit, est l'*adipocire* ou *blanc de baleine*, dont le nom impropre vient de ce que l'on confondait autrefois la Baleine et le Cachalot; c'est une espèce de cire blanche et friable, qui se forme dans les cavités de la tête et dans quelques autres parties du corps. Elle sert à faire d'excellentes bougies.

C'est dans la grande cale cylindrique placée au dessus de la voûte crânienne que se trouve la plus grande quantité de ce précieux produit. L'étage supérieur renferme le plus recherché; dans l'étage inférieur les cellules qui le contiennent sont distribuées comme celles d'une ruche, et ont pour paroi une membrane semblable à celle du blanc d'œuf. Les pêcheurs affirment qu'en vidant l'étage inférieur il se remplit de nouveau par le reflux de l'adipocire venant de tout le corps. Anderson dit avoir tiré de l'adipocire des lobes de la queue, ce qui suppose que le grand vaisseau dorsal se ramifie dans tout le corps. On a calculé que la tête d'un Cachalot des Moluques, de soixante pieds de long, donnait vingt-quatre barils d'adipocire, à cent vingt pintes le baril, et environ quatre fois autant d'huile. Les femelles en fournissent un peu moins. Ce produit est plus considérable sur les côtes de la Nouvelle-Zélande, où les Cachalots sont d'une taille supérieure. De si riches avantages expliquent l'avidité avec laquelle l'homme recherche ce précieux Cétacé.

Le *blanc de baleine*, nommé *Cétine* par M. Chevreul, se présente en masse plus ou moins volumineuse, d'un beau blanc, d'un aspect nacré, formée par une infinité de petites écailles brillantes, douce et onctueuse au toucher; légèrement odorante (à moins qu'elle ne soit ancienne et rance); fusible à 44° centigrades; soluble dans l'alcool : quelques gouttes de ce liquide suffisent pour la pulvériser. Elle est insoluble dans l'eau, soluble dans les huiles fixes et volatiles; saponifiable par les alcalis; inaltérable par l'acide nitrique, qui décompose partiellement les huiles fixes; elle jaunit à l'air, mais très-lentement.

On obtient la *cétine* en exposant à l'air l'huile grasse qui lui sert de véhicule; par le refroidissement la cétine se dépose; on décante le liquide surnageant, on exprime la masse pour la débarrasser de toute l'huile qu'elle contient encore; on la fait liquéfier à une douce chaleur, et on l'abandonne à elle-même : elle se solidifie sous forme cristalline. Dans les arts, on en fait de toutes pièces, en décomposant le gras des cadavres par l'acide nitrique.

Aujourd'hui la cétine est à peu près abandonnée comme médicament interne; on la donnait comme émolliente. Dans les arts on en prépare des bougies diaphanes, diversement colorées, qui sont très-usitées, et qui joignent à l'avantage de répandre une belle lumière celui de ne pas tacher les tissus sur lesquels il en tombe quelques gouttes.

Outre ces trois produits, qui sont les principaux que l'on recherche dans les Cachalots, les peuples peu civilisés en retirent plusieurs autres services; ils mangent leur chair, boivent leur huile, emploient leurs mâchoires et leurs côtes comme bois de charpente, etc. Leurs dents surtout ont à leurs yeux une valeur inestimable; ils les prisent autant que nous le diamant, et les marins qui voyagent dans les mers du Sud se procurent avec quelques-uns de ces os les étoffes les plus fines et les objets les plus précieux.

On ne compte que deux espèces bien authentiques de ce genre; ce sont le *Cachalot commun*, qui manque de dorsale, et le *Microps* ou *Mular*, qui en a une. Ils fréquentent indistinctement les mers glaciales, tempérées ou intertropicales, mais surtout celles du midi, les seules où on en fait la pêche en grand.

GENRE BALEINE.

Les *Baleines* égalent les Cachalots pour la taille et pour la grandeur proportionnelle de la tête, mais n'ont pas, comme eux, des dents. A la place de ces organes on trouve de chaque côté de la mâchoire supérieure, qui est en forme de voûte, trois cents grandes lames transversales, serrées les unes contre les autres, effilées à leurs bords, formées d'une espèce de corne fibreuse et appelées *fa-*

nons, qui garnissent tout le palais, et qui servent à retenir les petits animaux dont ces colosses se nourrissent. Les fanons sont ainsi disposés : à partir de la commissure des lèvres, en allant d'arrière en avant, la rangée de fanons commence par des lames de plus en plus longues jusqu'à cinq à six pieds, qui vont ensuite en décroissant insensiblement jusqu'au bord antérieur de la mâchoire, où ils sont faibles et à peine longs de quelques pouces. En dehors le bord de chaque lame est mousse, et droit, en dedans il est effilé et comme formé de crins rudes et longs de quelques pouces; c'est la substance elle-même du fanon qui se divise en filaments. A la racine, ou gencive, l'intervalle entre les lames est de près de deux pouces.

Hensinger et Rosenthal ont fait des recherches sur les fanons. Suivant Rosenthal, ils se composent d'un grand nombre de lames cornées courbes, les unes plus grandes, les autres plus petites, qui ont leur face concave tournée en dedans, leur face convexe en arrière et leurs bords tranchants en dehors et en dedans, de manière qu'elles sont transversalement parallèles et séparées les unes des autres par une distance d'un demi-pouce. A leur base, par laquelle les fanons reposent sur la mâchoire supérieure, ils sont réunis par un ligament corné, large de deux pouces, qui les entoure tous en manière de couronne. Chaque lame est formée de deux substances, l'une interne, l'autre externe. La substance médullaire représente des tubes parallèles, qui dégénèrent en fibres semblables à des soies, au bord inférieur de la lame. A la partie la plus inférieure de chaque lame les lamelles de l'écorce s'écartent les unes des autres, et de là résulte une cavité dans laquelle s'étend la membrane germinative des fanons. Chaque fanon repose sur une membrane épaisse de plus d'un pouce, et qui reçoit abondamment des vaisseaux. Cette membrane envoie au-dessous de chacun d'eux une portion saillante, qui pénètre dans l'espace creux situé à la base des lames, et dégénère en prolongements filiformes, avec lesquels elle s'insinue dans la substance tubuleuse jusqu'aux soies des fanons. Suivant Rosenthal, les vaisseaux de la membrane germinative des fanons pénètrent jusque dans les tubes de ces derniers. Entre les prolongements de cette membrane qui s'insinuent dans la cavité inférieure de chaque fanon, se trouve une masse cornée blanche, qui se continue avec la substance corticale des fanons.

La mâchoire inférieure est dégarnie de dents et de fanons; c'est une vaste ceinture osseuse, formée de ces grands os costiformes, qui n'ont qu'un condyle très-court, et creusés eux-mêmes d'une grande cavité remplie de graisse et de tissu cellulaire, au milieu desquels courent les vaisseaux et les nerfs. La tête des Baleines n'est pas renflée comme celle des Cachalots, et on n'y trouve pas de cétine; mais ces animaux ont sous la peau une immense quantité de graisse.

J'ai déjà dit que la particularité la plus remarquable de leur organisation est celle qui leur a valu le nom de *Souffleurs*. Leur vaste gueule engloutit, avec leur proie, une énorme quantité d'eau. Il faut qu'ils puissent s'en débarrasser sans qu'elle s'introduise dans les conduits de la respiration. A cet effet, leur larynx, au lieu de s'ouvrir dans leur arrière-bouche, s'élève jusqu'au delà de l'ouverture postérieure des narines, de manière que le liquide ne saurait y arriver. Ces conduits ne communiquent pas directement avec l'air extérieur; ils aboutissent dans une grande cavité placée sous la peau de la tête, et qui s'ouvre au dehors par un ou deux orifices nommés *évents*. D'après cette disposition, lorsque les Cétacés veulent rejeter l'eau dont leur gueule est remplie, ils ferment leur bouche, et compriment le liquide avec leur langue, comme s'ils voulaient l'avaler; en même temps l'orifice de l'œsophage se resserre, de sorte que l'eau est obligée de pénétrer dans la seule ouverture qui se présente, celle des narines, qui la portent dans le réservoir dont j'ai parlé, et, afin qu'elle ne puisse pas refluer dans les fosses nasales, une soupape s'étend sur l'ouverture de ces conduits et lui bouche le passage. Quand l'eau se trouve accumulée dans la cavité, les parois de celle-ci, qui sont musculaires, se contractent et la lancent au dehors avec plus ou moins de violence et de bruit, selon que l'animal est calme ou irrité. Il n'est pas rare que le jet s'élève à vingt et même trente pieds de haut et tombe en une espèce de pluie fine.

Une cavité parcourue si fréquemment par un liquide abondant ne paraît guère propre à être le siége de l'odorat, et la faculté qu'ont les Baleines de reconnaître les émanations putrides dans l'eau peut s'expliquer par l'organe du goût, sans le secours de l'olfaction. L'orifice extérieur des narines, que l'on nomme *évent*, est double et situé sur une petite éminence placée à la partie la plus saillante du dessus de la tête. L'œil de la Baleine est très-petit à proportion de la masse de l'animal, et situé sur les parties postérieures latérales inférieures de la tête, au-dessus de l'angle des lèvres ; son volume dépasse à peine celui de l'œil du bœuf. Il est muni de deux paupières peu mobiles, dépourvues de cils. Le conduit auditif externe va s'ouvrir près des évents, par un orifice garni seulement d'une valvule et privé d'appareil extérieur, pour la réunion des rayons sonores. Bien que les organes de la vue et de l'ouïe ne paraissent pas très-développés chez les Baleines, cependant ces deux sens jouissent chez elles d'une délicatesse assez remarquable.

D'après la taille des Baleines, on serait tenté de croire que ces animaux doivent dévorer les poissons les plus gros; mais il en est tout autrement : l'absence de dents, l'espèce d'armature de leur bouche et la faiblesse des muscles de leur mâchoire ne leur permet de s'emparer que des plus petits animaux marins. Leurs aliments ordinaires consistent en petits mollusques, en crustacés longs de quelques lignes, en zoophytes dont le corps est mou comme de la gelée; et comme le nombre de ces êtres est immense, elles n'ont pour ainsi dire qu'à ouvrir leur gueule pour les engloutir par milliers. Du reste, elles sont très-voraces, et mangent presque continuellement. Les Baleines nagent avec une très-grande vitesse; n'ayant aucune arme pour se défendre, et étant le plus souvent embarrassées de la masse énorme de leur corps, elles ne sont pas capables de se défendre avec succès contre des ennemis robustes et agiles; et cette circonstance les rend, en général, timides et craintives. Quelquefois, cependant, elles deviennent furieuses, et déploient toutes leurs forces pour se défendre ou pour échapper à leurs persécuteurs. On assure que lorsqu'elles frappent l'eau avec leur queue elles produisent un fracas pareil à celui d'un coup de canon.

La bouche de la Baleine est transversale, située à la partie inférieure de la tête; son ouverture est un peu sinueuse, et se prolonge en arrière jusque au-dessous des yeux; la paroi supérieure de la cavité de la bouche est constituée par des fanons; la paroi inférieure est constituée par une langue molle, épaisse, presque entièrement adhérente, non extensible, longue de douze à vingt-cinq pieds et plus, et large de sept à douze pieds. Cet organe est chargé de graisse, et fournit jusqu'à six tonnes d'huile.

Le gosier n'est pas en proportion avec les dimensions de la bouche; un large repli de la membrane muqueuse qui le tapisse forme à son orifice une sorte de valvule, qui s'oppose à l'entrée d'un corps un peu volumineux : aussi les Baleines ne se nourrissent-elles que de plantes maritimes, de fucus, de crustacés ou de mollusques; de poissons de petite taille, tels que les harengs, les merlans, qu'elles engloutissent par l'effet du remous que produit dans l'eau l'écartement de leurs mâchoires.

Les téguments de la Baleine sont à peu près uniformes sur tous les points de leur corps, et consistent dans un cuir dur et épais d'un pouce environ, d'un tissu assez poreux, laissant transsuder ou sécrétant lui-même un fluide huileux assez abondant, qui donne à l'épiderme dont il est recouvert un aspect onctueux et lisse. Au-dessous du derme on trouve une couche épaisse du tissu cellulaire graisseux, gorgé d'un liquide huileux, que la plus faible pression ou la température la moins élevée en sépare facilement. Cette couche de tissu graisseux, que dans le commerce on appelle le *lard*, a cinq ou six pouces d'épaisseur sur le dos et sous le ventre, près d'un pied vers les nageoires, et quelquefois trois pieds sous la mâchoire, où il forme une sorte de collet. Ce tissu graisseux fournit soixante, quatre-vingts et même cent trente tonneaux d'huile, suivant les individus.

La graisse de la Baleine a une odeur forte et repoussante, elle passe facilement à la fermentation putride; mais bien que l'huile qu'on peut en extraire retienne cette odeur, elle est pourtant fort recherchée, à cause de l'emploi considérable que l'on en fait dans les arts et dans l'économie domestique : la fabrication des savons noirs, l'amélioration du goudron de marine, et surtout la préparation des cuirs, emploient beaucoup d'huile de Baleine ; mais c'est pour l'éclairage qu'elle offre le plus de ressources.

L'huile et les fanons ne sont pas les seules substances qui fassent rechercher les Baleine. Les habitants des climats glacés en mangent quelquefois la chair fraîche ; quelquefois aussi ils la font sécher et fumer pour la conserver, mais ce doit être un aliment bien répugnant. Avec les intestins ils se procurent des liens, des cordages résistants et presque inaltérables. Ils doublent avec les membranes de la Baleine ces frêles embarcations dans lesquelles ils affrontent les dangers de la plus haute mer et les glaçons qu'elle charrie. Les excréments de l'animal leur servent à teindre leurs étoffes en couleur rougeâtre fort solide. Enfin, les longs arcs-boutants de la cavité thorachique des Baleines présentent d'excellentes charpentes et un combustible précieux. La durée de la gestation de la Baleine est ignorée, et c'est seulement sur des inductions qu'on lui a assigné le terme de dix mois. La Baleine donne ordinairement un baleineau, deux au plus. Le petit Baleineau a douze à dix-huit pieds, et, selon les individus, vingt et un à vingt-quatre de longueur ; l'allaitement se fait par l'incubation latérale et oscillée, de telle sorte que la respiration reste assez libre pour la mère et l'enfant. On dit que le Baleineau tète un an ; mais ce que l'on sait positivement, c'est qu'il reste longtemps sans s'éloigner de sa mère. La durée de la vie de la Baleine n'est pas connue ; Buffon l'a estimée à mille ans, mais seulement d'après une probabilité dont le point de départ peut paraître suspect.

La Baleine se tient constamment dans l'eau, et ne quitte guère les mers profondes ; son organisation ne lui permet pas de venir à terre, et son poids et son volume ne la laissent même pas approcher des bas-fonds et des rives plates. Lorsque la tempête la chasse vers les côtes, et qu'elle ne trouve plus assez d'eau pour se soutenir, elle fait des efforts bruyants et douloureux pour se remettre à flot ; mais souvent elle ne peut y réussir, et, exténuée de fatigue, elle vient alors échouer sur le rivage.

Les Baleines nagent assez vite, et filent près de trois milles à l'heure. Leur queue, horizontale, en frappant l'eau y rencontre une résistance suivie d'une projection parabolique du corps de l'animal, qui paraît et disparaît à chaque instant, sur la surface de la mer, plongeant ainsi sans cesse de l'avant à l'arrière.

On a classé les *Cétacés* du GENRE BALEINE en trois groupes : 1° les *vraies Baleines* ; 2° les *Baléinoptères* ; 3° les *Rorquals*.

Les *vraies Baleines* n'ont pas de nageoire dorsale ; la plus célèbre et la seule bien connue est la *Baleine franche*.

Les *Baléinoptères* ont sur le dos un fort aileron ; tel est le *Baléinoptère à ventre lisse*, *Gibbar des Basques* ; il est aussi long que la *Baleine franche*, mais moins gros. Cette espèce est moins recherchée des Baleiniers, parce qu'elle fournit moins de lard ; la rapidité de sa course en rend la chasse très-difficile et dangereuse.

Les *Rorquals* portent de grands plis à la peau du ventre ; tels sont : la *Jubarte des Basques*, quelquefois plus longue que la *Baleine franche* ; le *Rorqual* de la Méditerranée, décrit par Aristote ; la *Baleine à bosse* de Bonnaterre, qui a encore plus de vitesse que les autres espèces. La pêche de cet animal est très-périlleuse, à cause des violents coups de queue qu'elle donne, en se roulant sur elle-même.

Il y a quelques années, un savant naturaliste de Louvain, M. Van Bénéden, a signalé un nouveau caractère distinctif tiré de la conformation des os de l'oreille des Cétacés. On n'avait jusque-là distingué les diverses espèces de Baleines qu'au moyen de la nageoire dorsale ou par la forme du crâne; ces caractères, fort difficiles à saisir, se trouvent d'accord avec ceux que M. Van Bénéden a découverts; ainsi, le *Groupe Rorqual,* établi sur la présence d'une nageoire dorsale, se trouve en outre pleinement confirmé par l'os de l'oreille. Grâce à ce nouveau caractère, on pourra obtenir en peu de temps des notions exactes sur le nombre des espèces connues de ces grands animaux et sur leur distribution géographique. Il suffira que les voyageurs apportent les os de l'oreille, si faciles à obtenir, et les diverses espèces seront représentées dans les collections zoologiques par ces os de petite dimension, comme les ordres de Mammifères peuvent être représentés par leur dentition.

Les produits, si nombreux, si utiles, si abondants que fournit la Baleine ont dû fixer de bonne heure l'attention chez tous les peuples. Nous voyons aussi que presque tous se sont livrés avec ardeur à la pêche de cet animal.

C'est à tort qu'on a écrit que les marins de la Biscaye étaient les premiers qui avaient osé attaquer la Baleine. Il paraît en effet que les Normands ont véritablement l'antériorité pour la pêche de ces grands Cétacés, qu'ils savaient déjà vaincre sur les côtes et dans le fond des baies de la Baltique, de la mer du Nord et de la Manche. Les Basques conquirent la réputation d'être les premiers Baleiniers du monde, par leur persévérance et leur intrépidité dans des expéditions lointaines, au Spitzberg, par exemple, où ils établirent des fonderies pour extraire les huiles, et d'où ils ne furent débusqués que plus tard par des nations rivales. Leur ardeur s'empara de tous les hommes du littoral de l'Océan qui s'étend depuis notre cap Finistère jusqu'au cap Saint-Vincent. Les pêcheurs de Bretagne, d'Aunis, de Saintonge, de Saint-Jean-de-Luz, les Espagnols de la Corogne, rivalisèrent de courage; et les princes affranchirent les Baleiniers de toutes sortes de droits.

Les choses continuèrent sur le même pied jusqu'au commencement du dix-septième siècle; mais alors les Basques, ne trouvant aucune protection dans le pavillon national, furent inquiétés par des rivaux jaloux, qui les exclurent des parages les plus favorables à la pêche, et leur imposèrent des contributions onéreuses. Cette branche d'industrie commença dès lors à décliner, et elle fut perdue pour la France lorsque, en 1636, les Espagnols, ayant pris et saccagé Soccoa, Cibourn et Saint-Jean-de-Luz, s'emparèrent de quatorze grands navires arrivant des mers du Groënland, richement chargés de lard et de fanons de baleines.

Dès 1612 la pêche des Hollandais avait pris une grande extension; ils employaient à cette pêche des navires de trois à quatre cents tonneaux, à qui ils donnaient six à sept chaloupes, et seulement quarante-cinq à quarante-huit hommes, attendu que les baleiniers hollandais étant taillés en flûte, il leur fallait moins d'hommes pour les manœuvres qu'aux fregates de Bayonne.

En 1753 il partit des différents ports de la Hollande cent dix-huit navires pour la pêche de la Baleine sur les côtes du Groënland. Ces navires apportèrent cinq cent trente-neuf Baleines, lesquelles rendirent treize mille cinq cent cinquante-six quartauts de lard, qui, ayant été fondu, produisit vingt mille deux cent quatre-vingt-seize barriques d'huile : terme moyen, par navire, quatre Baleines un tiers et cent quinze barriques de lard. De ce calcul il résulte que le rendement moyen de chaque Baleine était d'environ vingt-cinq quartauts de lard.

L'Angleterre ne pouvait négliger une source de revenus aussi importante. En 1721 la compagnie dite de la mer du Sud entreprit, sur une très-grande échelle, ce commerce, qu'elle ne put soutenir pendant plus de huit ans, à cause des pertes énormes qu'il occasionnait. Le gouvernement Anglais accorda alors des primes considérables à ce genre de pêche. On évalue à la somme énorme de 39,448,375 fr. le montant des primes payées en Angleterre depuis l'année 1750 jusqu'en l'année 1788; de 1789 à 1824, époque de l'abolition, le montant des primes n'a pas été moindre de 25 millions. C'est donc environ 62,500,000 fr. accordés en Angleterre pour l'encouragement de la pêche de la Baleine, dans un laps de soixante-quatorze années.

Pendant longtemps les Américains du Nord se sont livrés à la pêche de la Baleine avec plus d'ardeur et de succès peut-être qu'aucune autre nation du globe. Dès l'année 1690 ils ont commencé à l'entreprendre, et pendant près de cinquante ans ils purent faire sur leurs propres côtes d'abondantes et très-productives captures. Mais enfin les Baleines s'éloignèrent de ces côtes, comme de toutes celles où on les chassait trop. Alors les Américains les poursuivirent dans les mers du Nord et dans le Sud. L'État de Massachusets surtout s'est constamment distingué par la hardiesse, la frugalité et la persévérante énergie de ses Baleiniers. La petite île de Nantucket et le port de New-Bedford, dans cette province de la Nouvelle-Angleterre, figurent surtout dans ces entreprises. Leurs pêcheurs commencèrent d'abord à explorer les mers du Sud ; livrés à leurs propres ressources, ils rivalisèrent de succès avec les citoyens de la Grande-Bretagne, aidés et encouragés par de fortes primes accordées par leur gouvernement, et furent toujours en état de soutenir la concurrence sur les marchés étrangers pour le produit de leur pêche.

Au 1er janvier 1833 les baleiniers des États-Unis étaient au nombre de deux cent trois.

La France s'est livrée très-tard à ce commerce ; à peine sous Louis XIV quinze à vingt bâtiments sortaient-ils de nos ports de Bayonne, de Saint-Jean de Luz, du Havre, de Dieppe. Cependant vers 1786 des armateurs français comprirent qu'il y avait là de grands bénéfices à faire; ils achetèrent l'aide des Nantucketois, vingt-trois baleiniers sortirent de nos ports, et de 1785 à 1793 cent quatorze navires rentrèrent en France avec trente-un mille tonneaux d'huile.

Enfin aujourd'hui les capitaux du Havre semblent vouloir prendre cette voie d'écoulement; Nantes lui avait donné l'exemple, et tout fait espérer que le succès dépassera encore l'attente de nos armateurs. C'est dans le Sud que la pêche se continue; un jour peut-être, lorsque les Baleines du Nord auront cessé d'être traquées, l'espèce y reparaîtra-t-elle nombreuse comme jadis.

L'amélioration que cette importante industrie a reçue en France est constatée par le relevé statistique des armements faits dans nos ports pour la pêche de la Baleine, de 1817 à 1832 inclusivement.

ANNÉES.	NOMBRE de BATIMENTS.	DESTINATION.		Tonneaux.	HOMMES D'ÉQUIPAGE			DÉSIGNATION des PORTS D'ARMEMENT.
		Nord.	Sud.		Français.	Étrangers.	TOTAL.	
1817	4	»	4	1,285	30	58	88	2 du Havre, 1 de Bordeaux, 1 de Nantes.
1818	16	1	15	4,905	129	256	385	9 du Havre, 2 de Bordeaux, 3 de Nantes, 1 de Lorient, 1 de Calais (N).
1819	11	1	10	2,765	197	66	263	3 du Havre, 3 de Bordeaux, 1 de Nantes, 3 de Servan, 1 de Honfleur (N).
1820	17	4	13	4,677	302	101	403	7 du Havre, 1 de Bordeaux, 4 de Nantes, 1 de St-Malo, 1 de Honfleur, 2 de Dunkerque, 1 de Dieppe (N).
1821	9	1	8	2,077	168	40	208	2 du Havre, 3 de Nantes, 2 de St-Malo, 1 de Lorient, 1 de Dieppe (N).
1822	9	1	8	2,[illegible]35	174	61	235	3 du Havre, 1 de Bordeaux, 4 de Nantes, 1 de Dieppe (N).
1823	4	1	3	1,376	68	47	115	3 du Havre, 1 de Dieppe (N).
1824	9	1	8	3,078	194	57	251	3 du Havre, 5 de Nantes, 1 de Dieppe (N).
1825	7	1	6	2,497	134	73	207	5 du Havre, 1 de Nantes, 1 de Dieppe (N).
1826	7	1	6	2,541	106	67	173	6 du Havre, 1 de Grandville.
1827	6	»	6	2,121	113	41	154	4 du Havre, 2 de Nantes.
1828	7	»	7	2,630	126	51	177	6 du Havre, 1 de Nantes.
1829	9	1	8	2,573	195	75	270	7 du Havre, 1 de Nantes.
1830	16	3	13	7,198	515	37	552	6 du Havre, 2 de Dieppe (N), 1 de St-Malo, 1 de La Rochelle.
1831	16	3	13	6,412	457	94	551	10 du Havre, 3 de Grandville, 1 de Dieppe, 2 de Nantes.
1832	19	2	17	7,355	624	12	636	Le montant des primes payées pour l'armement en 1832, a été de. . . . . 522,762 fr. 32 c. ; Pour prime en ret. 342,109 fr. 60 c. } 864,871 fr. 92 c.

Il est intéressant de connaître les parages où se rencontre le plus de *Baleines franches*. — Dans le Nord, les endroits où l'on trouve ces animaux sont le Spitzberg, par 86 degrés lat. nord, le Nouveau-Groënland, l'Islande, le vieux Groënland, le détroit de Davis, Terre-Neuve; puis, en descendant vers le Sud, les côtes de la Caroline et toute la partie située par 40 degrés de latitude et 36 degrés de longit. ouest du méridien de Paris; dans l'océan Atlantique, dans le Sud, les côtes d'Afrique depuis le cap de Bonne-Espérance jusqu'au 10ᵉ degré de latitude sud environ, les parages situés à l'ouest du cap de Bonne-Espérance, les îles de Tristan-d'Acunha. On pêche encore sur les côtes du Brésil et de la Patagonie, vers les îles Malouines, les côtes du Chili; car les Baleiniers doublent aujourd'hui le cap Horn, et entrent en pêche sur la côte ouest d'Amérique, en remontant vers la ligne, dans les environs des îles de Gallapagos, et même jusqu'aux côtes de la Californie. On trouverait encore des Baleines dans les mers du Japon, de la Corée, des Philippines et sur toute la côte est de l'Afrique, près de Madagascar. La Méditerranée n'ayant pas de Baleines franches, cette pêche n'y est pas pratiquée.

L'on assure, dit un savant physicien, que l'on trouve sur les côtes du Japon et de la Corée des Baleines portant des harpons lancés sur elles dans les mers du Nord. — Ces Baleines auraient-elles accompli par le détroit de Béring ce passage si infructueusement tenté par le nord de l'Europe, vers le côté nord-est de l'Asie? S'il en est ainsi, ce fait de géographie zoologique doit donner de nouvelles forces aux navigateurs qui se mettront, à la suite des Ross, des Parry, à la recherche de ce passage; car si les Baleines trouvent pendant un temps de l'année les mers de la Nouvelle-Zemble libre de glaces, et elles ne peuvent vivre sous des mers solidifiées, obligées qu'elles sont de venir respirer à la surface, il ne sera peut-être pas impossible, en étudiant les saisons, les temps de débâcle, de faire ainsi le tour du pôle arctique de 0 à 180 degrés longit. est du méridien de Greenwich, et c'est sur cette donnée du passage des Baleines que cette espérance peut être maintenue.

Les pêches du Nord ont été abandonnées par la plupart des pêcheurs; les Anglais seuls y envoient encore, et ont tenu dans ces parages en 1820 cent cinquante-huit bâtiments. Celles du Sud sont le plus suivies sur la côte ouest d'Afrique, à partir du 27e degré latitude sud jusqu'au 16e degré longit. du méridien de Londres; elles ont lieu en mai, juin, juillet, août, époques auxquelles les Baleines viennent mettre bas sur les bas-fonds sablonneux de ces parages.

Vers la fin de septembre les Baleiniers se portent à l'ouest du cap de Bonne-Espérance; la pêche y dure trois mois. Les Baleines que l'on y pêche sont grasses, et donnent jusqu'à soixante-dix à quatre-vingt barils. — Sur les côtes de la Patagonie la pêche se fait depuis 34 degrés lat. sud jusqu'à 48 et 49 degrés, à la hauteur des îles Falkland; la mer dans ces parages est dure à tenir : le froid y est très-vif et la navigation dangereuse. Les Baleines y donnent jusqu'à cent barils; trente prises suffisent pour une cargaison complète.

Les vaisseaux employés aujourd'hui à la pêche de la Baleine sont en général du port de trois cent cinquante à quatre cent cinquante tonneaux, et portent de trente à quarante-cinq hommes d'équipage. Chaque pirogue est armée de quatre ou de six rameurs, outre le chef, qui est au gouvernail, et le harponneur, qui est à l'avant. Les principaux instruments sont deux harpons, et six ou huit lances. La tige en fer du harpon a trois pieds de longueur environ; elle est terminée, du côté opposé à la pointe, par une douille en fer, dans laquelle entre le manche qui sert à la lancer. Ce manche est un bâton de cinq pieds de longueur : au-dessus de la douille est fixée une boucle en chanvre natté qui reçoit l'extrémité d'une corde ou *ligne*, comme disent les marins, dont la grosseur est de vingt et une lignes et la longueur de cent trente-cinq brasses.

La lance ne se darde pas comme le harpon; elle ne quitte pas la main de celui qui la tient; sa longueur est de treize à quatorze pieds, y compris la hampe, qui en a huit. Anciennement on harponnait de deux manières, à la main et par la projection d'une forte baliste. Ce dernier procédé a été renouvelé dans le dix-huitième siècle avec la poudre; aujourd'hui les Anglais harponnent avec des fusées à la Congrève.

Lorsque le bâtiment est arrivé dans les parages où l'on s'attend à trouver des Baleines, un homme est constamment placé en vigie au haut du mât. Dès qu'une Baleine est signalée, on s'empresse de mettre les canots à la mer; l'un d'eux rame directement vers l'animal; et quand il est assez rapproché, le harponneur lance son harpon avec force, tâchant de frapper l'animal à l'oreille, sur le dos ou dans quelque partie délicate. Dès qu'il se sent blessé il plonge et fuit ordinairement avec une grande rapidité; sa vitesse est de onze mètres environ par seconde. A mesure que la Baleine s'enfonce et s'éloigne, on laisse aller la ligne à laquelle le harpon est attaché; et l'on a l'attention que la corde se déroule et glisse facilement, car si la ligne éprouvait le moindre arrêt, pêcheurs et embarcation, tout disparaîtrait à l'instant. Le frottement de la ligne le long du bord est si rapide, que pour empêcher le bois de prendre feu on est obligé de le mouiller sans cesse. Une Baleine harponnée demeure sous l'eau plus ou moins de temps, ordinairement une demi-heure ; puis le besoin de respirer la ramène à la surface, et souvent fort loin de l'endroit où elle a été atteinte. A sa réapparition on se hâte de lui lancer un nouveau harpon, quelquefois deux, et l'on attend qu'elle reparaisse encore.

Pendant cet intervalle, les canots se disposent à l'attaquer, et sitôt qu'elle se montre ils l'assaillent à coups de lance.

Quand, à force de perdre du sang, elle se trouve épuisée et vaincue, elle se tourne sur le dos ou sur le côté, frappe la mer à petits coups précipités de ses deux nageoires latérales, dont le mouvement dure peu, et expire.

Dès que l'animal est mort, les canots le remorquent jusqu'au bâtiment et l'amarrent fortement à l'un de ses flancs. Les marins chargés du dépècement s'habillent de vêtements de cuir, et garnissent leurs bottes de crampons de fer pour se tenir sur la peau de la Baleine, qui n'est pas moins unie ni moins glissante que celle de l'anguille. Munis de couteaux de bon acier, nommés tranchants, dont la lame a deux pieds et le manche six pieds de long, ils commencent leur besogne par le derrière de la tête du Cétacé.

La première pièce de lard qu'ils coupent est levée dans toute la longueur du corps du poisson ; toutes les autres se coupent en tranches parallèles d'un pied et demi de large, toujours de la tête à la queue. On partage ces différentes tranches en morceaux pesant environ un millier, qu'on tire sur le pont et que l'on place dans la cale. Quand tout le lard est enlevé, on dépouille la tête et particulièrement la langue, qui à elle seule fournit quelquefois six tonneaux d'huile. La lèvre inférieure, une des parties les plus chargées de graisse, rend quelquefois jusqu'à deux mille kilogrammes d'huile. Quand le dépècement est terminé, la carcasse de l'animal et les immenses lambeaux de chair qui y restent attachés sont poussés à la mer. On s'occupe ensuite, à bord, de débarrasser le lard de la couenne qui le couvre; on le divise en morceaux de onze pouces carrés, et on les encaque dans les tonnes.

L'équipage d'un Baleinier ordinaire se compose de quarante matelots, et même davantage, et le voyage pour l'aller et le retour en Angleterre, y compris le temps employé pour la pêche, dure, terme moyen, six mois. Les provisions pour tant de monde, pendant une demi-année, coûtent de 15,000 à 17,500 fr., et les gages de cet équipage, sans parler des accessoires, égalent ou excèdent, même dans les saisons favorables, une somme pareille.

Le capitaine reçoit à peu près 1,500 fr. à titre de gages, 25 fr. pour chaque tonne d'huile rapportée, et trois fois autant pour la même quantité de fanons nettoyés et rendus en Angleterre. Le principe des gratifications est admis dans ce commerce, et le simple matelot en reçoit une de 37 sous environ par tonne d'huile; quand le produit est de 200 tonnes, il reçoit 312 fr. par addition aux 37 sous.

Mac Culloch a donné sur les opérations de l'industrie baleinière des Anglais, pendant une longue série d'années, des détails que nous ne pourrons transcrire ici. Nous nous bornons à offrir les résultats de la pêche de l'année 1832 :

81 vaisseaux baleiniers formaient ensemble un tonnage

de 26,393 tonneaux ; le nombre des Baleines prises a été de 1,563, qui ont rendu 12,610 tonnes d'huile et 676 tonnes de fanons.

Valeur estimée :

12,610 tonnes d'huile, à 500 fr. . .	6,305,000 fr.
676 tonnes de fanons, à 3,125 fr.	2,112,500
Total.	8,417,500 fr.

Les fanons des Baleines sont l'objet d'un commerce considérable. Ces lames cornées et fibreuses semblent être un faisceau de crins liés entre eux par un ciment gommeux et dur. Cette substance est une matière fort utile dans les arts, à cause de sa grande flexibilité, de sa résistance et de son élasticité remarquable.

Dans les ouvrages de tour, la baleine convient parfaitement pour des tabatières, des étuis, et mille petits ustensiles; mais l'emploi le plus considérable qui s'en fasse est d'abord pour la charpente ou carcasse des parapluies et des ombrelles. Ici cet emploi est presque indispensable; en effet, les nombreux essais qui ont été tentés pour suppléer à la baleine par d'autres tiges n'ont eu que peu de succès; elle seule réunit la solidité convenable, la légèreté et l'élasticité parfaite que doivent avoir les branches d'un parapluie pour affecter instantanément la courbure nécessaire lors de son déploiement, et pour revenir aussi vite à la forme rectiligne quand on referme le parapluie. Les pièces à vis des tuyaux de pipes à fumer, celles d'une multitude d'instruments de physique et de chimie, se construisent en baleine, qui dans toutes ces occasions n'est que très-imparfaitement suppléée par la corne, beaucoup plus sujette à casser, à se déformer et à s'altérer que la baleine, qui supporte d'ailleurs beaucoup mieux que la corne une élévation de température. On tire parti de tout dans le débit des fanons ; les morceaux très-minces, les esquilles même qui se détachent pendant le travail, ne restent pas sans emploi : on en fait des branches d'éventails, des garnitures de cols, des carcasses ou montures pour les chapeaux des dames, etc., etc.

D'après cet emploi presque universel de la baleine, on ne doit pas s'étonner du haut prix qu'atteignent les fanons quand la pêche n'a pas été heureuse ou que les arrivages se ralentissent. C'est peut être en partie à cette considération qu'est due la préférence que les marins français accordent, en général, à la pêche de la Baleine à fanons sur celle du Cachalot.

En même temps qu'une partie de l'équipage du Baleinier s'occupe du dépècement de l'animal pour en enlever tout le lard, d'autres hommes arrachent les fanons, qui sont recouverts à leur base de beaucoup de chairs, dont il faut les débarrasser. Les fanons sont séparés les uns des autres à l'aide de coins et de lourdes masses de fer.

Dans le commerce on donne la préférence aux fanons de la Baleine pêchée dans les mers du Nord, et dans tous les cas à ceux des animaux les plus vieux : leurs fanons sont plus fermes, mieux nourris, plus denses et plus durs ; les fibres sont plus longues, plus serrées et plus élastiques. Les fanons recueillis sur la côte du Brésil sont beaucoup moins recherchés ; ils sont plus faibles et ont moins de nerf. Quant à ceux provenant des très-jeunes Baleines, quelles que soient les mers dans lesquelles elles aient été pêchées, leurs fibres sont courtes et la matière est cassante.

Les fanons sont généralement d'un noir bleuâtre, quelquefois rayé de blond et de verdâtre ; on en trouve d'entièrement blancs. Les faisceaux fibreux sont recouverts d'un tissu plus compacte, plus dur, et susceptible de recevoir un beau poli; réduits en lames minces, ils ont la translucidité de la corne. Les fanons ont en général la forme d'un fer de faux; on en trouve pourtant d'entièrement droits. Leur plus grande largeur à la base est d'environ trois à quatre pouces; ils vont en diminuant jusqu'au sommet, où ils se terminent par un bouquet de poil analogue à celui qui borde tout le côté tourné vers la langue de l'animal. Scoresby assigne quinze à seize pieds anglais comme la plus grande longueur qu'ils puissent atteindre. Cela est encore bien loin, comme on le voit, des vingt-cinq à trente pieds dont parlent les anciens écrivains. Il faut reléguer ces mesures avec les Baleines de deux cents à trois cents pieds et toutes les autres exagérations dont on ornait autrefois l'histoire des Cétacés. La taille la plus ordinaire pour les fanons du Nord est de six à huit pieds; il est extrêmement rare que ceux du Sud atteignent cette longueur.

Les acides, en général, attaquent faiblement les fanons; les alcalis, au contraire, les ramollissent rapidement et les amènent à n'avoir plus qu'une consistance pareille à celle de la gomme élastique; on peut alors les couper avec une extrême facilité. Plongés pendant un certain temps dans l'eau bouillante, ils se ramollissent également et peuvent recevoir diverses empreintes. C'est dans cette propriété que réside l'art de les travailler; on pourrait peut-être abréger et faciliter ce ramollissement au moyen des alcalis ou de la cuisson à vases clos.

Les baleiniers du Sud n'ont pas, dans l'extraction et la préparation des fanons, les mêmes soins que ceux du Nord, et cela contribue, avec la différence de qualité, à déprécier singulièrement les premiers. Dans le Sud, dès qu'une Baleine est prise et que les fanons sont enlevés, on se contente de les couvrir de chaux pour en séparer plus aisément les portions de gencives qui peuvent y adhérer et qui leur communiqueraient promptement une odeur infecte; après cela on les divise en feuillets et on en fait des paquets de cinquante à soixante fanons de dimensions diverses : c'est dans cet état qu'on les livre au commerce.

On nettoie ceux du Nord avec plus d'attention. A bord, on les divise en fragments de dix à douze pieds, et on en ôte toute la chair, au retour on leur fait subir, dans les établissements destinés à la cuisson du lard, diverses opérations qui les rendent parfaitement propres. La première consiste à les plonger quelque temps dans une citerne jusqu'à ce que la fange qui les souille soit bien ramollie; puis on les étend sur une planche, un ouvrier les frotte fortement avec de l'eau et du sable, au moyen d'un balai; un autre ouvrier les prend alors, et râcle la casse, c'est-à-dire la racine du fanon jusqu'à ce qu'elle présente une surface polie; l'ouvrier suivant, au moyen d'un couteau bien tranchant ou d'une paire de ciseaux, l'ébarbe complétement, à l'exception d'un bouquet de poils qu'il laisse au sommet; enfin un quatrième ouvrier reçoit le fanon, le lave de nouveau dans de l'eau propre, et achève de détacher avec un morceau de bois les corps étrangers qui pourraient rester dans la cavité de la racine; enfin on les expose à l'air ou même au soleil jusqu'à parfaite dessiccation, et puis on les brosse pour achever de les nettoyer et de les polir.

C'est dans cet état que les Anglais nous les envoient par balles de cinq cents livres environ, et leur prix est d'autant plus élevé que pour un pareil poids la balle contient moins de fanons. Les fanons sains se reconnaissent à une barbe d'un beau noir bleuâtre ; une barbe roussâtre est un mauvais signe. Quant aux fanons du Sud, ainsi que nous l'avons dit plus haut, on n'y regarde pas de si près : on les livre au commerce avec la barbe pleine de saletés, en accordant aux acheteurs un rabais de deux pour cent pour réfraction.

Les fabricants de baleine font subir aux fanons de nouvelles préparations ; ils les placent dans une chaudière longue et étroite, où ils les tiennent en ébullition pendant vingt-quatre heures environ ; cette opération a pour objet de les ramollir et de permettre qu'on les coupe aisément. Lorsqu'on les juge suffisamment tendres, on les plonge longitudinalement entre deux planches qui se serrent au moyen de plusieurs vis latérales, et qui servent à retenir solidement le fanon dans l'opération du coupage. Cette opération a lieu au moyen d'une petite lame échancrée, fixée à quelques lignes d'un morceau de bois dur que l'ouvrier tient à deux mains ; la lame glisse le long des planches qui tiennent le fanon serré, et l'ouvrier, en tirant à lui la lame, sépare un long prisme quadrilatéral, qu'il coupe ensuite à la longueur voulue. Comme nous l'avons dit, l'emploi le plus considérable des fanons consiste à faire des parapluies ; et c'est aussi ce que les fabricants cherchent à y trouver d'abord. On les débite par conséquent en morceaux de 32, 30, 28, 26 ou 24 pouces, suivant leur longueur. Ce qui tombe sert à faire des buses, des baleines à corsets, des baleines à capotes, etc. ; on réserve les plus beaux fanons pour les baguettes de fusil et les cannes.

Outre les tringles à parapluie, depuis quelques années on fait une grande consommation de baleines pour les capottes de femmes, les bourrelets d'enfants, les cols, les casquettes, les supports des manches ou des juppes de femmes, etc. Pour ces divers emplois il faut débiter les prismes carrés en lames fort minces, ou bien en filets qui parfois n'ont pas plus de grosseur qu'un crin. Cette opération se fait fort aisément; on refend la baleine dans le sens de son épaisseur, à peu près comme les vanniers refendent l'osier. Il faut pour cela mouiller les fanons du Sud; ceux du Nord, au contraire, se fendent d'autant mieux qu'ils sont plus secs, et l'on obtient avec ceux-ci des lames bien plus minces qu'avec les premiers. Ces sortes de baleines, surtout les blondes pour bourrelets, se vendent assez cher.

Deux bons ouvriers coupent quinze à dix-huit cents baleines à parapluie en un jour. Mille livres de fanons donnent environ quatre cents livres de baleines à parapluie. Ce qui tombe, ainsi que nous l'avons dit plus haut, sert à faire des buscs et des baleines fines; les très-petits morceaux sont employés pour manches de rasoir, boutons, tabatières, etc. Les barbes, les ratissures servent à mélanger au crin pour des matelas ou des meubles communs. Ce qu'on nomme la casse, c'est-à-dire la racine, et les rognures sont employées comme engrais, dans le midi. Aujourd'hui la consommation des fanons est immense en Europe; et cet article même présente un phénomène commercial remarquable : c'est qu'à une époque où la production était plus considérable et la consommation moindre peut-être que de nos jours le prix de cette matière était infiniment élevé. Il est difficile d'en concevoir la cause, à moins de la trouver dans cet esprit de monopole des Hollandais qui leur faisait brûler leur gérofle et leur muscade plutôt que d'en baisser le prix.

La France seule emploie sept à huit cent mille livres de fanons, et les demandes vont croissant.

En 1821, les importations ont été de 165,424 kil.

1822,	—	—	178,446
1824,	—	—	232,641
1831,	—	—	250,817
1832,	—	—	477,095

On voit qu'il y a progression.

Malgré l'immense développement qu'a pris la pêche française depuis quelques années, elle est loin de suffire aux besoins du commerce. La majeure partie des fanons consommés en France nous vient de l'Angleterre et des États-Unis d'Amérique. La Hollande et les villes de la Hanse, Hambourg, Brême, Lubeck, qui seules autrefois en fournissaient, sont elles-mêmes devenues tributaires de l'étranger pour cet article. Il est probable que la consommation n'a point encore atteint son maximum; il est probable aussi qu'on trouvera aux fanons de nouveaux usages; on devrait cependant s'appliquer dès à présent à les remplacer par quelque autre substance, car les documents commerciaux que nous avons consultés nous font pressentir l'époque prochaine où la rareté toujours croissante des Baleines obligera d'en abandonner la poursuite; les fanons alors manqueront tout à fait, ou leur prix s'élèvera au point d'en rendre l'emploi presque impossible.

TABLE DES MATIÈRES.

ORDRE III. — CARNASSIERS.

ORDRE IV. — MARSUPIAUX.

ORDRE V. — RONGEURS.

ORDRE VI. — ÉDENTÉS.

ORDRE VII. — PACHYDERMES.

TABLE ALPHABÉTIQUE

ET MÉTHODIQUE,

AVEC L'INDICATION

DES ORDRES, FAMILLES, TRIBUS, SECTIONS OU DIVISIONS.

Le premier mot est le nom de l'*Animal*; le second celui de l'*Ordre*; le troisième, selon qu'il est precédé des lettres F, T, S ou D, celui de la *Famille*, de la *Tribu*, de la *Section* ou de la *Division*.

EXPLICATION DES PLANCHES.

PLANCHE I.

Ordre des Quadrumanes.

PLANCHE II.

Ordre des Quadrumanes

PLANCHE III.

Ordre des Carnassiers.

PLANCHE IV.

Ordre des Carnassiers.

PLANCHE V.

Ordre des Carnassiers.

PLANCHE VI.

Ordre des Carnassiers.

PLANCHE VII.

Ordre des Marsupiaux.

PLANCHE VIII.

Ordre des Rongeurs.

PLANCHE IX.

Ordre des Édentés.

PLANCHE X.

Ordre des Pachydermes.

Ordre des Ruminants.

PLANCHE XI.

Ordre des Ruminants

PLANCHE XII.

Ordre des Cétacés.

FIN DU TOME IV.

Orang-Outang. 2. Chimpanzé. 3. Gibbon. 4. Mone. 5. Semnopithèque. 6. Papion noir. 7. Alouatte.

.Atèle. 2. Saki noir. 3. Douroucouli. 4. Léoncito. 5. Chéirogale. 6. Loris. 7. Tarsier.

MAMMIFÈRES. — *Carnassiers* *Pl. 3.*

Roussette. 2. Barbastelle. 3. Hérisson. 4. Cladobate. 5. Ours brun. 6. Ours blanc.
7. Ours aux grandes lèvres.

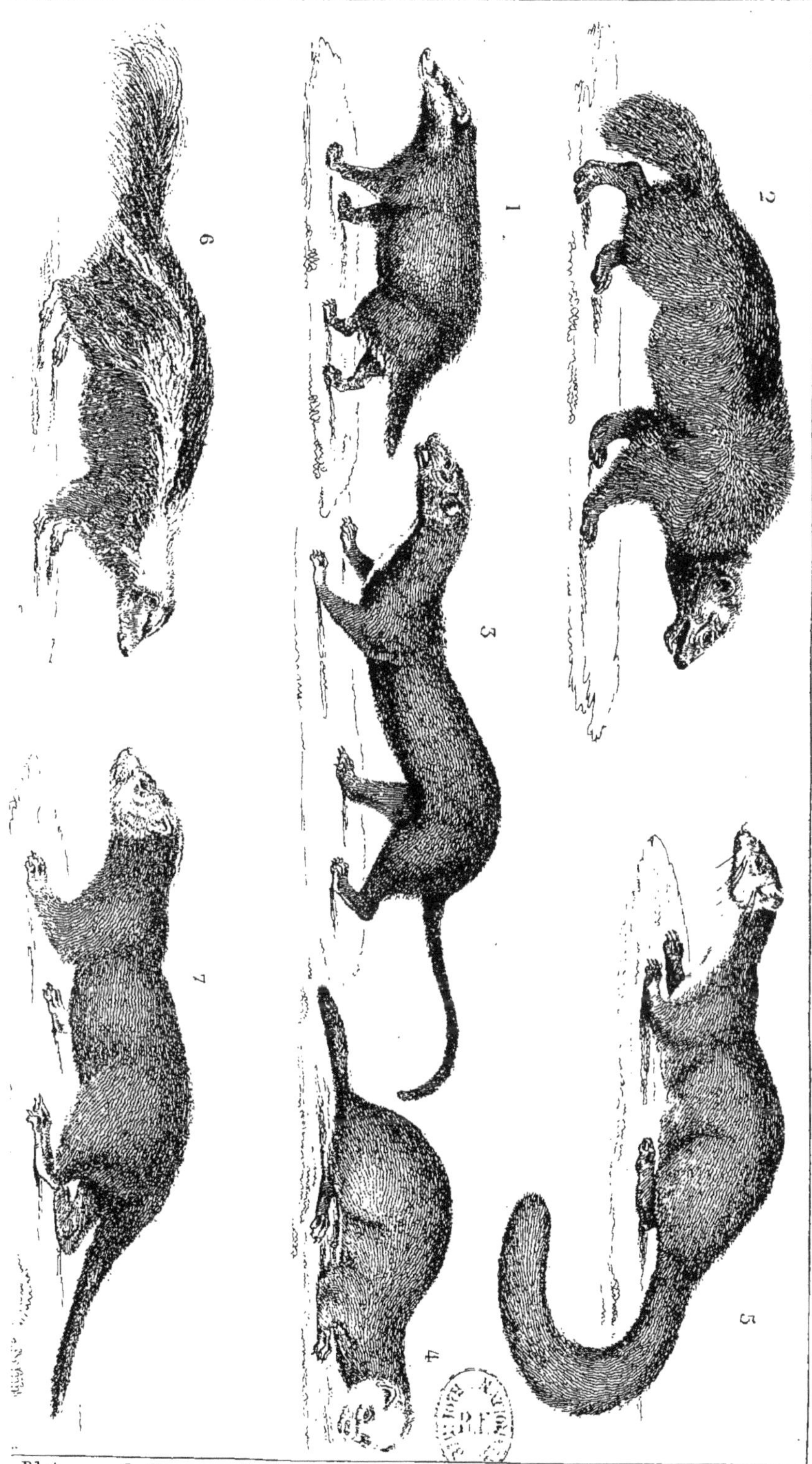

Blaireau. 2. Glouton. 3. Taira. 4. Putois. 5. Fouine. 6. Mouffette. 7. Loutre.

1. Chien d'arret. 2. Epagneul. 3. Chien de Berger. 4. Dogue forte race. 5. Loup. 6. Renard. 7. Hiène. 8. Lion.

1. Lynx. 2. Tigre. 3. Guépard. 4. Chat sauvage. 5. Chat d'Angora. 6. Phoque commun. 7. Phoque à trompe. 8. Morse.

1. Sarigue. 2. Chironecte. 3. Crabier. 4. Marmose. 5. Koala. 6. Kanguroo géant.

MAMMIFÈRES — *Rongeurs* Pl. 8.

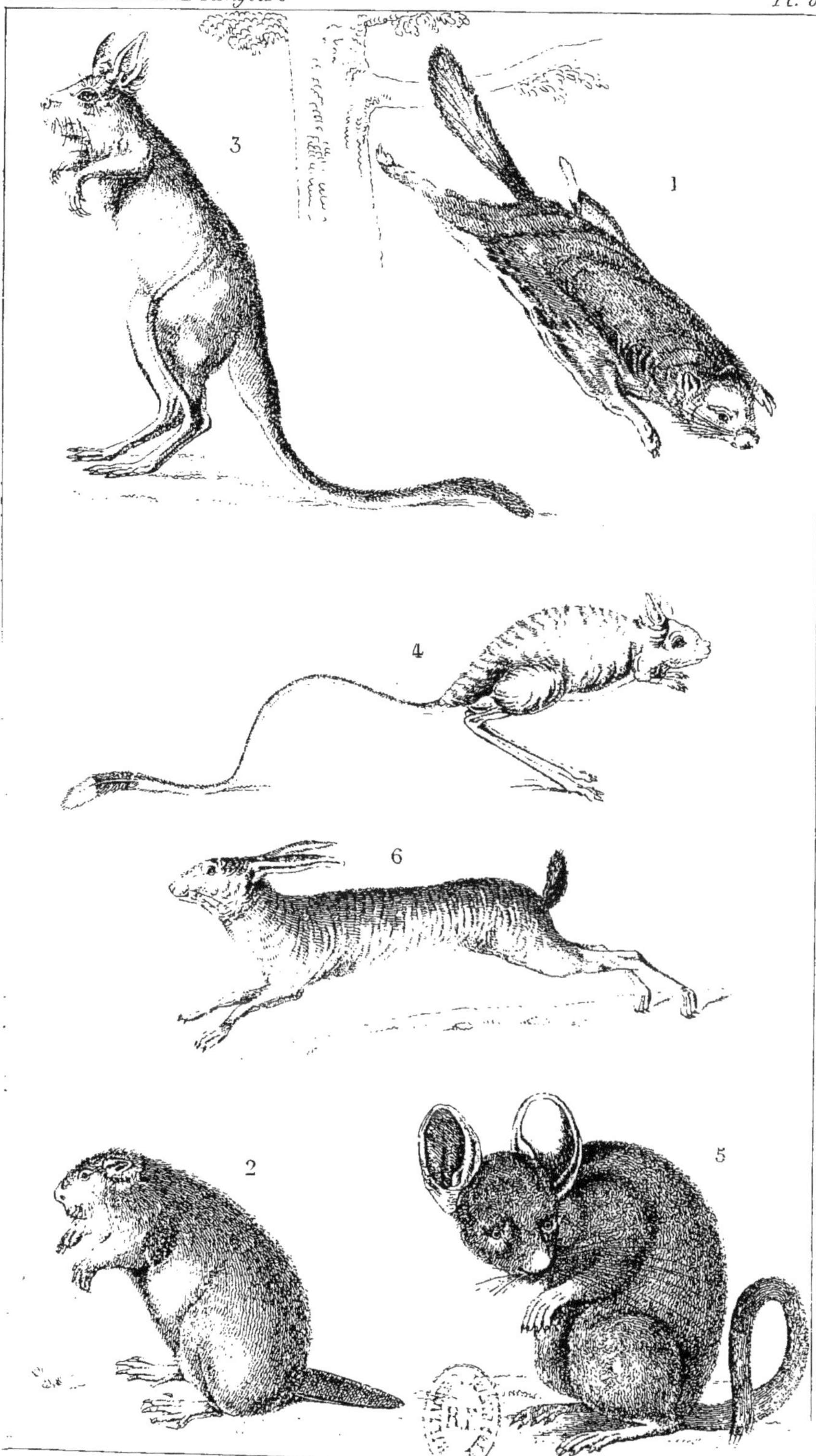

1. Polatouche. 2. Castor. 3. Hélamys. 4. Gerboa. 5. Chinchilla. 6. Lièvre.

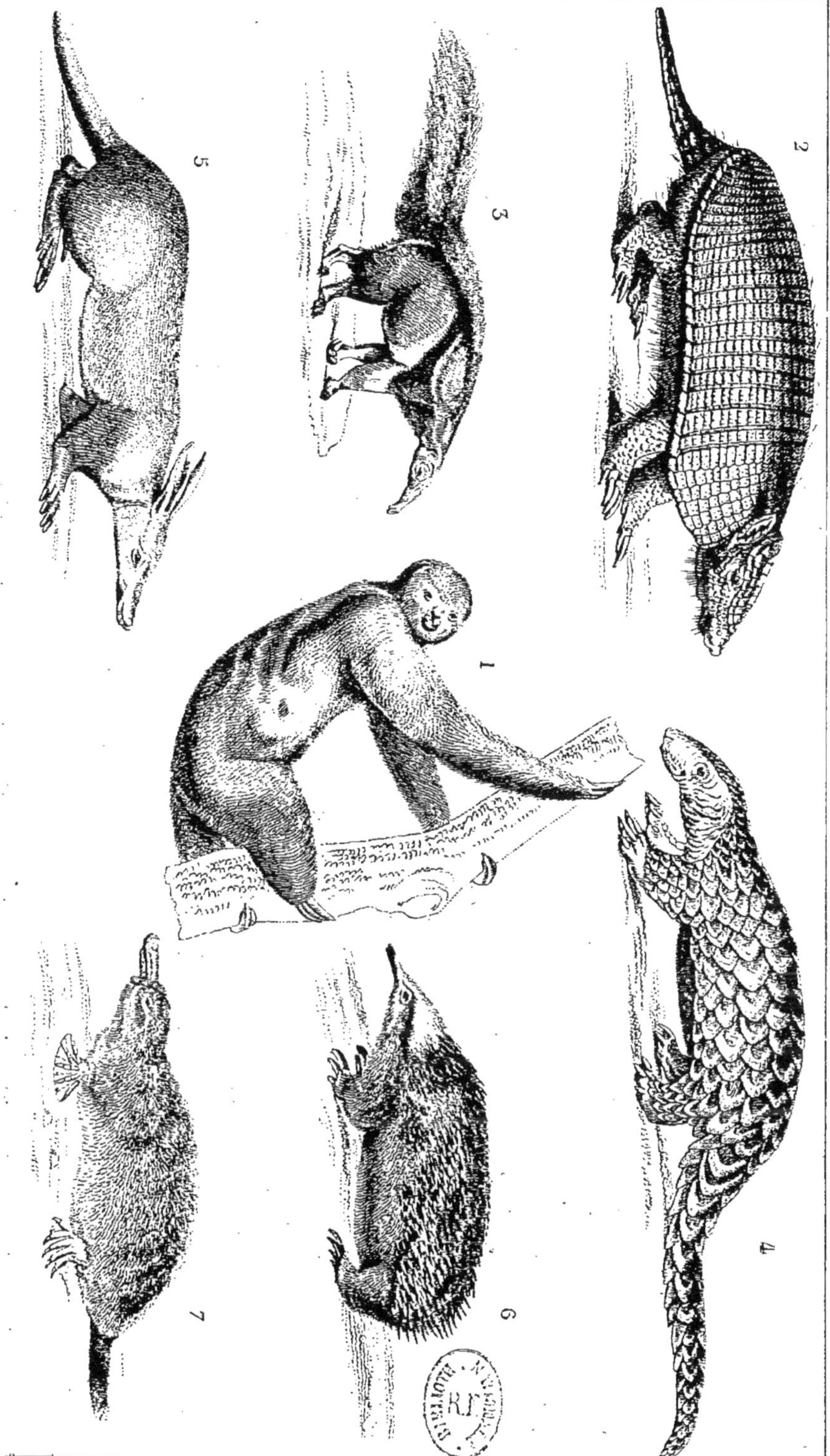

1. Aï. 2. Tatou Pichiy. 3. Tamanoir. 4. Pangolin. 5. Oryctérope du Cap. 6. Echidné épineux. 7. Ornithorynque.

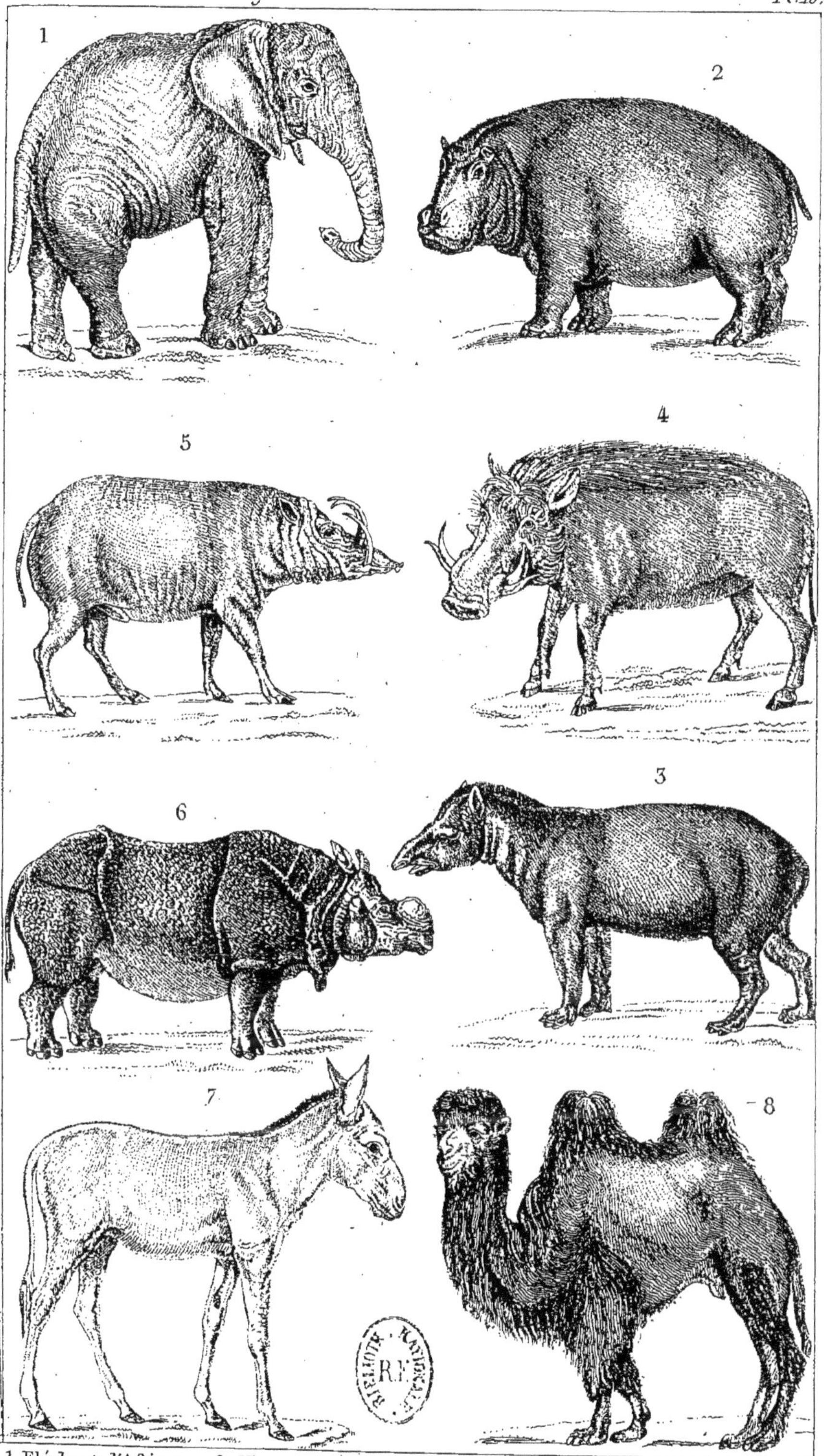

1. Eléphant d'Afrique. 2. Hippopotame. 3. Tapir. 4. Phacocœre. 5. Babiroussa. 6. Rhinocéros. 7. Hémione. 8. Chameau.

1. Lama. 2. Chevrotain. 3. Cerf. 4. Elan d'Amérique. 5. Girafe. 6. Antilope Coba.
7. Gnou. 8. Bouquetin. 9. Bison.

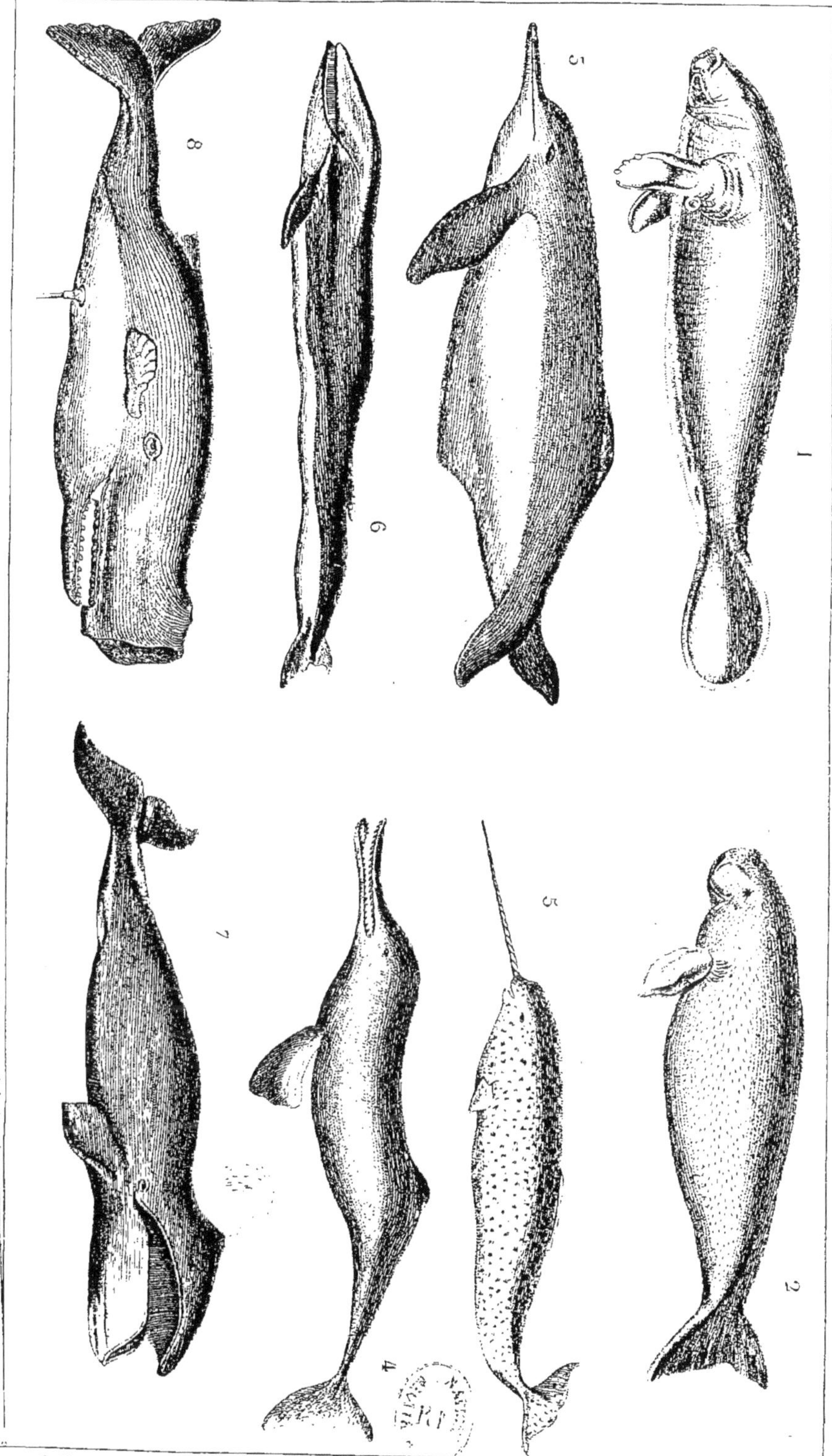

1. Lamantin. 2. Dugong. 3. Inia. 4. Plataniste. 5. Narwal. 6. Jubarte.
7. Baleine franche. 8. Cachalot.

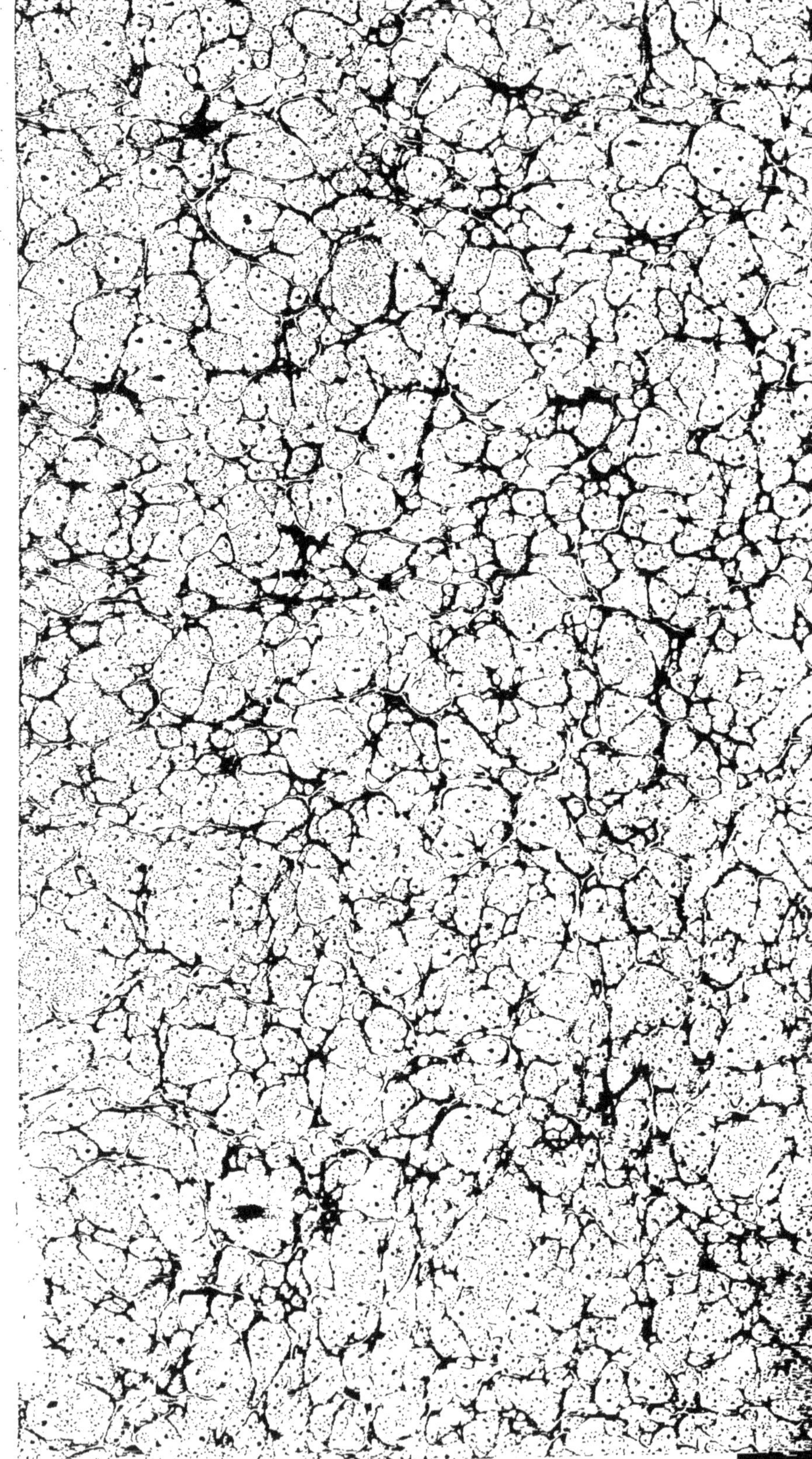

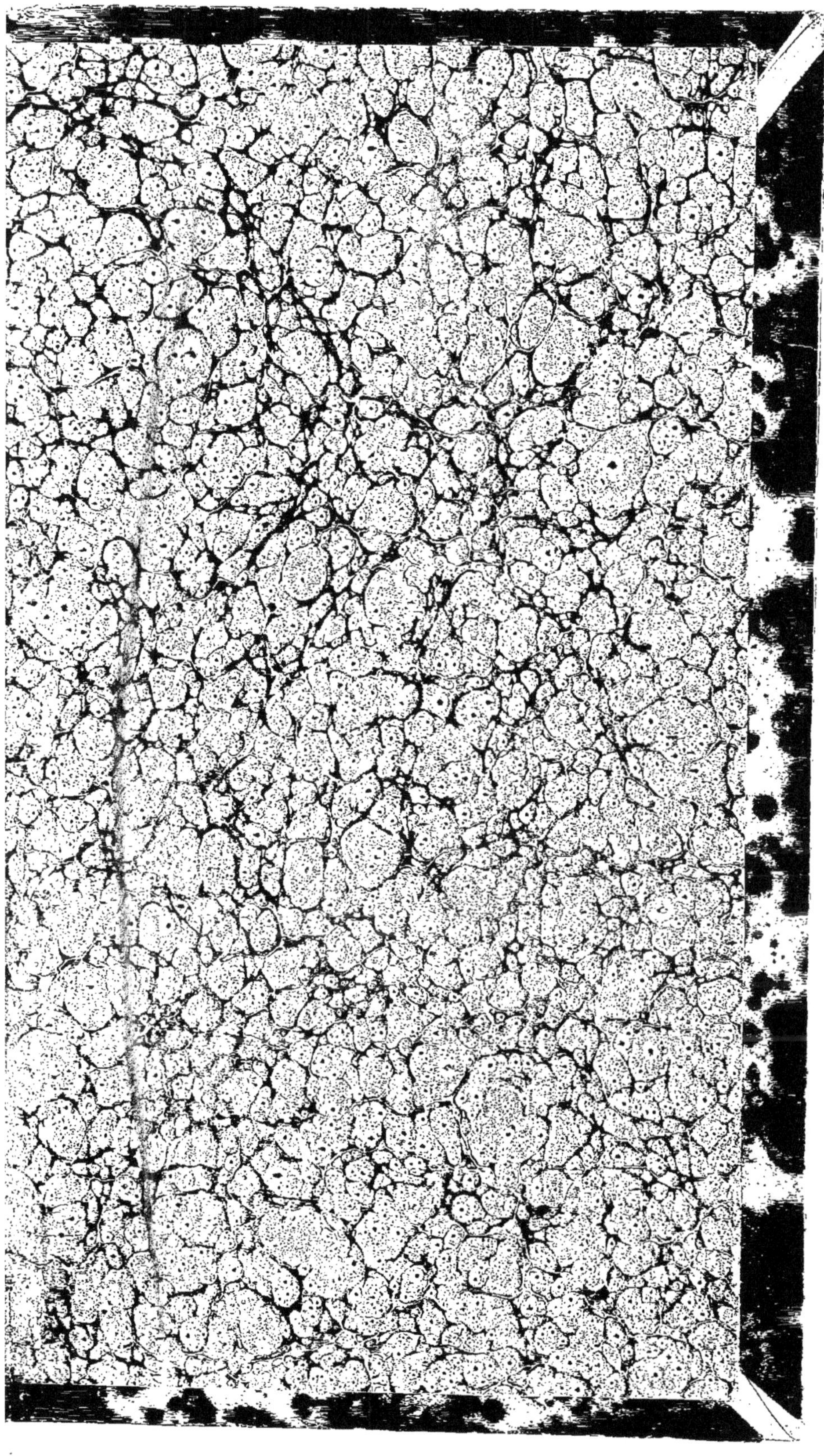

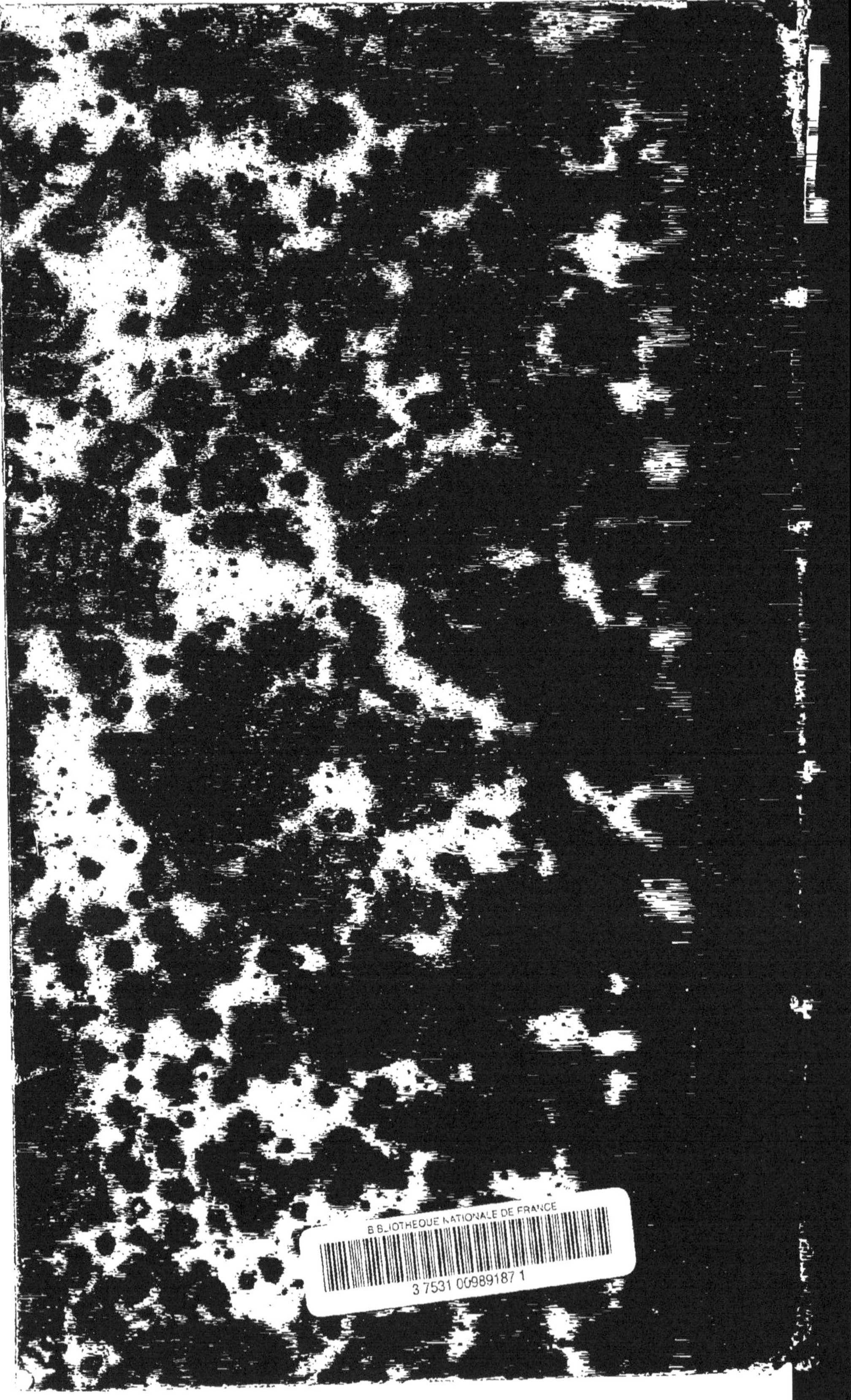